기출과 개념을 한 번에 잡는

# 회로이론

전수기 지음

BM (주)도서출판 성안당

■ **도서 A/S 안내**

성안당에서 발행하는 모든 도서는 저자와 출판사, 그리고 독자가 함께 만들어 나갑니다.

좋은 책을 펴내기 위해 많은 노력을 기울이고 있습니다. 혹시라도 내용상의 오류나 오탈자 등이 발견되면 **"좋은 책은 나라의 보배"**로서 우리 모두가 함께 만들어 간다는 마음으로 연락주시기 바랍니다. 수정 보완하여 더 나은 책이 되도록 최선을 다하겠습니다.

성안당은 늘 독자 여러분들의 소중한 의견을 기다리고 있습니다. 좋은 의견을 보내주시는 분께는 성안당 쇼핑몰의 포인트(3,000포인트)를 적립해 드립니다.

잘못 만들어진 책이나 부록 등이 파손된 경우에는 교환해 드립니다.

저자 문의 : jeon6363@hanmail.net(전수기)

본서 기획자 e-mail : coh@cyber.co.kr(최옥현)

홈페이지 : http://www.cyber.co.kr  전화 : 031) 950-6300

## 이 책을 펴내면서…

전기수험생 여러분!

합격하기도, 학습하기도 어려운 전기자격증시험 어떻게 하면 합격할 수 있을까요? 이것은 과거부터 현재까지 끊임없이 제기되고 있는 전기수험생들의 고민이며 가장 큰 바람입니다.

필자가 강단에서 30여 년 강의를 하면서 안타깝게도 전기수험생들이 열심히 준비하지만 합격하지 못한 채 중도에 포기하는 경우를 많이 보았습니다. 전기자격증시험이 너무 어려워서?, 머리가 나빠서?, 수학실력이 없어서?, 그렇지 않습니다. 그것은 전기자격증 시험대비 학습방법이 잘못되었기 때문입니다.

전기기사·산업기사 시험문제는 전체 과목의 이론에 대해 출제될 수 있는 문제가 모두 출제된 상태로 현재는 문제은행방식으로 기출문제를 그대로 출제하고 있습니다.

따라서 이 책은 기출개념원리에 의한 독특한 교수법으로 시험에 강해질 수 있는 사고력을 기르고 이를 바탕으로 기출문제 해결능력을 키울 수 있도록 다음과 같이 구성하였습니다.

| 이 책의 특징 |

❶ 기출핵심개념과 기출문제를 동시에 학습
　중요한 기출문제를 기출핵심이론의 하단에서 바로 학습할 수 있도록 구성하였습니다. 따라서 기출개념과 기출문제풀이가 동시에 학습이 가능하여 어떠한 형태로 문제가 출제되는지 출제감각을 익힐 수 있게 구성하였습니다.

❷ 전기자격증시험에 필요한 내용만 서술
　기출문제를 토대로 방대한 양의 이론을 모두 서술하지 않고 시험에 필요 없는 부분은 과감히 삭제, 시험에 나오는 내용만 담아 수험생의 학습시간을 단축시킬 수 있도록 교재를 구성하였습니다.

이 책으로 인내심을 가지고 꾸준히 시험대비를 한다면 학습하기도, 합격하기도 어렵다는 전기자격증시험에 반드시 좋은 결실을 거둘 수 있으리라 확신합니다.

전수기 씀

# 기출개념과 문제를
# 한번에 잡는 합격 구성

**기출개념**
기출문제에 꼭 나오는 핵심개념을 관련 기출문제와 구성하여 한 번에 쉽게 이해

**단원 최근 빈출문제**
단원별로 자주 출제되는 기출문제를 엄선하여 출제 가능성이 높은 필수 기출문제 공략

**실전 기출문제**
최근 출제되었던 기출문제를 풀면서 실전시험 최종 마무리

# 이 책의 구성과 특징

## 01 기출개념

시험에 출제되는 중요한 핵심개념을 체계적으로 정리해 먼저 제시하고 그 개념과 관련된 기출문제를 동시에 학습할 수 있도록 구성하였다.

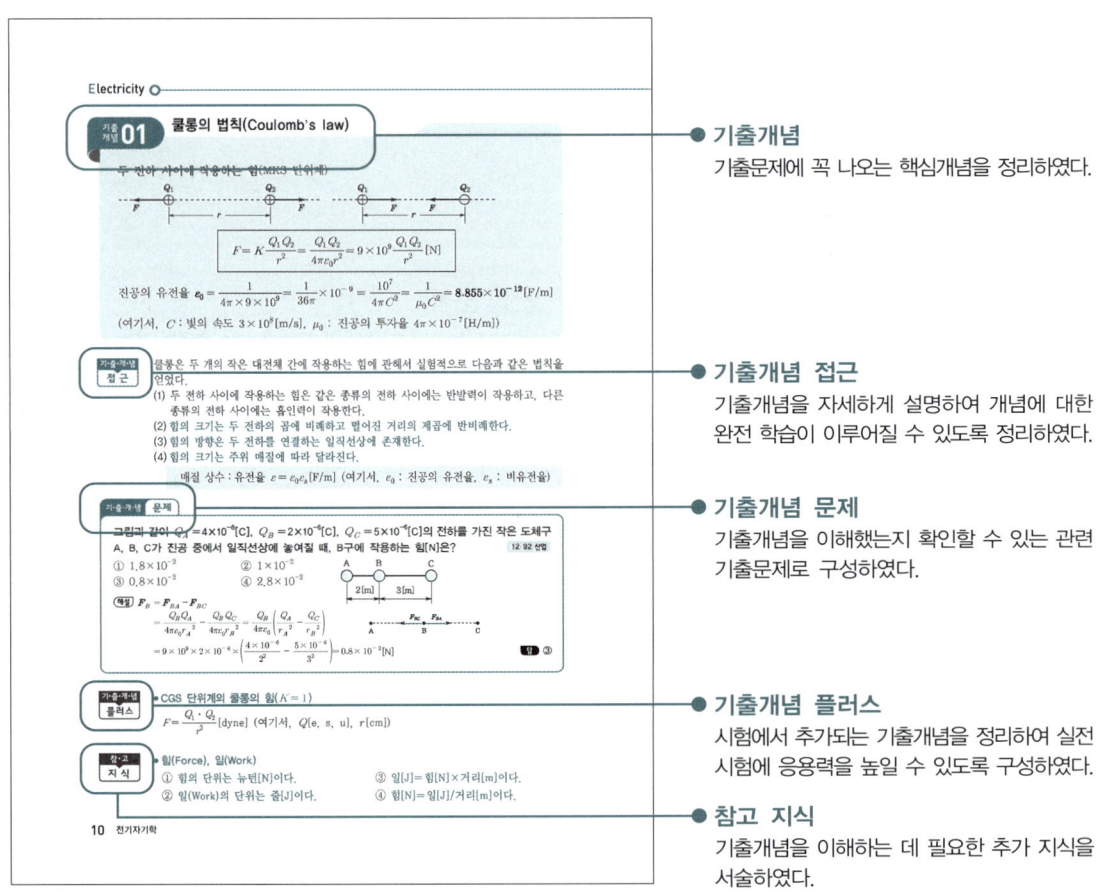

- **기출개념**
  기출문제에 꼭 나오는 핵심개념을 정리하였다.

- **기출개념 접근**
  기출개념을 자세하게 설명하여 개념에 대한 완전 학습이 이루어질 수 있도록 정리하였다.

- **기출개념 문제**
  기출개념을 이해했는지 확인할 수 있는 관련 기출문제로 구성하였다.

- **기출개념 플러스**
  시험에서 추가되는 기출개념을 정리하여 실전 시험에 응용력을 높일 수 있도록 구성하였다.

- **참고 지식**
  기출개념을 이해하는 데 필요한 추가 지식을 서술하였다.

## 02 단원별 출제비율

단원별로 다년간 출제문제를 분석한 출제비율을 제시하여 학습방향을 세울 수 있도록 구성하였다.

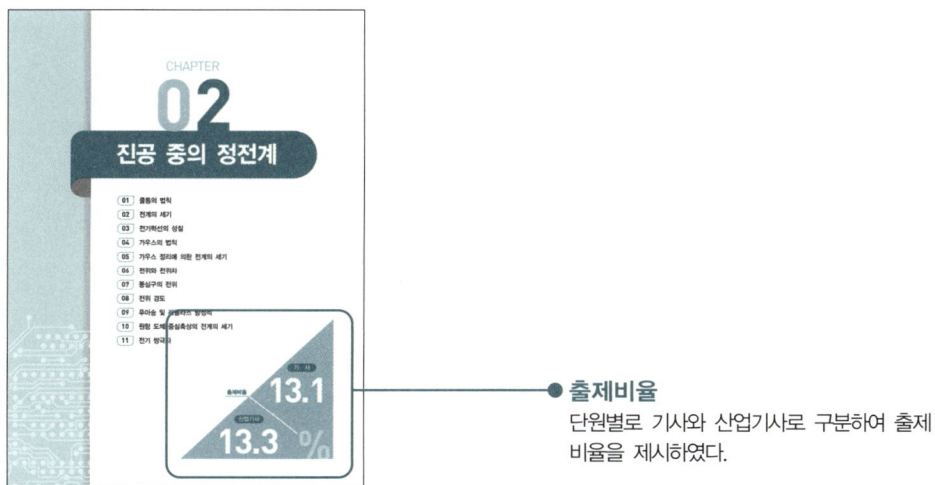

● **출제비율**
단원별로 기사와 산업기사로 구분하여 출제 비율을 제시하였다.

## 03 단원 최근 빈출문제

자주 출제되는 기출문제를 엄선하여 단원별로 학습할 수 있도록 빈출문제로 구성하였다.

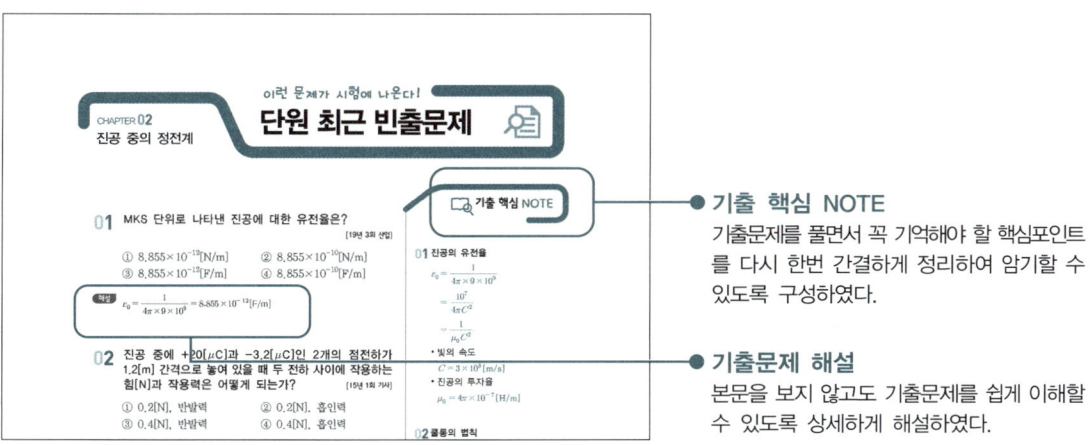

● **기출 핵심 NOTE**
기출문제를 풀면서 꼭 기억해야 할 핵심포인트를 다시 한번 간결하게 정리하여 암기할 수 있도록 구성하였다.

● **기출문제 해설**
본문을 보지 않고도 기출문제를 쉽게 이해할 수 있도록 상세하게 해설하였다.

## 04 최근 과년도 출제문제

실전시험에 대비할 수 있도록 최근 기출문제를 수록하여 시험에 대한 감각을 기를 수 있도록 구성하였다.

# 전기자격시험안내

### 01 시행처
한국산업인력공단

### 02 시험과목

| 구분 | 전기기사 | 전기산업기사 | 전기공사기사 | 전기공사산업기사 |
|---|---|---|---|---|
| 필기 | 1. 전기자기학<br>2. 전력공학<br>3. 전기기기<br>4. 회로이론 및 제어공학<br>5. 전기설비기술기준 | 1. 전기자기학<br>2. 전력공학<br>3. 전기기기<br>4. 회로이론<br>5. 전기설비기술기준 | 1. 전기응용 및 공사재료<br>2. 전력공학<br>3. 전기기기<br>4. 회로이론 및 제어공학<br>5. 전기설비기술기준 | 1. 전기응용<br>2. 전력공학<br>3. 전기기기<br>4. 회로이론<br>5. 전기설비기술기준 |
| 실기 | 전기설비<br>설계 및 관리 | 전기설비<br>설계 및 관리 | 전기설비<br>견적 및 시공 | 전기설비<br>견적 및 시공 |

### 03 검정방법

[기사]
- **필기** : 객관식 4지 택일형, 과목당 20문항(과목당 30분)
- **실기** : 필답형(2시간 30분)

[산업기사]
- **필기** : 객관식 4지 택일형, 과목당 20문항(과목당 30분)
- **실기** : 필답형(2시간)

### 04 합격기준
- **필기** : 100점을 만점으로 하여 과목당 40점 이상, 전과목 평균 60점 이상
- **실기** : 100점을 만점으로 하여 60점 이상

## 05 출제기준

■ 전기기사

| 주요항목 | 세부항목 |
|---|---|
| 1. 전기회로의 기초 | (1) 전기회로의 기본 개념<br>(2) 전압과 전류의 기준방향<br>(3) 전원 등 |
| 2. 직류회로 | (1) 전류 및 옴의 법칙<br>(2) 도체의 고유저항 및 온도에 의한 저항<br>(3) 저항의 접속<br>(4) 키르히호프의 법칙<br>(5) 전지의 접속 및 줄열과 전력<br>(6) 배율기와 분류기<br>(7) 회로망 해석 |
| 3. 교류회로 | (1) 정현파 교류<br>(2) 교류회로의 페이저 해석<br>(3) 교류전력<br>(4) 유도결합회로 |
| 4. 비정현파교류 | (1) 비정현파의 푸리에급수에 의한 전개<br>(2) 푸리에급수의 계수<br>(3) 비정현파의 대칭<br>(4) 비정현파의 실효값<br>(5) 비정현파의 임피던스 등 |
| 5. 다상교류 | (1) 대칭 $n$상 교류 및 평형 3상 회로<br>(2) 선간전압과 상전압<br>(3) 평형부하의 경우 성형전류와 환상전류와의 관계<br>(4) $2\pi/n$씩 위상차를 가진 대칭 $n$상 기전력의 기호표시법<br>(5) 3상 Y결선 부하인 경우<br>(6) 3상 △결선의 각부 전압, 전류<br>(7) 다상 교류의 전력<br>(8) 3상 교류의 복소수에 의한 표시<br>(9) △-Y의 결선 변환<br>(10) 평형 3상 회로의 전력 등 |
| 6. 대칭좌표법 | (1) 대칭좌표법<br>(2) 불평형률<br>(3) 3상 교류기기의 기본식<br>(4) 대칭분에 의한 전력표시 등 |
| 7. 4단자 및 2단자 | (1) 4단자 파라미터<br>(2) 4단자 회로망의 각종 접속<br>(3) 대표적인 4단자망의 정수<br>(4) 반복 파라미터 및 영상 파라미터<br>(5) 역회로 및 정저항회로<br>(6) 리액턴스 2단자망 등 |

| 주요항목 | 세부항목 |
|---|---|
| 8. 분포정수회로 | (1) 기본식과 특성 임피던스<br>(2) 무한장 선로<br>(3) 무손실 선로와 무왜형 선로<br>(4) 일반의 유한장 선로<br>(5) 반사계수<br>(6) 무손실 유한장 회로와 공진 등 |
| 9. 라플라스 변환 | (1) 라플라스 변환의 정의<br>(2) 간단한 함수의 변환<br>(3) 기본정리<br>(4) 라플라스 변환 등 |
| 10. 회로의 전달함수 | (1) 전달함수의 정의<br>(2) 기본적 요소의 전달함수 등 |
| 11. 과도현상 | (1) $R-L$ 직렬의 직류회로<br>(2) $R-C$ 직렬의 직류회로<br>(3) $R-L$ 병렬의 직류회로<br>(4) $R-L-C$ 직렬의 직류회로<br>(5) $R-L-C$ 직렬의 교류회로<br>(6) 시정수와 상승시간<br>(7) 미분적분회로 등 |

## ■ 전기산업기사

| 주요항목 | 세부항목 | 세세항목 |
|---|---|---|
| 1. 전기회로의 기초 | (1) 전기회로의 기본개념 | ① 간단한 전기회로<br>② 전류의 방향 |
| | (2) 전압과 전류의 기준방향 | ① 수동소자의 기준방향<br>② 능동소자의 기준방향 |
| | (3) 전원 | ① 독립 전압원<br>② 독립 전류원 |
| 2. 직류회로 | (1) 전류 및 옴의 법칙 | ① 전류<br>② 전압<br>③ 저항 |
| | (2) 도체의 고유저항 및 온도에 의한 저항 | ① 전선의 저항<br>② 단면적과 길이에 따른 저항변화 |
| | (3) 저항의 접속 | ① 직렬<br>② 병렬<br>③ 직·병렬 |
| | (4) 키르히호프의 법칙 | ① KCL<br>② KVL |
| | (5) 전지의 접속 및 줄열과 전력 | ① 직렬<br>② 병렬<br>③ 직·병렬<br>④ 내부저항<br>⑤ 최대 전력 |

| 주요항목 | 세부항목 | 세세항목 |
|---|---|---|
| 2. 직류회로 | (6) 배율기와 분류기 | ① 배율기<br>② 분류기 |
| | (7) 회로망 해석 | ① 폐로 해석법<br>② 마디 해석법<br>③ 중첩의 원리<br>④ 테브난의 정리<br>⑤ 노튼의 정리<br>⑥ 밀만의 정리<br>⑦ △-Y 접속의 변환<br>⑧ 브리지 회로 |
| 3. 교류회로 | (1) 정현파 교류 | ① 정현파형<br>② 주기와 주파수<br>③ 평균치와 실효치<br>④ 파고율과 파형률<br>⑤ 위상차<br>⑥ 회전벡터와 정지벡터 |
| | (2) 교류회로의 페이저 해석 | ① 수동소자의 전압-전류 관계<br>② 복소 임피던스<br>③ 복소 어드미턴스<br>④ 수동소자의 페이저 해석<br>⑤ 직렬회로의 페이저 해석<br>⑥ 병렬회로의 페이저 해석<br>⑦ 직·병렬회로의 페이저 해석<br>⑧ 교류 브리지 회로<br>⑨ 공진회로 |
| | (3) 교류전력 | ① 순시전력과 평균전력<br>② 복소전력<br>③ 역률<br>④ 교류전력의 계산<br>⑤ 역률 개선<br>⑥ 교류의 최대 전력전달 |
| | (4) 유도결합회로 | ① 유도결합회로<br>② 상호 인덕턴스<br>③ 등가 인덕턴스<br>④ 결합계수 |
| 4. 비정현파교류 | (1) 비정현파의 푸리에급수에 의한 전개 | ① 푸리에급수 표시<br>② 기본파와 고조파의 합 |
| | (2) 푸리에급수의 계수 | ① $a_0$, $a_n$, $b_n$의 결정 |
| | (3) 비정현파의 대칭 | ① 우함수, 기함수, 반파대칭 |
| | (4) 비정현파의 실효값 | ① 전압의 실효값<br>② 전류의 실효값<br>③ 전고조파 왜율 |
| | (5) 비정현파의 임피던스 | ① $R-L-C$ 회로<br>② 고조파 공진조건 |

| 주요항목 | 세부항목 | 세세항목 |
|---|---|---|
| 5. 다상 교류 | (1) 대칭 $n$상 교류 및 평형 3상 회로 | ① $n$상 전력<br>② 3상 전력<br>③ 위상 |
| | (2) 성형전압과 환상전압의 관계 | ① $n$상 상전압<br>② $n$상 선간전압 |
| | (3) 평형부하의 경우 성형전류와 환상전류와의 관계 | ① △결선, Y결선에 따른 상전류, 선간전류 |
| | (4) $2\pi/n$씩 위상차를 가진 대칭 $n$상 기전력의 기호표시법 | ① $n$상 전압, $n$상 전류표시 |
| | (5) 3상 Y결선 부하인 경우 | ① 전압, 전류, 전력, 임피던스 |
| | (6) 3상 △결선의 각부 전압, 전류 | ① 전압, 전류, 전력, 임피던스 |
| | (7) 다상 교류의 전력 | ① 유효전력<br>② 무효전력 |
| | (8) 3상 교류의 복소수에 의한 표시 | ① 전력<br>② 임피던스<br>③ 전류표시 |
| | (9) △-Y의 결선변환 | ① 등가변환 |
| | (10) 평형 3상 회로의 전력 | ① 단상 전력계<br>② 2전력계법<br>③ 3전류계법<br>④ 전압계 |
| 6. 대칭좌표법 | (1) 대칭좌표법 | ① 영상<br>② 정상<br>③ 역상분 |
| | (2) 불평형률 | ① 전압, 전류, 불평형률 |
| | (3) 3상 교류기기의 기본식 | ① 1선 지락<br>② 2선 지락<br>③ 2선 단락 |
| | (4) 대칭분에 의한 전력표시 | ① 대칭분에 의한 전력표시 |
| 7. 4단자 및 2단자 | (1) 4단자 파라미터 | ① 임피던스<br>② 어드미턴스<br>③ $ABCD$ 파라미터 |
| | (2) 4단자 회로망의 각종 접속 | ① 직렬<br>② 병렬<br>③ 직·병렬 접속 |
| | (3) 대표적인 4단자망의 정수 | ① $ABCD$ 정수 단위와 의미 |
| | (4) 반복 파라미터 및 영상 파라미터 | ① 반복 임피던스, 반복전달정수 |

| 주요항목 | 세부항목 | 세세항목 |
|---|---|---|
| 7. 4단자 및 2단자 | (5) 역회로 및 정저항회로 | ① 영상 임피던스, 영상전달정수 |
| | (6) 리액턴스 2단자망 | ① 극점<br>② 영점<br>③ 구동점 임피던스 |
| 8. 라플라스 변환 | (1) 라플라스 변환의 정리 | ① 라플라스 변환<br>② 역라플라스 변환<br>③ 복수주파수 |
| | (2) 간단한 함수의 변환 | ① 단위 충격함수<br>② 단위 계단함수 |
| | (3) 기본정리 | ① 최종값<br>② 초기값 |
| | (4) 라플라스 변환표 | ① 선형성 실미분정리<br>② 실적분정리 |
| 9. 과도현상 | (1) 전달함수의 정의 | ① 전달함수의 정의 |
| | (2) 기본적 요소의 전달함수 | ① 비례요소<br>② 적분요소<br>③ 미분요소 |
| | (3) $R-L$ 직렬의 직류회로 | ① $R-L$ 직렬회로의 과도현상과 전압전류 특성 |
| | (4) $R-C$ 직렬의 직류회로 | ① 충전특성<br>② 방전특성 |
| | (5) $R-L$ 병렬의 직류회로 | ① $R-L$ 병렬회로의 과도현상 |
| | (6) $R-L-C$ 직렬의 직류회로 | ① 단일에너지 회로<br>② 복합에너지 회로<br>③ $R-L-C$ 직렬회로의 과도현상 |
| | (7) $R-L-C$ 직렬의 교류회로 | ① $R-L$ 직렬회로의 특성<br>② $R-C$ 직렬회로의 특성 |
| | (8) 시정수와 상승시간 | ① 시정수<br>② 상승시간 |
| | (9) 미·적분 회로 | ① $R-C$ 회로<br>② $R-L$ 회로 |

# 이 책의 차례

## CHAPTER 01 직류회로
기사 **2.8%** / 산업 **5.7%**

| 기출개념 01 | 전류, 전압, 전력의 의미 | 2 |
| 기출개념 02 | 전기저항과 옴의 법칙(Ohm's law) | 3 |
| 기출개념 03 | 저항 직렬접속 | 4 |
| 기출개념 04 | 저항 병렬접속 | 5 |
| 기출개념 05 | 배율기와 분류기 | 6 |
| ■ 단원 최근 빈출문제 | | 7 |

## CHAPTER 02 정현파 교류
기사 **7.2%** / 산업 **6.7%**

| 기출개념 01 | 정현파 교류의 순시값 | 12 |
| 기출개념 02 | 정현파 교류의 크기 | 13 |
| 기출개념 03 | 여러 가지 파형의 평균값과 실효값 | 14 |
| 기출개념 04 | 파고율과 파형률 | 16 |
| 기출개념 05 | 정현파 교류의 합과 차 | 17 |
| 기출개념 06 | 복소수 | 18 |
| ■ 단원 최근 빈출문제 | | 19 |

## CHAPTER 03 기본 교류회로
기사 7.8% / 산업 8.0%

| 기출개념 01 | 저항($R$)만의 회로 | 24 |
| 기출개념 02 | 인덕턴스($L$)만의 회로 | 25 |
| 기출개념 03 | 커패시턴스($C$)만의 회로 | 26 |
| 기출개념 04 | $R-L$ 직렬회로 | 27 |
| 기출개념 05 | $R-C$ 직렬회로 | 28 |
| 기출개념 06 | $R-L-C$ 직렬회로 | 29 |
| 기출개념 07 | $R-L$ 병렬회로 | 30 |
| 기출개념 08 | $R-C$ 병렬회로 | 31 |
| 기출개념 09 | $R-L-C$ 병렬회로 | 32 |
| 기출개념 10 | 직렬 공진회로 | 33 |
| 기출개념 11 | 이상적인 병렬 공진회로 | 34 |
| 기출개념 12 | 일반적인 병렬 공진회로 | 35 |
| ■ 단원 최근 빈출문제 | | 36 |

## CHAPTER 04 교류 전력
기사 3.9% / 산업 6.0%

| 기출개념 01 | 유효전력, 무효전력, 피상전력 | 44 |
| 기출개념 02 | $R-L$ 직렬회로의 전력 | 45 |
| 기출개념 03 | 복소전력 | 46 |
| 기출개념 04 | 3개의 전압계와 전류계로 단상 전력 측정 | 47 |
| 기출개념 05 | 최대 전력 전달 | 48 |
| 기출개념 06 | 역률 개선용 콘덴서의 용량 계산 | 49 |
| ■ 단원 최근 빈출문제 | | 50 |

## CHAPTER 05 유도 결합회로와 벡터 궤적   기사 1.1% / 산업 3.0%

| 기출개념 01 상호 유도전압 | 56 |
| 기출개념 02 인덕턴스 직렬접속 | 57 |
| 기출개념 03 인덕턴스 병렬접속 | 58 |
| 기출개념 04 결합계수 | 59 |
| 기출개념 05 이상 변압기 | 60 |
| 기출개념 06 브리지 회로 | 61 |
| 기출개념 07 벡터 궤적 | 62 |
| ■ 단원 최근 빈출문제 | 63 |

## CHAPTER 06 일반 선형 회로망   기사 3.3% / 산업 6.7%

| 기출개념 01 전압원과 전류원 | 66 |
| 기출개념 02 전압원·전류원 등가 변환 | 67 |
| 기출개념 03 중첩의 정리 | 68 |
| 기출개념 04 테브난의 정리(Thevenin's theorem) | 69 |
| 기출개념 05 노튼의 정리(Norton's theorem) | 70 |
| 기출개념 06 밀만의 정리(Millman's theorem) | 71 |
| 기출개념 07 가역 정리(상반 정리) | 72 |
| 기출개념 08 회로망 기하학 | 73 |
| ■ 단원 최근 빈출문제 | 74 |

## CHAPTER 07 다상 교류   기사 13.8% / 산업 17.0%

| 기출개념 01 대칭 3상 교류 | 80 |

| 기출개념 02 | 대칭 3상 교류의 결선 | 81 |
| 기출개념 03 | 임피던스 등가 변환 | 85 |
| 기출개념 04 | 대칭 3상 전력 | 87 |
| 기출개념 05 | Y결선과 △결선의 비교 | 88 |
| 기출개념 06 | 2전력계법 | 89 |
| 기출개념 07 | V결선 | 90 |
| 기출개념 08 | 다상 교류회로의 전압·전류·전력 | 91 |
| 기출개념 09 | 회전자계와 중성점의 전위 | 92 |
| ■ 단원 최근 빈출문제 | | 93 |

## CHAPTER 08 대칭 좌표법    기사 5.6% / 산업 6.0%

| 기출개념 01 | 비대칭 3상 전압의 대칭분 | 104 |
| 기출개념 02 | 각 상의 비대칭 전압·전류 | 105 |
| 기출개념 03 | 대칭 3상 전압을 a상 기준으로 한 대칭분 | 106 |
| 기출개념 04 | 불평형률 | 107 |
| 기출개념 05 | 고장 계산 | 108 |
| ■ 단원 최근 빈출문제 | | 109 |

## CHAPTER 09 비정현파 교류    기사 7.8% / 산업 7.3%

| 기출개념 01 | 푸리에 급수(Fourier series) | 114 |
| 기출개념 02 | 비정현파의 대칭성 | 115 |
| 기출개념 03 | 비정현파의 실효값 | 117 |
| 기출개념 04 | 왜형률 | 118 |
| 기출개념 05 | 비정현파의 전력 | 119 |
| 기출개념 06 | 비정현파의 단독회로 해석 | 120 |

| 기출개념 07 | 비정현파의 직렬회로 해석 | 121 |
- 단원 최근 빈출문제 122

## CHAPTER 10 2단자망   기사 2.8% / 산업 2.3%

| 기출개념 01 | 구동점 임피던스($Z(s)$) | 128 |
| 기출개념 02 | 영점과 극점 | 129 |
| 기출개념 03 | 2단자 회로망 구성법 | 130 |
| 기출개념 04 | 정저항 회로와 역회로 | 131 |
- 단원 최근 빈출문제 132

## CHAPTER 11 4단자망   기사 8.3% / 산업 8.0%

| 기출개념 01 | 임피던스 파라미터(parameter) | 136 |
| 기출개념 02 | 어드미턴스 파라미터(parameter) | 137 |
| 기출개념 03 | 하이브리드 $H$ 파라미터(hybrid $H$ parameter) | 138 |
| 기출개념 04 | $ABCD$ 파라미터(4단자 정수, $F$ 파라미터) | 139 |
| 기출개념 05 | 각종 회로의 4단자 정수 | 140 |
| 기출개념 06 | 이상 변압기의 4단자 정수 | 141 |
| 기출개념 07 | 영상 파라미터(parameter) | 142 |
| 기출개념 08 | 반복 파라미터(parameter) | 144 |
- 단원 최근 빈출문제 145

## CHAPTER 12 분포정수회로   기사 9.4% / 산업 0.0%

| 기출개념 01 | 분포정수회로의 특성 임피던스와 전파정수 | 152 |
| 기출개념 02 | 무손실 선로 | 153 |

| 기출개념 03 | 무왜형 선로 | 154 |
| 기출개념 04 | 유한장 선로 해석 | 155 |
| ■ 단원 최근 빈출문제 | | 156 |

## CHAPTER 13 라플라스 변환     기사 11.1% / 산업 8.6%

| 기출개념 01 | 기초 함수의 라플라스 변환 | 162 |
| 기출개념 02 | 기본 함수의 라플라스 변환표 | 163 |
| 기출개념 03 | 라플라스 변환 기본 정리 | 164 |
| 기출개념 04 | 복소추이 적용 함수의 라플라스 변환표 | 169 |
| 기출개념 05 | 기본 함수의 역라플라스 변환표 | 170 |
| 기출개념 06 | 완전제곱 꼴을 이용한 역라플라스 변환 | 171 |
| 기출개념 07 | 부분 분수에 의한 역라플라스 변환 | 172 |
| ■ 단원 최근 빈출문제 | | 173 |

## CHAPTER 14 전달함수     기사 6.8% / 산업 6.7%

| 기출개념 01 | 전달함수의 정의 및 전기회로의 전달함수 | 184 |
| 기출개념 02 | 미분방정식에 의한 전달함수 | 186 |
| 기출개념 03 | 제어요소의 전달함수 | 187 |
| 기출개념 04 | 자동제어계의 시간 응답 | 188 |
| ■ 단원 최근 빈출문제 | | 189 |

## CHAPTER 15 과도 현상     기사 8.3% / 산업 7.3%

| 기출개념 01 | $R-L$ 직렬회로 | 196 |
| 기출개념 02 | $R-C$ 직렬회로 | 198 |

| 기출개념 03 | $L-C$ 직렬회로에 직류 전압을 인가하는 경우 | 200 |
| 기출개념 04 | $R-L-C$ 직렬회로에 직류 전압을 인가하는 경우 | 201 |
| 기출개념 05 | $R-L$ 직렬회로에 교류 전압을 인가하는 경우 | 202 |
| 기출개념 06 | $R$, $L$, $C$ 소자의 시간에 대한 특성 | 203 |

■ 단원 최근 빈출문제   204

## 부 록

과년도 출제문제

# CHAPTER 01

# 직류회로

- **01** 전류, 전압, 전력의 의미
- **02** 전기저항과 옴의 법칙(Ohm's law)
- **03** 저항 직렬접속
- **04** 저항 병렬접속
- **05** 배율기와 분류기

출제비율
기 사 **2.8**%
산업기사 **5.7**

# CHAPTER 01 직류회로

## 기출개념 01 전류, 전압, 전력의 의미

(1) **전하량**($Q$) : 전하가 가지고 있는 전기의 양
  - 단위 : [C]

(2) **전류**($I$) : 전하의 이동으로 전류의 크기는 단위시간 동안 통과하는 전하량

$$i = \frac{dQ}{dt} [A]$$

  - 단위 : [A]=[C/s]
  - 전류 $i$[A]가 $t$초 동안 흘렀다면 이동한 전하량

$$Q = \int_0^t i\,dt\,[C]$$

  - 단위 : [C]=[A·s]=$\frac{1}{3,600}$[A·h]

(3) **전압**($V$) : 단위 정전하가 두 점 사이를 이동할 때 하는 일의 양

$$V = \frac{W}{Q} [V]$$

  - 단위 : [V]=[J/C]

(4) **전력**($P$) : 단위시간 동안 행한 전기적인 일

$$P = \frac{W}{t} = \frac{VQ}{t} = VI\,[W]$$

  - 단위 : [W]=[J/s]

(5) **전력량**($W$) : $P$[W]의 전력으로 $t$초 사이에 한 일

$$W = Pt = VIt\,[W·s]$$

  - 단위 : [J]=[W·s]

---

### 기·출·개·념 문제

**1.** $i = 3,000(2t + 3t^2)$[A]의 전류가 어떤 도선을 2[s] 동안 흘렀다. 통과한 전 전기량은 몇 [Ah]인가?  
　　　　　　　　　　　　　　　　　　　　　　　　　　　95 기사 / 06·97·94 산업

　① 1.33　　　　　　　　　　② 10
　③ 13.3　　　　　　　　　　④ 36

**(해설)** $Q = \int_0^2 3,000(2t + 3t^2)\,dt = 3,000[t^2 + t^3]_0^2 = 36,000[A·s] = 10[A·h]$

**답** ②

**2.** 1[kg·m/s]는 몇 [W]인가? (단, [kg]은 질량이다.)  
　　　　　　　　　　　　　　　　　　　　　　　　　　　97 기사 / 90 산업

　① 1　　　　　　　　　　　② 0.98
　③ 9.8　　　　　　　　　　④ 98

**(해설)** $P = \frac{W}{t}$[J/s]=[N·m/s]=[W]

　　　1[kg·m/s]=9.8[N·m/s]=9.8[W]

 ③

**2** 회로이론

## 기출개념 02 전기저항과 옴의 법칙(Ohm's law)

**(1) 전기저항($R$)**

① 전기저항 : $R = \rho \dfrac{l}{A} = \dfrac{l}{kA} [\Omega]$

② 고유저항 : $\rho = \dfrac{RA}{l} [\Omega \cdot m]$

③ 도전율 : $k = \dfrac{1}{\rho} [\mho/m]$

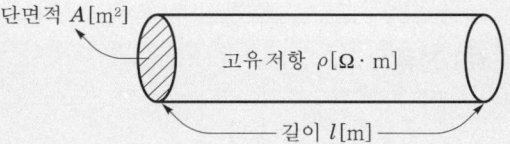

**(2) 컨덕턴스($G$)**

전기저항의 역수값, 단위 : [$\mho$], mho

$$G = \dfrac{1}{R} [\mho]$$

**(3) 옴의 법칙**

도체에 흐르는 전류는 도체의 양 끝 사이에 가한 전압(전위차)에 비례하고 도체의 저항에 반비례한다.

$$I = \dfrac{V}{R} [A], \quad V = IR [V], \quad R = \dfrac{V}{I} [\Omega]$$

---

**기·출·개·념 문제**

**1.** 옴의 법칙은 저항에 흐르는 전류와 전압의 관계를 나타낸 것이다. 회로의 저항이 일정할 때 전류는?  *17 산업*

① 전압에 비례한다.  ② 전압에 반비례한다.
③ 전압의 제곱에 비례한다.  ④ 전압의 제곱에 반비례한다.

(해설) 옴의 법칙 $I = \dfrac{V}{R}$, $V = RI$, $R = \dfrac{V}{I}$

즉, 전류는 전압에 비례하고, 전기저항에는 반비례한다.  **답 ①**

**2.** 일정 전압의 직류 전원에 저항을 접속하고 전류를 흘릴 때 이 전류값을 20[%] 증가시키기 위하여 저항값은 몇 배로 하여야 하는가?  *09·98 기사 / 12·92 산업*

① 1.25  ② 1.20  ③ 0.83  ④ 0.80

(해설) 전류값을 20[%] 증가시키면 저항은 반비례하므로 $\dfrac{1}{1.2}$ 배가 된다.

∴ $R_2 = \dfrac{1}{1.2} R_1 = 0.83 R_1$  **답 ③**

# CHAPTER 01 직류회로

## 기출개념 03 저항 직렬접속

(1) 합성저항

$$R_0 = R_1 + R_2 \, [\Omega]$$

(2) 전류

$$I = \frac{V}{R_1 + R_2} \, [A]$$

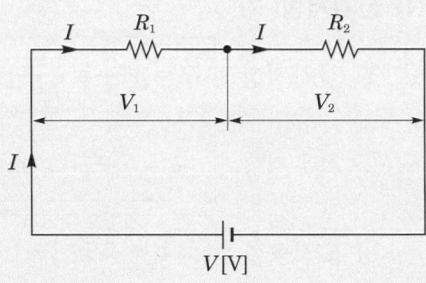

(3) 분압법칙(각 저항의 전압 강하)

$$V_1 = R_1 I = R_1 \frac{V}{R_1 + R_2} = \frac{R_1}{R_1 + R_2} V = \frac{G_2}{G_1 + G_2} V \, [V]$$

$$V_2 = R_2 I = R_2 \frac{V}{R_1 + R_2} = \frac{R_2}{R_1 + R_2} V = \frac{G_1}{G_1 + G_2} V \, [V]$$

---

### 기·출·개·념 문제

**1.** 회로에서 $V_{30}$과 $V_{15}$는 각각 몇 [V]인가?     16 산업

(회로도: 120[V] 전원, 30[Ω] 저항, 30[V] 전원, 15[Ω] 저항)

① $V_{30}=60$, $V_{15}=30$      ② $V_{30}=80$, $V_{15}=40$
③ $V_{30}=90$, $V_{15}=45$      ④ $V_{30}=120$, $V_{15}=60$

(해설) 전류 $i = \dfrac{120-30}{30+15} = 2 \, [A]$

∴ $V_{30} = 30 \times 2 = 60 \, [V]$, $V_{15} = 15 \times 2 = 30 \, [V]$

답 ①

**2.** 그림과 같은 회로에서 $G_2[\mho]$ 양단의 전압 강하 $E_2[V]$는?    18 산업

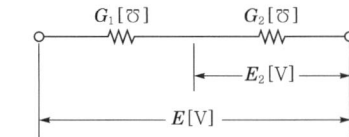

① $\dfrac{G_2}{G_1 + G_2} E$    ② $\dfrac{G_1}{G_1 + G_2} E$    ③ $\dfrac{G_1 G_2}{G_1 + G_2} E$    ④ $\dfrac{G_1 + G_2}{G_1 + G_2} E$

(해설) 분압법칙에 의해 $G_2$ 양단의 전압 강하를 구하면 $E_2 = \dfrac{G_1}{G_1 + G_2} E \, [V]$이다.

답 ②

## 기출개념 04 저항 병렬접속

(1) 합성저항

$$\frac{1}{R_0} = \frac{1}{R_1} + \frac{1}{R_2} [\mho]$$

$$R_0 = \frac{R_1 R_2}{R_1 + R_2} [\Omega]$$

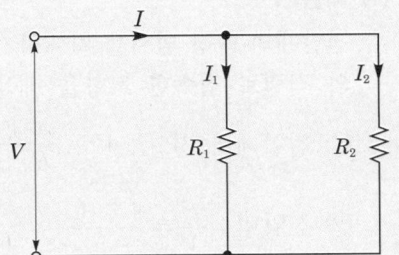

(2) 전전압

$$V = R_0 I = \frac{R_1 R_2}{R_1 + R_2} I [V]$$

(3) 분류법칙(각 저항에 흐르는 전류)

$$I_1 = \frac{V}{R_1} = \frac{1}{R_1} \frac{R_1 \cdot R_2}{R_1 + R_2} I = \boxed{\frac{R_2}{R_1 + R_2} I = \frac{G_1}{G_1 + G_2} I} [A]$$

$$I_2 = \frac{V}{R_2} = \frac{1}{R_2} \frac{R_1 \cdot R_2}{R_1 + R_2} I = \boxed{\frac{R_1}{R_1 + R_2} I = \frac{G_2}{G_1 + G_2} I} [A]$$

### 기·출·개·념 문제

**1.** 단자 a와 b 사이에 전압 30[V]를 가했을 때 전류 $I$가 3[A] 흘렀다고 한다. 저항 $r[\Omega]$은 얼마인가?  **19 산업**

① 5　　　② 10
③ 15　　④ 20

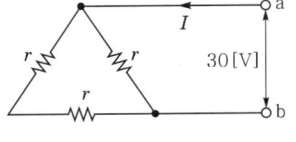

**(해설)** 합성저항 $R = \dfrac{V}{I} = \dfrac{30}{3} = 10[\Omega]$

$10 = \dfrac{r \cdot 2r}{r + 2r} = \dfrac{2}{3}r$

$\therefore r = 15[\Omega]$

**답** ③

**2.** 그림과 같은 회로의 컨덕턴스 $G_2$에 흐르는 전류 $i$는 몇 [A]인가?  **17 기사**

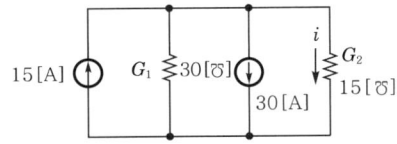

① -5　　② 5　　③ -10　　④ 10

**(해설)** 분류법칙에서 $G_2$에 흐르는 전류 $(i) = \dfrac{G_2}{G_1 + G_2} I = \dfrac{15}{30 + 15}(15 - 30) = -5[A]$

**답** ①

# CHAPTER 01 직류회로

## 기출개념 05 배율기와 분류기

**(1) 배율기**

전압계의 측정 범위를 확대하기 위해서 전압계와 직렬로 접속한 저항을 배율기라 한다.

① 전압계의 전압 : $V = \dfrac{r}{R_m + r} E$

② 전압비 : $\dfrac{E}{V} = \dfrac{r + R_m}{r}$

③ 배율기의 배율 : $\boxed{m = 1 + \dfrac{R_m}{r}}$

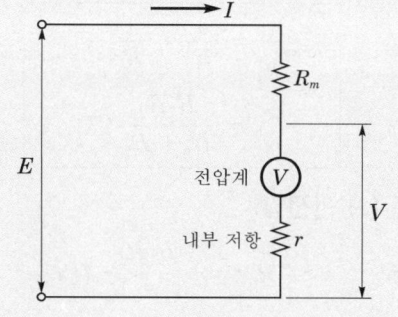

**(2) 분류기**

전류계의 측정 범위를 확대하기 위해서 전류계와 병렬로 접속한 저항을 분류기라 한다.

① 전류계에 흐르는 전류 : $I_a = \dfrac{R_s}{R_s + r} I$

② 전류비 : $\dfrac{I}{I_a} = \dfrac{R_s + r}{R_s}$

③ 분류기의 배율 : $\boxed{m = 1 + \dfrac{r}{R_s}}$

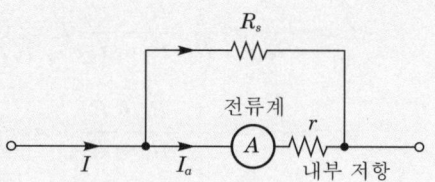

---

### 기·출·개념 문제

**1.** 최대 눈금이 50[V]인 직류 전압계가 있다. 이 전압계를 사용하여 150[V]의 전압을 측정하려면 배율기의 저항은 몇 [Ω]을 사용하여야 하는가? (단, 전압계의 내부 저항은 5,000[Ω]이다.)

03·02·01 산업

① 1,000  ② 2,500  ③ 5,000  ④ 10,000

**[해설]** $m = 1 + \dfrac{R_m}{r}$ 에서 $\dfrac{150}{50} = 1 + \dfrac{R_m}{5,000}$

∴ $R_m = 10,000[\Omega]$

**답** ④

**2.** 분류기를 사용하여 전류를 측정하는 경우 전류계의 내부 저항이 0.12[Ω], 분류기의 저항이 0.04[Ω]이면 그 배율은?

92 산업

① 3  ② 4  ③ 5  ④ 6

**[해설]** $m = 1 + \dfrac{r}{R_s} = 1 + \dfrac{0.12}{0.04} = 4$

**답** ②

# CHAPTER 01 직류회로

## 이런 문제가 시험에 나온다! 단원 최근 빈출문제

**01** $i = 3t^2 + 2t$[A]의 전류가 도선을 30초간 흘렀을 때 통과한 전체 전기량[Ah]은?     [16년 3회 기사]

① 4.25     ② 6.75
③ 7.75     ④ 8.25

**해설** $Q = \int_0^{30}(3t^2 + 2t)\,dt = [t^3 + t^2]_0^{30} = 27,900[\text{A}\cdot\text{s}]$

$= \dfrac{27,900}{3,600} = 7.75[\text{Ah}]$

### 기출 핵심 NOTE

**01** 전류에 의한 이동 전하량

$Q = \int_0^t i\,dt\,[\text{C}]$

단위 : $[\text{C}] = [\text{A}\cdot\text{s}] = \dfrac{1}{3,600}[\text{Ah}]$

---

**02** 그림과 같은 회로에서 $r_1$ 저항에 흐르는 전류를 최소로 하기 위한 저항 $r_2[\Omega]$은?     [17년 1회 산업]

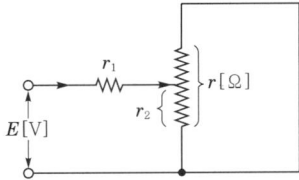

① $\dfrac{r_1}{2}$     ② $\dfrac{r}{2}$
③ $r_1$     ④ $r$

**해설** 전류를 최소로 하기 위해서는 합성저항이 최대이어야 하므로

합성저항 $R_0 = r_1 + \dfrac{(r-r_2)\cdot r_2}{(r-r_2)+r_2} = r_1 + \dfrac{rr_2 - r_2^2}{r}[\Omega]$

$\dfrac{d}{dr_2}\left(r_1 + \dfrac{rr_2 - r_2^2}{r}\right) = 0$

$r - 2r_2 = 0$

$\therefore r_2 = \dfrac{r}{2}[\Omega]$

**02** 옴의 법칙

$I = \dfrac{V}{R}[\text{A}]$

전류는 저항에 반비례한다.

---

**03** 회로에서의 전류 방향을 옳게 나타낸 것은?     [17년 3회 기사]

① 알 수 없다.
② 시계 방향이다.
③ 흐르지 않는다.
④ 반시계 방향이다.

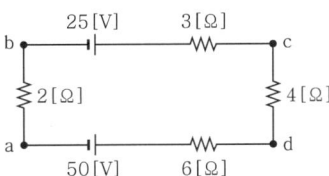

**03** 직류 전압

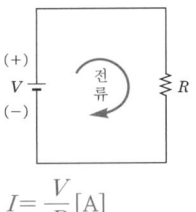

$I = \dfrac{V}{R}[\text{A}]$

**정답** 01. ③ 02. ② 03. ④

# CHAPTER 01 직류회로

**해설**

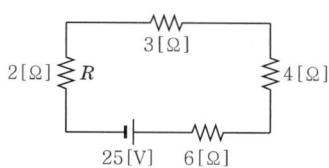

직류 전압원이 직렬로 연결되어 있으므로 합성하면
∴ 전류 방향은 반시계 방향이 된다.

## 04 다음과 같은 회로에서 a, b 양단의 전압은 몇 [V]인가? [19년 1회 산업]

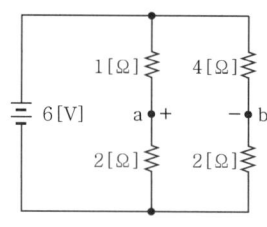

① 1
② 2
③ 2.5
④ 3.5

**기출 핵심 NOTE**

**04** 저항 병렬접속은 전압은 일정하고 전류가 분배된다.

**해설** 병렬은 전압이 일정하므로 각 회로에 흐르는 전류 $I_1$, $I_2$를 구하면 다음과 같다. 그림에서 a, b 양단의 전압은 $4-2=2[V]$이다.

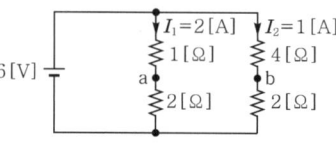

## 05 저항 $R$인 검류계 $G$에 그림과 같이 $r_1$인 저항을 병렬로, 또 $r_2$인 저항을 직렬로 접속하였을 때 A, B 단자 사이의 저항을 $R$과 같게 하고 또한 $G$에 흐르는 전류를 전전류의 $\frac{1}{n}$로 하기 위한 $r_1[\Omega]$의 값은? [16년 2회 산업]

① $\frac{n-1}{R}$
② $R\left(1-\frac{1}{n}\right)$
③ $\frac{R}{n-1}$
④ $R\left(1+\frac{1}{n}\right)$

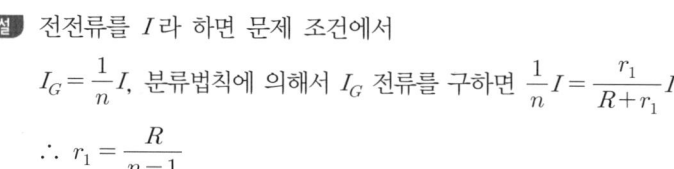

**05 분류법칙**
$$I_1 = \frac{R_2}{R_1+R_2}I[A]$$
$$I_2 = \frac{R_1}{R_1+R_2}I[A]$$

**해설** 전전류를 $I$라 하면 문제 조건에서
$I_G = \frac{1}{n}I$, 분류법칙에 의해서 $I_G$ 전류를 구하면 $\frac{1}{n}I = \frac{r_1}{R+r_1}I$
∴ $r_1 = \frac{R}{n-1}$

**정답** 04. ② 05. ③

**06** 그림과 같은 회로에서 저항 $r_1$, $r_2$에 흐르는 전류의 크기가 1 : 2의 비율이라면 $r_1$, $r_2$는 각각 몇 [Ω]인가? [17년 3회 산업]

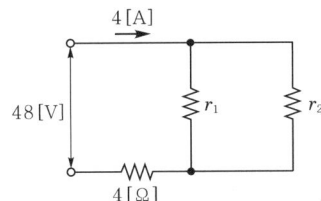

① $r_1=6$, $r_2=3$  ② $r_1=8$, $r_2=4$
③ $r_1=16$, $r_2=8$  ④ $r_1=24$, $r_2=12$

**해설** 전체 회로의 합성저항 $R_0 = \dfrac{V}{I} = \dfrac{48}{4} = 12$[Ω]이므로

$12 = 4 + \dfrac{r_1 r_2}{r_1 + r_2}$ ·············· ①

$r_1 : r_2 = 2 : 1$이므로

$r_1 = 2r_2$ ·············· ②

②식을 ①에 대입하면
∴ $r_1 = 24$[Ω], $r_2 = 12$[Ω]

**07** 내부 저항 0.1[Ω]인 건전지 10개를 직렬로 접속하고 이것을 한 조로 하여 5조 병렬로 접속하면 합성 내부 저항은 몇 [Ω]인가? [18년 1회 기사]

① 5  ② 1
③ 0.5  ④ 0.2

**해설** 합성저항 $\dfrac{1}{R_0} = \dfrac{1}{R_1} + \dfrac{1}{R_2} + \dfrac{1}{R_3} + \dfrac{1}{R_4} + \dfrac{1}{R_5}$

∴ $\dfrac{1}{R_0} = \dfrac{1}{1} + \dfrac{1}{1} + \dfrac{1}{1} + \dfrac{1}{1} + \dfrac{1}{1}$ [℧]

∴ $R_0 = \dfrac{1}{5} = 0.2$[Ω]

**08** 측정하고자 하는 전압이 전압계의 최대 눈금보다 클 때에 전압계에 직렬로 저항을 접속하여 측정 범위를 넓히는 것은? [18년 1회 산업]

① 분류기  ② 분광기
③ 배율기  ④ 감쇠기

**해설** 배율기
전압계의 측정 범위를 확대하기 위해서 전압계와 직렬로 접속한 저항을 배율기라 한다.

---

### 기출 핵심 NOTE

**06** • 저항 병렬접속
합성저항 $R_0 = \dfrac{R_1 R_2}{R_1 + R_2}$ [Ω]

• 옴의 법칙
전류 $I = \dfrac{V}{R}$ [A]
전류는 저항에 반비례한다.

**07** • 저항 직렬접속
합성저항
$R_0 = R_1 + R_2 + \cdots + R_m$ [Ω]

• 저항 병렬접속
합성저항
$\dfrac{1}{R_0} = \dfrac{1}{R_1} + \dfrac{1}{R_2} + \cdots + \dfrac{1}{R_m}$ [℧]

**08** • 배율기
전압계의 측정 범위를 확대하기 위해서 전압계와 직렬로 접속한 저항을 배율기라 함.

배율기 배율 $m = 1 + \dfrac{R_m}{r}$

• 분류기
전류계의 측정 범위를 확대하기 위해서 전류계와 병렬로 접속한 저항을 분류기라 함.

분류기 배율 $m = 1 + \dfrac{r}{R_s}$

**정답** 06. ④  07. ④  08. ③

# CHAPTER 01 직류회로

**09** 다음과 같은 회로에서 단자 a, b 사이의 합성저항[Ω]은?  [17년 3회 산업]

① $r$
② $\dfrac{1}{2}r$
③ $\dfrac{3}{2}r$
④ $3r$

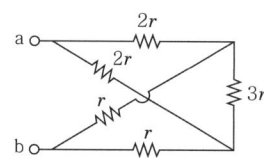

**해설**

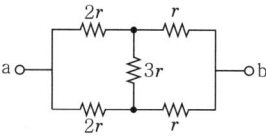

브리지 평형이므로 $3r$은 개방상태가 되어

합성저항 $R = \dfrac{(2r+r) \cdot (2r+r)}{(2r+r)+(2r+r)} = \dfrac{9r^2}{6r} = \dfrac{3}{2}r\,[\Omega]$

**기출 핵심 NOTE**

**09 브리지 평형**
브리지 평형조건이라 하면 전위차가 존재하지 않으므로 검류계에 전류가 흐르지 못하므로 개방상태로 보면 된다.

**10** 그림과 같이 $r=1[\Omega]$인 저항을 무한히 연결할 때 $a-b$에서의 합성저항은?  [16년 2회 기사]

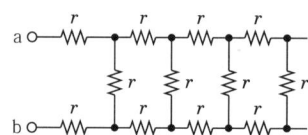

① $1+\sqrt{3}$
② $\sqrt{3}$
③ $1+\sqrt{2}$
④ $\infty$

**해설** 그림의 등가회로에서

$r_{ab} = 2r + \dfrac{r \cdot r_{ab}}{r + r_{ab}}$

$r \cdot r_{ab} + r_{ab}^2 = 2r^2 + 2r \cdot r_{ab} + r \cdot r_{ab}$

$r_{ab}^2 - 2r \cdot r_{ab} - 2r^2 = 0$

$\therefore r_{ab} = r \pm \sqrt{r^2 + 2r^2} = r(1 \pm \sqrt{3})$

여기서, $r_{ab} > 0$이어야 하고 $r=1[\Omega]$인 경우이므로

$\therefore r_{ab} = 1 \times (1+\sqrt{3}) = 1+\sqrt{3}\,[\Omega]$

**10 • 근의 공식**
$ax^2+bx+c=0$의 근
$x = \dfrac{-b \pm \sqrt{b^2-4ac}}{2a}$

**• 짝수 근의 공식**
$ax^2+2b'x+c=0$의 근
$x = \dfrac{-b' \pm \sqrt{b'^2-ac}}{a}$

**정답** 09. ③  10. ①

# CHAPTER 02
# 정현파 교류

- **01** 정현파 교류의 순시값
- **02** 정현파 교류의 크기
- **03** 여러 가지 파형의 평균값과 실효값
- **04** 파고율과 파형률
- **05** 정현파 교류의 합과 차
- **06** 복소수

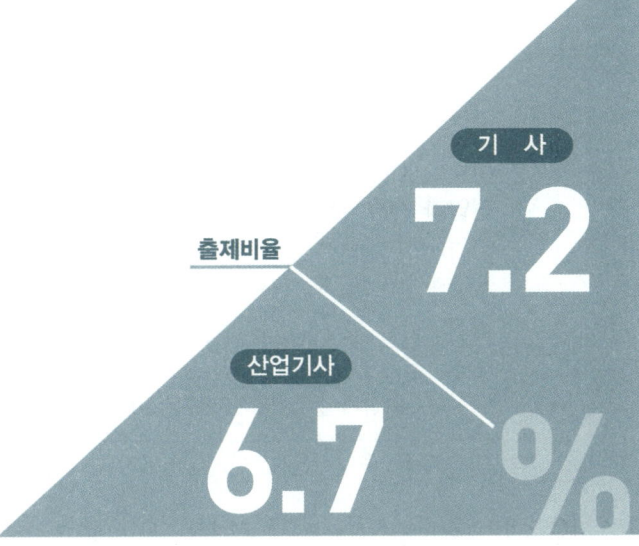

# CHAPTER 02 정현파 교류

## 기출개념 01 정현파 교류의 순시값

순시값 $v = V_m \sin\theta = V_m \sin\omega t$

(1) 주기($T$) : 1사이클에 대한 시간
  • 단위 : [s]

(2) 주파수($f$) : 1[s] 동안에 반복되는 사이클의 수
  • 단위 : [Hz]

(3) 주기와 주파수와의 관계

$$f = \frac{1}{T}[\text{Hz}], \quad T = \frac{1}{f}[\text{s}]$$

(4) 각주파수($\omega$) : 시간에 대한 각도의 변화율

$$\omega = \frac{\theta}{t} = \frac{2\pi}{T} = 2\pi f\,[\text{rad/s}]$$

(5) 위상과 위상차 : 주파수가 동일한 2개 이상 교류 사이의 시간적인 차이

$v = V_m \sin\omega t\,[\text{V}]$
$v_1 = V_m \sin(\omega t - \theta_1)\,[\text{V}]$
$v_2 = V_m \sin(\omega t + \theta_2)\,[\text{V}]$

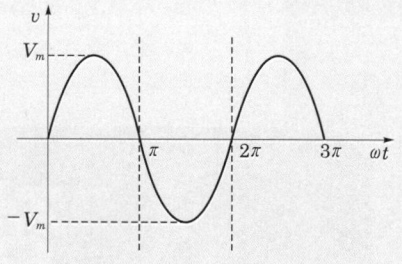

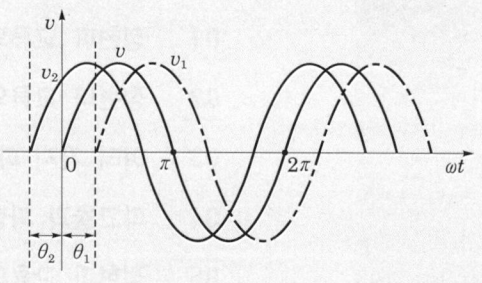

---

### 기·출·개·념 문제

**1.** $i = 20\sqrt{2}\sin\left(377t - \dfrac{\pi}{6}\right)$의 주파수는 약 몇 [Hz]인가?  　　　　　19 산업

  ① 50　　　　　　② 60
  ③ 70　　　　　　④ 80

  [해설] 각주파수 $\omega = 2\pi f = 377\,[\text{rad/s}]$
  ∴ 주파수 $f = \dfrac{377}{2\pi} = 60\,[\text{Hz}]$　　　　　　　답 ②

**2.** 어느 소자에 걸리는 전압은 $v = 3\cos 3t\,[\text{V}]$이고, 흐르는 전류 $i = -2\sin(3t + 10°)\,[\text{A}]$이다. 전압과 전류 간의 위상차는?　　　　　15 기사

  ① 10°　　　　　　② 30°
  ③ 70°　　　　　　④ 100°

  [해설] • 전압 : $v = 3\cos 3t = 3\sin(3t + 90°)$
  • 전류 : $i = -2\sin(3t + 10°) = 2\sin(3t + 190°)$
  ∴ 위상차 $\theta = 190° - 90° = 100°$　　　　　　　답 ④

## 기출개념 02 정현파 교류의 크기

### (1) 평균값(가동 코일형 계기로 측정)
교류 순시값의 1주기 동안의 평균을 취하여 교류의 평균값이라 한다.

$$V_{av} = \frac{1}{T}\int_0^T v\,dt\,[\text{V}],\quad I_{av} = \frac{1}{T}\int_0^T i\,dt\,[\text{A}]$$

평균값 $V_{av} = \dfrac{1}{\pi}\displaystyle\int_0^{\pi} V_m \sin\omega t\, d\omega t = \dfrac{V_m}{\pi}[-\cos\omega t]_0^{\pi} = \boxed{\dfrac{2V_m}{\pi} = 0.637 V_m}$

### (2) 실효값(열선형 계기로 측정)
교류를 직류화시켜 계산한 값으로 이를 대푯값으로 사용한다.

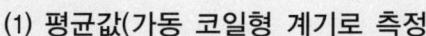

- 직류 전류의 소비전력 : $P_{DC} = I^2 R\,[\text{W}]$
- 교류 전류의 소비전력 : $P_{AC} = \dfrac{1}{T}\displaystyle\int_0^T i^2 R\,dt\,[\text{W}]$

실효값의 정의에 의해 $P_{DC} = P_{AC}$이므로 $I^2 R = \dfrac{1}{T}\displaystyle\int_0^T i^2 R\,dt,\ I^2 = \dfrac{1}{T}\displaystyle\int_0^T i^2\,dt$

$$I = \sqrt{\frac{1}{T}\int_0^T i^2\,dt}\,[\text{A}],\quad V = \sqrt{\frac{1}{T}\int_0^T v^2\,dt}\,[\text{V}]$$

실효값 $V = \sqrt{\dfrac{1}{2\pi}\displaystyle\int_0^{2\pi}(V_m \sin\omega t)^2\,d\omega t} = \sqrt{\dfrac{V_m^2}{2\pi}\displaystyle\int_0^{2\pi}\dfrac{1-\cos 2\omega t}{2}\,d\omega t}$

$= \sqrt{\dfrac{V_m^2}{4\pi}\left[\omega t - \dfrac{\sin 2\omega t}{2}\right]_0^{2\pi}} = \boxed{\dfrac{V_m}{\sqrt{2}} = 0.707 V_m}$

---

**기·출·개·념 문제**

**1.** 어떤 정현파 전압의 평균값이 191[V]이면 최댓값[V]은?  03·92 기사 / 00·96·93 산업

① 약 150  ② 약 250  ③ 약 300  ④ 약 400

**[해설]** $V_{av} = \dfrac{2}{\pi}V_m = 0.637 V_m$

∴ $V_m = \dfrac{191}{0.637} ≒ 300\,[\text{V}]$  **답 ③**

**2.** 어떤 정현파 교류 전압의 실효값이 314[V]일 때 평균값은 약 몇 [V]인가?  19 산업

① 142  ② 283  ③ 365  ④ 382

**[해설]** 평균값 $V_{av} = \dfrac{2}{\pi}V_m = \dfrac{2}{\pi}\sqrt{2}\,V = \dfrac{2\sqrt{2}}{\pi}\times 314 = 283\,[\text{V}]$  **답 ②**

# CHAPTER 02 정현파 교류

## 기출개념 03 여러 가지 파형의 평균값과 실효값

(1) 정현파 또는 전파

① 평균값 : $V_{av} = \dfrac{2}{\pi} V_m = 0.637 V_m$

② 실효값 : $V = \dfrac{1}{\sqrt{2}} V_m = 0.707 V_m$

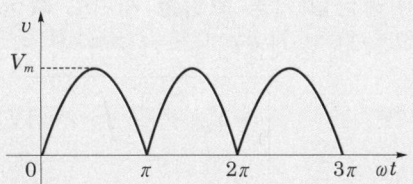

(2) 반파(정현 반파)

① 평균값 : $V_{av} = \dfrac{1}{\pi} V_m$

② 실효값 : $V = \dfrac{1}{2} V_m$

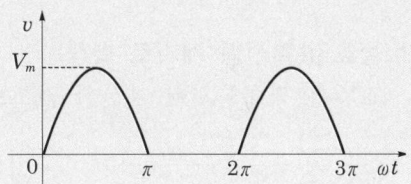

(3) 맥류파(반구형파)

① 평균값 : $V_{av} = \dfrac{1}{2} V_m$

② 실효값 : $V = \dfrac{1}{\sqrt{2}} V_m$

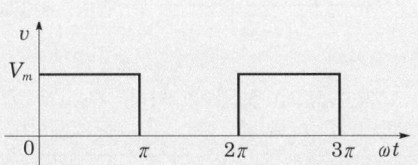

(4) 삼각파 또는 톱니파

① 평균값 : $V_{av} = \dfrac{1}{2} V_m$

② 실효값 : $V = \dfrac{1}{\sqrt{3}} V_m$

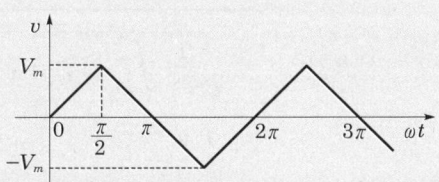

(5) 제형파

① 평균값 : $V_{av} = \dfrac{2}{3} V_m$

② 실효값 : $V = \dfrac{\sqrt{5}}{3} V_m$

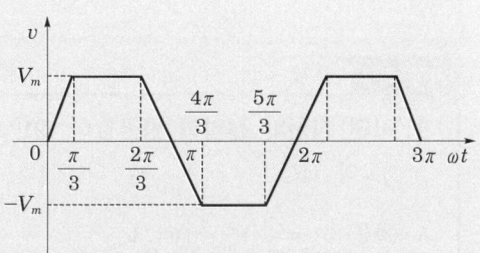

(6) 구형파

① 평균값 : $V_{av} = V_m$

② 실효값 : $V = V_m$

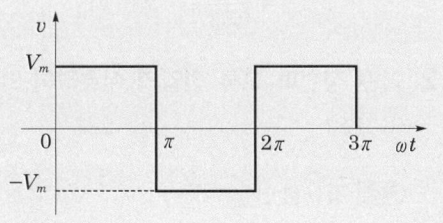

기·출·개념 문제

**1.** 그림과 같은 $i = I_m \sin \omega t$인 정현파 교류의 반파 정류 파형의 실효값은?

18·16·04·99·94 산업 / 19 기사

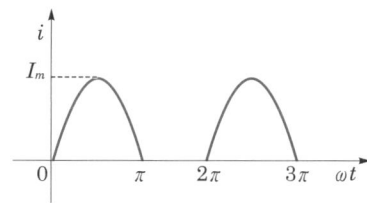

① $\dfrac{I_m}{\sqrt{2}}$    ② $\dfrac{I_m}{\sqrt{3}}$    ③ $\dfrac{I_m}{2\sqrt{2}}$    ④ $\dfrac{I_m}{2}$

[해설] 반파 정류파의 실효값 및 평균값은 $I = \dfrac{1}{2}I_m$, $I_{av} = \dfrac{1}{\pi}I_m$에서 실효값 $I = \dfrac{1}{2}I_m$    **답** ④

**2.** 그림과 같은 파형의 실효값은?

91 기사 / 02·00·97·90 산업

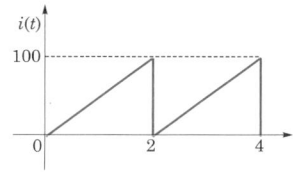

① 47.7    ② 57.7    ③ 67.7    ④ 77.5

[해설] 삼각파·톱니파의 실효값 및 평균값은 $I = \dfrac{1}{\sqrt{3}}I_m$, $I_{av} = \dfrac{1}{2}I_m$에서

실효값 $I = \dfrac{1}{\sqrt{3}} \times 100 = 57.7\,[\mathrm{A}]$    **답** ②

**3.** 삼각파의 최댓값이 1이라면 실효값, 평균값은 각각 얼마인가?

11·04·93 기사

① $\dfrac{1}{\sqrt{2}}$, $\dfrac{1}{\sqrt{3}}$    ② $\dfrac{1}{\sqrt{3}}$, $\dfrac{1}{2}$    ③ $\dfrac{1}{\sqrt{2}}$, $\dfrac{1}{2}$    ④ $\dfrac{1}{\sqrt{2}}$, $\dfrac{1}{3}$

[해설] **삼각파의 실효값과 평균값, 최댓값과의 관계**

실효값 $V = \dfrac{1}{\sqrt{3}}V_m$, 평균값 $V_{av} = \dfrac{1}{2}V_m$, 최댓값 $V_m = 1$이므로

실효값 $V = \dfrac{1}{\sqrt{3}}$, 평균값 $V_{av} = \dfrac{1}{2}$    **답** ②

**4.** 정현파 교류의 평균값에 어떠한 수를 곱하면 실효값을 얻을 수 있는가?

15 기사 / 98 산업

① $\dfrac{2\sqrt{2}}{\pi}$    ② $\dfrac{\sqrt{3}}{2}$    ③ $\dfrac{2}{\sqrt{3}}$    ④ $\dfrac{\pi}{2\sqrt{2}}$

[해설] $V_{av} = \dfrac{2}{\pi}V_m$에서 $V_m = \dfrac{\pi}{2}V_{av}$

따라서, 실효값 $V = \dfrac{1}{\sqrt{2}}V_m = \dfrac{1}{\sqrt{2}} \cdot \dfrac{\pi}{2}V_{av} = \dfrac{\pi}{2\sqrt{2}}V_{av}$    **답** ④

제2장 정현파 교류

# CHAPTER 02 정현파 교류

## 기출개념 04 파고율과 파형률

(1) **파고율** : 실효값에 대한 최댓값의 비율

$$\text{파고율} = \frac{\text{최댓값}}{\text{실효값}}$$

(2) **파형률** : 평균값에 대한 실효값의 비율

$$\text{파형률} = \frac{\text{실효값}}{\text{평균값}}$$

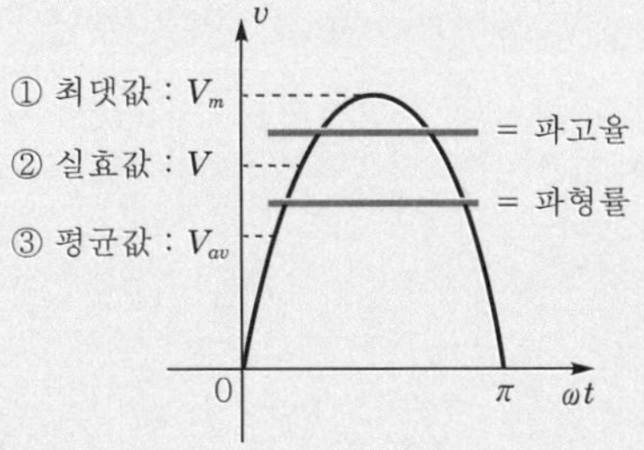

① 최댓값 : $V_m$
② 실효값 : $V$
③ 평균값 : $V_{av}$

= 파고율
= 파형률

(3) 정현파의 파고율과 파형률

① 파고율 $= \dfrac{\text{최댓값}}{\text{실효값}} = \dfrac{V_m}{\dfrac{V_m}{\sqrt{2}}} = \sqrt{2} = 1.414$

② 파형률 $= \dfrac{\text{실효값}}{\text{평균값}} = \dfrac{\dfrac{V_m}{\sqrt{2}}}{\dfrac{2V_m}{\pi}} = \dfrac{\pi}{2\sqrt{2}} = 1.111$

(4) 구형파의 파고율과 파형률
구형파의 경우 최댓값 = 실효값 = 평균값이므로 파고율과 파형률 모두가 1이다.

---

### 기·출·개·념 문제

**1.** 그림과 같은 파형의 파고율은?     13·00·92·89 기사 / 11 산업

① $\sqrt{2}$   ② $\sqrt{3}$
③ 2    ④ 3

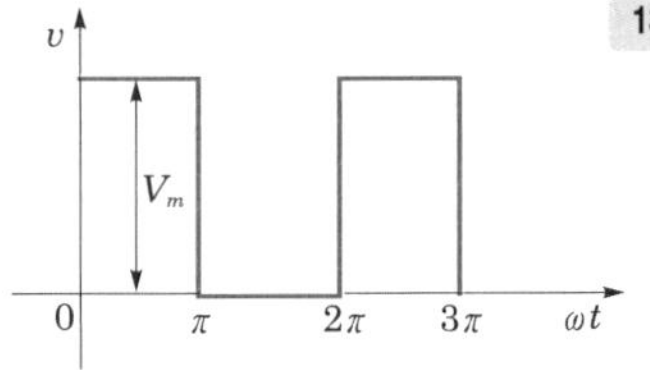

(해설) 파고율 $= \dfrac{\text{최댓값}}{\text{실효값}} = \dfrac{V_m}{\dfrac{V_m}{\sqrt{2}}} = \sqrt{2}$

답 ①

**2.** 파고율이 2가 되는 파형은?     12·07·03·94 기사 / 08·05·98·92 산업

① 정현파   ② 톱니파   ③ 반파 정류파   ④ 전파 정류파

(해설) 반파 정류파의 파고율 $= \dfrac{\text{최댓값}}{\text{실효값}} = \dfrac{V_m}{\dfrac{1}{2}V_m} = 2$

답 ③

**3.** 구형파의 파형률과 파고율은?     03 기사 / 15·07·05·03·01·94·93 산업

① 1, 0   ② 2, 0   ③ 1, 1   ④ 0, 1

(해설) 구형파는 평균값, 실효값, 최댓값이 같으므로
파형률 $= \dfrac{\text{실효값}}{\text{평균값}}$, 파고율 $= \dfrac{\text{최댓값}}{\text{실효값}}$ 이므로 구형파는 파형률, 파고율이 모두 1이 된다.

답 ③

## 정현파 교류의 합과 차

$v_1 = \sqrt{2}\, V_1 \sin(\omega t + \theta_1)$, $v_2 = \sqrt{2}\, V_2 \sin(\omega t + \theta_2)$일 때

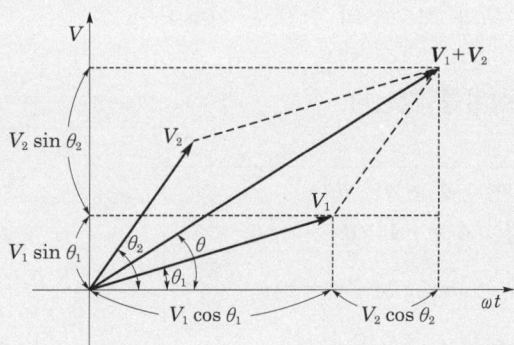

$v = v_1 \pm v_2 = \sqrt{2}\, V \sin(\omega t + \theta)$

① 크기

$$V = \sqrt{V_1^2 + V_2^2 \pm 2V_1 V_2 \cos(\theta_1 - \theta_2)}$$
$$= \sqrt{V_1^2 + V_2^2 \pm 2V_1 V_2 \cos\theta}\ (+ : 합,\ - : 차)$$

여기서, $\theta = \theta_1 - \theta_2$로 위상차가 된다.

② 편각(위상각)

$$\theta = \tan^{-1} \frac{V_1 \sin\theta_1 \pm V_2 \sin\theta_2}{V_1 \cos\theta_1 \pm V_2 \cos\theta_2}\ [\text{rad}](+ : 합,\ - : 차)$$

---

**기·출·개념 문제**

**1.** $v_1 = 20\sqrt{2}\sin\omega t$, $v_2 = 50\sqrt{2}\cos\left(\omega t - \dfrac{\pi}{6}\right)$일 때 $v_1 + v_2$의 실효값[V]은?   14·00 산업

① $\sqrt{3,900}$ ② $\sqrt{3,400}$
③ $\sqrt{2,900}$ ④ $\sqrt{2,400}$

(해설) $|V_1 + V_2| = \sqrt{V_1^2 + V_2^2 + 2V_1 V_2 \cos\theta}$ (위상차 $\theta = \dfrac{\pi}{3} = 60°$)
$= \sqrt{20^2 + 50^2 + 2 \times 20 \times 50 \cos 60°} = \sqrt{3,900}$ [V]

**답** ①

**2.** $e_1 = 6\sqrt{2}\sin\omega t$[V], $e_2 = 4\sqrt{2}\sin(\omega t - 60°)$[V]일 때 $e_1 - e_2$의 실효값[V]은?   16 산업

① $2\sqrt{2}$ ② $4$
③ $2\sqrt{7}$ ④ $2\sqrt{13}$

(해설) $|E_1 - E_2| = \sqrt{E_1^2 + E_2^2 - 2E_1 E_2 \cos\theta}$ (위상차 $\theta = 60°$)
$= \sqrt{6^2 + 4^2 - 2 \times 6 \times 4 \cos 60°} = \sqrt{28} = 2\sqrt{7}$

**답** ③

# CHAPTER 02 정현파 교류

## 기출개념 06 복소수

**(1) 복소수 표현**
① 복소수 : 실수부와 허수부의 합으로 이루어진 수
② 허수 : 제곱을 하여 $-1$이 되는 수로서 $\sqrt{-1}$ 이며 이를 $j$로 표현하며 이는 실수와는 $90°$의 위상차를 갖는다.
③ 표시법

> ㉠ 직각좌표형 : $\boldsymbol{A} = a + jb$
> ㉡ 극좌표형 : $\boldsymbol{A} = |A|\underline{/\theta}$
> (단, $|A| = \sqrt{a^2 + b^2}$, $\theta = \tan^{-1}\dfrac{b}{a}$)
> ㉢ 지수함수형 : $\boldsymbol{A} = |A|e^{j\theta}$
> ㉣ 삼각함수형 : $\boldsymbol{A} = |A|(\cos\theta + j\sin\theta)$

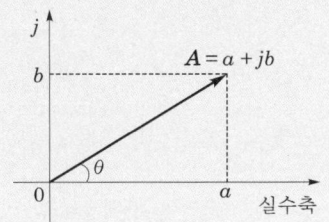

**(2) 복소수 연산**
① 복소수의 합과 차 : 직각좌표형인 경우 실수부는 실수부끼리, 허수부는 허수부끼리 더하고 뺀다.
$\boldsymbol{Z}_1 = a + jb$, $\boldsymbol{Z}_2 = c + jd$로 주어지는 경우
$\boldsymbol{Z}_1 \pm \boldsymbol{Z}_2 = (a \pm c) + j(b \pm d)$
② 복소수의 곱과 나눗셈 : 극좌표형으로 바꾸어 곱셈의 경우는 크기는 곱하고 각도는 더하며, 나눗셈의 경우는 크기는 나누고 각도는 뺀다.

> ㉠ $\boldsymbol{Z}_1 \times \boldsymbol{Z}_2 = |Z_1|\underline{/\theta_1} \times |Z_2|\underline{/\theta_2} = |Z_1||Z_2|\underline{/\theta_1 + \theta_2}$
> ㉡ $\dfrac{\boldsymbol{Z}_1}{\boldsymbol{Z}_2} = \dfrac{|Z_1|\underline{/\theta_1}}{|Z_2|\underline{/\theta_2}} = \dfrac{|Z_1|}{|Z_2|}\underline{/\theta_1 - \theta_2}$

---

**기·출·개념 문제**

**1.** $v = 100\sqrt{2}\sin\left(\omega t + \dfrac{\pi}{3}\right)$를 복소수로 표시하면?   **16 기사 / 08·05 산업**

① $50\sqrt{3} + j50\sqrt{3}$   ② $50 + j50\sqrt{3}$   ③ $50 + j50$   ④ $50\sqrt{3} + j50$

**(해설)** $V = 100\underline{/\dfrac{\pi}{3}} = 100(\cos 60° + j\sin 60°) = 100\left(\dfrac{1}{2} + j\dfrac{\sqrt{3}}{2}\right) = 50 + j50\sqrt{3}$   **답 ②**

**2.** 어떤 회로의 전압 및 전류가 $V = 10\underline{/60°}$[V], $I = 5\underline{/30°}$[A]일 때 이 회로의 임피던스 $Z$[Ω]는?   **05·04·99 산업**

① $\sqrt{3} + j$   ② $\sqrt{3} - j$   ③ $1 + j\sqrt{3}$   ④ $1 - j\sqrt{3}$

**(해설)** $Z = \dfrac{V}{I} = \dfrac{10\underline{/60°}}{5\underline{/30°}} = 2\underline{/60° - 30°} = 2\underline{/30°} = 2(\cos 30° + j\sin 30°) = \sqrt{3} + j$ [Ω]   **답 ①**

# CHAPTER 02 정현파 교류

## 이런 문제가 시험에 나온다! 단원 최근 빈출문제

**01** 그림과 같은 파형의 전압 순시값은? [17년 2회 기사]

① $100\sin\left(\omega t + \dfrac{\pi}{6}\right)$
② $100\sqrt{2}\sin\left(\omega t + \dfrac{\pi}{6}\right)$
③ $100\sin\left(\omega t - \dfrac{\pi}{6}\right)$
④ $100\sqrt{2}\sin\left(\omega t - \dfrac{\pi}{6}\right)$

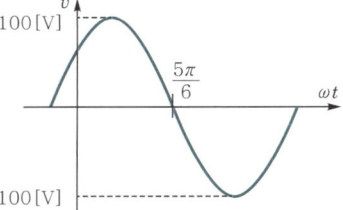

**해설** 전압의 순시값 $v = V_m \sin(\omega t \pm \theta)$
- 최댓값 $V_m = 100[\text{V}]$
- 파형에서 위상을 계산하면 $\pi - \dfrac{5\pi}{6} = \dfrac{\pi}{6}$ 만큼 앞선다.

∴ $v = 100\sin\left(\omega t + \dfrac{\pi}{6}\right)$

### 기출 핵심 NOTE

**01** 교류 전압의 순시값
$v = V_m \sin(\omega t \pm \theta)$
- $+\theta$ : 위상이 $\theta$만큼 앞선다.
- $-\theta$ : 위상이 $\theta$만큼 뒤진다.

---

**02** 2개의 교류 전압 $v_1 = 141\sin(120\pi t - 30°)[\text{V}]$와 $v_2 = 150\cos(120\pi t - 30°)[\text{V}]$의 위상차를 시간으로 표시하면 몇 초인가? [14년 3회 기사]

① $\dfrac{1}{60}$
② $\dfrac{1}{120}$
③ $\dfrac{1}{240}$
④ $\dfrac{1}{360}$

**해설** 위상차 $\theta = 60° - (-30°) = 90° = \dfrac{\pi}{2}$

∴ 시간 $t = \dfrac{T}{4} = \dfrac{1}{4f} = \dfrac{1}{4 \times 60} = \dfrac{1}{240}[\text{s}]$

**02** $\cos\omega t$와 $\sin\omega t$와의 관계
$\cos\omega t = \sin(\omega t + 90°)$

---

**03** 전류 $\sqrt{2}\,I\sin(\omega t + \theta)[\text{A}]$와 기전력 $\sqrt{2}\,V\cos(\omega t - \phi)[\text{V}]$ 사이의 위상차는? [15년 2회 기사]

① $\dfrac{\pi}{2} - (\phi - \theta)$
② $\dfrac{\pi}{2} - (\phi + \theta)$
③ $\dfrac{\pi}{2} + (\phi + \theta)$
④ $\dfrac{\pi}{2} + (\phi - \theta)$

**해설** 기전력 $v = \sqrt{2}\,V\cos(\omega t - \phi) = \sqrt{2}\,V\sin(\omega t + 90° - \phi)$

∴ 위상차 $\theta = (90° - \phi) - \theta = \dfrac{\pi}{2} - (\phi + \theta)$

**03** $\cos\omega t$와 $\sin\omega t$와의 관계
$\cos\omega t = \sin(\omega t + 90°)$

**정답** 01.① 02.③ 03.②

# CHAPTER 02 정현파 교류

**04** 다음 중 $e = E_m \cos\left(100\pi t - \dfrac{\pi}{3}\right)$[V]와 $i = I_m \sin\left(100\pi t + \dfrac{\pi}{4}\right)$[A]의 위상차를 시간으로 나타내면 약 몇 초인가?

[18·16년 3회 산업]

① $3.33 \times 10^{-4}$  ② $4.33 \times 10^{-4}$
③ $6.33 \times 10^{-4}$  ④ $8.33 \times 10^{-4}$

**해설**
$e = E_m \cos\left(100\pi t - \dfrac{\pi}{3}\right) = E_m \sin\left(100\pi t + \dfrac{\pi}{2} - \dfrac{\pi}{3}\right)$
$= E_m \sin\left(100\pi t + \dfrac{\pi}{6}\right)$

위상차 $\theta = \dfrac{\pi}{4} - \dfrac{\pi}{6} = \dfrac{3\pi}{12} - \dfrac{2\pi}{12} = \dfrac{\pi}{12}$

∴ $\theta = \omega t$에서 $t = \dfrac{\theta}{\omega} = \dfrac{\dfrac{\pi}{12}}{100\pi} = \dfrac{1}{1,200} = 8.33 \times 10^{-4}$[s]

**기출 핵심 NOTE**

**04** • 위상차
$\theta = \omega t$
• 시간
$t = \dfrac{\theta}{\omega} = \dfrac{\theta}{2\pi f}$[s]

**05** 정현파 교류 전압의 평균값은 최댓값의 약 몇 [%]인가?

[14년 3회 기사]

① 50.1  ② 63.7
③ 70.7  ④ 90.1

**해설**
평균값 $V_{av} = \dfrac{1}{\pi}\displaystyle\int_0^\pi V_m \sin\omega t\, d\omega t = \dfrac{2}{\pi} V_m ≒ 0.637 V_m$

∴ 63.7[%]

**05** • 정현파의 평균값
$V_{av} = \dfrac{2}{\pi} V_m = 0.637 V_m$
• 정현파의 실효값
$V = \dfrac{1}{\sqrt{2}} V_m = 0.707 V_m$

**06** 그림과 같이 주기가 $3s$인 전압파형의 실효값은 약 몇 [V]인가?

[18년 1회 산업]

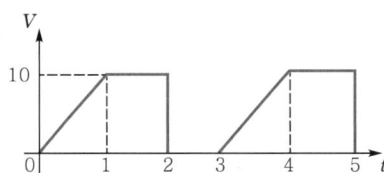

① 5.67  ② 6.67
③ 7.57  ④ 8.57

**해설**
$V = \sqrt{\dfrac{1}{3}\left\{\displaystyle\int_0^1 (10t)^2 dt + \int_1^2 10^2 dt\right\}}$
$= \sqrt{\dfrac{1}{3}\left\{\left[\dfrac{100}{3}t^3\right]_0^1 + [100t]_1^2\right\}}$
$= 6.67$[V]

**06** 실효값
$V = \sqrt{\dfrac{1}{T}\displaystyle\int_0^T v^2 dt}$
순시값 제곱의 평균의 평방근

**정답** 04. ④  05. ②  06. ②

**07** 다음과 같은 왜형파의 실효값은?  [15년 1회 기사]

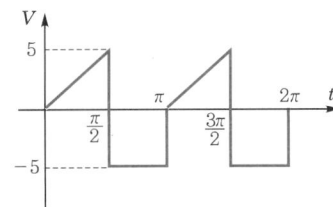

① $5\sqrt{2}$
② $\dfrac{10}{\sqrt{6}}$
③ 15
④ 35

**해설** 실효값 $V=\sqrt{\dfrac{1}{T}\displaystyle\int_0^T v^2 dt}$

$\therefore V=\sqrt{\dfrac{1}{\pi}\left\{\displaystyle\int_0^{\frac{\pi}{2}}\left(\dfrac{10}{\pi}t\right)^2 dt+\displaystyle\int_{\frac{\pi}{2}}^{\pi}(-5)^2 dt\right\}}$

$=\sqrt{\dfrac{1}{\pi}\left\{\left[\dfrac{100}{\pi^2}\cdot\dfrac{1}{3}t^3\right]_0^{\frac{\pi}{2}}+[25t]_{\frac{\pi}{2}}^{\pi}\right\}}$

$=\sqrt{\dfrac{1}{\pi}\left(\dfrac{100}{24}\pi+\dfrac{25}{2}\pi\right)}=\sqrt{\dfrac{400}{24}}=\sqrt{\dfrac{100}{6}}=\dfrac{10}{\sqrt{6}}$

**07 실효값**

$V=\sqrt{\dfrac{1}{T}\displaystyle\int_0^T v^2 dt}$

**08** 그림과 같은 파형의 파고율은?  [16・18년 3회 기사]

① 0.707
② 1.414
③ 1.732
④ 2.000

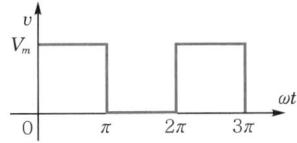

**해설** 파고율 $=\dfrac{최댓값}{실효값}=\dfrac{V_m}{\dfrac{V_m}{\sqrt{2}}}=\sqrt{2}=1.414$

**08 맥류파(반구형파)**

• 실효값 : $V=\dfrac{1}{\sqrt{2}}V_m$

• 평균값 : $V_{av}=\dfrac{1}{2}V_m$

**09** 그림과 같은 파형의 파고율은?  [17년 1회 기사]

① 1
② 2
③ $\sqrt{2}$
④ $\sqrt{3}$

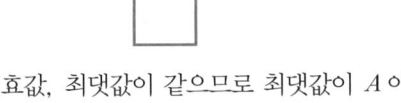

**해설** 구형파는 평균값, 실효값, 최댓값이 같으므로 최댓값이 $A$이면 평균값, 실효값도 $A$가 된다.

$\therefore$ 파고율 $=\dfrac{최댓값}{실효값}=\dfrac{A}{A}=1$

**09 구형파**

• 실효값 : $V=V_m$

• 평균값 : $V_{av}=V_m$

**정답** 07. ② 08. ② 09. ①

# CHAPTER 02 정현파 교류

**10** 구형파의 파형률 ( ㉠ )과 파고율 ( ㉡ )은? [19년 2회 산업]

① ㉠ 1, ㉡ 0
② ㉠ 1.11, ㉡ 1.414
③ ㉠ 1, ㉡ 1
④ ㉠ 1.57, ㉡ 2

**해설** 구형파는 평균값, 실효값, 최댓값이 같고 파형률 $=\dfrac{실효값}{평균값}$, 파고율 $=\dfrac{최댓값}{실효값}$이므로 구형파는 파형률, 파고율이 모두 1이 된다.

**기출 핵심 NOTE**

**10 구형파**
평균값, 실효값, 최댓값의 크기가 같아 파고율, 파형률이 모두 1이 된다.

**11** $e_1 = 6\sqrt{2}\sin\omega t[V]$, $e_2 = 4\sqrt{2}\sin(\omega t - 60°)[V]$일 때, $e_1 - e_2$의 실효값[V]은? [19년 2회 산업]

① 4
② $2\sqrt{2}$
③ $2\sqrt{7}$
④ $2\sqrt{13}$

**해설** $e_1 - e_2$의 실효값
$|e_1 - e_2| = \sqrt{E_1^2 + E_2^2 - 2E_1 E_2 \cos\theta}$
$= \sqrt{6^2 + 4^2 - 2 \times 6 \times 4 \cos 60°}$
$= \sqrt{28} = 2\sqrt{7}\,[V]$

**11 정현파 교류의 차의 크기**
$|e_1 - e_2|$
$= \sqrt{E_1^2 + E_2^2 - 2E_1 E_2 \cos\theta}$
여기서, $\theta = \theta_1 - \theta_2$
　　　: $e_1$, $e_2$의 위상차

**12** 정현파 교류 $i = 10\sqrt{2}\sin\left(\omega t + \dfrac{\pi}{3}\right)$를 복소수의 극좌표 형식인 페이저(phasor)로 나타내면? [19년 3회 산업]

① $10\sqrt{2}\underline{/\dfrac{\pi}{3}}$
② $10\sqrt{2}\underline{/-\dfrac{\pi}{3}}$
③ $10\underline{/\dfrac{\pi}{3}}$
④ $10\underline{/-\dfrac{\pi}{3}}$

**해설** $I = 10\underline{/\dfrac{\pi}{3}} = 10\left(\cos\dfrac{\pi}{3} + j\sin\dfrac{\pi}{3}\right) = 5 + j5\sqrt{3}$

**12 복소수 표시법**
• 극좌표형
　$I = 10\underline{/60°}$
• 삼각함수형
　$I = 10(\cos 60° + j\sin 60°)$
• 직각좌표형
　$I = 5 + j5\sqrt{3}$

**13** 임피던스 $Z = 15 + j4[\Omega]$의 회로에 $I = 5(2+j)[A]$의 전류를 흘리는 데 필요한 전압 $V[V]$는? [16년 3회 산업]

① $10(26 + j23)$
② $10(34 + j23)$
③ $5(26 + j23)$
④ $5(34 + j23)$

**해설** $V = ZI = (15 + j4) \cdot 5(2+j) = 5(26 + j23)$

**13 $j$의 크기**
• $j^2 = -1$
• $j^3 = -j$
• $j^4 = 1$

**정답** 10.③　11.③　12.③　13.③

# CHAPTER 03
## 기본 교류회로

- **01** 저항($R$)만의 회로
- **02** 인덕턴스($L$)만의 회로
- **03** 커패시턴스($C$)만의 회로
- **04** $R-L$ 직렬회로
- **05** $R-C$ 직렬회로
- **06** $R-L-C$ 직렬회로
- **07** $R-L$ 병렬회로
- **08** $R-C$ 병렬회로
- **09** $R-L-C$ 병렬회로
- **10** 직렬 공진회로
- **11** 이상적인 병렬 공진회로
- **12** 일반적인 병렬 공진회로

출제비율
기 사 **7.8**
산업기사 **8.0** %

# CHAPTER 03 기본 교류회로

## 기출개념 01 저항($R$)만의 회로

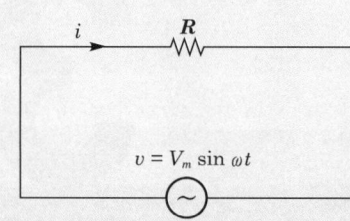

① 순시전류

$$i = \frac{v}{R} = \frac{V_m}{R}\sin\omega t = I_m \sin\omega t\,[A]$$

② 전압과 전류의 파형

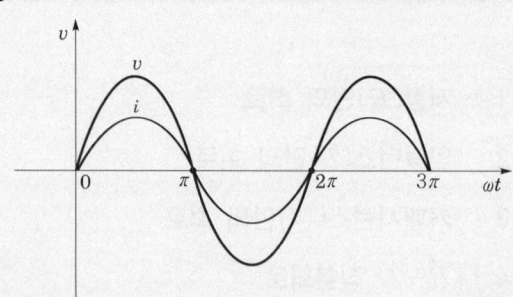

③ 전압, 전류의 위상차
전압, 전류의 위상차는 동상이다.

④ 기호법

$$\boxed{V = R \cdot I\,[V],\quad I = \frac{V}{R}\,[A]}$$

---

**기·출·개·념 문제**

**1.** 2단자 회로 소자 중에서 인가한 전류파형과 동위상의 전압파형을 얻을 수 있는 것은? 17 산업

① 저항　　② 콘덴서　　③ 인덕턴스　　④ 저항 + 콘덴서

(해설) • 저항($R$)에서는 전압과 전류는 동위상이다.
• 인덕턴스($L$)에서는 전압은 전류보다 90° 앞선다.
• 콘덴서($C$)에서는 전압은 전류보다 90° 뒤진다.

답 ①

**2.** 어떤 회로 소자에 $e = 125\sin 377t\,[V]$를 가했을 때 전류 $i = 25\sin 377t\,[A]$가 흐른다. 이 소자는 어떤 것인가? 10·95 산업

① 다이오드　　② 순저항　　③ 유도 리액턴스　　④ 용량 리액턴스

(해설) 전압은 $e = 125\sin 377t$이고, 전류 $i = 25\sin 377t$이므로 전압 전류 위상차가 0°이므로 $R$만의 회로가 된다.

답 ②

## 기출개념 02 인덕턴스($L$)만의 회로

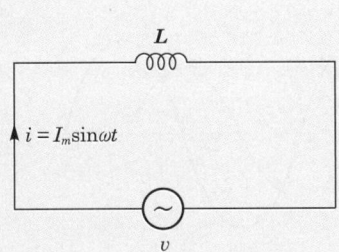
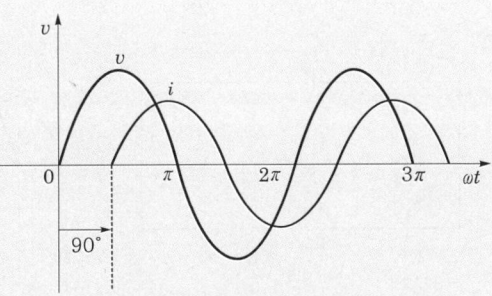

① 전압

$$v = L\frac{di}{dt} = L\frac{d}{dt}(I_m \sin\omega t) = \omega L I_m \cos\omega t = \omega L I_m \sin(\omega t + 90°)$$
$$= V_m \sin(\omega t + 90°)[\text{V}]$$

② 전압, 전류의 위상차 : 전류는 전압보다 위상이 90° 뒤진다.

③ 유도 리액턴스 : $\boxed{jX_L = j\omega L = j2\pi fL[\Omega]}$

④ 기호법 : $\boxed{\pmb{V} = jX_L \pmb{I}[\text{V}],\ \pmb{I} = \frac{\pmb{V}}{jX_L} = -j\frac{\pmb{V}}{X_L}[\text{A}]}$

⑤ 코일에서 급격히 변화할 수 없는 것 : 전류

⑥ 코일에 축적(저장)되는 에너지 : $\boxed{W = \frac{1}{2}LI^2[\text{J}]}$

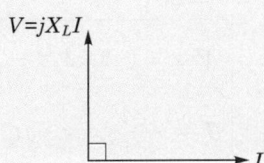

### 기·출·개·념 문제

**1.** 어떤 회로에 전압 $v(t) = V_m \cos\omega t$를 가했더니 회로에 흐르는 전류는 $i(t) = I_m \sin\omega t$였다. 이 회로가 한 개의 회로 소자로 구성되어 있다면 이 소자의 종류는? (단, $V_m > 0$, $I_m > 0$이다.)  **85 산업**

① 저항　　　　　　　　　　　② 인덕턴스
③ 정전용량　　　　　　　　　④ 컨덕턴스

(해설) 전압 $V(t) = V_m \cos\omega t = V_m \sin(\omega t + 90°)$이고, 전류 $i(t) = I_m \sin\omega t$이므로 전류는 전압보다 90° 위상이 뒤진다. 따라서 인덕턴스 회로가 된다.　　**답 ②**

**2.** 인덕턴스가 0.1[H]인 코일에 실효값 100[V], 60[Hz], 위상 30°인 전압을 가했을 때 흐르는 전류의 실효값 크기는 약 몇 [A]인가?　**19·15 기사**

① 43.7　　　　　　　　　　　② 37.7
③ 5.46　　　　　　　　　　　④ 2.65

(해설) 전류의 실효값 $I = \dfrac{V}{\omega L} = \dfrac{100}{2 \times 3.14 \times 60 \times 0.1} = 2.653 ≒ 2.65[\text{A}]$　**답 ④**

# CHAPTER 03 기본 교류회로

## 기출개념 03 커패시턴스($C$)만의 회로

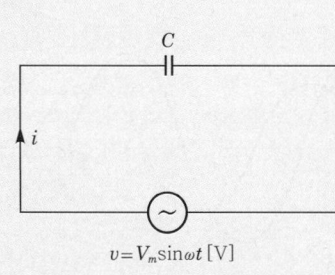
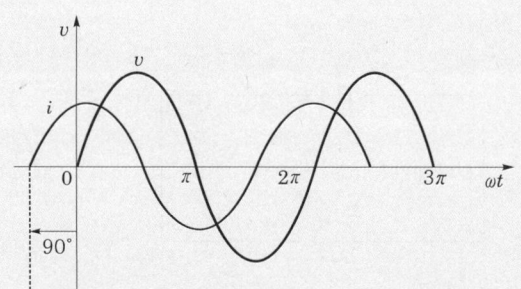

① 전류 : $i = C\dfrac{dv}{dt} = C\dfrac{d}{dt}(V_m \sin \omega t) = \omega C V_m \cos \omega t = \omega C V_m \sin(\omega t + 90°)$[A]

② 전압, 전류의 위상차 : 전류는 전압보다 위상이 90° 앞선다.

③ 용량 리액턴스 : $\boxed{-jX_C = \dfrac{1}{j\omega C} = \dfrac{1}{j2\pi f C}\,[\Omega]}$

④ 기호법

$$\boxed{\begin{aligned}\boldsymbol{V} &= -jX_C \boldsymbol{I} = -j\dfrac{1}{\omega C}\boldsymbol{I}\,[\text{V}]\\ \boldsymbol{I} &= \dfrac{\boldsymbol{V}}{-jX_C} = j\omega C\boldsymbol{V}\,[\text{A}]\end{aligned}}$$

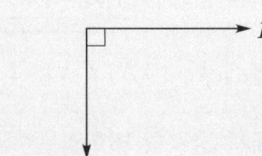

⑤ 콘덴서에서 급격히 변화할 수 없는 것 : 전압

⑥ 콘덴서에 축적(저장)되는 에너지 : $\boxed{W = \dfrac{1}{2}CV^2 = \dfrac{Q^2}{2C}\,[\text{J}]}$

---

### 기·출·개·념 문제

**1.** 어느 소자에 전압 $v = 125\sin 377t$[V]를 가했을 때 전류 $i = 50\cos 377t$[A]가 흘렀다. 이 회로의 소자는 어떤 종류인가?  　　19 산업

① 순저항　　　　　　　　　　② 용량 리액턴스
③ 유도 리액턴스　　　　　　　④ 저항과 유도 리액턴스

(해설) 전류 $i = 50\cos 377t = 50\sin(377t + 90°)$이고, 전압 $v = 125\sin 377t$이므로 전류가 전압보다 90° 앞선다. 따라서 정전용량만의 회로가 된다.　　답 ②

**2.** 0.1[$\mu$F]의 콘덴서에 주파수 1[kHz], 최대 전압 2,000[V]를 인가할 때, 전류의 순시값[A]은?  　　15 기사

① $4.446\sin(\omega t + 90°)$　　　② $4.446\cos(\omega t - 90°)$
③ $1.256\sin(\omega t + 90°)$　　　④ $1.256\cos(\omega t - 90°)$

(해설) 전류의 순시값 $i = \omega C V_m \sin(\omega t + 90°) = 2\pi \times 1 \times 10^3 \times 0.1 \times 10^{-6} \times 2,000 \sin(\omega t + 90°)$
$= 1.256\sin(\omega t + 90°)$　　답 ③

## 기출개념 04 $R-L$ 직렬회로

① 전체 전압(전류 일정)
$$V = V_R + V_L = RI + jX_L I = (R+jX_L)I = ZI \,[\text{V}]$$

② 임피던스 : $Z = R + jX_L = R + j\omega L\,[\Omega]$

③ 임피던스의 크기 : $Z = \dfrac{V}{I} = \sqrt{R^2 + X_L^{\,2}}\,[\Omega]$

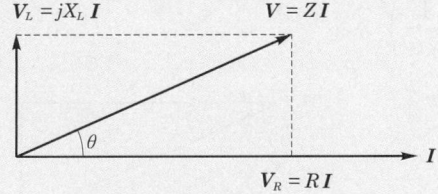

∥페이저도∥

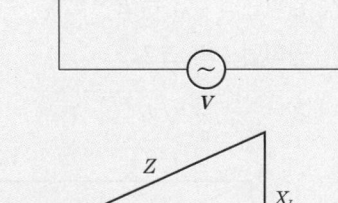

∥임피던스 3각형∥

④ 전압, 전류의 위상차
전류는 전압보다 위상이 $\theta[\text{rad}]$만큼 뒤진다.
$$\text{위상차 } \theta = \tan^{-1}\dfrac{V_L}{V_R} = \tan^{-1}\dfrac{X_L}{R}$$

⑤ 역률과 무효율

㉠ 역 률 : $\cos\theta = \dfrac{R}{Z} = \dfrac{R}{\sqrt{R^2+X_L^{\,2}}} = \dfrac{R}{\sqrt{R^2+(\omega L)^2}}$

㉡ 무효율 : $\sin\theta = \dfrac{X_L}{Z} = \dfrac{X_L}{\sqrt{R^2+X_L^{\,2}}} = \dfrac{\omega L}{\sqrt{R^2+(\omega L)^2}}$

---

### 기·출·개·념 문제

**1.** 저항 1[Ω]과 인덕턴스 1[H]를 직렬로 연결한 후 60[Hz], 100[V]의 전압을 인가할 때 흐르는 전류의 위상은 전압의 위상보다 어떻게 되는가? **19 산업**

① 뒤지지만 90° 이하이다. ② 90° 늦다.
③ 앞서지만 90° 이하이다. ④ 90° 빠르다.

(해설) 전류는 전압보다 $\theta$만큼 뒤진다. 이때 $\theta = \tan^{-1}\dfrac{X_L}{R}$이며 0°보다 크고 90°보다 작다. **답 ①**

**2.** $R-L$ 직렬회로에 $v = 100\sin(120\pi t)[\text{V}]$의 전원을 연결하여 $i = 2\sin(120\pi t - 45°)[\text{A}]$의 전류가 흐르도록 하려면 저항 $R[\Omega]$의 값은? **17·10·94 기사**

① 50 ② $\dfrac{50}{\sqrt{2}}$ ③ $50\sqrt{2}$ ④ 100

(해설) 임피던스 $Z = \dfrac{V_m}{I_m} = \dfrac{100}{2} = 50[\Omega]$, 전압 전류의 위상차가 45°

따라서, 임피던스 3각형에서 $R = 50\cos 45° = \dfrac{50}{\sqrt{2}}[\Omega]$

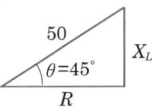

**답 ②**

제3장 기본 교류회로 **27**

## CHAPTER 03 기본 교류회로

### 기출개념 05  $R-C$ 직렬회로

① 전체 전압(전류 일정)
$$V = V_R + V_C = RI - jX_C I = (R - jX_C)I = ZI [\text{V}]$$

② 임피던스 : $Z = R - jX_C = R - j\dfrac{1}{\omega C}[\Omega]$

③ 임피던스의 크기
$$Z = \dfrac{V}{I} = \sqrt{R^2 + X_C^2} = \sqrt{R^2 + \left(\dfrac{1}{\omega C}\right)^2}[\Omega]$$

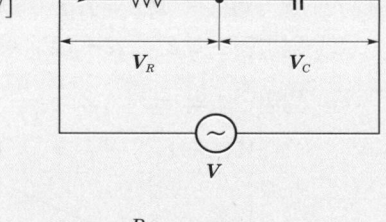

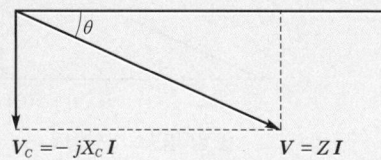

∥페이저도∥  ∥임피던스 3각형∥

④ 전압, 전류의 위상차
전류는 전압보다 위상이 $\theta$만큼 앞선다.
$$\text{위상차 } \theta = \tan^{-1}\dfrac{V_C}{V_R} = \tan^{-1}\dfrac{X_C}{R}$$

⑤ 역률과 무효율
  ㉠ 역 률 : $\cos\theta = \dfrac{R}{Z} = \dfrac{R}{\sqrt{R^2 + X_C^2}}$
  
  ㉡ 무효율 : $\sin\theta = \dfrac{X_C}{Z} = \dfrac{X_C}{\sqrt{R^2 + X_C^2}}$

---

**기·출·개·념 문제**

**1.** $R=100[\Omega]$, $C=30[\mu\text{F}]$의 직렬회로에 $f=60[\text{Hz}]$, $V=100[\text{V}]$의 교류 전압을 인가할 때 전류는 약 몇 [A]인가?    18 기사

① 0.42    ② 0.64    ③ 0.75    ④ 0.87

(해설) $I = \dfrac{V}{\sqrt{R^2 + \left(\dfrac{1}{\omega C}\right)^2}} = \dfrac{100}{\sqrt{100^2 + \left(\dfrac{1}{377 \times 30 \times 10^{-6}}\right)^2}} = 0.75[\text{A}]$    답 ③

**2.** 그림과 같은 회로의 역률은 얼마인가?    82 산업

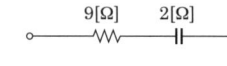

① 약 0.76    ② 약 0.86
③ 약 0.97    ④ 약 1.00

(해설) 역률 $\cos\theta = \dfrac{R}{Z} = \dfrac{R}{\sqrt{R^2 + X_C^2}} = \dfrac{9}{\sqrt{9^2 + 2^2}} = 0.976 ≒ 0.97$    답 ③

## 기출개념 06 $R-L-C$ 직렬회로

① 전체 전압(전류 일정)
$$V = V_R + V_L + V_C = RI + jX_L I - jX_C I$$
$$= \{R + j(X_L - X_C)\}I = ZI$$

② 임피던스 : $Z = R + j(X_L - X_C) [\Omega]$

③ 임피던스의 크기
$$Z = \frac{V}{I} = \sqrt{R^2 + (X_L - X_C)^2} = \sqrt{R^2 + \left(\omega L - \frac{1}{\omega C}\right)^2} \ [\Omega]$$

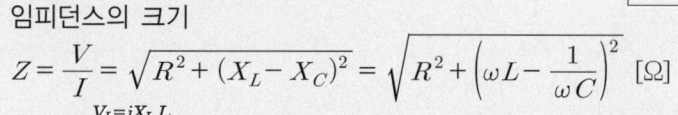

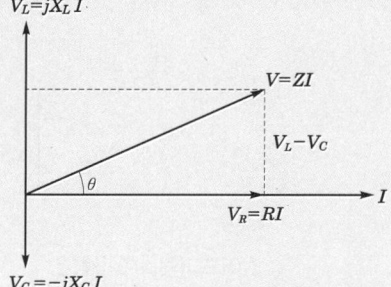

∥ $X_L > X_C$인 경우 페이저도 ∥   ∥ $X_L > X_C$인 경우 임피던스 3각형 ∥

④ 전압, 전류의 위상차

- ㉠ $X_L > X_C$, $\omega L > \dfrac{1}{\omega C}$인 경우 : 유도성 회로
  유도성 회로로 전류는 전압보다 위상이 $\theta$만큼 뒤진다.
- ㉡ $X_L < X_C$, $\omega L < \dfrac{1}{\omega C}$인 경우 : 용량성 회로
  용량성 회로로 전류는 전압보다 위상이 $\theta$만큼 앞선다.
- ㉢ $X_L = X_C$, $\omega L = \dfrac{1}{\omega C}$인 경우 : 무유도성 회로
  무유도성 회로로 전류와 전압은 동상이다.

⑤ 역률 : $\cos\theta = \dfrac{R}{Z} = \dfrac{R}{\sqrt{R^2 + (X_L - X_C)^2}} = \dfrac{R}{\sqrt{R^2 + \left(\omega L - \dfrac{1}{\omega C}\right)^2}}$

---

### 기·출·개·념 문제

정현파 교류 전원 $v = V_m \sin(\omega t + \theta)[\text{V}]$가 인가된 $R-L-C$ 직렬회로에 있어서 $\omega L > \dfrac{1}{\omega C}$ 일 경우, 이 회로에 흐르는 전류 $i$는 인가 전압 $v$와 위상이 어떻게 되는가?

17·94 기사

① $\tan^{-1}\dfrac{\omega L - \dfrac{1}{\omega C}}{R}$ 앞선다.
② $\tan^{-1}\dfrac{\omega L - \dfrac{1}{\omega C}}{R}$ 뒤진다.
③ $\tan^{-1}R\left(\omega L - \dfrac{1}{\omega C}\right)$ 앞선다.
④ $\tan^{-1}R\left(\omega L - \dfrac{1}{\omega C}\right)$ 뒤진다.

(해설) $\omega L > \dfrac{1}{\omega C}$인 경우이므로 유도성 회로, 따라서 전류 $i$는 인가 전압 $v$보다 $\theta$만큼 뒤진다.
 이때 $\theta = \tan^{-1}\dfrac{\omega L - \dfrac{1}{\omega C}}{R}$ 이 된다.

답 ②

제3장 기본 교류회로

# CHAPTER 03 기본 교류회로

## 기출개념 07 $R-L$ 병렬회로

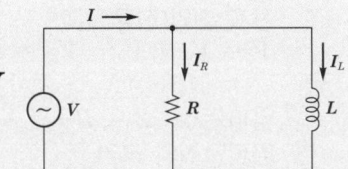

① 전전류(전압 일정)

$$I = I_R + I_L = \frac{V}{R} - j\frac{V}{X_L} = \left(\frac{1}{R} - j\frac{1}{X_L}\right)V = Y \cdot V$$

② 어드미턴스 : $Y = \dfrac{I}{V} = \dfrac{1}{R} - j\dfrac{1}{X_L} = G - jB\,[\mho]$

③ 어드미턴스의 크기 : $Y = \sqrt{\left(\dfrac{1}{R}\right)^2 + \left(\dfrac{1}{X_L}\right)^2} = \sqrt{G^2 + B^2}\,[\mho]$

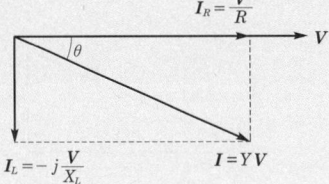

▮페이저도▮

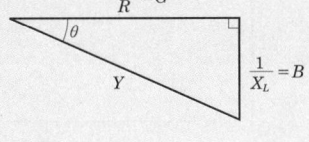

▮어드미턴스 3각형▮

④ 전압, 전류의 위상차
   전류는 전압보다 위상이 $\theta$만큼 뒤진다.

$$\text{위상차 } \theta = \tan^{-1}\frac{I_L}{I_R} = \tan^{-1}\frac{B}{G} = \tan^{-1}\frac{R}{X_L}$$

⑤ 역률 : $\cos\theta = \dfrac{I_R}{I} = \dfrac{G}{Y} = \dfrac{X_L}{\sqrt{R^2 + X_L^2}}$

---

### 기·출·개·념 문제

**1.** 저항 30[Ω]과 유도 리액턴스 40[Ω]을 병렬로 접속한 회로에 120[V]의 교류 전압을 가할 때의 전전류[A]는?    89 기사 / 04 산업

① 5  ② 6  ③ 8  ④ 10

(해설) 전전류 $I = \dfrac{V}{R} - j\dfrac{V}{X_L} = \dfrac{120}{30} - j\dfrac{120}{40} = 4 - j3$

∴ $|I| = \sqrt{4^2 + 3^2} = 5\,[A]$

답 ①

**2.** 저항 4[Ω]과 $X_L$의 유도 리액턴스가 병렬로 접속된 회로에 12[V]의 교류 전압을 가하니 5[A]의 전류가 흘렀다. 이 회로의 리액턴스 $X_L$의 값[Ω]은?    17·14·89 산업

① 8  ② 6  ③ 3  ④ 1

(해설) 전전류 $|I| = \sqrt{I_R^2 + I_L^2}$이므로 $5 = \sqrt{\left(\dfrac{12}{4}\right)^2 + I_L^2}\,[A]$

양변 제곱해서 $I_L$를 구하면 $I_L = 4\,[A]$

따라서 $4 = \dfrac{12}{X_L}$이므로 $X_L = 3\,[\Omega]$

답 ③

## 기출개념 08  $R-C$ 병렬회로

① 전전류(전압 일정)

$$I = I_R + I_C = \frac{V}{R} + j\frac{V}{X_C} = \left(\frac{1}{R} + j\frac{1}{X_C}\right)V = Y \cdot V$$

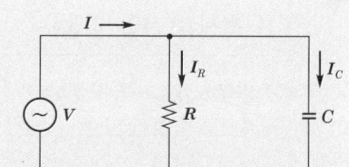

② 어드미턴스 : $Y = \dfrac{I}{V} = \dfrac{1}{R} + j\dfrac{1}{X_C} = G + jB\,[\mho]$

③ 어드미턴스의 크기 : $Y = \sqrt{\left(\dfrac{1}{R}\right)^2 + \left(\dfrac{1}{X_C}\right)^2} = \sqrt{G^2 + B^2}\,[\mho]$

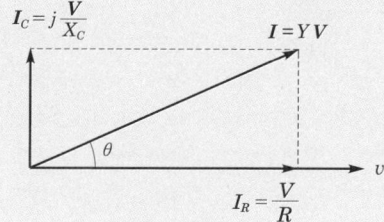

| 페이저도 |   | 어드미턴스 3각형 |

④ 전압, 전류의 위상차
전류는 전압보다 위상이 $\theta$만큼 앞선다.

$$\text{위상차 } \theta = \tan^{-1}\frac{I_C}{I_R} = \tan^{-1}\frac{B}{G} = \tan^{-1}\frac{R}{X_C}$$

⑤ 역률 : $\cos\theta = \dfrac{I_R}{I} = \dfrac{G}{Y} = \dfrac{X_C}{\sqrt{R^2 + X_C^{\,2}}}$

---

**기·출·개·념 문제**

**1.** 그림과 같은 $R-C$ 병렬회로에서 전원 전압이 $e(t) = 3e^{-5t}$인 경우 이 회로의 임피던스는?  
　　　　　　　　　　　　　　　　　　　　　　　　　　　　　　　17 기사

① $\dfrac{j\omega RC}{1+j\omega RC}$  　　② $\dfrac{R}{1-5RC}$

③ $\dfrac{R}{1+RCs}$  　　④ $\dfrac{1+j\omega RC}{R}$

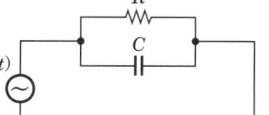

(해설) 임피던스 $Z = \dfrac{1}{Y} = \dfrac{1}{\dfrac{1}{R} + j\omega C} = \dfrac{R}{1+j\omega CR}\bigg|_{j\omega = -5} = \dfrac{R}{1-5CR}$

**답** ②

**2.** 저항 30[Ω]과 유도 리액턴스 40[Ω]을 병렬로 접속하고 120[V]의 교류 전압을 가했을 때 회로의 역률값은?  
　　　　　　　　　　　　　　　　　　　　　　　　　　　　　　　89·87 기사

① 0.6　　　② 0.7　　　③ 0.8　　　④ 0.9

(해설) $\cos\theta = \dfrac{X_C}{\sqrt{R^2 + X_C^{\,2}}} = \dfrac{40}{\sqrt{30^2 + 40^2}} = 0.8$

**답** ③

## CHAPTER 03 기본 교류회로

### 기출개념 09  $R-L-C$ 병렬회로

① 전전류(전압 일정)

$$I = I_R + I_L + I_C = \frac{V}{R} - j\frac{V}{X_L} + j\frac{V}{X_C}$$
$$= \left\{\frac{1}{R} + j\left(\frac{1}{X_C} - \frac{1}{X_L}\right)\right\}V = Y \cdot V$$

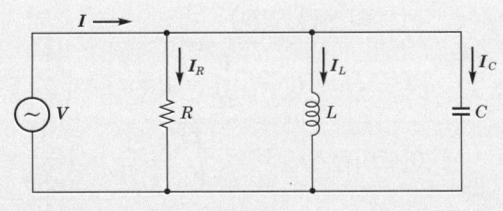

② 어드미턴스 : $Y = \dfrac{I}{V} = \dfrac{1}{R} + j\left(\dfrac{1}{X_C} - \dfrac{1}{X_L}\right)$ [℧]

③ 어드미턴스의 크기 : $Y = \sqrt{\left(\dfrac{1}{R}\right)^2 + \left(\dfrac{1}{X_C} - \dfrac{1}{X_L}\right)^2}$ [℧]

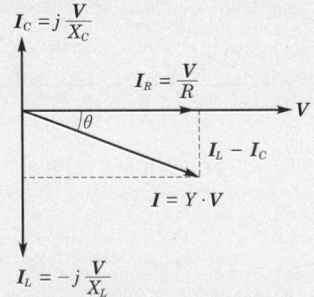

| $I_L > I_C$ 인 경우 페이저도 |

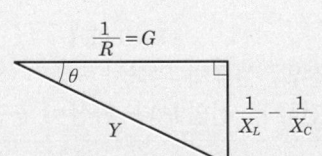

| $I_L > I_C$ 인 경우 어드미턴스 3각형 |

④ 전압, 전류의 위상차
  ㉠ $I_L > I_C$, $X_L < X_C$인 경우 : 유도성 회로
   유도성 회로로 전류는 전압보다 위상이 $\theta$만큼 뒤진다.
  ㉡ $I_L < I_C$, $X_L > X_C$인 경우 : 용량성 회로
   용량성 회로로 전류는 전압보다 위상이 $\theta$만큼 앞선다.
  ㉢ $I_L = I_C$, $X_L = X_C$인 경우 : 무유도성 회로
   무유도성 회로로 전류와 전압은 동상이다.

⑤ 역률 : $\cos\theta = \dfrac{G}{Y} = \dfrac{I_R}{I}$

---

**기·출·개념 문제**

$R = 15[\Omega]$, $X_L = 12[\Omega]$, $X_C = 30[\Omega]$이 병렬로 된 회로에 120[V]의 교류 전압을 가하면 전원에 흐르는 전류[A]와 역률[%]은?    90 기사 / 09·08·83 산업

① 22, 85    ② 22, 80    ③ 22, 60    ④ 10, 80

[해설] 전전류 $I = \dfrac{120}{15} - j\dfrac{120}{12} + j\dfrac{120}{30} = 8 - j10 + j4 = 8 - j6$ [A]   ∴ $|I| = \sqrt{8^2 + 6^2} = 10$ [A]

역률 $\cos\theta = \dfrac{I_R}{I} = \dfrac{8}{10} = 0.8$   ∴ 80[%]

답 ④

## 기출개념 10  직렬 공진회로

$R-L-C$ 직렬회로의 임피던스 $Z = R + j\left(\omega L - \dfrac{1}{\omega C}\right)$

(1) **직렬 공진의 의미**
  ① 임피던스의 허수부의 값이 0인 상태의 회로
  ② 임피던스의 허수부가 0이므로 임피던스가 최소 상태의 회로
  ③ 전류 최대인 상태의 회로
  ④ 전압, 전류가 동상이 되므로 **역률이 1인 상태의 회로**

(2) **공진 조건**
  ① $\omega L - \dfrac{1}{\omega C} = 0$, $\boxed{\omega L = \dfrac{1}{\omega C},\ \omega^2 LC = 1}$
  ② 공진 각주파수 : $\boxed{\omega_0 = \dfrac{1}{\sqrt{LC}}\ [\text{rad/s}]}$
  ③ 공진 주파수 : $\boxed{f_0 = \dfrac{1}{2\pi\sqrt{LC}}\ [\text{Hz}]}$

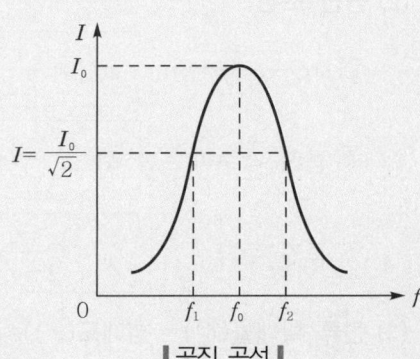

▮ 공진 곡선 ▮

(3) **전압 확대율**($Q$) = **첨예도**($S$) = **선택도**($S$)
  전압 확대율($Q$)은 공진회로에서 중요한 의미를 가지며 공진 시의 리액턴스의 저항에 대한 비이며, 첨예도($S$)는 공진 곡선의 뾰족함이 클수록 선택성이 양호하다.

$$Q = S = \dfrac{f_0}{f_2 - f_1} = \dfrac{V_L}{V} = \dfrac{V_C}{V} = \dfrac{\omega_0 L}{R} = \dfrac{1}{\omega_0 CR} = \dfrac{1}{R}\sqrt{\dfrac{L}{C}}$$

---

**기·출·개·념 문제**

**1.** 직렬 공진회로에서 최대가 되는 것은?  〔96 기사〕

  ① 전류   ② 저항   ③ 리액턴스   ④ 임피던스

  (해설) 임피던스 최소 상태의 회로이므로 전류는 최대 상태가 된다.   답 ①

**2.** 자체 인덕턴스 $L = 0.02$[mH]와 선택도 $Q = 60$일 때 코일의 주파수 $f = 2$[MHz]였다. 이 코일의 저항[Ω]은?  〔11 기사〕

  ① 2.2   ② 3.2   ③ 4.2   ④ 5.2

  (해설) 선택도 $Q = S = \dfrac{\omega_0 L}{R}$, 저항 $R = \dfrac{\omega_0 L}{Q} = \dfrac{2\pi \times 2 \times 10^6 \times 0.02 \times 10^{-3}}{60} = 4.18 ≒ 4.2$[Ω]   답 ③

# CHAPTER 03 기본 교류회로

## 기출개념 11 이상적인 병렬 공진회로

$R-L-C$ 병렬회로의 어드미턴스는 $Y = \dfrac{1}{R} + j\left(\omega C - \dfrac{1}{\omega L}\right)$

**(1) 병렬 공진의 의미**
① 어드미턴스의 허수부의 값이 0인 상태의 회로
② 어드미턴스의 허수부가 0이므로 어드미턴스가 최소 상태의 회로
③ 임피던스 최대인 상태로 전류 최소인 상태의 회로
④ 전압, 전류가 동상이므로 역률이 1인 상태의 회로

**(2) 공진 조건**
① $\omega C - \dfrac{1}{\omega L} = 0$, $\boxed{\omega C = \dfrac{1}{\omega L},\ \omega^2 LC = 1}$

② 공진 각주파수 : $\boxed{\omega_0 = \dfrac{1}{\sqrt{LC}}\ [\text{rad/s}]}$

③ 공진 주파수 : $\boxed{f_0 = \dfrac{1}{2\pi\sqrt{LC}}\ [\text{Hz}]}$

**(3) 전류 확대율 ($Q$) = 첨예도($S$) = 선택도($S$)**

$$Q = S = \dfrac{f_0}{f_2 - f_1} = \dfrac{I_L}{I} = \dfrac{I_C}{I} = \dfrac{R}{\omega_0 L} = \omega_0 CR = R\sqrt{\dfrac{C}{L}}$$

---

### 기·출·개·념 문제

**1.** 어떤 $R-L-C$ 병렬회로가 병렬 공진되었을 때 합성 전류는?  〔04 기사 / 04 산업〕
① 최소가 된다.  ② 최대가 된다.
③ 전류는 흐르지 않는다.  ④ 전류는 무한대가 된다.

**(해설)** 어드미턴스가 최소 상태가 되므로 임피던스는 최대가 되어 전류는 최소 상태가 된다.

답 ①

**2.** 그림과 같은 $R-L-C$ 병렬 공진회로에 관한 설명 중 옳지 않은 것은?  〔07·05·98·91·90 산업〕
① $R$이 작을수록 $Q$가 높다.
② 공진 시 $L$ 또는 $C$를 흐르는 전류는 입력 전류 크기의 $Q$배가 된다.
③ 공진 주파수 이하에서의 입력 전류는 전압보다 위상이 뒤진다.
④ 공진 시 입력 어드미턴스는 매우 작아진다.

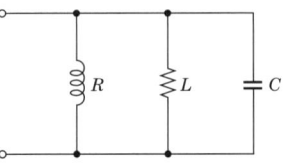

**(해설)** $Q = \dfrac{R}{\omega_0 L} = R\omega_0 C$ 에서 $R$이 작아지면 $Q$도 작아진다.

답 ①

## 기출개념 12 — 일반적인 병렬 공진회로

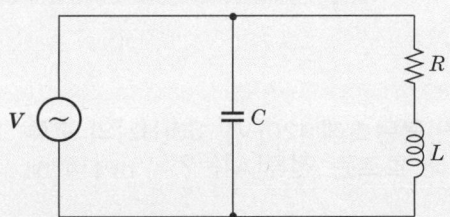

실제적인 병렬 공진회로의 합성 어드미턴스

$$Y = \frac{1}{R+j\omega L} + j\omega C = \frac{R}{R^2+\omega^2 L^2} + j\left(\omega C - \frac{\omega L}{R^2+\omega^2 L^2}\right)$$

① 공진 조건 : $\boxed{\omega C = \dfrac{\omega L}{R^2+\omega^2 L^2}}$

② 공진 시 공진 어드미턴스 : $\boxed{Y_0 = \dfrac{R}{R^2+\omega^2 L^2} = \dfrac{CR}{L}\,[℧]}$

③ 공진 각주파수 : $\boxed{\omega_0 = \sqrt{\dfrac{1}{LC}-\dfrac{R^2}{L^2}} = \dfrac{1}{\sqrt{LC}}\sqrt{1-\dfrac{R^2 C}{L}}\,[\text{rad/s}]}$

④ 공진 주파수 : $\boxed{f_0 = \dfrac{1}{2\pi\sqrt{LC}}\sqrt{1-\dfrac{R^2 C}{L}}\,[\text{Hz}]}$

### 기·출·개·념 문제

**1.** 그림과 같은 회로에 교류 전압을 인가하여 $I$가 최소로 될 때, 리액턴스 $X_C$의 값은 약 몇 [Ω]인가?    **85 산업**

① 11.5  ② 12.5
③ 13.5  ④ 14.5

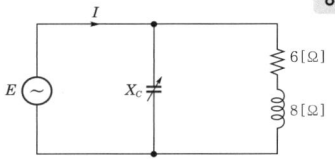

(해설) $I$가 최소가 되는 $X_C$의 값은 공진 조건

$\omega C = \dfrac{\omega L}{R^2+\omega^2 L^2}$ 에서

$X_C = \dfrac{1}{\omega C} = \dfrac{R^2+\omega^2 L^2}{\omega L} = \dfrac{6^2+8^2}{8} = 12.5\,[Ω]$

답 ②

**2.** 그림과 같은 회로의 공진 주파수 $f_0$[Hz]는?    **87 기사**

① $\dfrac{1}{2\pi\sqrt{LC}}$　② $\dfrac{1}{2\pi\sqrt{LC}}\sqrt{1-\dfrac{R^2 L}{L}}$

③ $\dfrac{1}{2\pi}\sqrt{\dfrac{C}{L}}$　④ $\dfrac{1}{2\pi\sqrt{LC}}\sqrt{1-\dfrac{R^2 C}{L}}$

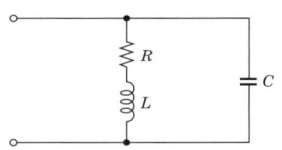

(해설) 공진 주파수 $f_0 = \dfrac{1}{2\pi}\sqrt{\dfrac{1}{LC}-\dfrac{R^2}{L^2}} = \dfrac{1}{2\pi\sqrt{LC}}\sqrt{1-\dfrac{R^2 C}{L}}\,[\text{Hz}]$

답 ④

# CHAPTER 03 기본 교류회로

## 단원 최근 빈출문제

**01** 314[mH]의 자기 인덕턴스에 120[V], 60[Hz]의 교류 전압을 가하였을 때 흐르는 전류[A]는? [16년 1회 산업]

① 10  ② 8
③ 1  ④ 0.5

**해설** 전류
$$I = \frac{V}{X_L} = \frac{V}{\omega L} = \frac{120}{2 \times 3.14 \times 60 \times 314 \times 10^{-3}} = 1[\text{A}]$$

**02** 인덕턴스 $L = 20$[mH]인 코일에 실효값 $V = 50$[V], 주파수 $f = 60$[Hz]인 정현파 전압을 인가했을 때 코일에 축적되는 평균 자기에너지는 약 몇 [J]인가? [16년 3회 기사 / 17년 1회 산업]

① 6.3  ② 4.4
③ 0.63  ④ 0.44

**해설**
$$W = \frac{1}{2}LI^2 = \frac{1}{2}L\left(\frac{V}{\omega L}\right)^2$$
$$= \frac{1}{2} \times 20 \times 10^{-3} \times \left(\frac{50}{377 \times 20 \times 10^{-3}}\right)^2$$
$$= 0.44[\text{J}]$$

**03** 다음 중 정전용량의 단위 [F](패럿)과 같은 것은? (단, [C]는 쿨롬, [N]은 뉴턴, [V]는 볼트, [m]은 미터이다.) [18년 1회 산업]

① $\left[\dfrac{V}{C}\right]$  ② $\left[\dfrac{N}{C}\right]$
③ $\left[\dfrac{C}{m}\right]$  ④ $\left[\dfrac{C}{V}\right]$

**해설** 정전용량
$$C = \frac{Q}{V}\left[\frac{C}{V}\right] = [\text{F}]$$

---

 기출 핵심 NOTE

**01** • 유도 리액턴스
$X_L = \omega L [\Omega]$

• 전류
$I = \dfrac{V}{X_L} = \dfrac{V}{\omega L}[\text{A}]$

**02** 코일에 축적되는 에너지
$W = \dfrac{1}{2}LI^2[\text{J}]$

**03** 정전용량(커패시턴스)
$C = \dfrac{Q}{V}\left[\dfrac{C}{V}\right] = [\text{F}]$

**정답** 01.③ 02.④ 03.④

**04** $i(t) = I_0 e^{st}$[A]로 주어지는 전류가 콘덴서 $C$[F]에 흐르는 경우의 임피던스[Ω]는?  [18년 1회 산업]

① $C$　　② $sC$
③ $\dfrac{C}{s}$　　④ $\dfrac{1}{sC}$

**해설** $C$에 전압 $V_C = \dfrac{1}{C}\int I_0 e^{st} dt = \dfrac{1}{sC} I_0 e^{st}$이므로

임피던스 $Z = \dfrac{V(t)}{i(t)} = \dfrac{\frac{1}{sC} I_0 e^{st}}{I_0 e^{st}} = \dfrac{1}{sC}$[Ω]

**04** 용량 리액턴스
$X_C = \dfrac{V}{I} = \dfrac{1}{j\omega C} = \dfrac{1}{sC}$[Ω]

**05** 커패시터와 인덕터에서 물리적으로 급격히 변화할 수 없는 것은?  [19년 3회 기사]

① 커패시터와 인덕터에서 모두 전압
② 커패시터와 인덕터에서 모두 전류
③ 커패시터에서 전류, 인덕터에서 전압
④ 커패시터에서 전압, 인덕터에서 전류

**해설** $V_L = L\dfrac{di}{dt}$이므로 $L$에서 전류가 급격히 변하면 전압이 ∞가 되어야 하므로 모순이 생긴다.
따라서 $L$에서는 전류가 급격히 변할 수 없다.

**05** 급격히 변할 수 없는 것
- 인덕터(코일) : 전류
- 커패시터(콘덴서) : 전압

**06** 어떤 콘덴서를 300[V]로 충전하는 데 9[J]의 에너지가 필요하였다. 이 콘덴서의 정전용량은 몇 [μF]인가?  [19년 2회 기사]

① 100　　② 200
③ 300　　④ 400

**해설** 정전에너지
$W = \dfrac{1}{2}CV^2$
∴ $C = \dfrac{2W}{V^2} = \dfrac{2 \times 9}{300^2} \times 10^6 = 200[\mu F]$

**06** 콘덴서에 축적되는 에너지
$W = \dfrac{1}{2}CV^2 = \dfrac{Q^2}{2C}$[J]

**07** 저항 $R = 60$[Ω]과 유도 리액턴스 $\omega L = 80$[Ω]인 코일이 직렬로 연결된 회로에 200[V]의 전압을 인가할 때 전압과 전류의 위상차는?  [15년 2회 산업]

① 48.17°　　② 50.23°
③ 53.13°　　④ 55.27°

**07** $R - L$ 직렬회로 임피던스 3각형

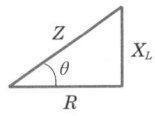

$\theta = \tan^{-1}\dfrac{X_L}{R}$

**정답** 04. ④　05. ④　06. ②　07. ③

# CHAPTER 03 기본 교류회로

**[해설]** $R-L$ 직렬회로에서는 전류는 전압보다 위상이 $\theta$[rad]만큼 뒤지며, 이때 위상차는 $\theta = \tan^{-1}\dfrac{V_L}{V_R} = \tan^{-1}\dfrac{X_L}{R}$[rad]이다.

$\therefore \theta = \tan^{-1}\dfrac{X_L}{R} = \tan^{-1}\dfrac{80}{60} = 53.13°$

**08** $R-L$ 직렬회로에 $e = 100\sin(120\pi t)$[V]의 전압을 인가하여 $I = 2\sin(120\pi t - 45°)$[A]의 전류가 흐르도록 하려면 저항은 몇 [Ω]인가? [17년 2회 기사]

① 25.0　　② 35.4
③ 50.0　　④ 70.7

> **기출 핵심 NOTE**
>
> **08** $R-L$ 직렬회로 임피던스 3각형
>
>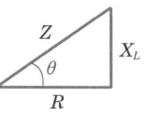
>
> $R = Z\cos\theta$
> $X_L = Z\sin\theta$

**[해설]** 임피던스 $Z = \dfrac{V_m}{I_m} = \dfrac{100}{2} = 50$[Ω], 전압 전류의 위상차 45°이므로

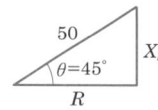

따라서 임피던스 3각형에서
$R = 50\cos 45° = \dfrac{50}{\sqrt{2}} = 35.4$[Ω]

**09** $R = 50$[Ω], $L = 200$[mH]의 직렬회로에서 주파수 $f = 50$[Hz]의 교류에 대한 역률[%]은? [18년 1회 산업]

① 82.3　　② 72.3
③ 62.3　　④ 52.3

> **09** $R-L$ 직렬회로의 역률
>
> $\cos\theta = \dfrac{R}{Z} = \dfrac{R}{\sqrt{R^2 + X_L^2}}$
>
> $= \dfrac{R}{\sqrt{R^2 + (\omega L)^2}}$

**[해설]** $R-L$ 직렬회로의 $\cos\theta = \dfrac{R}{Z} = \dfrac{R}{\sqrt{R^2 + X_L^2}}$

$\cos\theta = \dfrac{50}{\sqrt{50^2 + (2 \times 3.14 \times 50 \times 200 \times 10^{-3})^2}} ≒ 0.623$

$\therefore 62.3$[%]

**10** $E = 40 + j30$[V]의 전압을 가하면 $I = 30 + j10$[A]의 전류가 흐르는 회로의 역률은? [17년 2회 기사]

① 0.949　　② 0.831
③ 0.764　　④ 0.651

> **10** · 임피던스
>
> $Z = \dfrac{E}{I} = R + jX_L$
>
> · 역률
>
> $\cos\theta = \dfrac{R}{\sqrt{R^2 + X_L^2}}$

**[해설]** 임피던스
$Z = \dfrac{E}{I} = \dfrac{40 + j30}{30 + j10} = 1.5 + j0.5$

$\cos\theta = \dfrac{R}{Z} = \dfrac{1.5}{\sqrt{1.5^2 + 0.5^2}} = 0.949$

**정답** 08. ②　09. ③　10. ①

**11** 다음 회로에서 전압 $V$를 가하니 20[A]의 전류가 흘렀다고 한다. 이 회로의 역률은? [14년 2회 기사]

① 0.8
② 0.6
③ 1.0
④ 0.9

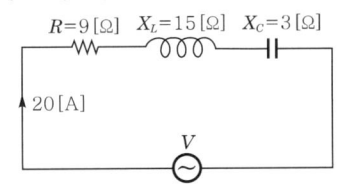

[해설] 합성 임피던스 $Z = R + j(X_L - X_C) = 9 + j(15-3) = 9 + j12$

∴ 역률 $\cos\theta = \dfrac{R}{Z} = \dfrac{9}{\sqrt{9^2+12^2}} = 0.6$

**12** 저항 $\dfrac{1}{3}$[Ω], 유도 리액턴스 $\dfrac{1}{4}$[Ω]인 $R-L$ 병렬회로의 합성 어드미턴스[℧]는? [18년 1회 산업]

① $3+j4$
② $3-j4$
③ $\dfrac{1}{3}+j\dfrac{1}{4}$
④ $\dfrac{1}{3}-j\dfrac{1}{4}$

[해설] 합성 어드미턴스 $Y = \dfrac{1}{R} - j\dfrac{1}{X_L} = G - jB = 3 - j4$ [℧]

**13** 그림과 같은 회로에서 전류 $I$[A]는? [16년 1회 산업]

① 7
② 10
③ 13
④ 17

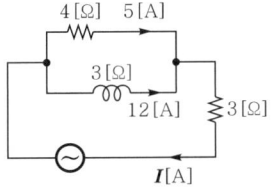

[해설] 전원에 흘러 들어오는 전류 $I = 5 - j12$ [A]

∴ $|I| = \sqrt{5^2 + 12^2} = 13$ [A]

**14** 그림과 같은 회로에서 유도성 리액턴스 $X_L$의 값[Ω]은? [17년 3회 산업]

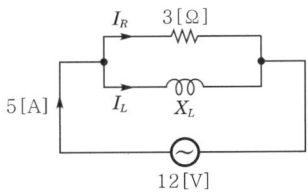

① 8
② 6
③ 4
④ 1

---

**기출 핵심 NOTE**

**11** $R-L-C$ 직렬회로 역률

$\cos\theta = \dfrac{R}{Z} = \dfrac{R}{\sqrt{R^2+(X_L-X_C)^2}}$

**12** $R-L$ 병렬회로 어드미턴스

$Y = \dfrac{1}{R} - j\dfrac{1}{X_L} = G - jB$ [℧]

**13** • $R-L$ 병렬회로 전전류

$\dot{I} = \dot{I}_R + \dot{I}_L = \dfrac{V}{R} - j\dfrac{V}{X_L}$

• 전전류의 크기

$I = \sqrt{I_R^2 + I_L^2}$

**14** $R-L$ 병렬회로

• $R$에 흐르는 전류
$I_R = \dfrac{V}{R}$ [A]

• $L$에 흐르는 전류
$I_L = -j\dfrac{V}{X_L}$ [A]

• 전전류
$I = I_R - jI_L$

• 전전류의 크기
$I = \sqrt{I_R^2 + I_L^2}$ [A]

[정답] 11. ② 12. ② 13. ③ 14. ③

**해설** 전전류 $I = \sqrt{I_R^2 + I_L^2}$

$\therefore 5 = \sqrt{\left(\frac{12}{3}\right)^2 + I_L^2}$

양변 제곱해서 $I_L$를 구하면 $I_L = 3[A]$

따라서, $I_L = \frac{V}{X_L}$ 이므로 $X_L = \frac{V}{I_L} = \frac{12}{3} = 4[\Omega]$

**15** 그림과 같은 회로에서 전류 $I[A]$는? [17년 2회 기사]

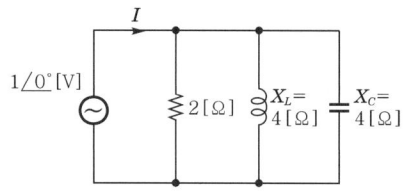

① 0.2
② 0.5
③ 0.7
④ 0.9

**해설** $\dot{I} = \dot{I}_R + \dot{I}_L + \dot{I}_C = \frac{V}{R} - j\frac{V}{X_L} + j\frac{V}{X_C} = \frac{1}{2} - j\frac{1}{4} + j\frac{1}{4} = \frac{1}{2}$
$= 0.5[A]$

**16** $R-L-C$ 직렬회로에서 공진 시의 전류는 공급 전압에 대하여 어떤 위상차를 갖는가? [18년 1회 산업]

① 0°
② 90°
③ 180°
④ 270°

**해설** 직렬 공진은 임피던스의 허수부가 0인 상태이므로 전압 전류는 동상 상태가 된다.

**17** $R=100[\Omega]$, $X_C=100[\Omega]$이고 $L$만을 가변할 수 있는 $RLC$ 직렬회로가 있다. 이때 $f=500[Hz]$, $E=100[V]$를 인가하여 $L$을 변화시킬 때 $L$의 단자 전압 $E_L$의 최댓값은 몇 $[V]$인가? (단, 공진회로이다.)
[18년 2회 기사]

① 50
② 100
③ 150
④ 200

**해설** $E_L = E_C = X_L I = X_C I = X_C \cdot \frac{E}{R}[V]$

$\therefore E_L = 100 \cdot \frac{100}{100} = 100[V]$

---

**기출 핵심 NOTE**

**15** $R-L-C$ 병렬회로(전압 일정)
전전류 $\dot{I} = \dot{I}_R + \dot{I}_L + \dot{I}_C$
$= \frac{V}{R} - j\frac{V}{X_L} + j\frac{V}{X_C}[A]$

**16** 직렬 공진회로 의미
- 임피던스의 허수부 값이 0인 상태
- 전압 전류가 동상
- 역률 1인 상태
- 임피던스 최소
- 전류 최대

**17** 직렬 공진 조건
$X_L = X_C$, $\omega L = \frac{1}{\omega C}$

**정답** 15. ② 16. ① 17. ②

**18** $R-L-C$ 병렬 공진회로에 관한 설명 중 틀린 것은?

[18년 3회 산업]

① $R$의 비중이 작을수록 $Q$가 높다.
② 공진 시 입력 어드미턴스는 매우 작아진다.
③ 공진 주파수 이하에서의 입력 전류는 전압보다 위상이 뒤진다.
④ 공진 시 $L$ 또는 $C$에 흐르는 전류는 입력 전류 크기의 $Q$배가 된다.

**[해설]** 병렬 공진이므로 전류 확대율 $Q = \dfrac{R}{\omega_0 L} = R\omega_0 C$에서 $R$이 작아지면 $Q$도 작아진다.

**19** 다음과 같은 회로의 공진 시 어드미턴스는?

[17년 2회 기사]

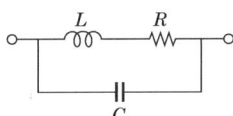

① $\dfrac{RL}{C}$  ② $\dfrac{RC}{L}$
③ $\dfrac{L}{RC}$  ④ $\dfrac{R}{LC}$

**[해설]**
$Y = j\omega C + \dfrac{1}{R+j\omega L} = j\omega C + \dfrac{R-j\omega L}{(R+j\omega L)(R-j\omega L)}$
$= j\omega C + \dfrac{R-j\omega L}{R^2+\omega^2 L^2} = \dfrac{R}{R^2+\omega^2 L^2} + j\left(\omega C - \dfrac{\omega L}{R^2+\omega^2 L^2}\right)$

• 공진 조건 $\omega C = \dfrac{\omega L}{R^2+\omega^2 L^2}$

• 공진 시 공진 어드미턴스 $Y_0 = \dfrac{R}{R^2+\omega^2 L^2} = \dfrac{R}{\dfrac{L}{C}} = \dfrac{RC}{L}$ [℧]

---

**기출 핵심 NOTE**

**18** • 병렬 공진회로
전류 확대율($Q$)=첨예도($S$)
$Q = S = \dfrac{R}{\omega_0 L} = \omega_0 CR$
$= R\sqrt{\dfrac{C}{L}}$
∴ $Q$는 $R$에 비례

• 직렬 공진회로
전압 확대율($Q$)=첨예도($S$)
$Q = S = \dfrac{\omega_0 L}{R} = \dfrac{1}{\omega_0 CR}$
$= \dfrac{1}{R}\sqrt{\dfrac{L}{C}}$
∴ $Q$는 $R$에 반비례

**19** 일반적인 병렬 공진회로
• 공진 조건
$\omega C = \dfrac{\omega L}{R^2+\omega^2 L^2}$

• 공진 시 공진 어드미턴스
$Y_0 = \dfrac{R}{R^2+\omega^2 L^2} = \dfrac{RC}{L}$ [℧]

정답 18. ① 19. ②

## 잠깐! 쉬어가세요.

"사랑하는 것은
천국을 살짝 엿보는 것이다."

- 세네카 -

# CHAPTER 04
# 교류 전력

- **01** 유효전력, 무효전력, 피상전력
- **02** $R-L$ 직렬회로의 전력
- **03** 복소전력
- **04** 3개의 전압계와 전류계로 단상 전력 측정
- **05** 최대 전력 전달
- **06** 역률 개선용 콘덴서의 용량 계산

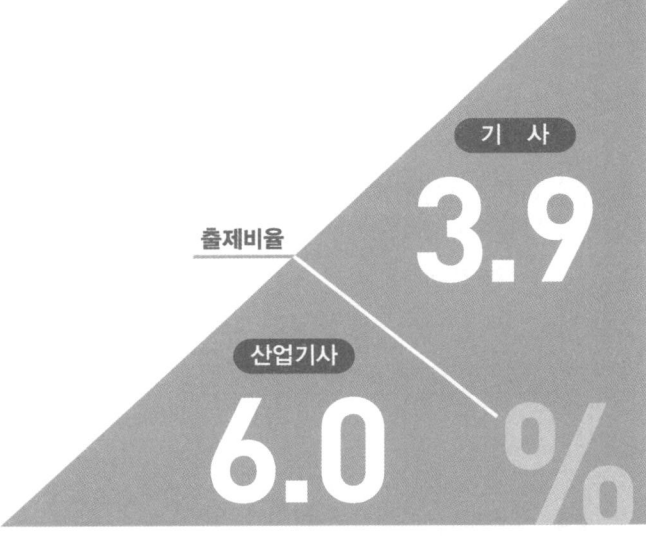

출제비율
기 사 3.9
산업기사 6.0 %

# CHAPTER 04 교류 전력

## 기출개념 01 유효전력, 무효전력, 피상전력

① 유효전력 : $P = VI\cos\theta = I^2 \cdot R = \dfrac{V^2}{R}$ [W]

② 무효전력 : $P_r = VI\sin\theta = I^2 \cdot X = \dfrac{V^2}{X}$ [Var]

③ 피상전력 : $P_a = V \cdot I = I^2 \cdot Z = \dfrac{V^2}{Z}$ [VA]

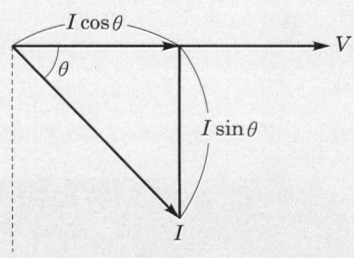

여기서, $I\cos\theta$ : 유효전류
$I\sin\theta$ : 무효전류

④ 유효전력($P$), 무효전력($P_r$), 피상전력($P_a$)의 관계

$$P^2 + P_r^{\,2} = (VI\cos\theta)^2 + (VI\sin\theta)^2 = (VI)^2 = P_a^{\,2}$$

$$P_a = \sqrt{P^2 + P_r^{\,2}}, \ P = \sqrt{P_a^{\,2} - P_r^{\,2}}, \ P_r = \sqrt{P_a^{\,2} - P^2}$$

㉠ 역률(power factor)

$$\cos\theta = \dfrac{\text{유효전력}}{\text{피상전력}} = \dfrac{P}{P_a} = \dfrac{P}{\sqrt{P^2 + P_r^{\,2}}}$$

㉡ 무효율(reative factor)

$$\sin\theta = \dfrac{\text{무효전력}}{\text{피상전력}} = \dfrac{P_r}{P_a} = \dfrac{P_r}{\sqrt{P^2 + P_r^{\,2}}}$$

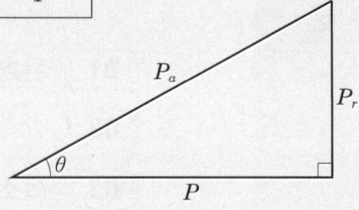

| 전력 3각형 |

### 기·출·개념 문제

**1.** 어떤 소자에 걸리는 전압과 전류가 아래와 같을 때 이 소자에서 소비되는 전력[W]은 얼마인가?   18 기사

- $v(t) = 100\sqrt{2}\cos\left(314t - \dfrac{\pi}{6}\right)$ [V]
- $i(t) = 3\sqrt{2}\cos\left(314t + \dfrac{\pi}{6}\right)$ [A]

① 100  ② 150  ③ 250  ④ 300

(해설) $P = VI\cos\theta = 100 \times 3 \times \cos 60° = 150$ [W]   답 ②

**2.** 어떤 회로에 전압을 115[V] 인가하였더니 유효전력이 230[W], 무효전력이 345[Var]를 지시한다면 회로에 흐르는 전류는 약 몇 [A]인가?   18 기사

① 2.5  ② 5.6  ③ 3.6  ④ 4.5

(해설) 피상전력 $P_a = \sqrt{P^2 + P_r^{\,2}} = \sqrt{(230)^2 + (345)^2} = 414.6$ [VA]

$I = \dfrac{P_a}{V} = \dfrac{414.6}{115} = 3.6$ [A]   답 ③

## 기출개념 02  $R-L$ 직렬회로의 전력

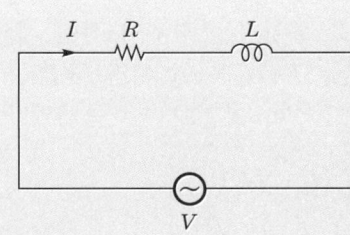

- 전류 $I = \dfrac{V}{Z} = \dfrac{V}{\sqrt{R^2 + X_L^2}}$ [A]

- 역률 $\cos\theta = \dfrac{R}{Z} = \dfrac{R}{\sqrt{R^2 + X_L^2}}$

① 유효전력 : $P = VI\cos\theta = I^2 R = \boxed{\dfrac{V^2 R}{R^2 + X_L^2}}$ [W]

② 무효전력 : $P_r = VI\sin\theta = I^2 X_L = \boxed{\dfrac{V^2 X_L}{R^2 + X_L^2}}$ [Var]

### 기·출·개·념 접근

$R-L$ 직렬회로는 전류 $I$가 일정하므로 전력 $P = I^2 R$[W] 식을 이용하여 전력을 계산한다.

(1) 유효전력 $P = I^2 R = \left(\dfrac{V}{\sqrt{R^2 + X_L^2}}\right)^2 R = \dfrac{V^2 R}{R^2 + X_L^2}$ [W]

(2) 무효전력 $P_r = I^2 X_L = \left(\dfrac{V}{\sqrt{R^2 + X_L^2}}\right)^2 X_L = \dfrac{V^2 X_L}{R^2 + X_L^2}$ [Var]

### 기·출·개·념 문제

**1.** 저항 $R = 6[\Omega]$과 유도 리액턴스 $X_L = 8[\Omega]$이 직렬로 접속된 회로에서 $v = 200\sqrt{2}\sin\omega t$[V]인 전압을 인가하였다. 이 회로의 소비되는 전력[kW]은?  **19 산업**

① 1.2  ② 2.2  ③ 2.4  ④ 3.2

(해설) 전류 $I = \dfrac{V}{Z} = \dfrac{200}{\sqrt{6^2 + 8^2}} = 20$[A]

∴ $P = I^2 \cdot R = 20^2 \times 6 = 2,400$[W] $= 2.4$[kW]  **답** ③

**2.** 저항 $R = 12[\Omega]$, 인덕턴스 $L = 13.3$[mH]인 $R-L$ 직렬회로에 실효값 130[V], 주파수 60[Hz]인 전압을 인가했을 때 이 회로의 무효전력[kVar]은?  **92 기사**

① 500  ② 0.5  ③ 5  ④ 50

(해설) $P_r = I^2 \cdot X = \left(\dfrac{V}{\sqrt{R^2 + X_L^2}}\right)^2 \cdot X_L = \left(\dfrac{130}{\sqrt{12^2 + (377 \times 13.3 \times 10^{-3})^2}}\right)^2 \cdot (377 \times 13.3 \times 10^{-3})$

$= 500$[Var] $= 0.5$[kVar]  **답** ②

# CHAPTER 04 교류 전력

## 기출개념 03 복소전력

전압과 전류가 직각좌표계로 주어지는 경우의 전력 계산법으로
전압 $V = V_1 + jV_2$[V], 전류 $I = I_1 + jI_2$[A]라 하면
피상전력은 전압의 공액 복소수와 전류의 곱으로서

$$\boxed{\begin{aligned} P_a = \overline{V} \cdot I &= (V_1 - jV_2)(I_1 + jI_2) \\ &= (V_1 I_1 + V_2 I_2) - j(V_2 I_1 - V_1 I_2) \\ &= P - jP_r \end{aligned}}$$

이때 허수부가 음(-)일 때 뒤진 전류에 의한 지상 무효전력, 즉 유도성 부하가 되고, 양(+)일 때 앞선 전류에 의한 진상 무효전력, 즉 용량성 부하가 된다.

① 유효전력 : $P = V_1 I_1 + V_2 I_2$[W] …… 실수부 크기
② 무효전력 : $P_r = V_2 I_1 - V_1 I_2$[Var] …… 허수부 크기
③ 피상전력 : $P_a = \sqrt{P^2 + P_r^2}$[VA]

---

### 기·출·개·념 문제

**1.** 어떤 회로의 전압이 $V$, 전류가 $I$일 때 $P_a = \overline{V}I = P + jP_r$에서 $P_r > 0$이다. 이 회로는 어떤 부하인가?   13·93 산업

① 유도성
② 무유도성
③ 용량성
④ 정저항

(해설) $P_a = \overline{V} \cdot I = P + jP_r$이므로 +인 경우는 진상 전류에 의한 무효전력, 즉 용량성 부하가 된다.

답 ③

**2.** $V = 100 + j30$[V]의 전압을 가하니 $I = 16 + j3$[A]의 전류가 흘렀다. 이 회로에서 소비되는 유효전력[W] 및 무효전력[Var]은 각각 얼마인가?   88 기사

① 1,690, 180
② 1,510, 780
③ 1,510, 180
④ 1,690, 780

(해설) 복소전력 $P_a = \overline{V} \cdot I = (100 - j30)(16 + j3) = 1,690 - j180$[VA]
∴ 유효전력 $P = 1,690$[W]
무효전력 $P_r = 180$[Var]

답 ①

## 기출개념 04 — 3개의 전압계와 전류계로 단상 전력 측정

### (1) 3전류계법

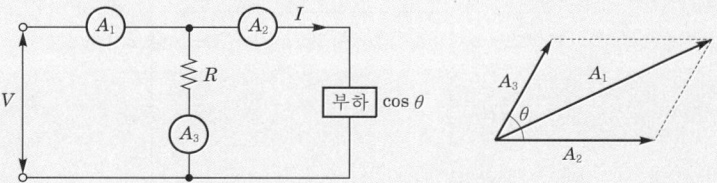

합 벡터의 크기 식에 의해 $A_1 = \sqrt{A_2^2 + A_3^2 + 2A_2 A_3 \cos\theta}$

① 역률 : $\boxed{\cos\theta = \dfrac{A_1^2 - A_2^2 - A_3^2}{2 A_2 A_3}}$

② 전력 : $P = VI\cos\theta = RA_3 \times A_2 \times \dfrac{A_1^2 - A_2^2 - A_3^2}{2 A_2 A_3} = \boxed{\dfrac{R}{2}(A_1^2 - A_2^2 - A_3^2)\,[\text{W}]}$

### (2) 3전압계법

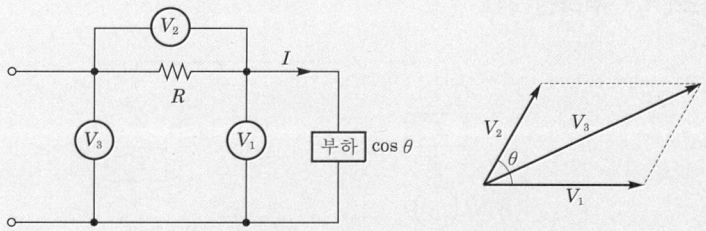

합 벡터의 크기 식에 의해 $V_3 = \sqrt{V_1^2 + V_2^2 + 2V_1 V_2 \cos\theta}$

① 역률 : $\boxed{\cos\theta = \dfrac{V_3^2 - V_1^2 - V_2^2}{2 V_1 V_2}}$

② 전력 : $P = V_1 I \cos\theta = V_1 \times \dfrac{V_2}{R} \times \dfrac{V_3^2 - V_1^2 - V_2^2}{2 V_1 V_2} = \boxed{\dfrac{1}{2R}(V_3^2 - V_1^2 - V_2^2)\,[\text{W}]}$

---

**기·출·개·념 문제**

그림과 같이 전류계 $A_1$, $A_2$, $A_3$, 25[Ω]의 저항 $R$을 접속하였더니 전류계의 지시는 $A_1 = 10\,[\text{A}]$, $A_2 = 4\,[\text{A}]$, $A_3 = 7\,[\text{A}]$이다. 부하의 전력[W]과 역률을 구하면?  **94 산업**

① $P = 437.5$, $\cos\theta = 0.625$
② $P = 437.5$, $\cos\theta = 0.547$
③ $P = 437.5$, $\cos\theta = 0.647$
④ $P = 507.5$, $\cos\theta = 0.747$

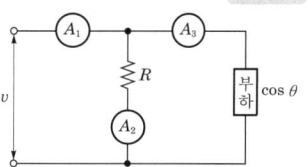

**[해설]** 3전류계법의 전력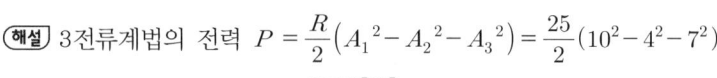
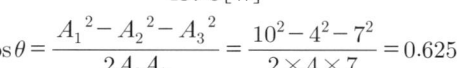

역률 $\cos\theta = \dfrac{A_1^2 - A_2^2 - A_3^2}{2 A_2 A_3} = \dfrac{10^2 - 4^2 - 7^2}{2 \times 4 \times 7} = 0.625$

**답** ①

# CHAPTER 04 교류 전력

## 기출개념 05 최대 전력 전달

(1) 저항($R_L$)만의 부하인 경우

부하전력 : $P = I^2 R_L = \left(\dfrac{E}{R_g + R_L}\right)^2 R_L [\text{W}]$

① 최대 전력 전달조건 : $\boxed{R_L = R_g}$

② 최대 전력 : $P_{\max} = \left(\dfrac{E}{R_g + R_L}\right)^2 R_L \bigg|_{R_L = R_g} = \boxed{\dfrac{E^2}{4R_g} [\text{W}]}$

(2) 임피던스($Z_L$) 부하인 경우

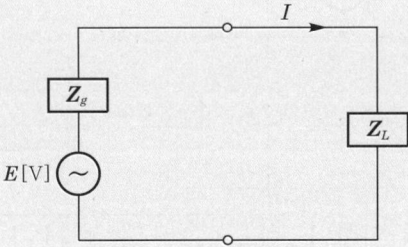

$\boldsymbol{Z}_g = R_g + jX_g$, $\boldsymbol{Z}_L = R_L + jX_L$인 경우

① 최대 전력 전달조건 : $\boxed{\boldsymbol{Z}_L = \overline{\boldsymbol{Z}}_g = R_g - jX_g}$

② 최대 공급 전력 : $\boxed{P_{\max} = \dfrac{E^2}{4R_g}[\text{W}]}$

---

### 기·출·개념 문제

내부 임피던스 $\boldsymbol{Z}_g = 0.3 + j2 [\Omega]$인 발전기에 임피던스 $\boldsymbol{Z}_l = 1.7 + j3 [\Omega]$인 선로를 연결하여 부하에 전력을 공급한다. 부하 임피던스 $\boldsymbol{Z}_0 [\Omega]$가 어떤 값을 취할 때 부하에 최대 전력이 전송되는가?

15·12·10·01 기사

① $2 - j5$  ② $2 + j5$  ③ $2$  ④ $\sqrt{2^2 + 5^2}$

**해설** 전원 내부 임피던스
$\boldsymbol{Z}_s = \boldsymbol{Z}_g + \boldsymbol{Z}_l = 0.3 + j2 + 1.7 + j3 = 2 + j5 [\Omega]$
최대 전력 전달 조건 $\boldsymbol{Z}_0 = \overline{\boldsymbol{Z}_s} = 2 - j5 [\Omega]$

**답** ①

## 기출개념 06 역률 개선용 콘덴서의 용량 계산

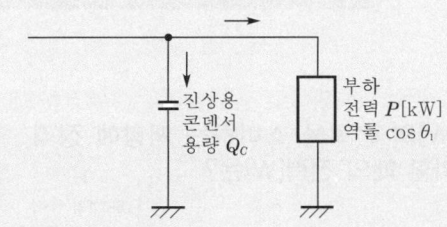

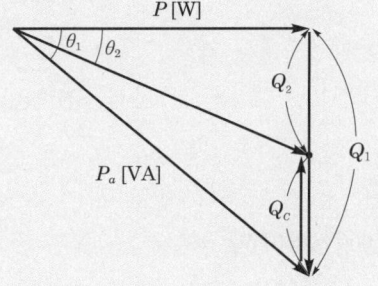

여기서, $\cos\theta_1$ : 개선 전 역률
$\cos\theta_2$ : 개선 후 역률

$$Q_C = Q_1 - Q_2 \ (Q_1 = P\tan\theta_1, \ Q_2 = P\tan\theta_2)$$
$$= P(\tan\theta_1 - \tan\theta_2)$$
$$= P\left(\frac{\sin\theta_1}{\cos\theta_1} - \frac{\sin\theta_2}{\cos\theta_2}\right)$$
$$\boxed{= P\left(\frac{\sqrt{1-\cos^2\theta_1}}{\cos\theta_1} - \frac{\sqrt{1-\cos^2\theta_2}}{\cos\theta_2}\right)}$$
$$= P\left(\sqrt{\frac{1}{\cos^2\theta_1}-1} - \sqrt{\frac{1}{\cos^2\theta_2}-1}\right) [\text{VA}]$$

---

**기·출·개·념 문제**

10[kVA], $\cos\theta = 0.6$(늦음)을 취하는 3상 평형 부하에 병렬로 축전기를 접속하여 역률을 90[%]로 개선하려고 한다. 이때 축전기의 용량[kVar]은?　　　　　　　　　　　90 산업

① 5.1　　　　　　　　　② 6.1
③ 7.1　　　　　　　　　④ 8.1

**[해설]** $Q_C = P(\tan\theta_1 - \tan\theta_2) = P_a\cos\theta_1\left(\frac{\sin\theta_1}{\cos\theta_1} - \frac{\sin\theta_2}{\cos\theta_2}\right)$

$= 10 \times 0.6\left(\frac{0.8}{0.6} - \frac{\sqrt{1-0.9^2}}{0.9}\right)$

$= 5.1[\text{kVar}]$

**답** ①

# CHAPTER 04 교류 전력

## 이런 문제가 시험에 나온다! 단원 최근 빈출문제

**01** 정격 전압에서 1[kW]의 전력을 소비하는 저항에 정격의 80[%] 전압을 가할 때의 전력[W]은?

[16년 1회 기사]

① 320  ② 540
③ 640  ④ 860

**해설** 전력
$$P = \frac{V^2}{R} = 1[\text{kW}] = 1,000[\text{W}]$$
$$\therefore P' = \frac{(0.8V)^2}{R} = 0.64 \times \frac{V^2}{R} = 0.64 \times 1,000 = 640[\text{W}]$$

### 기출 핵심 NOTE

**01 유효전력**
$$P = \frac{V^2}{R}[\text{W}]$$
전력은 전압의 제곱에 비례

**02** 다음 중 $R-L-C$ 직렬회로에 $e=170\cos\left(120t+\frac{\pi}{6}\right)$[V]를 인가할 때 $i=8.5\cos\left(120t-\frac{\pi}{6}\right)$[A]가 흐르는 경우 소비되는 전력은 약 몇 [W]인가?

[14년 1회 기사]

① 361  ② 623
③ 720  ④ 1,445

**해설** $P = VI\cos\theta = \dfrac{170}{\sqrt{2}} \times \dfrac{8.5}{\sqrt{2}} \times \cos 60° = 361.25[\text{W}]$

**02 정현파 교류의 실효값**
- $V = \dfrac{1}{\sqrt{2}} V_m [\text{V}]$
- $I = \dfrac{1}{\sqrt{2}} I_m [\text{A}]$

**03** 그림과 같은 회로가 있다. $I=10$[A], $G=4$[℧], $G_L=6$[℧]일 때 $G_L$의 소비전력[W]은?

[17년 1회 산업]

① 100
② 10
③ 6
④ 4

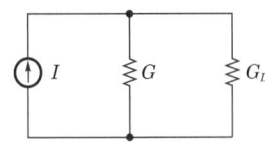

**해설** 소비전력 $P = I^2 R = \dfrac{I_{G_L}^{\ 2}}{G_L}[\text{W}]$

$G_L$에 흐르는 전류 $I_{G_L} = \dfrac{G_L}{G+G_L}I = \dfrac{6}{4+6} \times 10 = 6[\text{A}]$

$\therefore P = \dfrac{I_{G_L}^{\ 2}}{G_L} = \dfrac{6^2}{6} = 6[\text{W}]$

**03 소비(유효)전력**
$$P = I^2R = \dfrac{I^2}{G}[\text{W}]$$

**정답** 01. ③  02. ①  03. ③

**04** 길이에 따라 비례하는 저항값을 가진 어떤 전열선에 $E_0$[V]의 전압을 인가하면 $P_0$[W]의 전력이 소비된다. 이 전열선을 잘라 원래 길이의 $\frac{2}{3}$로 만들고 $E$[V]의 전압을 가한다면 소비전력 $P$[W]는?  [19년 2회 기사]

① $P = \frac{P_0}{2}\left(\frac{E}{E_0}\right)^2$
② $P = \frac{3P_0}{2}\left(\frac{E}{E_0}\right)^2$
③ $P = \frac{2P_0}{3}\left(\frac{E}{E_0}\right)^2$
④ $P = \frac{\sqrt{3}P_0}{2}\left(\frac{E}{E_0}\right)^2$

**[해설]** 전기저항 $R = \rho\frac{l}{s}$로 전선의 길이에 비례하므로

$$\frac{P}{P_0} = \frac{\frac{E^2}{\frac{2}{3}R}}{\frac{E_0^2}{R}} \quad \therefore P = \frac{3P_0}{2}\left(\frac{E}{E_0}\right)^2$$

**05** 그림과 같은 회로에 주파수 60[Hz], 교류 전압 200[V]의 전원이 인가되었다. $R$의 전력 손실을 $L=0$인 때의 $\frac{1}{2}$로 하면, $L$의 크기는 약 몇 [H]인가? (단, $R=600[\Omega]$이다.)  [15년 3회 기사]

① 0.59
② 1.59
③ 3.62
④ 4.62

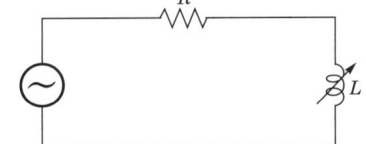

**[해설]**
$$\frac{V^2}{R}\times\frac{1}{2} = \left(\frac{V}{\sqrt{R^2+\omega^2L^2}}\right)^2 \cdot R$$
$2R^2 = R^2 + \omega^2L^2$
$R^2 = \omega^2L^2$
제곱해서 크기가 같으면 제곱하기 전의 크기도 같다.
따라서, $L = \frac{R}{\omega} = \frac{R}{2\pi f} = \frac{600}{2\pi \times 60} \fallingdotseq 1.59[\text{H}]$

**06** 어떤 교류 전동기의 명판에 역률=0.6, 소비전력=120[kW]로 표기되어 있다. 이 전동기의 무효전력은 몇 [kVar]인가?  [18년 3회 산업]

① 80
② 100
③ 140
④ 160

---

## 기출 핵심 NOTE

**04 전기저항**

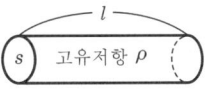

$R = \rho\frac{l}{s} = \frac{l}{ks}[\Omega]$

전기저항은 길이 $l$에 비례하고, 단면적 $s$에 반비례한다.

**05**
- $R$만의 회로
  전력 $P = \frac{V^2}{R}$[W]
- $R-L$ 직렬회로
  전력 $P = I^2R = \frac{V^2R}{R^2+X_L^2}$[W]

**06**
- $\cos^2\theta + \sin^2\theta = 1$
  $\sin^2\theta = 1 - \cos^2\theta$
  $\sin\theta = \sqrt{1-\cos^2\theta}$
- 역률 $\cos\theta = 0.6$이면
  $\sin\theta = \sqrt{1-0.6^2} = 0.8$이 된다.

**정답** 04. ② 05. ② 06. ④

# CHAPTER 04 교류 전력

**[해설]** 소비전력 $P = VI\cos\theta\,[\text{W}]$
무효전력 $P_r = VI\sin\theta\,[\text{Var}]$
$\therefore P_r = \dfrac{P}{\cos\theta} \cdot \sin\theta = \dfrac{120}{0.6} \times 0.8 = 160\,[\text{kVar}]$

**07** 회로에서 각 계기들의 지시값은 다음과 같다. 전압계는 240[V], 전류계는 5[A], 전력계는 720[W]이다. 이때, 인덕턴스 $L$[H]는 얼마인가? (단, 전원 주파수는 60[Hz]이다.) [15년 1회 산업]

① $\dfrac{1}{\pi}$
② $\dfrac{1}{2\pi}$
③ $\dfrac{1}{3\pi}$
④ $\dfrac{1}{4\pi}$

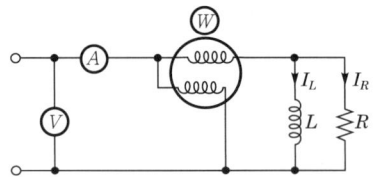

**[해설]** $P_r = \dfrac{V^2}{X_L}$ 에서
유도 리액턴스
$X_L = \dfrac{V^2}{P_r} = \dfrac{V^2}{\sqrt{P_a^{\,2} - P^2}} = \dfrac{240^2}{\sqrt{(240 \times 5)^2 - 720^2}} = 60\,[\Omega]$
$\therefore$ 인덕턴스 $L = \dfrac{X_L}{\omega} = \dfrac{60}{2\pi 60} = \dfrac{1}{2\pi}\,[\text{H}]$

**08** 100[V], 800[W], 역률 80[%]인 교류 회로의 리액턴스는 몇 [Ω]인가? [18년 3회 산업]

① 6
② 8
③ 10
④ 12

**[해설]** 무효전력 $P_r = I^2 \cdot X_L$
$\therefore X_L = \dfrac{P_r}{I^2} = \dfrac{\sqrt{P_a^{\,2} - P^2}}{I^2} = \dfrac{\sqrt{\left(\dfrac{800}{0.8}\right)^2 - 800^2}}{\left(\dfrac{800}{100 \times 0.8}\right)^2} = 6\,[\Omega]$

**09** 코일에 단상 100[V]의 전압을 가하면 30[A]의 전류가 흐르고 1.8[kW]의 전력을 소비한다고 한다. 이 코일과 병렬로 콘덴서를 접속하여 회로의 역률을 100[%]로 하기 위한 용량 리액턴스는 약 몇 [Ω]인가? [17년 3회 산업]

① 4.2
② 6.2
③ 8.2
④ 10.2

---

**기출 핵심 NOTE**

**07** 무효전력
$P_r = I^2 X_L = \dfrac{V^2}{X_L}\,[\text{Var}]$
- 직렬회로는 전류가 일정하므로 $P_r = I^2 X_L\,[\text{Var}]$ 식을 이용한다.
- 병렬회로는 전압이 일정하므로 $P_r = \dfrac{V^2}{X_L}\,[\text{Var}]$ 식을 이용한다.

**08** 일반적인 전기적 부하는 유도성 부하로 $R-L$ 직렬 부하이다. 무효전력 $P_r = I^2 X_L\,[\text{Var}]$ 식에서 리액턴스 $X_L$을 구한다.

**09** $P$, $P_r$, $P_a$의 관계
$P^2 + P_r^{\,2} = P_a^{\,2}$
- $P_a = \sqrt{P^2 + P_r^{\,2}}\,[\text{VA}]$
- $P_r = \sqrt{P_a^{\,2} - P^2}\,[\text{Var}]$
- $P = \sqrt{P_a^{\,2} - P_r^{\,2}}\,[\text{W}]$

**정답** 07. ② 08. ① 09. ①

**해설**
$$P_r = \sqrt{P_a{}^2 - P^2} \,[\text{Var}]$$
$$= \sqrt{(100 \times 30)^2 - 1{,}800^2}$$
$$= 2{,}400\,[\text{Var}]$$
$$\therefore X_C = \frac{V^2}{P_r} = \frac{100^2}{2{,}400} = 4.17 \fallingdotseq 4.2\,[\Omega]$$

**10** 그림과 같이 전압 $V$와 저항 $R$로 구성되는 회로 단자 A-B 간에 적당한 저항 $R_L$을 접속하여 $R_L$에서 소비되는 전력을 최대로 하게 했다. 이때 $R_L$에서 소비되는 전력 $P$는? [16년 1회 기사]

① $\dfrac{V^2}{4R}$
② $\dfrac{V^2}{2R}$
③ $R$
④ $2R$

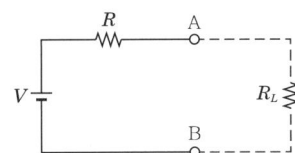

**10** 최대 전력 전달
- 조건
  $R_L = R_g$
  여기서, $R_g$ : 전원 내부 저항
- 최대 전력
  $P_{\max} = \dfrac{E^2}{4R_g}\,[\text{W}]$

**해설** 최대 전력 전달조건 $R_L = R$이므로
최대 전력 $P_{\max} = I^2 \cdot R_L \big|_{R_L = R}$
$$= \left(\frac{V}{(R + R_L)}\right)^2 \cdot R_L \bigg|_{R_L = R} = \frac{V^2}{4R}\,[\text{W}]$$

**11** 다음 회로에서 부하 $R$에 최대 전력이 공급될 때의 전력 값이 5[W]라고 하면 $R_L + R_i$의 값은 몇 [Ω]인가? (단, $R_i$는 전원의 내부 저항이다.) [17년 2회 산업]

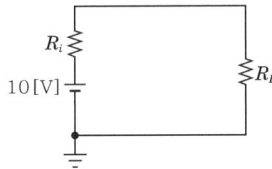

① 5
② 10
③ 15
④ 20

**해설**
- 최대 전력 전달조건 : $R_L = R_i$
- 최대 전력 : $P_{\max} = \dfrac{V^2}{4R_L}\,[\text{W}]$

$5 = \dfrac{10^2}{4R_L}$

∴ 부하 저항 $R_L = 5\,[\Omega]$
따라서, $R_L + R_i = 5 + 5 = 10\,[\Omega]$

**정답** 10. ① 11. ②

# 잠깐! 쉬어가세요.

"늘 행복하고 지혜로운 사람이
되려면 자주 변해야 한다."

- 공자 -

# CHAPTER 05
# 유도 결합회로와 벡터 궤적

- **01** 상호 유도전압
- **02** 인덕턴스 직렬접속
- **03** 인덕턴스 병렬접속
- **04** 결합계수
- **05** 이상 변압기
- **06** 브리지 회로
- **07** 벡터 궤적

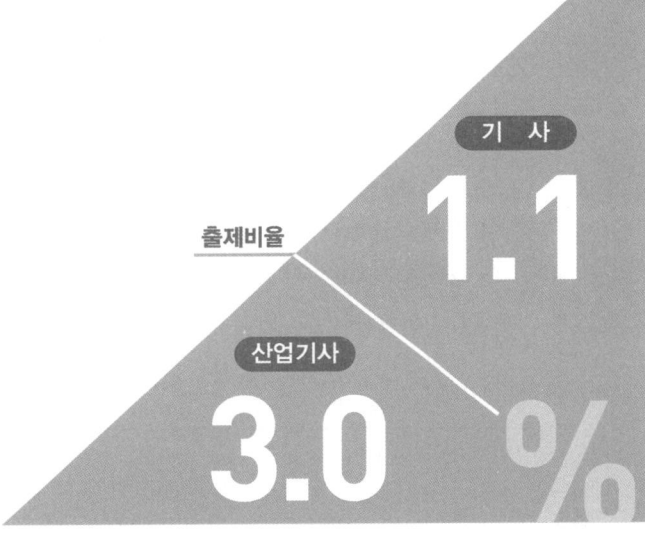

출제비율
기 사 1.1
산업기사 3.0 %

# CHAPTER 05 유도 결합회로와 벡터 궤적

## 기출개념 01 상호 유도전압

**(1) 상호 유도전압의 크기**

1차측의 전류 $i_1$에 의하여 2차측에 유기되는 상호 유도전압

$$e_{12} = \pm M \frac{di_1}{dt} \, [\text{V}]$$

여기서, $M$ : 상호 인덕턴스

**(2) 극성**

상호 유도전압의 극성은 두 코일에서 생기는 자속이 합쳐지는 방향이면 +로 가동결합, 반대 방향이면 -로 차동결합이다.

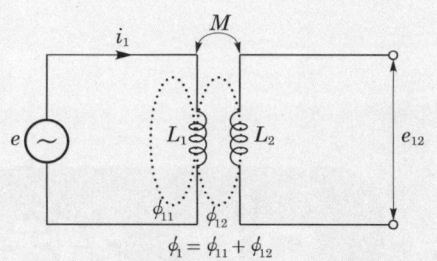

**기·출·개념 접근** 패러데이 법칙

시간에 대해서 코일에 자속의 변화와 전류의 변화가 생기면 코일에는 역기전력이 형성되는데 이를 식으로 표현하면 다음과 같이 된다.

$$e = -N \frac{d\phi}{dt} = -L \frac{di}{dt} \, [\text{V}]$$

---

**기·출·개념 문제**

**1.** 상호 인덕턴스 100[mH]인 회로의 1차 코일에 3[A]의 전류가 0.3초 동안에 18[A]로 변화할 때 2차 유도 기전력[V]은?     11·05·97 산업

① 5    ② 6    ③ 7    ④ 8

(해설) 2차 유도 기전력 = 상호 유도전압

$$e = \pm M \frac{di}{dt} = 100 \times 10^{-3} \times \frac{18-3}{0.3} = 5 \, [\text{V}]$$

답 ①

**2.** 그림과 같은 회로에서 $i_1 = I_m \sin \omega t$일 때 개방된 2차 단자에 나타나는 유기 기전력 $e_2$는 몇 [V]인가?    05·04 기사 / 17·04·88 산업

① $\omega M \sin \omega t$
② $\omega M \cos \omega t$
③ $\omega M I_m \sin(\omega t - 90°)$
④ $\omega M I_m \sin(\omega t + 90°)$

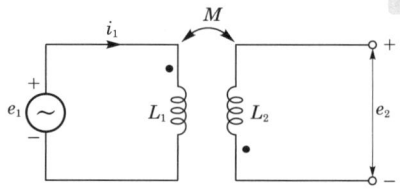

(해설) 차동결합이므로 2차 유도 기전력

$$e_2 = -M \frac{di_1}{dt} = -M \frac{d}{dt} I_m \sin \omega t = -\omega M I_m \cos \omega t = \omega M I_m \sin(\omega t - 90°) \, [\text{V}]$$

답 ③

## 기출개념 02 인덕턴스 직렬접속

**(1) 가동결합**

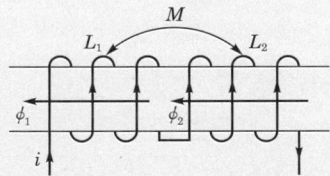

합성 인덕턴스 : $L_0 = L_1 + M + L_2 + M = \boxed{L_1 + L_2 + 2M\,[\mathrm{H}]}$

**(2) 차동결합**

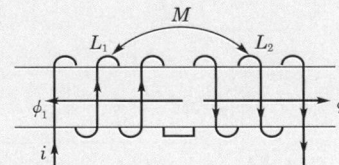

합성 인덕턴스 : $L_0 = L_1 - M + L_2 - M = \boxed{L_1 + L_2 - 2M\,[\mathrm{H}]}$

---

### 기·출·개·념 문제

**1.** 그림과 같은 결합회로의 합성 인덕턴스는 몇 [H]인가?  　　　　　　　　　　　　85 산업

① 4
② 6
③ 10
④ 13

**[해설]** 차동결합이므로 $L_0 = L_1 + L_2 - 2M = 4 + 6 - 2 \times 3 = 4\,[\mathrm{H}]$

**답** ①

**2.** 직렬로 유도결합된 회로이다. 단자 a-b에서 본 등가 임피던스 $Z_{ab}$를 나타낸 식은?　　　14 기사

① $R_1 + R_2 + R_3 + j\omega(L_1 + L_2 - 2M)$
② $R_1 + R_2 + j\omega(L_1 + L_2 + 2M)$
③ $R_1 + R_2 + R_3 + j\omega(L_1 + L_2 + L_3 + 2M)$
④ $R_1 + R_2 + R_3 + j\omega(L_1 + L_2 + L_3 - 2M)$

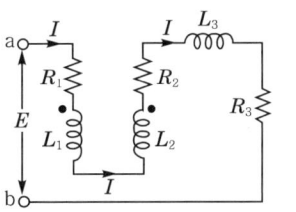

**[해설]** 직렬 차동결합이므로 합성 인덕턴스 $L_0 = L_1 + L_2 - 2M\,[\mathrm{H}]$
따라서 등가 직렬 임피던스
$Z = R_1 + j\omega(L_1 + L_2 - 2M) + R_2 + j\omega L_3 + R_3 = R_1 + R_2 + R_3 + j\omega(L_1 + L_2 + L_3 - 2M)$

**답** ④

## CHAPTER 05 유도 결합회로와 벡터 궤적

### 기출개념 03 인덕턴스 병렬접속

**(1) 가동결합(=가극성)**

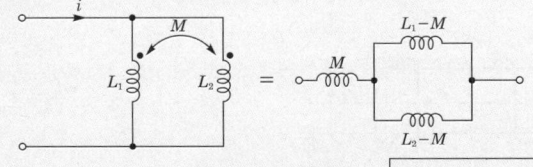

합성 인덕턴스 : $L_0 = M + \dfrac{(L_1-M)(L_2-M)}{(L_1-M)+(L_2-M)} = \boxed{\dfrac{L_1L_2 - M^2}{L_1+L_2-2M}}$ [H]

**(2) 차동결합(=감극성)**

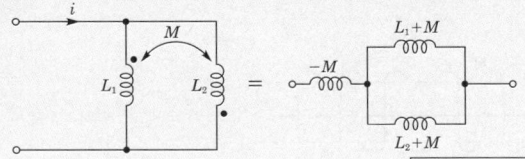

합성 인덕턴스 : $L_0 = -M + \dfrac{(L_1+M)(L_2+M)}{(L_1+M)+(L_2+M)} = \boxed{\dfrac{L_1L_2 - M^2}{L_1+L_2+2M}}$ [H]

### 기·출·개념 접근  변압기 T형 등가 회로

**(1) 가동결합(=가극성)**

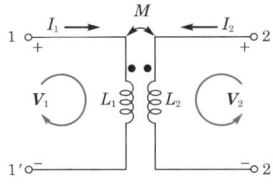 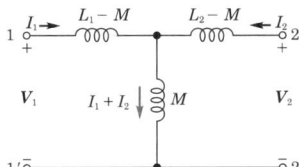

**(2) 차동결합(=감극성)**

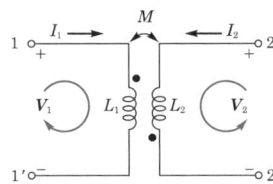 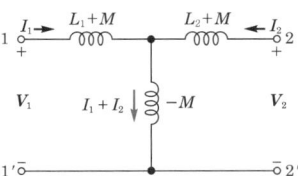

---

**기·출·개념 문제**

그림과 같은 회로에서 합성 인덕턴스는?   17·97·91 기사 / 14·13·99·91 산업

① $\dfrac{L_1L_2 + M^2}{L_1+L_2-2M}$   ② $\dfrac{L_1L_2 - M^2}{L_1+L_2-2M}$

③ $\dfrac{L_1L_2 + M^2}{L_1+L_2+2M}$   ④ $\dfrac{L_1L_2 - M^2}{L_1+L_2+2M}$

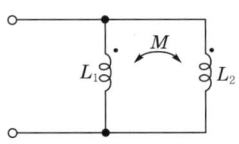

**(해설)** 병렬 가동결합이므로 $L = M + \dfrac{(L_1-M)(L_2-M)}{(L_1-M)+(L_2-M)} = \dfrac{L_1L_2-M^2}{L_1+L_2-2M}$

**답** ②

## 결합계수

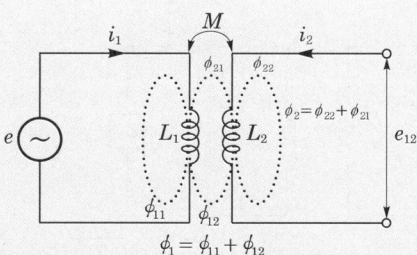

**(1) 결합계수**

두 코일 간의 유도결합의 정도를 나타내는 계수로 $0 \leq k \leq 1$의 값을 갖는다.

① $k=1$ : 누설자속이 전혀 없는, 즉 완전결합 이상결합의 경우
② $k=0$ : 상호자속이 전혀 없는, 즉 유도결합이 없는 경우

$$k = \sqrt{k_{12} \cdot k_{21}} = \sqrt{\frac{\phi_{12}}{\phi_1} \cdot \frac{\phi_{21}}{\phi_2}} = \frac{M}{\sqrt{L_1 L_2}}$$

여기서, $\phi_1$ : $i_1$ 전류에 의한 총 자속

$\phi_{12}$ : $i_1$ 전류에 의한 총 자속 중 2차 코일과 쇄교하는 자속

$\phi_2$ : $i_2$ 전류에 의한 총 자속

$\phi_{21}$ : $i_2$ 전류에 의한 총 자속 중 1차 코일과 쇄교하는 자속

**(2) 상호 인덕턴스**

$$M = k\sqrt{L_1 L_2}$$

---

**기·출·개·념 문제**

두 개의 코일 a, b가 있다. 두 개를 직렬로 접속하였더니 합성 인덕턴스가 119[mH]이었다. 극성을 반대로 했더니 합성 인덕턴스가 11[mH]이고, 코일 a의 자기 인덕턴스 $L_a = 20$[mH]라면 결합계수 $k$는?

09·07·85 산업

① 0.6　　② 0.7　　③ 0.8　　④ 0.9

**[해설]** $L_a + L_b + 2M = 119$ ········· ①

$L_a + L_b - 2M = 11$ ········· ②

식 ①, ②에서 $M = \dfrac{119-11}{4} = \dfrac{108}{4}$

∴ $M = 27$[mH]

∴ $L_b = 119 - 2M - L_a = 119 - 2 \times 27 - 20 = 45$[mH]

따라서, 결합계수 $k = \dfrac{M}{\sqrt{L_a L_b}} = \dfrac{27}{\sqrt{20 \times 45}} = 0.9$

**답 ④**

# CHAPTER 05 유도 결합회로와 벡터 궤적

## 기출개념 05 이상 변압기

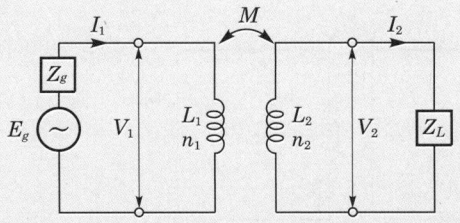

여기서, $Z_g$ : 입력(전원) 임피던스
$Z_L$ : 부하 임피던스

① 권수비 : $a = \dfrac{n_1}{n_2} = \dfrac{L_1}{M} = \dfrac{M}{L_2} = \sqrt{\dfrac{L_1}{L_2}} = \sqrt{\dfrac{Z_g}{Z_L}}$

② 전압비 : $\dfrac{V_1}{V_2} = \dfrac{n_1}{n_2} = a$

③ 전류비 : $\dfrac{I_1}{I_2} = \dfrac{n_2}{n_1} = \dfrac{1}{a}$

④ 입력(전원) 임피던스 : $\boxed{Z_g = a^2 Z_L = \left(\dfrac{n_1}{n_2}\right)^2 Z_L}$

### 기·출·개·념 문제

**1.** 내부 임피던스가 순저항 6[Ω]인 전원과 120[Ω]의 순저항 부하 사이에 임피던스 정합을 위한 이상 변압기의 권선비는?   05 산업

① $\dfrac{1}{\sqrt{20}}$   ② $\dfrac{1}{\sqrt{2}}$   ③ $\dfrac{1}{20}$   ④ $\dfrac{1}{2}$

(해설) $a = \sqrt{\dfrac{Z_g}{Z_L}} = \sqrt{\dfrac{6}{120}} = \sqrt{\dfrac{1}{20}} = \dfrac{1}{\sqrt{20}}$    답 ①

**2.** 그림과 같은 이상 변압기의 권선비가 $n_1 : n_2 = 1 : 3$일 때 a, b단자에서 본 임피던스[Ω]는?   98 산업

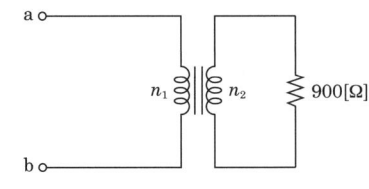

① 50   ② 100   ③ 200   ④ 400

(해설) 입력 임피던스 $Z_g = a^2 Z_L = \left(\dfrac{n_1}{n_2}\right)^2 Z_L = \left(\dfrac{1}{3}\right)^2 \times 900 = 100[\Omega]$    답 ②

## 기출개념 06 브리지 회로

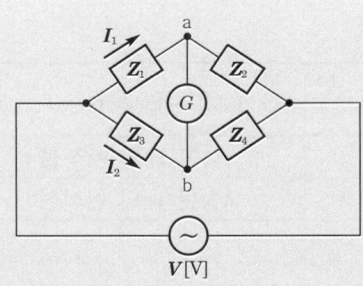

- 브리지 회로가 평형상태이면 검류계 ⓖ에 흐르는 전류가 0로, a, b점의 전위차가 0이므로 $Z_1 I_1 = Z_3 I_2$, $Z_2 I_1 = Z_4 I_2$에서 $\dfrac{I_1}{I_2} = \dfrac{Z_3}{Z_1} = \dfrac{Z_4}{Z_2}$ 가 된다.
- 브리지 회로의 평형조건 : $\boxed{Z_1 Z_4 = Z_2 Z_3}$

### 기·출·개·념 문제

**1.** 다음과 같은 교류 브리지 회로에서 $Z_0$에 흐르는 전류가 0이 되기 위한 각 임피던스의 조건은?  [17 산업]

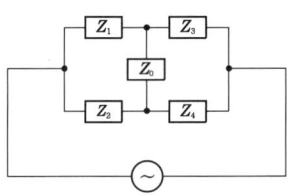

① $Z_1 Z_2 = Z_3 Z_4$  ② $Z_1 Z_2 = Z_3 Z_0$  ③ $Z_2 Z_3 = Z_1 Z_0$  ④ $Z_2 Z_3 = Z_1 Z_4$

(해설) 브리지 평형조건은 $Z_2 Z_3 = Z_1 Z_4$이다.  답 ④

**2.** 그림과 같은 브리지 회로가 평형하기 위한 $Z$의 값은?  [11·10·03·00 산업]

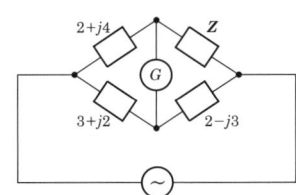

① $2+j4$  ② $-2+j4$  ③ $4+j2$  ④ $4-j2$

(해설) $Z(3+j2) = (2+j4)(2-j3)$
$\therefore Z = \dfrac{(2+j4)(2-j3)}{3+j2} = \dfrac{(16+j2)(3-j2)}{(3+j2)(3-j2)} = 4 - j2$  답 ④

# CHAPTER 05 유도 결합회로와 벡터 궤적

## 기출개념 07 벡터 궤적

### (1) 벡터 궤적

| 구 분<br>종 류 | 임피던스 궤적 | 어드미턴스 궤적(전류 궤적) |
|---|---|---|
| $R-L$ 직렬회로 | 1상한 내의 반직선 | 4상한 내의 반원 |
| $R-C$ 직렬회로 | 4상한 내의 반직선 | 1상한 내의 반원 |

### (2) 역궤적

원점을 지나지 않는 직선의 역궤적은 원점을 지나는 원이며, 그 역도 성립한다.

---

**기·출·개념 접근**

$R-X$ 직렬의 어드미턴스 궤적

(1) $R$은 일정 $X$를 가변 시

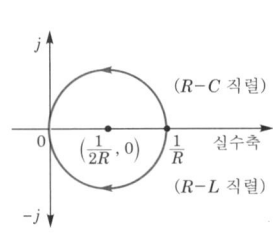

(2) $X$는 일정 $R$을 가변 시

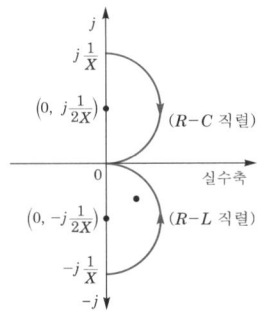

---

**기·출·개념 문제**

**1.** $R-L$ 직렬회로에서 주파수가 변할 때 임피던스 궤적은?  06 기사 / 92 산업

① 4사분면 내의 직선　　② 2사분면 내의 직선
③ 1사분면 내의 반원　　④ 1사분면 내의 직선

(해설) $Z = R + jX_L [\Omega]$
주파수가 변화하면 $X_L$을 가변하는 것이므로
$X_L = 0$인 경우 $Z = R [\Omega]$
$X_L = \infty$인 경우 $Z = R + j\infty [\Omega]$
∴ 1상한 내의 직선

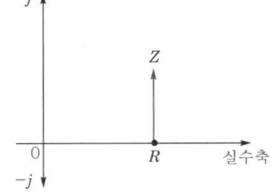

답 ④

**2.** 임피던스 궤적이 직선일 때 이의 역수인 어드미턴스 궤적은?  14·02·92 산업

① 원점을 통하는 직선　　② 원점을 통하지 않는 직선
③ 원점을 통하는 원　　　④ 원점을 통하지 않는 원

(해설) 원점을 지나지 않는 직선의 역궤적은 원점을 지나는 원이며, 그 역도 성립한다.

답 ③

# CHAPTER 05
유도 결합회로와
벡터 궤적

## 이런 문제가 시험에 나온다! 단원 최근 빈출문제

**01** 인덕턴스가 각각 5[H], 3[H]인 두 코일을 모두 dot 방향으로 전류가 흐르게 직렬로 연결하고 인덕턴스를 측정하였더니 15[H]이었다. 두 코일 간의 상호 인덕턴스 [H]는?
[19년 2회 산업]

① 3.5
② 4.5
③ 7
④ 9

**해설** 합성 인덕턴스 $L_0 = L_1 + L_2 + 2M$

$\therefore M = \dfrac{1}{2}(L_0 - L_1 - L_2) = \dfrac{1}{2}(15 - 5 - 3) = 3.5[\text{H}]$

**02** 20[mH]와 60[mH]의 두 인덕턴스가 병렬로 연결되어 있다. 합성 인덕턴스의 값[mH]은? (단, 상호 인덕턴스는 없는 것으로 한다.)
[15년 3회 산업]

① 15
② 20
③ 50
④ 75

**해설** $L_0 = \dfrac{L_1 L_2}{L_1 + L_2} = \dfrac{20 \times 60}{20 + 60} = 15[\text{mH}]$

**03** 다음과 같은 회로의 a - b간 합성 인덕턴스는 몇 [H]인가? (단, $L_1 = 4[\text{H}]$, $L_2 = 4[\text{H}]$, $L_3 = 2[\text{H}]$, $L_4 = 2[\text{H}]$이다.)
[18년 2회 산업]

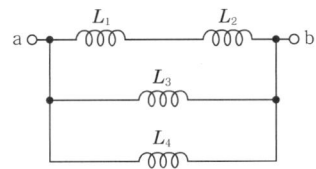

① $\dfrac{8}{9}$
② 6
③ 9
④ 12

**해설** $\dfrac{1}{L_0} = \dfrac{1}{L_1 + L_2} + \dfrac{1}{L_3} + \dfrac{1}{L_4} = \dfrac{1}{8} + \dfrac{1}{2} + \dfrac{1}{2} = \dfrac{9}{8}$

$\therefore L_0 = \dfrac{8}{9}[\text{H}]$

### 기출 핵심 NOTE

**01 가동결합**
두 코일의 자속이 합쳐지게 연결
- 합성 인덕턴스
$L_0 = L_1 + L_2 + 2M[\text{H}]$

**02 인덕턴스 병렬접속**
- 합성 인덕턴스
$L_0 = \dfrac{L_1 L_2 - M^2}{L_1 + L_2 \mp 2M}[\text{H}]$
- 상호 인덕턴스가 없는 경우 합성 인덕턴스
$L_0 = \dfrac{L_1 L_2}{L_1 + L_2}[\text{H}]$

**정답** 01. ① 02. ① 03. ①

# CHAPTER 05 유도 결합회로와 벡터 궤적

**04** 전원측 저항 1[kΩ], 부하 저항 10[Ω]일 때, 이것에 변압비 $n:1$의 이상 변압기를 사용하여 정합을 취하려 한다. $n$의 값으로 옳은 것은? [15년 2회 기사]

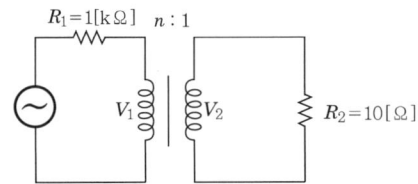

① 1　　　　　　② 10
③ 100　　　　　④ 1,000

**[해설]** 권수비 $a = \dfrac{n_1}{n_2} = \dfrac{V_1}{V_2} = \dfrac{I_2}{I_1} = \sqrt{\dfrac{Z_g}{Z_L}}$

여기서, $Z_g$ : 전원 내부 임피던스
　　　　$Z_L$ : 부하 임피던스

$\therefore \dfrac{n_1}{n_2} = \sqrt{\dfrac{R_1}{R_2}}$

$\therefore \dfrac{n}{1} = \sqrt{\dfrac{1{,}000}{10}}$

$n = 10$

> **04 이상 변압기**
> • 권수비
> $a = \dfrac{n_1}{n_2} = \dfrac{V_1}{V_2} = \dfrac{I_2}{I_1} = \sqrt{\dfrac{Z_g}{Z_L}}$
> • 입력(전원) 임피던스
> $Z_g = a^2 Z_L$

**05** $R-L-C$ 직렬회로에서 각주파수 $\omega$를 변화시켰을 때 어드미턴스의 궤적은? [17년 2회 산업]

① 원점을 지나는 원
② 원점을 지나는 반원
③ 원점을 지나지 않는 원
④ 원점을 지나지 않는 직선

**[해설]** $R-L-C$ 직렬회로의 벡터 궤적은 $X_C$가 가변일 경우이다.
• $X_L > X_C$인 경우 : $Z = R + jX$
• $X_L < X_C$인 경우 : $Z = R - jX$

$R-L-C$ 직렬회로의 벡터 궤적은 $R-L$ 직렬과 $R-C$ 직렬회로를 합한 것과 같다.

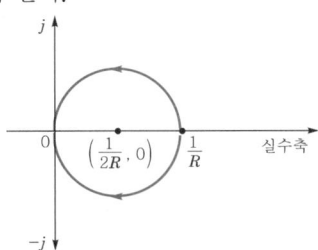

$\left(\dfrac{1}{2R}, 0\right)$을 중심으로 $\dfrac{1}{2R}$을 반지름으로 하는 원점을 지나는 원

> **05 어드미턴스 궤적**
> • $R-L$ 직렬회로
> 　4상한 내의 반원
> • $R-C$ 직렬회로
> 　1상한 내의 반원
> • $R-L-C$ 직렬회로
> 　원점을 지나는 원

**정답** 04. ② 05. ①

# CHAPTER 06

# 일반 선형 회로망

- **01** 전압원과 전류원
- **02** 전압원·전류원 등가 변환
- **03** 중첩의 정리
- **04** 테브난의 정리(Thevenin's theorem)
- **05** 노튼의 정리(Norton's theorem)
- **06** 밀만의 정리(Millman's theorem)
- **07** 가역 정리(상반 정리)
- **08** 회로망 기하학

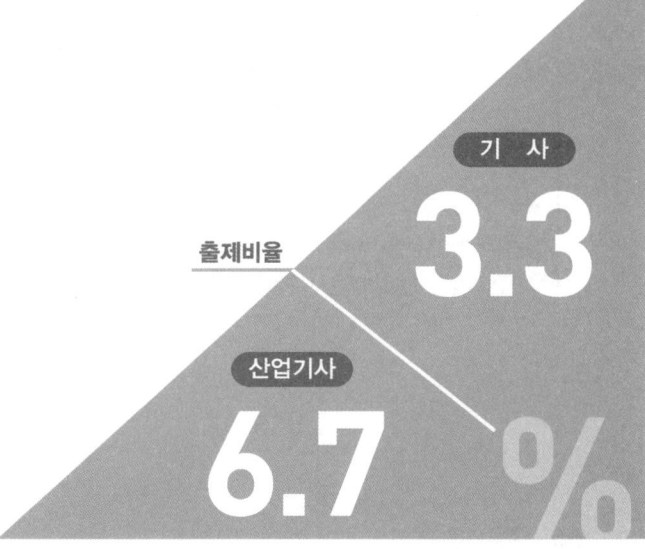

출제비율  기 사 3.3  산업기사 6.7 %

# CHAPTER 06 일반 선형 회로망

## 기출개념 01 전압원과 전류원

**(1) 이상 전압원과 실제 전압원**

이상 전압원은 그림 (a)에서 회로 단자가 단락된 상태에서 내부 저항 $R_g$가 0인 경우를 말한다. 이를 그림으로 표현하면 그림 (b)와 같이 된다. 그러나 실제 전압원은 내부 저항이 존재하므로 전압 강하가 생겨 그림 (c)와 같이 된다.

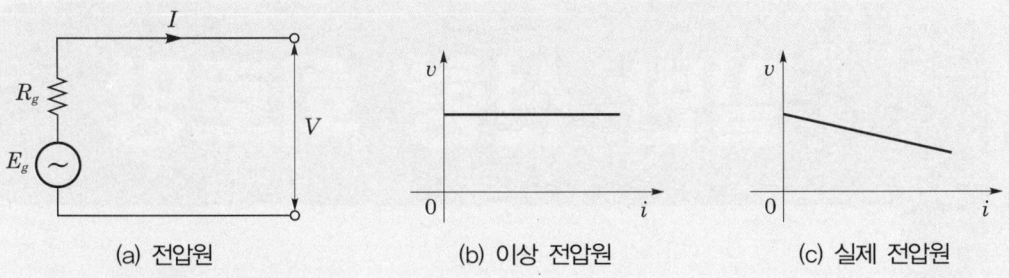

(a) 전압원  (b) 이상 전압원  (c) 실제 전압원

**(2) 이상 전류원과 실제 전류원**

이상 전류원은 그림 (a)에서 회로 단자가 개방된 상태에서 내부 저항 $R_g$가 ∞인 경우를 말한다. 이를 그림으로 표현하면 그림 (b)와 같이 된다. 그러나 실제 전류원은 내부 저항이 존재하므로 전류가 감소한다. 이를 그림으로 그리면 그림 (c)와 같다.

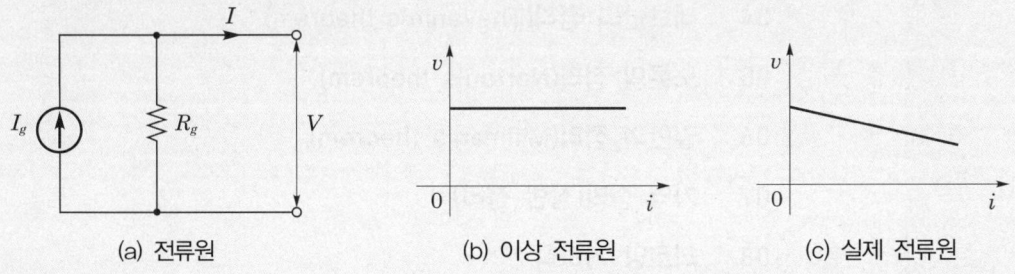

(a) 전류원  (b) 이상 전류원  (c) 실제 전류원

---

**기·출·개·념 문제**

**이상적인 전압원·전류원에 관하여 옳은 것은?**  01·95·88 기사 / 10·94 산업

① 전압원의 내부 저항은 ∞이고, 전류원의 내부 저항은 0이다.
② 전압원의 내부 저항은 0이고, 전류원의 내부 저항은 ∞이다.
③ 전압원, 전류원의 내부 저항은 흐르는 전류에 따라 변한다.
④ 전압원의 내부 저항은 일정하고, 전류원의 내부 저항은 일정하지 않다.

**(해설)** 전압원은 내부 저항이 작을수록 이상적이고, 전류원은 내부 저항이 클수록 이상적이다. 이상 전압원은 내부 저항이 0이고, 이상 전류원은 내부 저항이 ∞이다.   **답** ②

## 기출개념 02 전압원·전류원 등가 변환

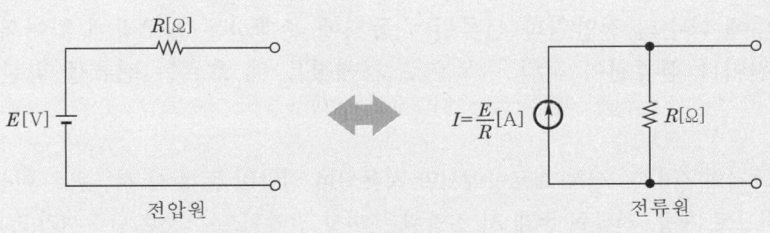

전압원에는 저항을 직렬로 연결하고, 전류원에는 저항을 병렬로 연결한다.

### 기·출·개념 접근

**키르히호프의 법칙**
회로망 해석의 기본 법칙으로 선형, 비선형, 시변, 시불변에 무관하게 항상 성립되는 법칙이다.

(1) 제1법칙(전류 법칙)
  임의의 한 점을 중심으로 들어가는 전류의 합은 나오는 전류의 합과 같다.

  $\sum 유입전류 = \sum 유출전류$

(2) 제2법칙(전압 법칙)
  회로망에서 임의의 폐회로를 구성했을 때 폐회로 내의 기전력의 합은 내부 전압 강하의 합과 같다.

  $\sum 기전력 = \sum 전압 강하$

### 기·출·개념 문제

그림과 같은 회로에서 전압 $v$[V]는?   88 기사 / 00·96 산업

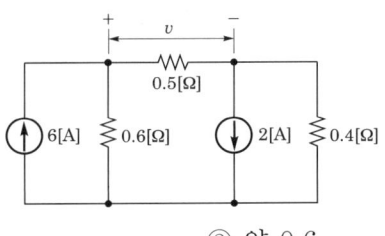

① 약 0.93
② 약 0.6
③ 약 1.47
④ 약 1.5

**해설** 전류원을 전압원으로 등가 변환하면

전류 $I = \dfrac{3.6 + 0.8}{0.6 + 0.5 + 0.4} \fallingdotseq 2.93$[A]

$\therefore v = 0.5 \times 2.93 \fallingdotseq 1.47$[V]

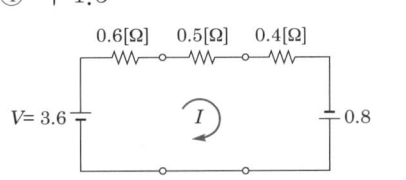

**답** ③

# CHAPTER 06 일반 선형 회로망

## 기출개념 03 중첩의 정리

회로망 내에 다수의 전압원과 전류원이 동시에 존재하는 회로망에 있어서 회로 전류는 각 전압원이나 전류원이 각각 단독으로 가해졌을 때 흐르는 전류를 합한 것과 같다.

**기·출·개념 접근**  '중첩의 정리'는 선형 회로망에서만 적용되며 전압원 존재 시 전류원은 이상 전류원으로 간주하므로 개방, 전류원 존재 시 전압원은 이상 전압원으로 간주 단락시키고 계산함에 유의하여야 한다.

### 기·출·개념 문제

**1.** 그림에서 10[Ω]의 저항에 흐르는 전류는 몇 [A]인가?    16·13·06·02·01 산업

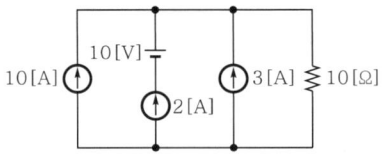

① 13      ② 14      ③ 15      ④ 16

**[해설]**
- 전류원 존재 시 전압원 단락
  전류원에 의한 전류 $I_1 = 10 + 2 + 3 = 15[A]$
- 전압원 존재 시 전류원 개방
  전압원 10[V]에 의한 전류 $I_2 = 0[A]$
- ∴ 10[Ω]에 흐르는 전류 $I = I_1 + I_2 = 15[A]$

**답 ③**

**2.** 그림과 같은 회로에서 전류 $I$[A]를 구하면?    18·09·97·93·91 기사 / 16·99·92·86 산업

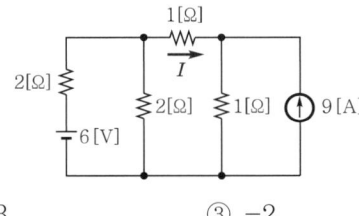

① 1      ② 3      ③ −2      ④ 2

**[해설]**
- 6[V] 전압원 존재 시 : 전류원 개방
  전전류 $I = \dfrac{6}{2 + \dfrac{2 \times 2}{2+2}} = 2[A]$  ∴ 1[Ω]에 흐르는 전류 $I_1 = 1[A]$
- 9[A] 전류원 존재 시 : 전압원 단락
  분류법칙에 의해 1[Ω]에 흐르는 전류 $I_2 = \dfrac{1}{2+1} \times 9 = 3[A]$
- ∴ 1[Ω]에 흐르는 전전류 $I$는 $I_1$과 $I_2$의 합이므로 $I = I_1 - I_2 = 1 - 3 = -2[A]$
  $I_1$이 정방향이고, $I_2$와 반대 방향이므로 여기서 −는 방향을 나타낸다.

**답 ③**

## 기출개념 04 테브난의 정리(Thevenin's theorem)

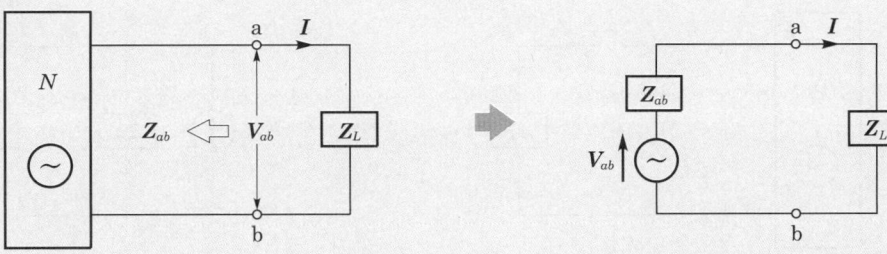

| 테브난의 등가회로 |

임의의 능동 회로망의 a, b단자에 부하 임피던스($Z_L$)를 연결할 때 부하 임피던스($Z_L$)에 흐르는 전류 $I = \dfrac{V_{ab}}{Z_{ab} + Z_L}$ [A]가 된다.

① 테브난의 등가 임피던스($Z_{ab}$)
  a, b단자에서 모든 전원을 제거하고 능동 회로망을 바라본 임피던스
② 테브난의 등가 전압($V_{ab}$)
  a, b단자의 단자 전압

### 기·출·개·념 문제

**1.** 테브난(Thevenin)의 정리를 사용하여 그림 (a)의 회로를 (b)와 같은 등가회로로 바꾸려 한다. $E$[V]와 $R$[Ω]의 값은?   17·09·06·03·00·99 산업

① 7, 9.1  ② 10, 9.1
③ 7, 6.5  ④ 10, 6.5

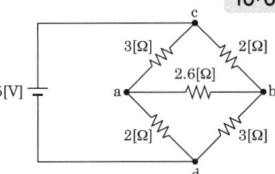

**[해설]** • $V_{ab} = E$ : a, b의 단자 전압

$$E = \dfrac{7}{3+7} \times 10 = 7[\text{V}]$$

• $Z_{ab} = R$ : 모든 전원을 제거하고 능동 회로망 쪽을 바라본 임피던스

$$R = 7 + \dfrac{3 \times 7}{3+7} = 9.1[\Omega]$$

**답** ①

**2.** 그림의 회로에서 저항 2.6[Ω]에 흐르는 전류[A]는?   10·04·99·96·91 산업

① 0.2  ② 0.5
③ 1   ④ 1.2

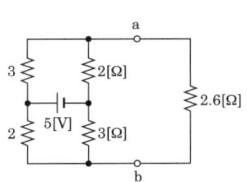

**[해설]** $I = \dfrac{V_{ab}}{Z_{ab} + Z_L}$ [A]

$$Z_{ab} = \dfrac{3 \times 2}{3+2} + \dfrac{2 \times 3}{2+3} = 2.4[\Omega]$$

$$V_{ab} = 3 - 2 = 1[\text{V}]$$

$$\therefore I = \dfrac{1}{2.4 + 2.6} = 0.2[\text{A}]$$

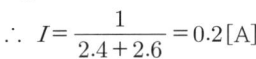

**답** ①

# CHAPTER 06 일반 선형 회로망

## 기출개념 05 노튼의 정리(Norton's theorem)

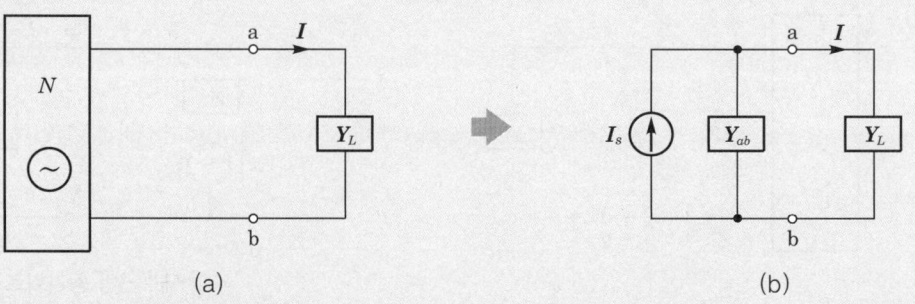

임의의 능동 회로망의 a, b단자에 부하 어드미턴스($Y_L$)를 연결할 때 부하 어드미턴스($Y_L$)에 흐르는 전류는 다음과 같다.

$$I = \frac{Y_L}{Y_{ab} + Y_L} I_s \text{[A]}$$

여기서, $Y_{ab}$ : a, b단자에서 모든 전원을 제거하고 능동 회로망을 바라본 어드미턴스
$I_s$ : a, b단자를 단락했을 때의 단락 전류

### 기·출·개·념 문제

그림 (a)와 (b)의 회로가 등가회로가 되기 위한 전류원 $I$[A]와 임피던스 $Z$[Ω]의 값은?  15 기사

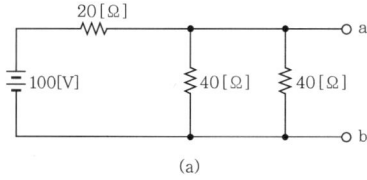
(a)

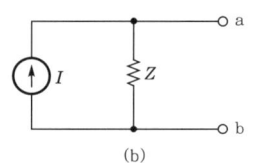
(b)

① 5[A], 10[Ω]
② 2.5[A], 10[Ω]
③ 5[A], 20[Ω]
④ 2.5[A], 20[Ω]

**[해설]** • 노튼의 등가회로에서 $I$는 a, b단자 단락 시 단락 전류

$$I = \frac{100}{20} = 5\text{[A]}$$

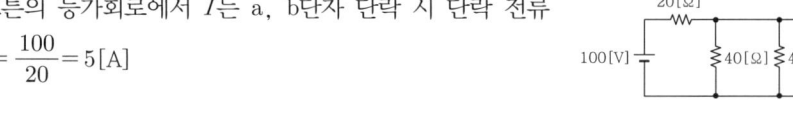

• $Z$는 a, b단자에서 전원을 제거하고 바라본 임피던스

$$Z = \frac{1}{\frac{1}{20} + \frac{1}{40} + \frac{1}{40}} = 10\text{[Ω]}$$

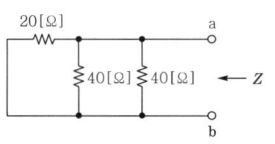

답 ①

## 기출개념 06 밀만의 정리(Millman's theorem)

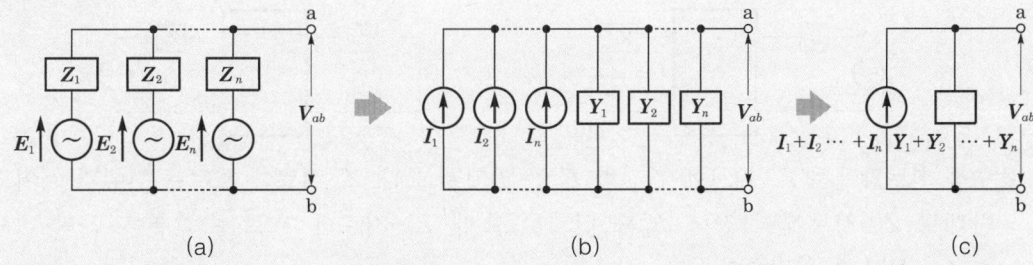

(a)          (b)          (c)

그림 (a)의 회로를 전압원, 전류원 등가 변환하면 그림 (c)와 같이 된다. 즉, 내부 임피던스를 포함하고 전압원이 $n$개 병렬 연결될 때 a, b단자의 단자 전압은 다음과 같다.

$$V_{ab} = \frac{\sum_{k=1}^{n} I_k}{\sum_{k=1}^{n} Y_k} = \frac{\dfrac{E_1}{Z_1} + \dfrac{E_2}{Z_2} + \cdots + \dfrac{E_n}{Z_n}}{\dfrac{1}{Z_1} + \dfrac{1}{Z_2} + \cdots + \dfrac{1}{Z_n}} \text{[V]}$$

### 기·출·개·념 문제

**1.** 다음 회로의 단자 a, b에 나타나는 전압[V]은 얼마인가?    94·90 기사 / 95·92 산업

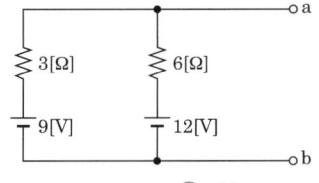

① 9      ② 10      ③ 12      ④ 3

(해설) $V_{ab} = \dfrac{\dfrac{9}{3} + \dfrac{12}{6}}{\dfrac{1}{3} + \dfrac{1}{6}} = 10\text{[V]}$    답 ②

**2.** 그림에서 단자 a, b 사이의 전압[V]을 구하면?    96 산업

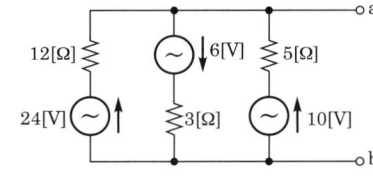

① $\dfrac{360}{37}$      ② $\dfrac{120}{37}$      ③ 28      ④ 40

(해설) $V_{ab} = \dfrac{\dfrac{24}{12} - \dfrac{6}{3} + \dfrac{10}{5}}{\dfrac{1}{12} + \dfrac{1}{3} + \dfrac{1}{5}} = \dfrac{120}{37}\text{[V]}$    답 ②

제6장 일반 선형 회로망

## CHAPTER 06 일반 선형 회로망

### 기출개념 07 가역 정리(상반 정리)

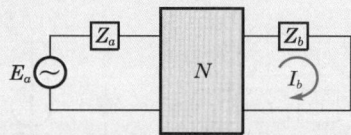 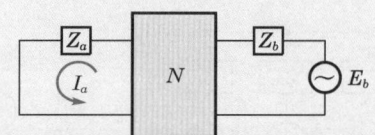

수동 회로망에서 $Z_a$ 지로에 기전력 $E_a$를 인가했을 때 $Z_b$ 지로에 흐르는 전류가 $I_b$이고, 반대로 $Z_b$ 지로에 기전력 $E_b$를 인가했을 때 $Z_a$ 지로에 흐르는 전류를 $I_a$라 하면 $E_a I_a = E_b I_b$가 성립한다.

#### 기·출·개념 문제

**1.** 그림과 같은 회로망에서 $Z_a$ 지로에 300[V]의 전압을 가할 때 $Z_b$ 지로에 30[A]의 전류가 흘렀다. $Z_b$ 지로에 200[V]의 전압을 가할 때 $Z_a$ 지로에 흐르는 전류[A]를 구하면?  84 기사

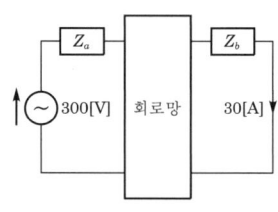

① 10  ② 20
③ 30  ④ 40

**[해설]** 가역 정리에 의해서 $E_a I_a = E_b I_b$

$$I_a = \frac{E_b I_b}{E_a} = \frac{200 \times 30}{300} = 20[\text{A}]$$

**답** ②

**2.** 그림과 같은 회로에서 $E_1 = 1[\text{V}]$, $E_2 = 0[\text{V}]$일 때의 $I_2$와 $E_1 = 0[\text{V}]$, $E_2 = 1[\text{V}]$일 때의 $I_1$을 비교하였을 때 옳은 것은?  93·87 기사

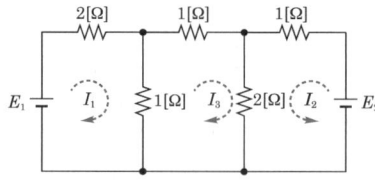

① $I_1 > I_2$  ② $I_1 < I_2$
③ $I_1 = I_2$  ④ $I_1 < I_3 < I_2$

**[해설]** 가역 정리 $E_1 I_1 = E_2 I_2$

∴ $E_1 = E_2$이므로 $I_1 = I_2$가 된다.

**답** ③

## 기출개념 08  회로망 기하학

(1) **마디(node)** : a, b, c, d와 같이 회로가 접속되는 점

(2) **가지(branch)** : 1, 2, 3, 4, 5, 6과 같이 두 개의 마디를 연결하는 선

(3) **나무(tree)** : 모든 마디를 연결하면서 폐로를 만들지 않는 가지의 집합
   ① 나무의 총수 = $n^{n-2}$ 개
   ② 나뭇가지의 수 = $n-1$ 개
   ③ 나뭇가지의 수는 키르히호프 전류 법칙의 독립 방정식의 수와 같다.

(4) **보목(cotree 또는 link)** : 나무가 아닌 가지
   ① 보목의 수 = $b-(n-1)$ 개
   ② 보목의 수는 키르히호프 전압 법칙의 독립 방정식의 수와 같다.

(5) **폐로(loop)** : 몇 개의 가지로 이루어지는 폐회로

(6) **기본 폐로(unit loop)** : 폐로를 형성하면서 보목이 하나만 포함된 폐회로

---

**기·출·개·념 문제**

그림과 같은 회로망에서 키르히호프의 법칙을 사용하여 마디 전압 방정식을 세우려고 한다. 최소 몇 개의 독립 방정식이 필요한가?     94·88 산업

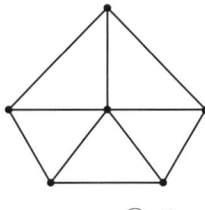

① 5    ② 6    ③ 7    ④ 8

[해설]
- 독립 전류 방정식의 수 = 나무의 수
- 독립 전압 방정식의 수 = 보목의 수
- 독립 전압 방정식의 수 = 보목의 수 : $b-(n-1) = 10-(6-1) = 5$ 개

**답** ①

# CHAPTER 06 일반 선형 회로망

## 단원 최근 빈출문제

**01** 그림에서 전류 $i_5$의 크기는? [15년 1회 산업]

① 3[A]
② 5[A]
③ 8[A]
④ 12[A]

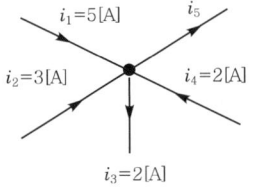

해설 $i_1 + i_2 + i_4 = i_5 + i_3$
$5 + 3 + 2 = i_5 + 2$
∴ $i_5 = 8[A]$

**02** 전하 보존의 법칙(conservation of charge)과 가장 관계가 있는 것은? [16년 3회 기사]

① 키르히호프의 전류 법칙
② 키르히호프의 전압 법칙
③ 옴의 법칙
④ 렌츠의 법칙

해설 키르히호프의 제1법칙(전류에 관한 법칙)
회로망 중의 임의의 접속점에 유입하는 전류의 총합과 유출하는 전류의 총합은 같다.
즉, 회로에 흐르는 전하량은 항상 일정하다.

**03** 다음 용어에 대한 설명으로 옳은 것은? [15년 2회 산업]

① 능동 소자는 나머지 회로에 에너지를 공급하는 소자이며, 그 값은 양과 음의 값을 갖는다.
② 종속 전원은 회로 내의 다른 변수에 종속되어 전압 또는 전류를 공급하는 전원이다.
③ 선형 소자는 중첩의 원리와 비례의 법칙을 만족할 수 있는 다이오드 등을 말한다.
④ 개방회로는 두 단자 사이에 흐르는 전류가 양 단자에 전압과 관계없이 무한대 값을 갖는다.

해설 • 독립 전압원은 전압원의 전압이 회로의 다른 부분의 전압이나 전류에 영향을 받지 않는다는 것
• 종속 전압원은 전압원의 전압이 회로의 다른 부분의 전압이나 전류에 의해 결정되는 것

---

기출 핵심 NOTE

**01 키르히호프의 법칙**
• 제1법칙(전류 법칙)
  $\Sigma$유입전류=$\Sigma$유출전류
• 제2법칙(전압 법칙)
  $\Sigma$기전력=$\Sigma$전압 강하

**03 소자**
• 수동 소자
  저항($R$), 인덕턴스($L$), 정전용량($C$)
• 능동 소자
  전압원, 전류원

정답 01. ③ 02. ① 03. ②

**04** 그림과 같은 회로에서 단자 a-b 간의 전압 $V_{ab}$[V]는?

[15년 3회 산업]

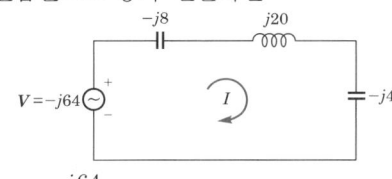

① $-j160$
② $j160$
③ $40$
④ $80$

**[해설]** 전류원을 전압원으로 등가 변환하면

전류 $I = \dfrac{-j64}{-j8+j20-j4} = -8$[A]

∴ a, b 사이의 전압
$V = j20 \times (-8) = -j160$[V]

**05** 회로의 3[Ω] 저항 양단에 걸리는 전압[V]은?

[16년 1회 산업]

① 2
② $-2$
③ 3
④ $-3$

**[해설]** • 2[V] 전압원 존재 시 : 전류원을 개방하면 3[Ω]의 양단 전압은 2[V]
• 1[A] 전류원 존재 시 : 전압원을 단락하면 3[Ω]의 전압은 0[V]
∴ 3[Ω] 양단 전압은 2[V]가 된다.

**06** 그림과 같은 회로에서 저항 $R$에 흐르는 전류 $I$[A]는?

[15년 3회 산업]

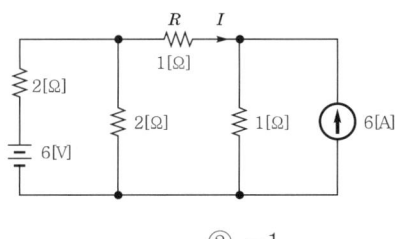

① $-2$
② $-1$
③ $2$
④ $1$

---

### 기출 핵심 NOTE

**04 전류원, 전압원 등가 변환**

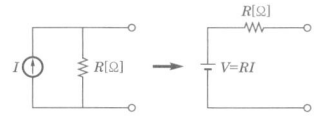

**05 중첩 정리 적용 시 유의사항**
• 전압원 존재 시 : 전류원 개방
• 전류원 존재 시 : 전압원 단락

**06** • 전압원
전압원은 내부 저항이 적을수록 이상적이며, 이상 전압원의 내부 저항이 0이다. 따라서 중첩 정리 적용 시 전압원은 이상 전압원으로 간주 단락한다.

• 전류원
전류원은 내부 저항이 클수록 이상적이며, 이상 전류원의 내부 저항이 ∞이다. 따라서 중첩 정리 적용 시 전류원은 이상 전류원으로 간주 개방한다.

**정답** 04. ① 05. ① 06. ②

## CHAPTER 06 일반 선형 회로망

**해설**
- 6[V] 전압원에 의한 전류 : $I_1 = \dfrac{2}{2+2} \times 2 = 1[A]$
- 6[A] 전류원에 의한 전류 : $I_2 = \dfrac{1}{2+1} \times 6 = 2[A]$

∴ $I = 1 - 2 = -1[A]$

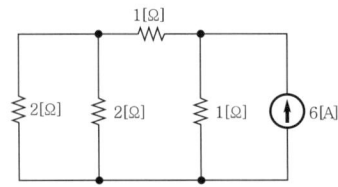

**07** 회로의 양 단자에서 테브난의 정리에 의한 등가회로로 변환할 경우 $V_{ab}$ 전압과 테브난 등가저항은?

[17년 2회 산업]

① 60[V], 12[Ω]
② 60[V], 15[Ω]
③ 50[V], 15[Ω]
④ 50[V], 50[Ω]

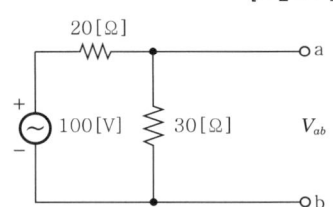

**해설** $V_{ab}$는 a, b의 단자 전압

∴ $V_{ab} = \dfrac{30}{20+30} \times 100 = 60[V]$

$Z_{ab} = \dfrac{20 \times 30}{20+30} = 12[\Omega]$

**08** 그림과 같은 직류회로에서 저항 $R[\Omega]$의 값은?

[15년 3회 기사]

① 10
② 20
③ 30
④ 40

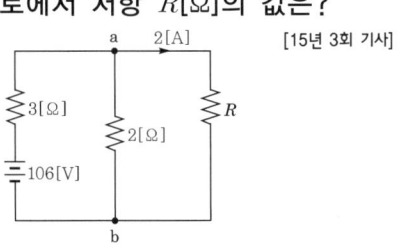

**해설** 테브난의 등가회로로 변환하여 저항 $R$를 구하면

$R_{ab} = \dfrac{2 \times 3}{2+3} = 1.2[\Omega]$

$V_{ab} = \dfrac{2}{3+2} \times 106 = 42.4[V]$

$I = \dfrac{V_{ab}}{R_{ab}+R}$ 에서 $2 = \dfrac{42.4}{1.2+R}$

∴ $R = 20[\Omega]$

### 기출 핵심 NOTE

**07** · 테브난의 등가회로

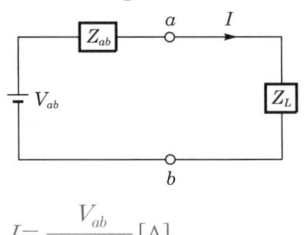

$I = \dfrac{V_{ab}}{Z_{ab}+Z_L}[A]$

- 테브난의 등가 임피던스($Z_{ab}$)

  a, b단자에서 전압원은 단락, 전류원은 개방하고 능동 회로망을 바라본 임피던스

- 테브난의 등가전압($V_{ab}$)

  a, b의 단자 전압

**08** 테브난의 등가회로

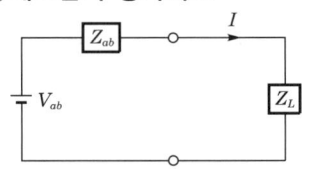

부하 임피던스에 흐르는 전류

$I = \dfrac{V_{ab}}{Z_{ab}+Z_L}[A]$

**정답** 07. ① 08. ②

**09** a-b 단자의 전압이 $50\underline{/0°}$[V], a-b 단자에서 본 능동 회로망($N$)의 임피던스가 $Z=6+j8$[Ω]일 때, a-b 단자에 임피던스 $Z'=2-j2$[Ω]를 접속하면 이 임피던스에 흐르는 전류[A]는? [19년 2회 산업]

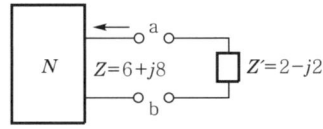

① $3-j4$
② $3+j4$
③ $4-j3$
④ $4+j3$

**[해설]** 테브난 등가회로에 의해 $I = \dfrac{V_{ab}}{Z_{ab}+Z_L}$ [A]

$V_{ab} = 50$ [V]
$Z_{ab} = Z = 6+j8$
$Z_L = Z' = 2-j2$

$\therefore I = \dfrac{50}{(6+j8)+(2-j2)} = \dfrac{50}{8+j6} = \dfrac{50(8-j6)}{(8+j6)(8-j6)}$
$= 4-j3$ [A]

**10** 두 개의 회로망 $N_1$과 $N_2$가 있다. a-b 단자, a'-b' 단자의 각각의 전압은 50[V], 30[V]이다. 또, 양 단자에서 $N_1$, $N_2$를 본 임피던스가 15[Ω]과 25[Ω]이다. a-a', b-b'를 연결하면 이때 흐르는 전류는 몇 [A]인가? [16년 2회 산업]

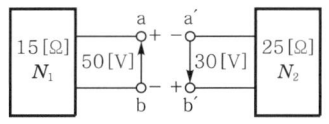

① 0.5
② 1
③ 2
④ 4

**[해설]**

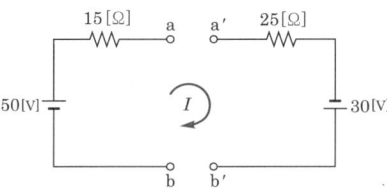

$\therefore I = \dfrac{50+30}{15+25} = 2$ [A]

### 10 테브난의 등가전압의 극성

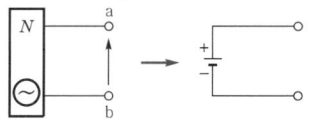

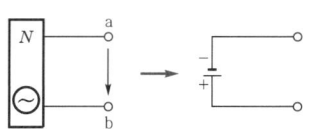

화살표의 방향이 전압의 방향이다.

정답 09. ③  10. ③

# CHAPTER 06 일반 선형 회로망

**11** 그림과 같은 회로에서 0.2[Ω]의 저항에 흐르는 전류는 몇 [A]인가? [14년 기사/18년 2회 산업]

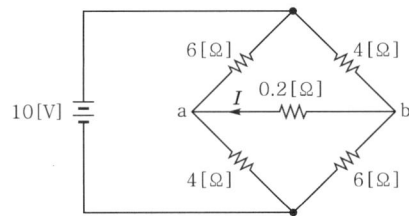

① 0.1
② 0.2
③ 0.3
④ 0.4

**해설**

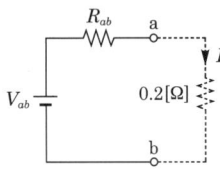

$$I = \frac{V_{ab}}{Z_{ab} + Z_L}[\text{A}]$$

$$Z_{ab} = \frac{6 \times 4}{6+4} + \frac{4 \times 6}{4+6} = 4.8[\Omega]$$

$$V_{ab} = 6 - 4 = 2[\text{V}]$$

$$\therefore I = \frac{2}{4.8 + 0.2} = 0.4[\text{A}]$$

**11 테브난의 정리**
- 테브난의 등가 임피던스($Z_{ab}$) 전압원 단락, 전류원 개방하고 능동 회로망을 바라본 임피던스
- 테브난의 등가 전압($V_{ab}$) 개방 단자에 걸리는 단자 전압

**12** 그림의 회로에서 전류 $I$는 약 몇 [A]인가? (단, 저항의 단위는 [Ω]이다.) [19년 2회 산업]

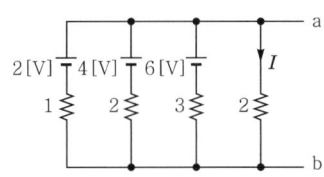

① 1.125
② 1.29
③ 6
④ 7

**해설** 밀만의 정리에 의해 a-b 단자의 단자 전압 $V_{ab}$

$$V_{ab} = \frac{\frac{2}{1} + \frac{4}{2} + \frac{6}{3}}{\frac{1}{1} + \frac{1}{2} + \frac{1}{3} + \frac{1}{2}} \fallingdotseq 2.57[\text{V}]$$

$$\therefore 2[\Omega]\text{에 흐르는 전류 } I = \frac{2.57}{2} = 1.29[\text{A}]$$

**12 밀만의 정리**

$$V_{ab} = \frac{\sum I}{\sum Y} = \frac{\frac{E_1}{R_1} + \frac{E_2}{R_2} + \frac{E_3}{R_3}}{\frac{1}{R_1} + \frac{1}{R_2} + \frac{1}{R_3}}$$

**정답** 11. ④  12. ②

# CHAPTER 07 다상 교류

- **01** 대칭 3상 교류
- **02** 대칭 3상 교류의 결선
- **03** 임피던스 등가 변환
- **04** 대칭 3상 전력
- **05** Y결선과 △결선의 비교
- **06** 2전력계법
- **07** V결선
- **08** 다상 교류회로의 전압·전류·전력
- **09** 회전자계와 중성점의 전위

출제비율 기사 13.8% 산업기사 17.0%

# CHAPTER 07 다상 교류

## 기출개념 01 대칭 3상 교류

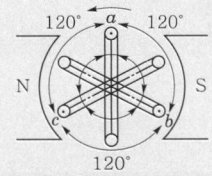
(a) 3상 발전기의 원리

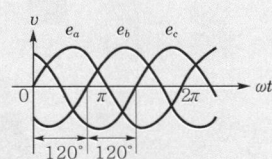
(b) 3상 기전력

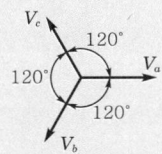
(c) 3상 전압의 위상도

**(1) 대칭 3상의 순시 전압**
- $e_a = \sqrt{2}\,E\sin\omega t\,[\text{V}]$
- $e_b = \sqrt{2}\,E\sin\left(\omega t - \dfrac{2\pi}{3}\right)[\text{V}]$
- $e_c = \sqrt{2}\,E\sin\left(\omega t - \dfrac{4\pi}{3}\right)[\text{V}]$

**(2) 대칭 3상의 복소수 표시**

- $\boldsymbol{E}_a = E\underline{/0°} = E$
- $\boldsymbol{E}_b = E\underline{/-\dfrac{2}{3}\pi} = E\left(\cos\dfrac{2\pi}{3} - j\sin\dfrac{2\pi}{3}\right) = E\left(-\dfrac{1}{2} - j\dfrac{\sqrt{3}}{2}\right) = a^2 E$
- $\boldsymbol{E}_c = E\underline{/-\dfrac{4}{3}\pi} = E\left(\cos\dfrac{4\pi}{3} - j\sin\dfrac{4\pi}{3}\right) = E\left(-\dfrac{1}{2} + j\dfrac{\sqrt{3}}{2}\right) = aE$

**(3) 연산자 $a$의 의미**
① $a$는 위상을 $\dfrac{2}{3}\pi$ 앞서게 하고, 크기는 $-\dfrac{1}{2} + j\dfrac{\sqrt{3}}{2}$의 크기를 갖는다.
② $a^2$은 위상을 $\dfrac{2}{3}\pi$ 뒤지게 하고, 크기는 $-\dfrac{1}{2} - j\dfrac{\sqrt{3}}{2}$의 크기를 갖는다.
③ 대칭 3상 기전력의 총합 $E_a + E_b + E_c = 0$이므로 $1 + a^2 + a = 0$이다.

---

**기·출·개념 문제**

**1.** $e^{j\frac{2}{3}\pi}$ 와 같은 것은? [18 산업]

① $\dfrac{1}{2} - j\dfrac{\sqrt{3}}{2}$    ② $-\dfrac{1}{2} - j\dfrac{\sqrt{3}}{2}$    ③ $-\dfrac{1}{2} + j\dfrac{\sqrt{3}}{2}$    ④ $\cos\dfrac{2}{3}\pi + \sin\dfrac{2}{3}\pi$

(해설) $e^{j\frac{2}{3}\pi} = \cos\dfrac{2}{3}\pi + \sin\dfrac{2}{3}\pi = -\dfrac{1}{2} + j\dfrac{\sqrt{3}}{2}$     **답 ③**

**2.** 대칭 3상 교류 전원에서 각 상의 전압이 $v_a$, $v_b$, $v_c$일 때 3상 전압[V]의 합은? [18 산업]

① 0    ② $0.3v_a$    ③ $0.5v_a$    ④ $3v_a$

(해설) 대칭 3상 전압의 합
$v_a + v_b + v_c = V + a^2 V + aV = (1 + a^2 + a)V = 0$     **답 ①**

## 기출개념 02-1 대칭 3상 교류의 결선 – 성형 결선(Y결선)

**(1) 성형 결선(Y결선)**

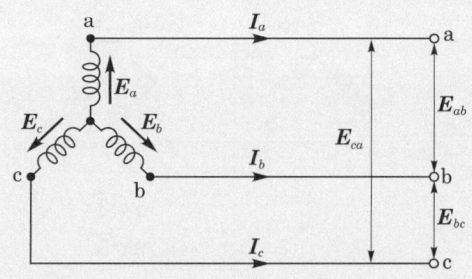

$$E_{ab} = E_a - E_b, \ E_{bc} = E_b - E_c, \ E_{ca} = E_c - E_a$$

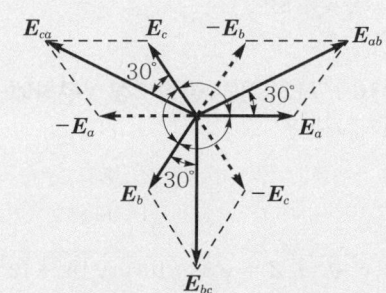

‖ 선간전압과 상전압과의 벡터도 ‖

**(2) 선간전압과 상전압의 크기 및 위상**

$$E_{ab} = 2E_a \cos 30° \underline{/\frac{\pi}{6}} = \sqrt{3} E_a \underline{/\frac{\pi}{6}}$$

$$E_{bc} = 2E_b \cos 30° \underline{/\frac{\pi}{6}} = \sqrt{3} E_b \underline{/\frac{\pi}{6}}$$

$$E_{ca} = 2E_c \cos 30° \underline{/\frac{\pi}{6}} = \sqrt{3} E_c \underline{/\frac{\pi}{6}}$$

이상의 관계에서 **선간전압을 $V_l$, 선전류를 $I_l$, 상전압을 $V_p$, 상전류를 $I_p$**라 하면

$$V_l = \sqrt{3} V_p \underline{/\frac{\pi}{6}} [\text{V}], \ I_l = I_p [\text{A}]$$

**기·출·개념 접근**

대칭 3상 교류의 성형결선(Y결선) 시 상전류($I_P$)와 선전류($I_l$) 계산 시 한 상의 임피던스($Z$)에 의한 전류 계산은 반드시 상전류($I_P$)는 $\frac{V_P}{Z}$[A]가 성립되므로 선간전압 $V_l = \sqrt{3} \ V_P = \sqrt{3} \ ZI_P$[V]로 계산된다.

선전류($I_l$) $= \frac{V_l}{Z}$[A]의 식이 성립되지 않음에 유의해야 한다.

# CHAPTER 07 다상 교류

**기·출·개·념 문제**

**1.** 그림과 같이 평형 3상 성형 부하 $Z = 6 + j8[\Omega]$에 200[V]의 상전압이 공급될 때 선전류는 몇 [A]인가?　14·92 산업

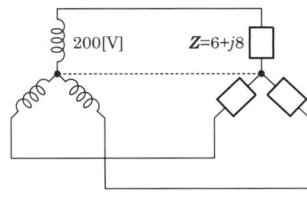

① 15　　② $15\sqrt{3}$
③ 20　　④ $20\sqrt{3}$

**해설** 선전류 $I_l = I_p = \dfrac{V_p}{Z} = \dfrac{200}{\sqrt{6^2 + 8^2}} = 20[\text{A}]$　**답** ③

**2.** 각 상의 임피던스가 $Z = 16 + j12[\Omega]$인 평형 3상 Y부하에 정현파 상전류 10[A]가 흐를 때 이 부하의 선간전압의 크기[V]는?　10·07·04·03 기사 / 15·08·06 산업

① 200　　② 600
③ 220　　④ 346

**해설** 선간전압 $V_l = \sqrt{3}\, V_p = \sqrt{3}\, I_p Z = \sqrt{3} \times 10 \times \sqrt{16^2 + 12^2} = 346[\text{V}]$　**답** ④

**3.** 평형 3상 3선식 회로가 있다. 부하는 Y결선이고 $V_{ab} = 100\sqrt{3}\,\underline{/0°}\,[\text{V}]$일 때 $I_a = 20\,\underline{/-120°}\,[\text{A}]$이었다. Y결선된 부하 한 상의 임피던스는 몇 [Ω]인가?　19 기사 / 00·98 산업

① $5\,\underline{/60°}$　　② $5\sqrt{3}\,\underline{/60°}$
③ $5\,\underline{/90°}$　　④ $5\sqrt{3}\,\underline{/90°}$

**해설** $Z = \dfrac{V_p}{I_p} = \dfrac{\dfrac{100\sqrt{3}}{\sqrt{3}}\,\underline{/0° - 30°}}{20\,\underline{/-120°}} = \dfrac{100\,\underline{/-30°}}{20\,\underline{/-120°}} = 5\,\underline{/90°}\,[\Omega]$　**답** ③

**4.** 성형(Y) 결선의 부하가 있다. 선간전압 300[V]의 3상 교류를 가했을 때 선전류가 40[A]이고, 역률이 0.8이라면 리액턴스는 약 몇 [Ω]인가?　17 기사

① 1.66　　② 2.60
③ 3.56　　④ 4.33

**해설** 임피던스 $Z = \dfrac{V_p}{I_p} = \dfrac{\dfrac{300}{\sqrt{3}}}{40} = 4.33[\Omega]$

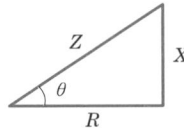

리액턴스 $X = Z\sin\theta = 4.33 \times 0.6 ≒ 2.60[\Omega]$　**답** ②

## 대칭 3상 교류의 결선 – 환상 결선(△ 결선)

**(1) 환상 결선(△ 결선)**

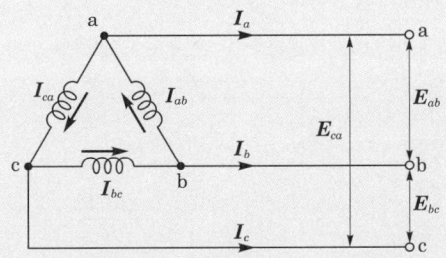

$I_a = I_{ab} - I_{ca}, \ I_b = I_{bc} - I_{ab}, \ I_c = I_{ca} - I_{bc}$

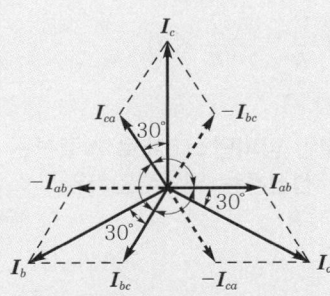

∥ 선전류와 상전류와의 벡터도 ∥

**(2) 선전류와 상전류의 크기 및 위상**

$$I_a = 2I_{ab}\cos 30° \left/ -\frac{\pi}{6} \right. = \sqrt{3}\,I_{ab} \left/ -\frac{\pi}{6} \right.$$

$$I_b = 2I_{bc}\cos 30° \left/ -\frac{\pi}{6} \right. = \sqrt{3}\,I_{bc} \left/ -\frac{\pi}{6} \right.$$

$$I_c = 2I_{ca}\cos 30° \left/ -\frac{\pi}{6} \right. = \sqrt{3}\,I_{ca} \left/ -\frac{\pi}{6} \right.$$

이상의 관계에서 **선간전압을 $V_l$, 선전류를 $I_l$, 상전압을 $V_p$, 상전류를 $I_p$**라 하면

$$I_l = \sqrt{3}\,I_p \left/ -\frac{\pi}{6} \right. [\text{A}], \quad V_l = V_p\,[\text{V}]$$

**기·출·개념 접근**

대칭 3상 교류의 환상 결선(△ 결선) 시 상전류($I_P$)와 선전류($I_l$) 계산 시 한 상의 임피던스($Z$)에 의한 전류 계산은 반드시 상전류($I_P$)는 $\dfrac{V_P}{Z}$ [A]가 성립되므로 선전류 $I_l = \sqrt{3}\,I_P = \sqrt{3}\,\dfrac{V_P}{Z}$ [A]로 계산된다.

환상 결선(△ 결선)에서도 선전류($I_l$) = $\dfrac{V_l}{Z}$ [A]의 식이 성립되지 않음에 유의해야 한다.

# CHAPTER 07 다상 교류

**기·출·개·념 문제**

**1.** $R[\Omega]$의 3개의 저항을 전압 $V[V]$의 3상 교류 선간에 그림과 같이 접속할 때 선전류[A]는 얼마인가?

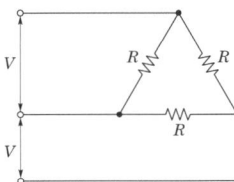

① $\dfrac{V}{\sqrt{3}R}$  ② $\dfrac{\sqrt{3}V}{R}$

③ $\dfrac{V}{3R}$  ④ $\dfrac{3V}{R}$

(해설) 선전류 $I_l = \sqrt{3}I_p = \sqrt{3}\dfrac{V_p}{R} = \dfrac{\sqrt{3}V}{R}$ [A]

**답 ②**

**2.** $R=6[\Omega]$, $X_L=8[\Omega]$이 직렬인 임피던스 3개로 △결선된 대칭 부하 회로에 선간전압 100[V]인 대칭 3상 전압을 가하면 선전류는 몇 [A]인가?

① $\sqrt{3}$  ② $3\sqrt{3}$

③ 10  ④ $10\sqrt{3}$

(해설) $I_l = \sqrt{3}I_p = \sqrt{3} \times \dfrac{100}{\sqrt{6^2+8^2}} = 10\sqrt{3}$ [A]

**답 ④**

**3.** △결선의 상전류가 각각 $I_{ab} = 4\underline{/-36°}$, $I_{bc} = 4\underline{/-156°}$, $I_{ca} = 4\underline{/-276°}$이다. 선전류 $I_c$는 약 얼마인가?

① $4\underline{/-306°}$  ② $6.93\underline{/-306°}$

③ $6.93\underline{/-276°}$  ④ $4\underline{/-276°}$

(해설) 선전류 $I_l = \sqrt{3}I_p\underline{/-30°}$
$I_c = \sqrt{3}I_{ca}\underline{/-30°} = \sqrt{3}\times 4\underline{/-276°-30°} = 6.93\underline{/-306°}$

**답 ②**

**4.** 전원과 부하가 △-△ 결선인 평형 3상 회로의 선간전압이 220[V], 선전류가 30[A]이었다면 부하 1상의 임피던스[Ω]는?

① 9.7  ② 10.7
③ 11.7  ④ 12.7

(해설) △결선이므로 $V_l = V_p$, $I_l = \sqrt{3}I_p$
∴ $Z = \dfrac{V_p}{I_p} = \dfrac{220}{\dfrac{30}{\sqrt{3}}} = 12.7[\Omega]$

**답 ④**

## 기출개념 03 임피던스 등가 변환

**(1) △ → Y 등가 변환**

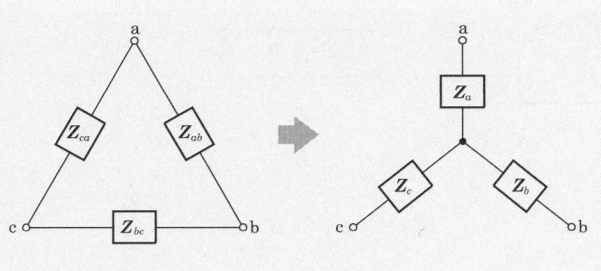

$$Z_a = \frac{Z_{ca} \cdot Z_{ab}}{Z_{ab} + Z_{bc} + Z_{ca}}$$

$$Z_b = \frac{Z_{ab} \cdot Z_{bc}}{Z_{ab} + Z_{bc} + Z_{ca}}$$

$$Z_c = \frac{Z_{bc} \cdot Z_{ca}}{Z_{ab} + Z_{bc} + Z_{ca}}$$

• $Z_{ab} = Z_{bc} = Z_{ca}$ 인 경우

$$Z_Y = \frac{1}{3} Z_\triangle$$

**(2) Y → △ 등가 변환**

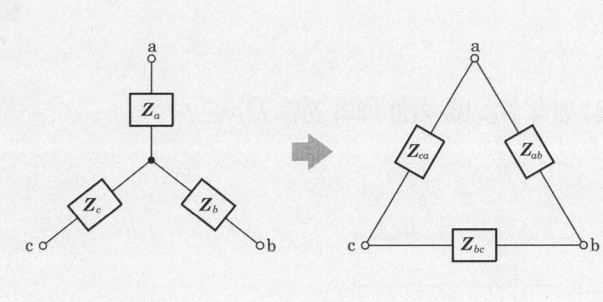

$$Z_{ab} = \frac{Z_a Z_b + Z_b Z_c + Z_c Z_a}{Z_c}$$

$$Z_{bc} = \frac{Z_a Z_b + Z_b Z_c + Z_c Z_a}{Z_a}$$

$$Z_{ca} = \frac{Z_a Z_b + Z_b Z_c + Z_c Z_a}{Z_b}$$

• $Z_a = Z_b = Z_c$ 인 경우

$$Z_\triangle = 3 Z_Y$$

---

### 기·출·개·념 문제

**1.** 그림과 같은 순저항으로 된 회로에 대칭 3상 전압을 가했을 때 각 선에 흐르는 전류가 같으려면 $R$의 값[Ω]은?  07·04·01·89 기사 / 15·00·99·92 산업

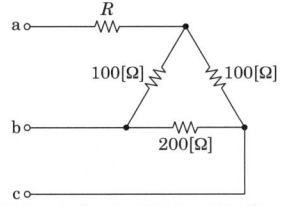

① 20
② 25
③ 30
④ 35

(해설) 각 선에 흐르는 전류가 같으려면 각 상의 저항의 크기가 같아야 한다.
따라서 △결선을 Y결선으로 바꾸면

$R_a = \dfrac{10,000}{400} = 25[\Omega]$, $R_b = \dfrac{20,000}{400} = 50[\Omega]$,

$R_c = \dfrac{20,000}{400} = 50[\Omega]$

∴ 각 상의 저항이 같기 위해서는 $R = 25[\Omega]$이다.

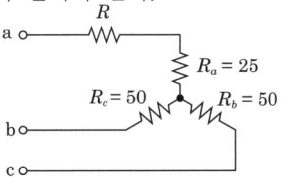

답 ②

## CHAPTER 07 다상 교류

**기·출·개·념 문제**

**2.** 다음과 같은 Y결선 회로와 등가인 △결선 회로의 $A$, $B$, $C$ 값은 몇 [Ω]인가?

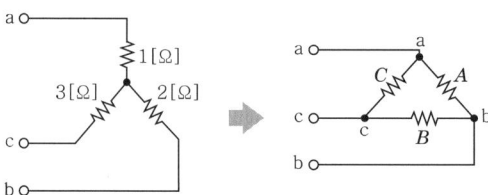

① $A=\dfrac{7}{3}$, $B=7$, $C=\dfrac{7}{2}$
② $A=7$, $B=\dfrac{7}{2}$, $C=\dfrac{7}{3}$
③ $A=11$, $B=\dfrac{11}{2}$, $C=\dfrac{11}{3}$
④ $A=\dfrac{11}{3}$, $B=11$, $C=\dfrac{11}{2}$

(해설) $A=\dfrac{1\times 2+2\times 3+3\times 1}{3}=\dfrac{11}{3}$

$B=\dfrac{1\times 2+2\times 3+3\times 1}{1}=11$

$C=\dfrac{1\times 2+2\times 3+3\times 1}{2}=\dfrac{11}{2}$

답 ④

**3.** 그림과 같이 접속된 회로에 평형 3상 전압 $E$[V]를 가할 때의 전류 $I_l$[A]은?

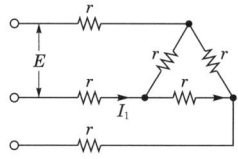

① $\dfrac{\sqrt{3}}{4E}$
② $\dfrac{4E}{\sqrt{3}}$
③ $\dfrac{4r}{\sqrt{3}\,E}$
④ $\dfrac{\sqrt{3}\,E}{4r}$

(해설) △결선을 Y결선으로 등가 변환하면

$I=\dfrac{\dfrac{E}{\sqrt{3}}}{r+\dfrac{r}{3}}=\dfrac{\sqrt{3}\,E}{4r}$ [A]

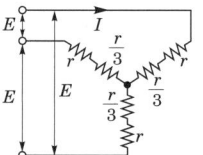

답 ④

**4.** 9[Ω]과 3[Ω]의 저항 3개를 그림과 같이 연결하였을 때 A, B 사이의 합성저항[Ω]은?

① 6
② 4
③ 3
④ 2

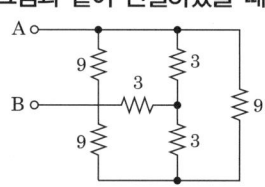

(해설) 합성저항 $R_{AB}$는

$R_{AB}=\dfrac{3\times 3}{3+3}+\dfrac{3\times 3}{3+3}=3$ [Ω]

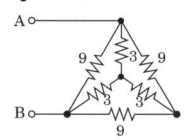 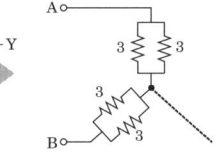

답 ③

## 기출개념 04 대칭 3상 전력

**(1) 유효전력**
$$P = 3V_p I_p \cos\theta = \sqrt{3} V_l I_l \cos\theta = 3I_p^2 R [\text{W}]$$

**(2) 무효전력**
$$P_r = 3V_p I_p \sin\theta = \sqrt{3} V_l I_l \sin\theta = 3I_p^2 X [\text{Var}]$$

**(3) 피상전력**
$$P_a = 3V_p I_p = \sqrt{3} V_l I_l = 3I_p^2 Z = \sqrt{P^2 + P_r^2} [\text{VA}]$$

**(4) 역률** : $\cos\theta = \dfrac{P}{P_a} = \dfrac{P}{\sqrt{P^2 + P_r^2}}$

---

**기·출·개·념 문제**

**1.** $Z = 24 + j7[\Omega]$의 임피던스 3개를 그림과 같이 성형으로 접속하여 a, b, c 단자에 200[V]의 대칭 3상 전압을 가했을 때 흐르는 전류[A]와 전력[W]은? **97·94·90 산업**

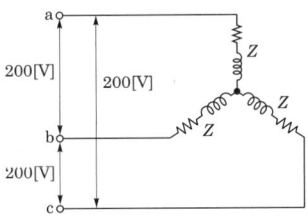

① $I ≒ 4.6$, $P = 1,536$
② $I ≒ 6.4$, $P = 1,636$
③ $I ≒ 5.0$, $P = 1,500$
④ $I ≒ 6.4$, $P = 1,346$

**(해설)** $I_l = I_p = \dfrac{\frac{200}{\sqrt{3}}}{\sqrt{24^2 + 7^2}} = 4.62[\text{A}]$

$P = 3I_p^2 R = 3 \times (4.62)^2 \times 24 = 1,536[\text{W}]$

**답** ①

**2.** 평형 3상 △ 결선 부하의 각 상의 임피던스가 $Z = 8 + j6[\Omega]$인 회로에 대칭 3상 전원 전압 100[V]를 가할 때 무효율과 무효전력[Var]은? **14 기사**

① 무효율 : 0.6, 무효전력 : 1,800
② 무효율 : 0.6, 무효전력 : 2,400
③ 무효율 : 0.8, 무효전력 : 1,800
④ 무효율 : 0.8, 무효전력 : 2,400

**(해설)** 무효율 $\sin\theta = \dfrac{X}{Z} = \dfrac{6}{\sqrt{8^2 + 6^2}} = 0.6$

무효전력 $P_r = 3I_p^2 X = 3 \times \left(\dfrac{100}{\sqrt{8^2 + 6^2}}\right)^2 \times 6 = 1,800[\text{Var}]$

**답** ①

# CHAPTER 07 다상 교류

## 기출개념 05 Y결선과 △결선의 비교

(1) Y → △ 변환

① 임피던스의 비 : $\dfrac{Z_\triangle}{Z_Y} = 3$배

② 선전류의 비 : $\dfrac{I_\triangle}{I_Y} = 3$배

③ 소비전력의 비 : $\dfrac{P_\triangle}{P_Y} = 3$배

(2) △ → Y 변환

① 임피던스의 비 : $\dfrac{Z_Y}{Z_\triangle} = \dfrac{1}{3}$배

② 선전류의 비 : $\dfrac{I_Y}{I_\triangle} = \dfrac{1}{3}$배

③ 소비전력의 비 : $\dfrac{P_Y}{P_\triangle} = \dfrac{1}{3}$배

---

### 기·출·개념 문제

**1.** 세 변의 저항 $R_a = R_b = R_c = 15[\Omega]$인 Y결선 회로가 있다. 이것과 등가인 △결선 회로의 각 변의 저항[Ω]은?　　　　　　　　　　　　　　　　　　　　　　14 기사

① 135　　　② 45　　　③ 15　　　④ 5

(해설) Y결선의 임피던스가 같은 경우 △결선으로 등가 변환하면 $Z_\triangle = 3Z_Y$가 된다.
∴ $Z_\triangle = 3Z_Y = 3 \times 15 = 45[\Omega]$　　　　　　　　　　답 ②

**2.** $R[\Omega]$의 저항 3개를 Y로 접속한 것을 선간전압 200[V]의 3상 교류 전원에 연결할 때 선전류가 10[A] 흐른다면, 이 3개의 저항을 △로 접속하고 동일 전원에 연결하면 선전류는 몇 [A]인가?　　　　　　　　　　　　　　　　　　　　　　15 기사

① 30　　　② 25　　　③ 20　　　④ $\dfrac{20}{\sqrt{3}}$

(해설) Y결선과 △결선 접속 시의 선전류 크기의 비 $I_\triangle = 3 I_Y$이므로 $I_\triangle = 3 \times 10 = 30[A]$　　답 ①

**3.** △결선된 부하를 Y결선으로 바꾸면 소비전력은 어떻게 되겠는가? (단, 선간전압은 일정하다.)　　16 산업

① $\dfrac{1}{3}$로 된다.　　② 3배로 된다.　　③ $\dfrac{1}{9}$로 된다.　　④ 9배로 된다.

(해설) $\dfrac{P_Y}{P_\triangle} = \dfrac{\dfrac{V}{R^2}}{\dfrac{3V}{R^2}} = \dfrac{1}{3}$　　답 ①

## 기출개념 06  2전력계법

전력계 2개의 지시값으로 3상 전력을 측정하는 방법

**(1) 유효전력**

$$P = \boxed{P_1 + P_2} = \sqrt{3}\,V_l I_l \cos\theta\,[\text{W}]$$

**(2) 무효전력**

$$P_r = \boxed{\sqrt{3}(P_1 - P_2)} = \sqrt{3}\,V_l I_l \sin\theta\,[\text{Var}]$$

**(3) 피상전력**

$$P_a = \sqrt{P^2 + P_r^{\,2}} = \sqrt{(P_1+P_2)^2 + \{\sqrt{3}(P_1-P_2)\}^2} = \boxed{2\sqrt{P_1^{\,2} + P_2^{\,2} - P_1 P_2}}\,[\text{VA}]$$

**(4) 역률** : $\cos\theta = \dfrac{P}{P_a} = \boxed{\dfrac{P_1 + P_2}{2\sqrt{P_1^{\,2} + P_2^{\,2} - P_1 P_2}}}$

---

**기·출·개념 접근**  2전력계법에서 전력계의 지시값에 따른 역률

(1) 하나의 전력계가 0인 경우의 역률

　　$P_1 = 0,\ P_2 = $ 존재

　　역률 : $\cos\theta = 0.5$

(2) 하나의 전력계가 다른 쪽 전력계 지시의 2배인 경우의 역률

　　$P_2 = 2P_1$

　　역률 : $\cos\theta = 0.866$

(3) 하나의 전력계가 다른 쪽 전력계 지시의 3배인 경우의 역률

　　$P_2 = 3P_1$

　　역률 : $\cos\theta = 0.756$

---

**기·출·개념 문제**

**1.** 2전력계법으로 평형 3상 전력을 측정하였더니 한쪽의 지시가 700[W], 다른 쪽의 지시가 1,400[W]이었다. 피상전력은 약 몇 [VA]인가?  　　　18 기사

① 2,425　　② 2,771　　③ 2,873　　④ 2,974

**(해설)** 피상전력 $P_a = \sqrt{P^2 + P_r^{\,2}} = 2\sqrt{P_1^{\,2} + P_2^{\,2} - P_1 P_2} = 2\sqrt{700^2 + 1,400^2 - 700 \times 1,400}$
　　　　$= 2,425\,[\text{VA}]$　　**답** ①

**2.** 단상 전력계 2개로써 평형 3상 부하의 전력을 측정하였더니 각각 300[W]와 600[W]를 나타내었다면 부하 역률은? (단, 전압과 전류는 정현파이다.)　　93 기사 / 07·03 산업

① 0.5　　② 0.577　　③ 0.637　　④ 0.867

**(해설)** 역률 $\cos\theta = \dfrac{P}{P_a} = \dfrac{P}{\sqrt{P^2 + P_r^{\,2}}} = \dfrac{P_1 + P_2}{2\sqrt{P_1^{\,2} + P_2^{\,2} - P_1 P_2}} = \dfrac{300 + 600}{2\sqrt{300^2 + 600^2 - 300 \times 600}}$
　　　　$= 0.867$　　**답** ④

제7장 다상 교류

# CHAPTER 07 다상 교류

## 기출개념 07 V결선

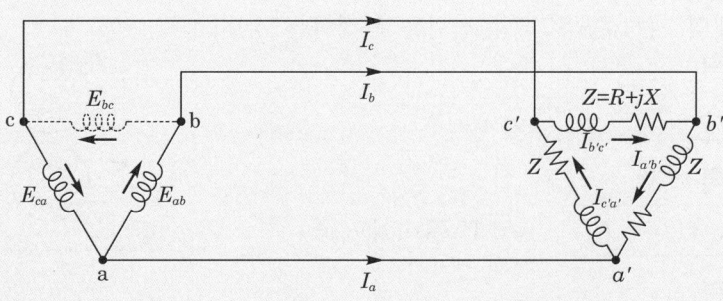

**(1) V결선의 출력**

$E_{ab} = E_{ca} = E$, $I_{ab} = I_{ca} = I$ 라 하면

$$\boxed{P = \sqrt{3}\,EI\cos\theta\,[\text{W}]}$$

여기서, $E$ : 선간전압, $I$ : 선전류

**(2) V결선의 변압기 이용률**

V결선의 출력은 $\sqrt{3}\,EI\cos\theta$ 이고 변압기 2대로 공급할 수 있는 전력은 $2EI\cos\theta$ 이므로

$$U = \frac{\sqrt{3}\,EI\cos\theta}{2EI\cos\theta} = \boxed{\frac{\sqrt{3}}{2} = 0.866} \quad \therefore\ 86.7[\%]$$

**(3) 출력비**

$$\frac{P_V}{P_\triangle} = \frac{\sqrt{3}\,EI\cos\theta}{3EI\cos\theta} = \boxed{\frac{1}{\sqrt{3}} = 0.577} \quad \therefore\ 57.7[\%]$$

---

### 기·출·개·념 문제

**1.** V결선의 출력은 $P = \sqrt{3}\,VI\cos\theta$ 로 표시된다. 여기서, $V$, $I$는?  83 산업

① 선간전압, 상전류
② 상전압, 선전류
③ 선간전압, 선전류
④ 상전압, 상전류

(해설) V결선의 출력 $P_V = \sqrt{3}\,VI\cos\theta$
여기서, $V$ : 선간전압, $I$ : 선전류

답 ③

**2.** 단상 변압기 3대(50[kVA]×3)를 △결선으로 운전 중 한 대가 고장이 생겨 V결선으로 한 경우 출력은 몇 [kVA]인가?  05·02·00·98·95·89 산업

① $30\sqrt{3}$
② $50\sqrt{3}$
③ $100\sqrt{3}$
④ $200\sqrt{3}$

(해설) V결선 시 출력은 57.7[%]로 떨어진다.

$\therefore\ 50[\text{kVA}] \times 3 \times \dfrac{1}{\sqrt{3}} = 50\sqrt{3}\,[\text{kVA}]$

답 ②

## 기출개념 08 : 다상 교류회로의 전압·전류·전력

$n$ : 상수

**(1) 성형 결선**

① 선간전압을 $V_l$, 상전압을 $V_p$라 하면

$$V_l = 2\sin\frac{\pi}{n} V_p \Big/ \frac{\pi}{2}\left(1-\frac{2}{n}\right)[\text{V}]$$

② 선전류($I_l$) = 상전류($I_p$)

**(2) 환상 결선**

① 선전류를 $I_l$, 상전류를 $I_p$라 하면

$$I_l = 2\sin\frac{\pi}{n} I_p \Big/ -\frac{\pi}{2}\left(1-\frac{2}{n}\right)[\text{A}]$$

② 선간전압($V_l$) = 상전압($V_p$)

**(3) 다상 교류의 전력**

$$P = n V_p I_p \cos\theta = \frac{n}{2\sin\frac{\pi}{n}} V_l I_l \cos\theta [\text{W}]$$

---

### 기·출·개·념 문제

**1.** 12상 Y결선 상전압이 100[V]일 때 단자 전압[V]은?  
00·99·92 기사 / 90 산업

① 75.88　　② 25.88　　③ 100　　④ 51.76

(해설) 단자 전압 $V_l = 2\sin\frac{\pi}{n} \cdot V_p = 2\sin\frac{\pi}{12} \times 100 = 51.76[\text{V}]$

**답** ④

**2.** 대칭 6상 성형(star) 결선에서 선간전압 크기와 상전압 크기의 관계로 옳은 것은? (단, $V_l$ : 선간전압 크기, $V_p$ : 상전압 크기)  
19 기사

① $V_l = V_p$　　② $V_l = \sqrt{3} V_p$　　③ $V_l = \frac{1}{\sqrt{3}} V_p$　　④ $V_l = \frac{2}{\sqrt{3}} V_p$

(해설) 대칭 6상이므로 $n=6$

∴ $V_l = 2\sin\frac{\pi}{6} V_p = V_p$

**답** ①

**3.** 대칭 5상 기전력의 선간전압과 상기전력의 위상차는 얼마인가?  
19·13·11·06 기사 / 18·14·06 산업

① 27°　　② 36°　　③ 54°　　④ 72°

(해설) 위상차 $\theta = \frac{\pi}{2}\left(1-\frac{2}{n}\right) = \frac{\pi}{2}\left(1-\frac{2}{5}\right) = 54°$

**답** ③

# CHAPTER 07 다상 교류

## 기출개념 09 회전자계와 중성점의 전위

(1) 교류의 회전자계
  ① 단상 교류가 만드는 회전자계 : **교번자계**
  ② 대칭 3상 교류가 만드는 회전자계 : **원형 회전자계**
  ③ 비대칭 3상 교류가 만드는 회전자계 : **타원형 회전자계**

(2) 중성점의 전위

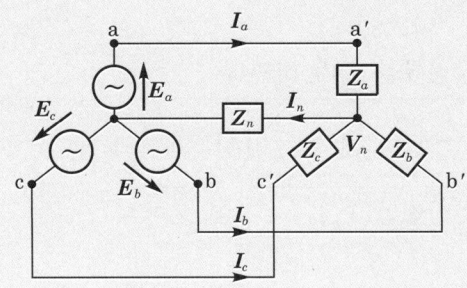

$$V_n = \frac{E_a Y_a + E_b Y_b + E_c Y_c}{Y_a + Y_b + Y_c + Y_n} = \frac{\dfrac{E_a}{Z_a} + \dfrac{E_b}{Z_b} + \dfrac{E_c}{Z_c}}{\dfrac{1}{Z_a} + \dfrac{1}{Z_b} + \dfrac{1}{Z_c} + \dfrac{1}{Z_n}} [\text{V}]$$

불평형 Y부하의 중성점의 전위($V_m$)는 밀만의 정리가 성립된다.

---

### 기·출·개·념 문제

**1.** 공간적으로 서로 $\dfrac{2\pi}{n}$[rad]의 각도를 두고 배치한 $n$개의 코일에 대칭 $n$상 교류를 흘리면 그 중심에 생기는 회전자계의 모양은?    18·14 기사

① 원형 회전자계  ② 타원형 회전자계
③ 원통형 회전자계  ④ 원추형 회전자계

(해설) • 대칭 3상($n$상)이 만드는 회전자계 : 원형 회전자계
• 비대칭 3상($n$상)이 만드는 회전자계 : 타원형 회전자계

답 ①

**2.** 비대칭 다상 교류가 만드는 회전자계는?    16·14·99·88 산업

① 교번자계  ② 타원 회전자계
③ 원형 회전자계  ④ 포물선 회전자계

(해설) 비대칭 다상 교류이므로 타원 회전자계를 만든다.

답 ②

# CHAPTER 07 다상 교류

## 이런 문제가 시험에 나온다! 단원 최근 빈출문제

**01** 다음과 같은 회로에서 $E_1$, $E_2$, $E_3$[V]를 대칭 3상 전압이라 할 때 전압 $E_0$[V]는?
[17년 1회 산업]

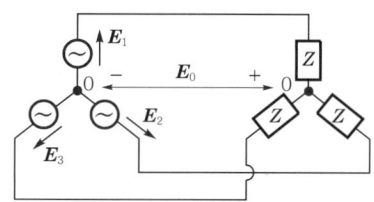

① 0
② $\dfrac{E_1}{3}$
③ $\dfrac{2}{3}E_1$
④ $E_1$

[해설] 대칭 3상 전압의 합
$E_1 + E_2 + E_3 = E + a^2 E + aE = E(1 + a^2 + a) = 0$

**02** $a + a^2$의 값은? (단, $a = e^{\frac{j2\pi}{3}} = 1/\underline{120°}$이다.) [19년 3회 산업]

① 0
② $-1$
③ 1
④ $a^3$

[해설] $1 + a^2 + a = 0$
$\therefore a^2 + a = -1$

**03** Y결선된 대칭 3상 회로에서 전원 한 상의 전압이 $V_a = 220\sqrt{2}\sin\omega t$[V]일 때 선간전압의 실효값은 약 몇 [V]인가? [19·16년 2회 산업]

① 220
② 310
③ 380
④ 540

[해설] Y(성형)결선의 선간전압($V_l$) = $\sqrt{3}$ 상전압($V_p$)
∴ 선간전압의 실효값 $V_l = \sqrt{3} \times 220 ≒ 380$[V]

### 기출 핵심 NOTE

**01** 대칭 3상 기전력의 총합
$E_a + E_b + E_c = 0$

**02** 연산자의 성질
$E_a + E_b + E_c = 0$
$(1 + a^2 + a)E = 0$
$1 + a^2 + a = 0$

**03** 성형결선(Y결선)
$V_l = \sqrt{3}\,V_p \angle 30°$
$I_l = I_p$

정답 01. ① 02. ② 03. ③

# CHAPTER 07 다상 교류

**04** 대칭 3상 Y결선에서 선간전압이 $200\sqrt{3}$ [V]이고 각 상의 임피던스가 $30+j40$[Ω]의 평형 부하일 때 선전류 [A]는? [19년 1회 산업]

① 2　　② $2\sqrt{3}$
③ 4　　④ $4\sqrt{3}$

**해설** 3상 Y결선이므로 선전류 $I_l = I_p = \dfrac{V_p}{Z} = \dfrac{200}{\sqrt{30^2+40^2}} = 4$[A]

**05** 그림과 같은 평형 3상 Y결선에서 각 상이 8[Ω]의 저항과 6[Ω]의 리액턴스가 직렬로 연결된 부하에 선간전압 $100\sqrt{3}$ [V]가 공급되었다. 이때 선전류는 몇 [A]인가? [19년 2회 산업]

① 5
② 10
③ 15
④ 20

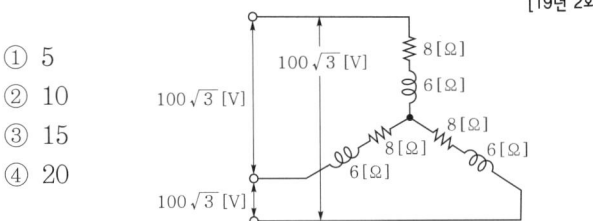

**해설** 3상 Y결선이므로

선전류($I_l$)=상전류($I_p$)=$\dfrac{V_p}{Z} = \dfrac{100}{\sqrt{8^2+6^2}} = 10$[A]

**06** 상전압이 120[V]인 평형 3상 Y결선의 전원에 Y결선 부하를 도선으로 연결하였다. 도선의 임피던스는 $1+j$ [Ω]이고 부하의 임피던스는 $20+j10$[Ω]이다. 이때 부하에 걸리는 전압은 약 몇 [V]인가? [16년 3회 기사]

① $67.18\underline{/-25.4°}$
② $101.62\underline{/0°}$
③ $113.14\underline{/-1.1°}$
④ $118.42\underline{/-30°}$

**해설**

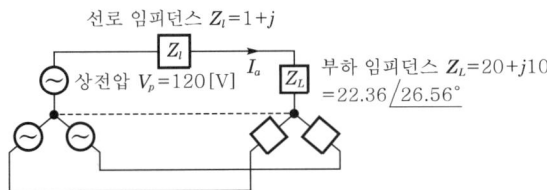

1상의 직렬 임피던스
$Z = Z_l + Z_L = (1+j) + (20+j10) = 21+j11 = 23.71\underline{/27.64°}$

∴ 선전류 $I_a = \dfrac{E_a}{Z} = \dfrac{120}{23.71\underline{/27.64°}} = 5.06\underline{/-27.64°}$

∴ 부하 전압 $V_L = Z_L \cdot I_a = 22.36\underline{/26.56°} \times 5.06\underline{/-27.64°}$
　　　　　　　　$\fallingdotseq 113.14\underline{/-1.1°}$

---

### 기출 핵심 NOTE

**04** 한 상 임피던스에 의한 전류는 상전류($I_P$)이다.
$I_P = \dfrac{V_p}{Z}$[A]

• 성형 결선(Y결선)
$V_l = \sqrt{3}\,V_p$[V]
$I_l = I_P$[A]

**05** Y결선 이해

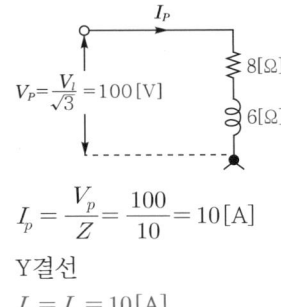

$I_p = \dfrac{V_p}{Z} = \dfrac{100}{10} = 10$[A]

Y결선
$I_l = I_p = 10$[A]

**정답** 04. ③　05. ②　06. ③

## 기출 핵심 NOTE

**07** 1상의 직렬 임피던스가 $R=6[\Omega]$, $X_L=8[\Omega]$인 △ 결선의 평형 부하가 있다. 여기에 선간전압 100[V]인 대칭 3상 교류 전압을 가하면 선전류는 몇 [A]인가?
[19·15년 2회 산업]

① $3\sqrt{3}$
② $\dfrac{10\sqrt{3}}{3}$
③ 10
④ $10\sqrt{3}$

**해설** $I_l = \sqrt{3}\,I_p = \sqrt{3} \times \dfrac{100}{\sqrt{6^2+8^2}} = 10\sqrt{3}\,[\text{A}]$

**07** • △ 결선(환상)
$I_l = \sqrt{3}\,I_p$
$V_l = V_p$
• 한 상의 임피던스($Z$)에 의해 구해지는 전류는 Y결선, △ 결선 모두 상전류($I_p$)가 된다.
$I_p = \dfrac{V_p}{Z}\,[\text{A}]$

**08** 3상 회로에 △ 결선된 평형 순저항 부하를 사용하는 경우 선간전압은 220[V], 상전류가 7.33[A]라면 1상의 부하 저항은 약 몇 [Ω]인가?
[19·15년 1회 산업]

① 80
② 60
③ 45
④ 30

**해설** △ 결선 시 선간전압($V_l$)=상전압($V_p$)이므로
부하 저항 $R = \dfrac{V_p}{I_p} = \dfrac{220}{7.33} \fallingdotseq 30[\Omega]$

**09** 그림과 같은 순저항 회로에서 대칭 3상 전압을 가할 때 각 선에 흐르는 전류가 같으려면 $R$의 값은 몇 [Ω]인가?
[19년 2회 기사]

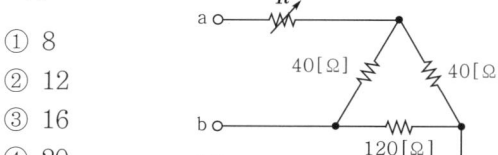

① 8
② 12
③ 16
④ 20

**해설** △ 결선을 Y결선으로 등가 변환하면

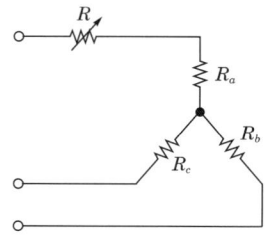

$R_a = \dfrac{40 \times 40}{200} = 8[\Omega]$
$R_b = \dfrac{40 \times 120}{200} = 24[\Omega]$
$R_c = \dfrac{40 \times 120}{200} = 24[\Omega]$

각 선에 흐르는 전류가 같으려면 각 상의 저항이 같아야 하므로 16[Ω]이다.

**09** △ → Y 등가 변환

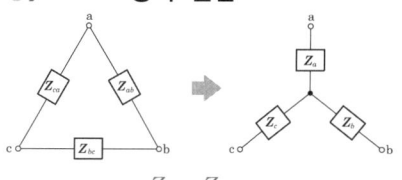

• $Z_a = \dfrac{Z_{ca} \cdot Z_{ab}}{Z_{ab}+Z_{bc}+Z_{ca}}$

• $Z_b = \dfrac{Z_{ab} \cdot Z_{bc}}{Z_{ab}+Z_{bc}+Z_{ca}}$

• $Z_c = \dfrac{Z_{bc} \cdot Z_{ca}}{Z_{ab}+Z_{bc}+Z_{ca}}$

**정답** 07. ④  08. ④  09. ③

# CHAPTER 07 다상 교류

**10** $r[\Omega]$인 6개의 저항을 그림과 같이 접속하고 평형 3상 전압 $E$를 가했을 때 전류 $I$는 몇 [A]인가? (단, $r=3[\Omega]$, $E=60[V]$)  [18년 1회 산업]

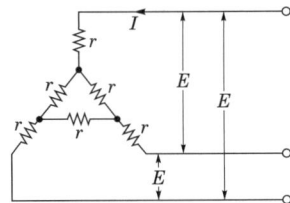

① 8.66
② 9.56
③ 10.8
④ 12.6

**해설** △ → Y로 등가 변환하면

$$I = \frac{\frac{V}{\sqrt{3}}}{r+\frac{r}{3}} = \frac{\sqrt{3}\,V}{4r}$$

$$= \frac{\sqrt{3} \times 60}{4 \times 3} \fallingdotseq 8.66[A]$$

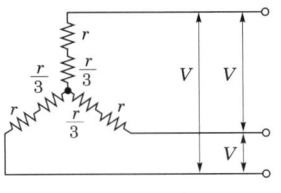

**11** 평형 3상 Y결선 회로의 선간전압이 $V_l$, 상전압이 $V_p$, 선전류가 $I_l$, 상전류가 $I_p$일 때 다음의 수식 중 틀린 것은? (단, $P$는 3상 부하 전력을 의미한다.)  [19·16년 3회 산업]

① $V_l = \sqrt{3}\,V_p$
② $I_l = I_p$
③ $P = \sqrt{3}\,V_l I_l \cos\theta$
④ $P = \sqrt{3}\,V_p I_p \cos\theta$

**해설** 성형 결선(Y결선)
- 선간전압($V_l$) = $\sqrt{3}$ 상전압($V_p$)
- 선전류($I_l$) = 상전류($I_p$)
- 전력 $P = 3V_p I_p \cos\theta = \sqrt{3}\,V_l I_l \cos\theta\,[W]$

**12** 3상 평형 회로에서 선간전압이 200[V]이고 각 상의 임피던스가 $24+j7[\Omega]$인 Y결선 3상 부하의 유효전력은 약 몇 [W]인가?  [19년 2회 산업]

① 192
② 512
③ 1,536
④ 4,608

**해설**
$$I_l = I_p = \frac{\frac{200}{\sqrt{3}}}{\sqrt{24^2+7^2}} \fallingdotseq 4.62[A]$$

$$P = 3I_p^2 R = 3 \times (4.62)^2 \times 24 \fallingdotseq 1,536[W]$$

### 기출 핵심 NOTE

**11** 대칭 3상 유효전력
- $P = 3V_p I_p \cos\theta\,[W]$
  여기서, $V_p$ : 상전압
  $I_p$ : 상전류
- $P = \sqrt{3}\,V_l I_l \cos\theta\,[W]$
  여기서, $V_l$ : 선간전압
  $I_l$ : 선전류
- $P = 3I_p^2 R\,[W]$
  여기서, $I_p$ : 상전류 $\left(I_p = \frac{V_p}{Z}\right)$

**정답** 10. ① 11. ④ 12. ③

**13** 한 상의 임피던스가 $6+j8[\Omega]$인 △ 부하에 대칭 선간전압 200[V]를 인가할 때 3상 전력[W]은? [16년 2회 기사]

① 2,400　　② 4,160
③ 7,200　　④ 10,800

**해설** $P = 3I_p^2 R = 3\left(\dfrac{200}{\sqrt{6^2+8^2}}\right)^2 \times 6 = 7,200[\text{W}]$

**14** 선간전압이 220[V]인 대칭 3상 전원에 평형 3상 부하가 접속되어 있다. 부하 1상의 저항은 10[Ω], 유도 리액턴스 15[Ω], 용량 리액턴스 5[Ω]가 직렬로 접속된 것이다. 부하가 △결선일 경우, 선로 전류[A]와 3상 전력[W]은 약 얼마인가? [18년 2회 기사]

① $I_l = 10\sqrt{6}$, $P_3 = 6,000$
② $I_l = 10\sqrt{6}$, $P_3 = 8,000$
③ $I_l = 10\sqrt{3}$, $P_3 = 6,000$
④ $I_l = 10\sqrt{3}$, $P_3 = 8,000$

**해설** 한 상의 임피던스 $Z = 10 + j15 - j5 = 10 + j10$

- 선전류 $I_l = \sqrt{3}\, I_p = \sqrt{3}\,\dfrac{200}{\sqrt{10^2+10^2}} = \sqrt{3}\,\dfrac{20}{\sqrt{2}} = 10\sqrt{6}[\text{A}]$
- 3상 전력 $P = 3I_p^2 R = 3\left(\dfrac{200}{\sqrt{10^2+10^2}}\right)^2 \times 10 ≒ 6,000[\text{W}]$

**15** 평형 3상 부하에 전력을 공급할 때 선전류가 20[A]이고 부하의 소비전력이 4[kW]이다. 이 부하의 등가 Y회로에 대한 각 상의 저항은 약 몇 [Ω]인가? [19년 2회 산업]

① 3.3　　② 5.7
③ 7.2　　④ 10

**해설** $P = 3I_p^2 R$

저항 $R = \dfrac{P}{3I_p^2} = \dfrac{4 \times 10^3}{3 \times 20^2} ≒ 3.3[\Omega]$

**16** 한 상의 임피던스 $Z = 6+j8[\Omega]$인 평형 Y부하에 평형 3상 전압 200[V]를 인가할 때 무효전력은 약 몇 [Var]인가? [16년 1회 산업]

① 1,330　　② 1,848
③ 2,381　　④ 3,200

---

**기출 핵심 NOTE**

**13** 한 상의 임피던스($Z$)에 의해 구해지는 전류는 Y결선, △결선 모두 상전류($I_p$)가 된다.
- Y결선(성형 결선)
$I_l = I_p = \dfrac{V_p}{Z}[\text{A}]$
- △결선(환상 결선)
$I_l = \sqrt{3}\, I_p = \sqrt{3}\,\dfrac{V_p}{Z}[\text{A}]$

**14** △결선
$V_l = V_p[\text{V}]$
$I_l = \sqrt{3}\, I_p[\text{A}]$
- 상전류 $I_p = \dfrac{V_p}{Z}[\text{V}]$
- 선전류 $I_l = \sqrt{3}\,\dfrac{V_p}{Z}[\text{A}]$

**15** Y결선
$V_l = \sqrt{3}\, V_p[\text{V}]$
$I_l = I_p[\text{A}]$

**16** 무효전력
$P_r = 3V_p I_p \sin\theta$
$= \sqrt{3}\, V_l I_l \sin\theta$
$= 3I_p^2 X[\text{Var}]$

**정답** 13. ③　14. ①　15. ①　16. ④

# CHAPTER 07 다상 교류

**[해설]**
$$P_r = 3I_p^2 X_L [\text{Var}] = 3\left(\frac{\frac{200}{\sqrt{3}}}{\sqrt{6^2+8^2}}\right)^2 \cdot 8 ≒ 3,200[\text{Var}]$$

**17** 선간전압이 200[V], 선전류가 $10\sqrt{3}$ [A], 부하 역률이 80[%]인 평형 3상 회로의 무효전력[Var]은? [16년 1회 기사]

① 3,600  ② 3,000
③ 2,400  ④ 1,800

**[해설]** 무효전력 $P_r = \sqrt{3}\,VI\sin\theta[\text{Var}]$
여기서, 무효율 $\sin\theta = \sqrt{1-\cos^2\theta} = \sqrt{1-0.8^2} = 0.6$이므로
∴ $P_r = \sqrt{3} \times 200 \times 10\sqrt{3} \times 0.6 = 3,600[\text{Var}]$

**기출 핵심 NOTE**

**17** $\sin^2\theta + \cos^2\theta = 1$
$\sin^2\theta = 1 - \cos^2\theta$
$\sin\theta = \sqrt{1-\cos^2\theta}$
역률 $\cos\theta = 0.8$이면
무효율 $\sin\theta = 0.6$이다.
$\sin^2\theta + \cos^2\theta = 1$
$(0.6)^2 + (0.8)^2 = 1$

**18** △결선된 대칭 3상 부하가 있다. 역률이 0.8(지상)이고 소비전력이 1,800[W]이다. 선로의 저항 0.5[Ω]에서 발생하는 선로 손실이 50[W]이면 부하 단자 전압 [V]은? [17년 2회 기사]

① 627  ② 525
③ 326  ④ 225

**[해설]** 선로 손실 $P_l = 3I^2 R$, $I^2 = \frac{P_l}{3R} = \frac{50}{3 \times 0.5} = \frac{100}{3}$
∴ $I = \frac{10}{\sqrt{3}}$, $V = \frac{P}{\sqrt{3}\,I\cos\theta} = \frac{1,800}{\sqrt{3} \times \frac{10}{\sqrt{3}} \times 0.8} = 225[\text{V}]$

**18** 선로 손실은 선로의 저항에 의한 전력 손실로 $P_l = 3I^2R$로 구한다.

**19** △결선된 저항 부하를 Y결선으로 바꾸면 소비전력은? (단, 저항과 선간전압은 일정하다.) [15년 3회 산업]

① 3배로 된다.  ② 9배로 된다.
③ $\frac{1}{9}$로 된다.  ④ $\frac{1}{3}$로 된다.

**[해설]** • △결선 시 전력
$P_\triangle = 3I_p^2 \cdot R = 3\left(\frac{V}{R}\right)^2 \cdot R = 3\frac{V^2}{R}[\text{W}]$
• Y결선 시 전력
$P_Y = 3I_p^2 \cdot R = 3\left(\frac{\frac{V}{\sqrt{3}}}{R}\right)^2 \cdot R = 3\left(\frac{V}{\sqrt{3}\,R}\right)^2 \cdot R = \frac{V^2}{R}[\text{W}]$
∴ $\frac{P_Y}{P_\triangle} = \frac{\frac{V^2}{R}}{\frac{3V^2}{R}} = \frac{1}{3}$ 배

**19** △ → Y 변환
• 선전류의 비 : $\frac{I_\triangle}{I_Y} = \frac{1}{3}$ 배
• 소비전력의 비 : $\frac{P_\triangle}{P_Y} = \frac{1}{3}$ 배

**정답** 17. ① 18. ④ 19. ④

**20** 저항 3개를 Y로 접속하고 이것을 선간전압 200[V]의 평형 3상 교류 전원에 연결할 때 선전류가 20[A] 흘렀다. 이 3개의 저항을 △로 접속하고 동일 전원에 연결하였을 때의 선전류는 몇 [A]인가? [17년 3회 산업]

① 30　　② 40
③ 50　　④ 60

**[해설]** △결선의 선전류 $I_\triangle = \sqrt{3} I_p = \sqrt{3} \dfrac{V}{R}$ [A]

Y결선의 선전류 $I_Y = I_p = \dfrac{V}{\sqrt{3} R}$ [A]

$\therefore \dfrac{I_\triangle}{I_Y} = \dfrac{\frac{\sqrt{3} V}{R}}{\frac{V}{\sqrt{3} R}} = 3$

즉, $I_\triangle = 3 I_Y$ 따라서 $I_\triangle = 3 \times 20 = 60$ [A]

### 기출 핵심 NOTE

**20** Y → △ 변환
- 선전류의 비 : $\dfrac{I_Y}{I_\triangle} = 3$배
- 소비전력의 비 : $\dfrac{P_Y}{P_\triangle} = 3$배

**21** 2전력계법으로 평형 3상 전력을 측정하였더니 한쪽의 지시가 500[W], 다른 한쪽의 지시가 1,500[W]이었다. 피상전력은 약 몇 [VA]인가? [19·15년 2회 기사]

① 2,000　　② 2,310
③ 2,646　　④ 2,771

**[해설]** 피상전력 $P_a = \sqrt{P^2 + P_r^2} = 2\sqrt{P_1^2 + P_2^2 - P_1 P_2}$ [VA]

$\therefore P_a = 2\sqrt{500^2 + 1,500^2 - 500 \times 1,500} \fallingdotseq 2,646$ [VA]

**22** 두 대의 전력계를 사용하여 3상 평형 부하의 역률을 측정하려고 한다. 전력계의 지시가 각각 $P_1$[W], $P_2$[W]라 할 때 이 회로의 역률은? [19년 1회 산업]

① $\dfrac{\sqrt{P_1 + P_2}}{P_1 + P_2}$

② $\dfrac{P_1 + P_2}{P_1^2 + P_2^2 - 2P_1 P_2}$

③ $\dfrac{2(P_1 + P_2)}{\sqrt{P_1^2 + P_2^2 - P_1 P_2}}$

④ $\dfrac{P_1 + P_2}{2\sqrt{P_1^2 + P_2^2 - P_1 P_2}}$

**[해설]** 역률

$\cos\theta = \dfrac{P}{P_a} = \dfrac{P}{\sqrt{P^2 + P_r^2}} = \dfrac{P_1 + P_2}{2\sqrt{P_1^2 + P_2^2 - P_1 P_2}}$

**22** 2전력계법
- 유효전력
$P = P_1 + P_2$ [W]
- 무효전력
$P_r = \sqrt{3}(P_1 - P_2)$ [Var]
- 피상전력
$P_a = \sqrt{P^2 + P_r^2}$
$= 2\sqrt{P_1^2 + P_2^2 - P_1 P_2}$ [VA]
- 역률
$\cos\theta = \dfrac{P}{P_a}$
$= \dfrac{P_1 + P_2}{2\sqrt{P_1^2 + P_2^2 - P_1 P_2}}$

**정답** 20.④ 21.③ 22.④

# CHAPTER 07 다상 교류

**23** 2전력계법을 이용한 평형 3상 회로의 전력이 각각 500[W] 및 300[W]로 측정되었을 때, 부하의 역률은 약 몇 [%]인가? [19년 3회 기사]

① 70.7   ② 87.7
③ 89.2   ④ 91.8

**해설** 역률

$$\cos\theta = \frac{P}{P_a} = \frac{P_1 + P_2}{2\sqrt{P_1^2 + P_2^2 - P_1 P_2}}$$

$$= \frac{500 + 300}{2\sqrt{500^2 + 300^2 - 500 \times 300}} \times 100[\%]$$

$$\fallingdotseq 91.8[\%]$$

### 기출 핵심 NOTE

〈시험에 자주 출제되는 2전력계의 역률〉

- 하나의 전력계가 0인 경우
  $P_1 = 0$, $P_2 =$ 존재
  역률 : $\cos\theta = 0.5$

- 하나의 전력계가 다른 쪽 전력계 지시의 2배인 경우
  $P_2 = 2P_1$
  역률 : $\cos\theta = 0.866$

- 하나의 전력계가 다른 쪽 전력계 지시의 3배인 경우
  $P_2 = 3P_1$
  역률 : $\cos\theta = 0.756$

**24** 2개의 전력계로 평형 3상 부하의 전력을 측정하였더니 한쪽의 지시가 다른 쪽 전력계 지시의 3배였다면 부하의 역률은 약 얼마인가? [18년 2회 기사]

① 0.46   ② 0.55
③ 0.65   ④ 0.76

**해설** 역률

$$\cos\theta = \frac{P}{P_a} = \frac{P}{\sqrt{P^2 + P_r^2}} = \frac{P_1 + P_2}{2\sqrt{P_1^2 + P_2^2 - P_1 P_2}}$$

$P_2 = 3P_1$의 관계이므로

$$\cos\theta = \frac{P_1 + (3P_1)}{2\sqrt{P_1^2 + (3P_1)^2 - P_1(3P_1)}} = 0.756 \fallingdotseq 0.76$$

**25** 그림은 평형 3상 회로에서 운전하고 있는 유도 전동기의 결선도이다. 각 계기의 지시가 $W_1 = 2.36$[kW], $W_2 = 5.95$[kW], $V = 200$[V], $I = 30$[A]일 때, 이 유도 전동기의 역률은 약 몇 [%]인가? [16년 3회 산업]

① 80
② 76
③ 70
④ 66

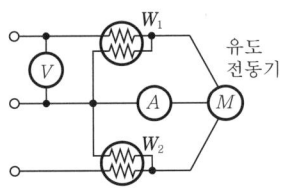

**해설**
- 유효전력
  $P = W_1 + W_2 = 2,360 + 5,950 = 8,310$[W]
- 피상전력
  $P_a = \sqrt{3}\, VI = \sqrt{3} \times 200 \times 30 = 10,392$[VA]
- 역률 $\cos\theta = \dfrac{P}{P_a} = \dfrac{8,310}{10,392} \fallingdotseq 0.80$

∴ 80[%]

**정답** 23. ④  24. ④  25. ①

**26** 평형 3상 저항 부하가 3상 4선식 회로에 접속되어 있을 때 단상 전력계를 그림과 같이 접속하였더니 그 지시값이 $W$[W]이었다. 이 부하의 3상 전력[W]은? [19년 3회 산업]

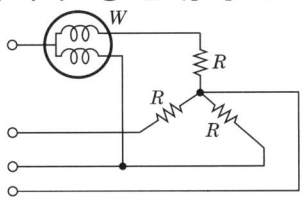

① $\sqrt{2}\,W$
② $2\,W$
③ $\sqrt{3}\,W$
④ $3\,W$

**해설** 전력계의 전압은 $V_{ab}$, 전류는 $I_a$ 이므로

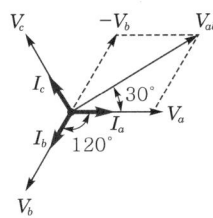

$W = V_{ab} I_a \cos 30° = \dfrac{\sqrt{3}}{2} V_{ab} I_a$

∴ 3상 전력 $P = 2W$[W]

**기출 핵심 NOTE**

**26** 1전력계법
- 3상 전력
  $P = 2W$[W]
  여기서, $W$ : 전력계 지시값
- 선전류
  $2W = \sqrt{3}\,VI$
  $I = \dfrac{2W}{\sqrt{3}\,V}$[A]

**27** 100[kVA] 단상 변압기 3대로 △ 결선하여 3상 전원을 공급하던 중 1대의 고장으로 V결선하였다면 출력은 약 몇 [kVA]인가? [17년 1회 산업]

① 100
② 173
③ 245
④ 300

**해설** 출력의 비
$\dfrac{P_V}{P_\triangle} = \dfrac{\sqrt{3}\,VI\cos\theta}{3\,VI\cos\theta} = \dfrac{1}{\sqrt{3}} = 0.577$

∴ $100[\text{kVA}] \times 3 \times \dfrac{1}{\sqrt{3}} = 100\sqrt{3} \fallingdotseq 173[\text{kVA}]$

**27** V결선
- 출력(전력)
  $P_V = \sqrt{3}\,VI\cos\theta$[W]
- 출력의 비
  $\dfrac{P_V}{P_\triangle} = \dfrac{1}{\sqrt{3}} = 0.577$
- 변압기 이용률
  $U = \dfrac{\sqrt{3}}{2} = 0.866$

**28** 대칭 $n$상에서 선전류와 상전류 사이의 위상차[rad]는? [15년 1회 기사]

① $\dfrac{n}{2}\left(1 - \dfrac{\pi}{2}\right)$
② $\dfrac{\pi}{2}\left(1 - \dfrac{n}{2}\right)$
③ $2\left(1 - \dfrac{\pi}{n}\right)$
④ $\dfrac{\pi}{2}\left(1 - \dfrac{2}{n}\right)$

**해설** 대칭 $n$상 선전류와 상전류와의 위상차
$\theta = -\dfrac{\pi}{2}\left(1 - \dfrac{2}{n}\right)$

**28** • 다상 교류
  여기서, $n$ : 상수
- Y결선
  $V_l = 2\sin\dfrac{\pi}{n}V_p$
  위상차 $\theta = \dfrac{\pi}{2}\left(1 - \dfrac{2}{n}\right)$
- △ 결선
  $I_l = 2\sin\dfrac{\pi}{n}I_p$
  위상차 $\theta = -\dfrac{\pi}{2}\left(1 - \dfrac{2}{n}\right)$

**정답** 26. ② 27. ② 28. ④

# CHAPTER 07 다상 교류

**29** 대칭 6상 기전력의 선간전압과 상기전력의 위상차는?  [17년 2회 산업]

① 120°　　② 60°
③ 30°　　④ 15°

**[해설]** 위상차 $\theta = \dfrac{\pi}{2}\left(1-\dfrac{2}{n}\right) = \dfrac{180°}{2}\left(1-\dfrac{2}{6}\right) = 90° \times \dfrac{2}{3} = 60°$

**30** 대칭 10상 회로의 선간전압이 100[V]일 때 상전압은 약 몇 [V]인가? (단, sin18°=0.309)  [18년 1회 산업]

① 161.8　　② 172
③ 183.1　　④ 193

**[해설]** 선간전압 $V_l = 2\sin\dfrac{\pi}{n} \cdot V_p$ 에서

상전압 $V_p = \dfrac{V_l}{2\sin\dfrac{\pi}{n}} = \dfrac{100}{2\sin\dfrac{\pi}{10}} ≒ 161.8[\text{V}]$

**31** 대칭 6상 전원이 있다. 환상 결선으로 각 전원이 150[A]의 전류를 흘린다고 하면 선전류는 몇 [A]인가?  [19년 2회 산업]

① 50　　② 75
③ $\dfrac{150}{\sqrt{3}}$　　④ 150

**[해설]** 선전류 $I_l = 2\sin\dfrac{\pi}{n}I_p$

여기서, $n$ : 상수

상수 $n=6$ 이므로 $I_l = 2\sin\dfrac{\pi}{6}I_p = I_p$

대칭 6상인 경우 선전류($I_l$)=상전류($I_p$)가 된다.

∴ $I_l = I_p = 150[\text{A}]$

**정답** 29. ② 30. ① 31. ④

# CHAPTER 08
# 대칭 좌표법

- **01** 비대칭 3상 전압의 대칭분
- **02** 각 상의 비대칭 전압·전류
- **03** 대칭 3상 전압을 a상 기준으로 한 대칭분
- **04** 불평형률
- **05** 고장 계산

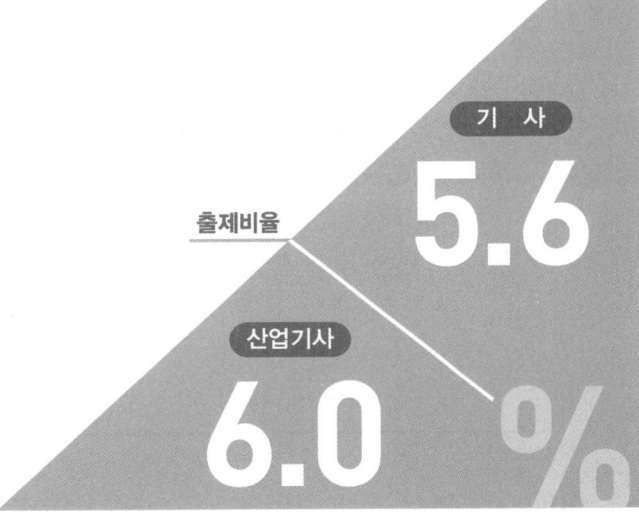

출제비율
기 사 **5.6**
산업기사 **6.0** %

# CHAPTER 08 대칭 좌표법

## 기출개념 01 비대칭 3상 전압의 대칭분

(1) **영상분 전압** : 3상 공통인 성분의 전압

$$V_0 = \frac{1}{3}(V_a + V_b + V_c)$$

(2) **정상분 전압** : 상순이 $a-b-c$인 성분의 전압

$$V_1 = \frac{1}{3}(V_a + aV_b + a^2V_c)$$

(3) **역상분 전압** : 상순이 $a-c-b$인 성분의 전압

$$V_2 = \frac{1}{3}(V_a + a^2V_b + aV_c)$$

\* 연산자

$$a = -\frac{1}{2} + j\frac{\sqrt{3}}{2}$$

$$a^2 = -\frac{1}{2} - j\frac{\sqrt{3}}{2}$$

### 기출개념 접근

비대칭 3상 회로의 전압, 전류를 대칭인 전압, 전류로 분해하여 대칭인 전압, 전류에 대하여 각각 계산한 후 이것을 합하여 결과를 얻는 방법을 대칭 좌표법이라 한다.

각 상 모두 동상으로 동일한 크기의 영상분 상순이 a → b → c인 정상분 및 상순이 a → c → b인 역상분의 3개의 성분을 벡터적으로 합하면 비대칭 전압이 되며 이 3성분을 총칭하여 대칭분이라 한다. 대칭분을 합성하면 비대칭 전압이 되며 반대로 비대칭 전압을 3개의 대칭분으로 분해할 수 있다.

### 기출·개념 문제

**1.** 다음 불평형 3상 전류 $I_a = 15 + j2$[A], $I_b = -20 - j14$[A], $I_c = -3 + j10$[A]일 때 영상 전류 $I_0$는 약 몇 [A]인가?

18·17 산업

① $2.67 + j0.36$
② $15.7 - j3.25$
③ $-1.91 + j6.24$
④ $-2.67 - j0.67$

(해설) $I_0 = \frac{1}{3}(I_a + I_b + I_c) = \frac{1}{3}\{(15 + j2) + (-20 - j14) + (-3 + j10)\} = -2.67 - j0.67$ [A]

답 ④

**2.** 불평형 3상 전류가 $I_a = 15 + j2$[A], $I_b = -20 - j14$[A], $I_c = -3 + j10$[A]일 때 역상분 전류 $I_2$[A]를 구하면?

15·03·99·97·94·91 산업

① $1.91 + j6.24$
② $15.74 - j3.57$
③ $-2.67 - j0.67$
④ $2.67 - j0.67$

(해설) 역상 전류

$$I_2 = \frac{1}{3}(I_a + a^2 I_b + a I_c)$$

$$= \frac{1}{3}\left\{(15 + j2) + \left(-\frac{1}{2} - j\frac{\sqrt{3}}{2}\right)(-20 - j14) + \left(-\frac{1}{2} + j\frac{\sqrt{3}}{2}\right)(-3 + j10)\right\}$$

$$≒ 1.91 + j6.24 \text{[A]}$$

답 ①

## 기출개념 02 각 상의 비대칭 전압·전류

비대칭 전압 $V_a$, $V_b$, $V_c$를 대칭분 전압 $V_0$, $V_1$, $V_2$로 표시하면

- $V_a = V_0 + V_1 + V_2$
- $V_b = V_0 + a^2 V_1 + a V_2$
- $V_c = V_0 + a V_1 + a^2 V_2$

비대칭 전류 $I_a$, $I_b$, $I_c$를 대칭분 전류 $I_0$, $I_1$, $I_2$로 표시하면

- $I_a = I_0 + I_1 + I_2$
- $I_b = I_0 + a^2 I_1 + a I_2$
- $I_c = I_0 + a I_1 + a^2 I_2$

### 기·출·개·념 문제

**1.** 3상 회로의 영상분, 정상분, 역상분을 각각 $I_0$, $I_1$, $I_2$라 하고 선전류를 $I_a$, $I_b$, $I_c$라 할 때 $I_b$는? (단, $a = -\dfrac{1}{2} + j\dfrac{\sqrt{3}}{2}$이다.)    18·17 산업

① $I_0 + I_1 + I_2$
② $I_0 + a^2 I_1 + a I_2$
③ $\dfrac{1}{3}(I_0 + I_1 + I_2)$
④ $\dfrac{1}{3}(I_0 + a I_1 + a^2 I_2)$

(해설) 비대칭 전류 $I_a$, $I_b$, $I_c$를 대칭분으로 표시하면
$I_a = I_0 + I_1 + I_2$
$I_b = I_0 + a^2 I_1 + a I_2$
$I_c = I_0 + a I_1 + a^2 I_2$

답 ②

**2.** 3상 회로에 있어서 대칭분 전압이 $V_0 = -8 + j3$[V], $V_1 = 6 - j8$[V], $V_2 = 8 + j12$[V]일 때 a상의 전압[V]은?    14·11·05·04·03·02·99 산업

① $6 + j7$
② $-32.3 + j2.73$
③ $2.3 + j0.73$
④ $2.3 - j0.73$

(해설) 각 상의 비대칭 전압
$V_a = V_0 + V_1 + V_2$
$V_b = V_0 + a^2 V_1 + a V_2$
$V_c = V_0 + a V_1 + a^2 V_2$
∴ $V_a = V_0 + V_1 + V_2 = -8 + j3 + 6 - j8 + 8 + j12 = 6 + j7$[V]

답 ①

# CHAPTER 08 대칭 좌표법

## 기출개념 03 대칭 3상 전압을 a상 기준으로 한 대칭분

(1) 영상 전압

$$V_0 = \frac{1}{3}(V_a + V_b + V_c) = \frac{1}{3}(V_a + a^2 V_a + a V_a) = \frac{V_a}{3}(1 + a^2 + a) = 0$$

(2) 정상 전압

$$V_1 = \frac{1}{3}(V_a + a V_b + a^2 V_c) = \frac{1}{3}(V_a + a^3 V_a + a^3 V_a) = \frac{V_a}{3}(1 + a^3 + a^3) = V_a$$

(3) 역상 전압

$$V_2 = \frac{1}{3}(V_a + a^2 V_b + a V_c) = \frac{1}{3}(V_a + a^4 V_a + a^2 V_a) = \frac{V_a}{3}(1 + a^4 + a^2) = 0$$

대칭 3상 전압의 대칭분은 영상분, 역상분의 전압은 0이고, 정상분만 $V_a$로 존재한다.

---

### 기·출·개·념 문제

**1.** 대칭 3상 전압 $V_a$, $V_b$, $V_c$를 a상을 기준으로 한 대칭분은?    04·97·95·90 기사

① $V_0 = 0$, $V_1 = V_a$, $V_2 = aV_a$
② $V_0 = V_a$, $V_1 = V_a$, $V_2 = V_a$
③ $V_0 = 0$, $V_1 = 0$, $V_2 = a^2 V_a$
④ $V_0 = 0$, $V_1 = V_a$, $V_2 = 0$

(해설) 대칭 3상 전압을 a상 기준으로 한 대칭분

$$V_0 = \frac{1}{3}(V_a + V_b + V_c) = \frac{1}{3}(V_a + a^2 V_a + a V_a) = \frac{V_a}{3}(1 + a^2 + a) = 0$$

$$V_1 = \frac{1}{3}(V_a + a V_b + a^2 V_c) = \frac{1}{3}(V_a + a^3 V_a + a^3 V_a) = \frac{V_a}{3}(1 + a^3 + a^3) = V_a$$

$$V_2 = \frac{1}{3}(V_a + a^2 V_b + a V_c) = \frac{1}{3}(V_a + a^4 V_a + a^2 V_a) = \frac{V_a}{3}(1 + a^4 + a^2) = 0$$

**답** ④

**2.** 대칭 좌표법에 관한 설명 중 잘못된 것은?    04 기사 / 08·04·97·94·92 산업

① 불평형 3상 회로 비접지식 회로에서는 영상분이 존재한다.
② 대칭 3상 전압에서 영상분은 0이 된다.
③ 대칭 3상 전압은 정상분만 존재한다.
④ 불평형 3상 회로의 접지식 회로에서는 영상분이 존재한다.

(해설) 비접지식 회로에서는 영상분이 존재하지 않는다.
대칭 3상 전압의 대칭분은 영상분·역상분은 0이고, 정상분만 $V_a$로 존재한다.

**답** ①

## 기출개념 04 불평형률

대칭분 중 정상분에 대한 역상분의 비로 비대칭을 나타내는 척도가 된다.

$$\text{불평형률} = \frac{\text{역상분}}{\text{정상분}} \times 100[\%] = \frac{V_2}{V_1} \times 100[\%] = \frac{I_2}{I_1} \times 100[\%]$$

### 기·출·개념 문제

**1.** 3상 불평형 전압에서 불평형률이란?  
18·03 기사 / 19·16·13·12·01·00·97·95·94 산업

① $\dfrac{\text{역상 전압}}{\text{영상 전압}} \times 100[\%]$ ② $\dfrac{\text{정상 전압}}{\text{역상 전압}} \times 100[\%]$

③ $\dfrac{\text{역상 전압}}{\text{정상 전압}} \times 100[\%]$ ④ $\dfrac{\text{영상 전압}}{\text{정상 전압}} \times 100[\%]$

(해설) 전압 불평형률 $= \dfrac{\text{역상 전압}}{\text{정상 전압}} \times 100[\%]$

**답** ③

**2.** 3상 불평형 전압에서 역상 전압이 50[V]이고, 정상 전압이 250[V], 영상 전압이 20[V]이면 전압의 불평형률은 몇 [%]인가?  
15·06·03·00·97·94·93 기사 / 09·06·02·96 산업

① 10  ② 15  ③ 20  ④ 25

(해설) 불평형률 $= \dfrac{\text{역상 전압}}{\text{정상 전압}} \times 100[\%]$

$\therefore \dfrac{50}{250} \times 100 = 20[\%]$

**답** ③

**3.** 3상 교류의 선간전압을 측정하였더니 120[V], 100[V], 100[V]이었다. 선간전압의 불평형률을 구하면?  
96 기사 / 96·94·90 산업

① 약 13[%]  ② 약 15[%]  ③ 약 17[%]  ④ 약 19[%]

(해설) $V_a = 120$, $V_b = -60 - j80$, $V_c = -60 + j80$

$V_1 = \dfrac{1}{3}(V_a + aV_b + a^2 V_c)$

$= \dfrac{1}{3}\left\{120 + \left(-\dfrac{1}{2} + j\dfrac{\sqrt{3}}{2}\right)(-60 - j80) + \left(-\dfrac{1}{2} - j\dfrac{\sqrt{3}}{2}\right)(-60 + j80)\right\}$

$= 106.2[\text{V}]$

$V_2 = \dfrac{1}{3}(V_a + a^2 V_b + aV_c)$

$= \dfrac{1}{3}\left\{120 + \left(-\dfrac{1}{2} + j\dfrac{\sqrt{3}}{2}\right)(-60 - j80) + \left(-\dfrac{1}{2} + j\dfrac{\sqrt{3}}{2}\right)(-60 + j80)\right\}$

$= 13.8[\text{V}]$

$\therefore$ 불평형률 $= \dfrac{|V_2|}{|V_1|} \times 100 = \dfrac{13.8}{106.2} \times 100 ≒ 13[\%]$

**답** ①

# CHAPTER 08 대칭 좌표법

## 기출개념 05 고장 계산

**(1) 3상 교류 발전기의 기본식**

- 영상분 : $V_0 = -Z_0 I_0$
- 정상분 : $V_1 = E_a - Z_1 I_1$
- 역상분 : $V_2 = -Z_2 I_2$

여기서, $E_a$ : a상의 유기 기전력
$Z_0$ : 영상 임피던스
$Z_1$ : 정상 임피던스
$Z_2$ : 역상 임피던스

**(2) 1선 지락 고장**

① 고장 조건 : $V_a = 0$, $I_b = I_c = 0$

② 대칭분 전류

$$I_0 = I_1 = I_2 = \frac{E_a}{Z_0 + Z_1 + Z_2}$$

③ 지락전류

$$I_g = I_a = I_0 + I_1 + I_2 = 3I_0 = \frac{3E_a}{Z_0 + Z_1 + Z_2}$$

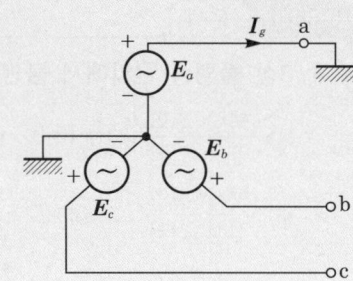

### 기·출·개·념 문제

**1.** 대칭 3상 교류 발전기의 기본식 중 알맞게 표현된 것은? (단, $V_0$는 영상분 전압, $V_1$은 정상분 전압, $V_2$는 역상분 전압이다.)    18·13·05 기사 / 07·04·00 산업

① $V_0 = E_0 - Z_0 I_0$
② $V_1 = -Z_1 I_1$
③ $V_2 = Z_2 I_2$
④ $V_1 = E_a - Z_1 I_1$

**[해설]** 발전기 기본식
$V_0 = -Z_0 I_0$
$V_1 = E_a - Z_1 I_1$
$V_2 = -Z_2 I_2$

**답** ④

**2.** 그림과 같은 평형 3상 교류 발전기의 1선이 접지되었을 때 접지 전류 $I_a$의 값은? (단, $Z_0$는 영상 임피던스, $Z_1$은 정상 임피던스, $Z_2$는 역상 임피던스이다.)    95 산업

① $\dfrac{E_a}{Z_0 + Z_1 + Z_2}$
② $\dfrac{\sqrt{3} E_a}{Z_0 + Z_1 + Z_2}$
③ $\dfrac{E_a}{3(Z_0 + Z_1 + Z_2)}$
④ $\dfrac{3E_a}{Z_0 + Z_1 + Z_2}$

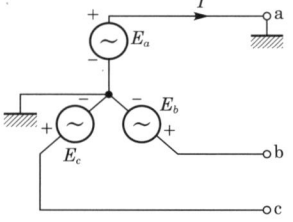

**[해설]** $V_a = V_0 + V_1 + V_2 = -Z_0 I_0 + E_a - Z_1 I_1 - Z_2 I_2$
$= E_a - (Z_0 + Z_1 + Z_2)I_0 = 0$

$I_0 = \dfrac{E_a}{Z_0 + Z_1 + Z_2}$

$I_a = I_0 + I_1 + I_2 = 3I_0 = \dfrac{3E_a}{Z_0 + Z_1 + Z_2}$

**답** ④

# CHAPTER 08 대칭 좌표법

## 단원 최근 빈출문제

**01** 대칭 좌표법에서 사용되는 용어 중 3상에 공통된 성분을 표시하는 것은? [18년 1회 산업]

① 공통분  ② 정상분
③ 역상분  ④ 영상분

**[해설]**
- 영상분 : 3상 공통인 성분
- 정상분 : 상순이 a-b-c인 성분
- 역상분 : 상순이 a-c-b인 성분

**02** 3상 △부하에서 각 선전류를 $I_a$, $I_b$, $I_c$라 하면 전류의 영상분[A]은? (단, 회로는 평형상태이다.) [17년 3회 기사]

① ∞  ② 1
③ $\frac{1}{3}$  ④ 0

**[해설]** 비접지식에서는 영상분은 존재하지 않는다(단, 회로는 평형상태이다).

**03** 비접지 3상 Y회로에서 전류 $I_a = 15 + j2$[A], $I_b = -20 - j14$[A]일 경우 $I_c$[A]는? [17년 1회 기사]

① $5 + j12$  ② $-5 + j12$
③ $5 - j12$  ④ $-5 - j12$

**[해설]** 영상분 $I_0 = \frac{1}{3}(I_a + I_b + I_c)$

3상 공통인 성분 영상분은 접지식 3상에는 존재하나 비접지 3상 Y회로에는 존재하지 않으므로 $I_0 = 0$이 된다.
따라서 비접지식 3상은 $I_a + I_b + I_c = 0$이다.
∴ $I_c = -(I_a + I_b) = -\{(15+j2)+(-20-j14)\} = 5+j12$[A]

**04** 대칭 좌표법에서 대칭분을 각 상전압으로 표시한 것 중 틀린 것은? [18년 1회 기사]

① $E_0 = \frac{1}{3}(E_a + E_b + E_c)$  ② $E_1 = \frac{1}{3}(E_a + aE_b + a^2E_c)$
③ $E_2 = \frac{1}{3}(E_a + a^2E_b + aE_c)$  ④ $E_3 = \frac{1}{3}(E_a^2 + E_b^2 + E_c^2)$

---

### 기출 핵심 NOTE

**01 대칭분 영상, 정상, 역상분**
- 영상분 : 3상의 공통된 성분
- 정상분 : 상순이 a-b-c인 성분
- 역상분 : 상순이 a-c-b인 성분

**02 영상분이 존재하는 3상 회로**
- 접지식 회로
- Y-Y 결선의 3상 4선식 회로

**03** 비접지식 3상 회로의 영상분은 0이다.

**04 대칭분 영상·정상·역상 전압**
- $V_0 = \frac{1}{3}(V_a + V_b + V_c)$
- $V_1 = \frac{1}{3}(V_a + aV_b + a^2V_c)$
- $V_2 = \frac{1}{3}(V_a + a^2V_b + aV_c)$

**[정답]** 01.④ 02.④ 03.① 04.④

# CHAPTER 08 대칭 좌표법

**[해설]**
- 영상분 : 3상 공통인 성분 $E_0 = \dfrac{1}{3}(E_a + E_b + E_c)$
- 정상분 : 상순이 a – b – c인 성분 $E_1 = \dfrac{1}{3}(E_a + aE_b + a^2 E_c)$
- 역상분 : 상순이 a – c – b인 성분 $E_2 = \dfrac{1}{3}(E_a + a^2 E_b + aE_c)$

**05** 3상 불평형 전압 $V_a$, $V_b$, $V_c$가 주어진다면, 정상분 전압은? (단, $a = e^{\frac{j2\pi}{3}} = 1\underline{/120°}$이다.) [19년 3회 기사]

① $V_a + a^2 V_b + a V_c$
② $V_a + a V_b + a^2 V_c$
③ $\dfrac{1}{3}(V_a + a^2 V_b + a V_c)$
④ $\dfrac{1}{3}(V_a + a V_b + a^2 V_c)$

**[해설]** 대칭분 전압
- 영상 전압 : $V_0 = \dfrac{1}{3}(V_a + V_b + V_c)$
- 정상 전압 : $V_1 = \dfrac{1}{3}(V_a + a V_b + a^2 V_c)$
- 역상 전압 : $V_2 = \dfrac{1}{3}(V_a + a^2 V_b + a V_c)$

**06** 불평형 3상 전류가 다음과 같을 때 역상 전류 $I_2$는 약 몇 [A]인가? [17년 1회 산업]

$I_a = 15 + j2 \text{[A]}$
$I_b = -20 - j14 \text{[A]}$
$I_c = -3 + j10 \text{[A]}$

① $1.91 + j6.24$
② $2.17 + j5.34$
③ $3.38 - j4.26$
④ $4.27 - j3.68$

**[해설]** 역상 전류

$$I_2 = \dfrac{1}{3}(I_a + a^2 I_b + a I_c)$$
$$= \dfrac{1}{3}\left\{(15 + j2) + \left(-\dfrac{1}{2} - j\dfrac{\sqrt{3}}{2}\right)(-20 - j14) \right.$$
$$\left. + \left(-\dfrac{1}{2} + j\dfrac{\sqrt{3}}{2}\right)(-3 + j10)\right\}$$
$$= 1.91 + j6.24$$

---

## 기출 핵심 NOTE

**05 벡터 연산자**

$a = -\dfrac{1}{2} + j\dfrac{\sqrt{3}}{2}$

$a^2 = -\dfrac{1}{2} - j\dfrac{\sqrt{3}}{2}$

$a^3 = 1$

$1 + a^2 + a = 0$

**06 대칭분 영상·정상·역상 전류**
- $I_0 = \dfrac{1}{3}(I_a + I_b + I_c)$
- $I_1 = \dfrac{1}{3}(I_a + a I_b + a^2 I_c)$
- $I_2 = \dfrac{1}{3}(I_a + a^2 I_b + a I_c)$

**정답** 05. ④ 06. ①

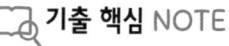

**07** 3상 불평형 전압에서 역상 전압이 50[V], 정상 전압이 200[V], 영상 전압이 10[V]라고 할 때 전압의 불평형률[%]은? [18년 1회 산업]

① 1
② 5
③ 25
④ 50

[해설] 불평형률 = $\dfrac{\text{역상 전압}}{\text{정상 전압}} \times 100 = \dfrac{50}{200} \times 100 = 25[\%]$

**07 불평형률**
정상분에 대한 역상분의 비
$\dfrac{\text{역상분}}{\text{정상분}} = \dfrac{V_2}{V_1} = \dfrac{I_2}{I_1}$

**08** 대칭 3상 전압이 a상 $V_a$[V], b상 $V_b = a^2 V_a$[V], c상 $V_c = a V_a$[V]일 때 a상을 기준으로 한 대칭분 전압 중 정상분 $V_1$[V]은 어떻게 표시되는가? (단, $a = -\dfrac{1}{2} + j\dfrac{\sqrt{3}}{2}$ 이다.) [18·16년 3회 산업]

① 0
② $V_a$
③ $a V_a$
④ $a^2 V_a$

[해설] 대칭 3상의 대칭분 전압
$V_1 = \dfrac{1}{3}(V_a + a V_b + a^2 V_c) = \dfrac{1}{3}(V_a + a^3 V_a + a^3 V_a) = V_a$

**08 대칭 3상 전압을 a상 기준으로 한 대칭분**
• $V_0 = 0$
• $V_1 = V_a$
• $V_2 = 0$
영상·역상분은 0이고, 정상분만 $V_a$로 존재한다.

**09** 대칭 좌표법에 관한 설명이 아닌 것은? [17년 2회 산업]

① 대칭 좌표법은 일반적인 비대칭 3상 교류 회로의 계산에도 이용된다.
② 대칭 3상 전압의 영상분과 역상분은 0이고, 정상분만 남는다.
③ 비대칭 3상 교류 회로는 영상분, 역상분 및 정상분의 3성분으로 해석한다.
④ 비대칭 3상 회로의 접지식 회로에는 영상분이 존재하지 않는다.

[해설] 접지식 회로에는 영상분이 존재하고, 비접지식 회로에서는 영상분이 존재하지 않는다.

**09** ㉠ 대칭 3상 전압의 대칭분은 영상분과 역상분은 0이고 정상분만 $V_a$로 존재한다.
㉡ 영상분이 존재하는 3상 회로
• 접지식 회로
• Y-Y 결선의 3상 4선식 회로

정답 07. ③ 08. ② 09. ④

# CHAPTER 08 대칭 좌표법

**10** 전류의 대칭분을 $I_0$, $I_1$, $I_2$, 유기 기전력을 $E_a$, $E_b$, $E_c$, 단자 전압의 대칭분을 $V_0$, $V_1$, $V_2$라 할 때 3상 교류 발전기의 기본식 중 정상분 $V_1$값은? (단, $Z_0$, $Z_1$, $Z_2$는 영상, 정상, 역상 임피던스이다.) [18년 3회 기사]

① $-Z_0 I_0$
② $-Z_2 I_2$
③ $E_a - Z_1 I_1$
④ $E_b - Z_2 I_2$

**[해설]** $V_0 = -I_0 Z_0$
$V_1 = E_a - I_1 Z_1$
$V_2 = -I_2 Z_2$
여기서, $E_a$ : a상의 유기 기전력, $Z_0$ : 영상 임피던스
$Z_1$ : 정상 임피던스, $Z_2$ : 역상 임피던스

## 기출 핵심 NOTE

**10 대칭 3상 교류 발전기의 기본식**
- 영상분 $V_0 = -Z_0 I_0$
- 정상분 $V_1 = E_a - Z_1 I_1$
- 역상분 $V_2 = -Z_2 I_2$

정답 10. ③

# CHAPTER 09

# 비정현파 교류

- **01** 푸리에 급수(Fourier series)
- **02** 비정현파의 대칭성
- **03** 비정현파의 실효값
- **04** 왜형률
- **05** 비정현파의 전력
- **06** 비정현파의 단독회로 해석
- **07** 비정현파의 직렬회로 해석

출제비율
기 사 **7.8**%
산업기사 **7.3**

# CHAPTER 09 비정현파 교류

## 기출개념 01 푸리에 급수(Fourier series)

비정현파의 푸리에 급수에 의한 전개

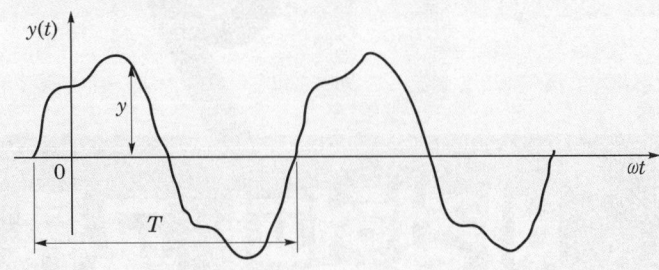

$$y(t) = a_0 + \sum_{n=1}^{\infty} a_n \cos n\omega t + \sum_{n=1}^{\infty} b_n \sin n\omega t$$

이때의 계수를 구하는 방법은 다음과 같다.

- $a_0$ 구하는 방법(= 직류분)

$$a_0 = \frac{1}{T} \int_0^T y(t)\,d\omega t = \frac{1}{2\pi} \int_0^{2\pi} y(t)\,d\omega t$$

- $a_n$ 구하는 방법

$$a_n = \frac{2}{T} \int_0^T y(t) \cos n\omega t\,d\omega t = \frac{1}{\pi} \int_0^{2\pi} y(t) \cos n\omega t\,d\omega t$$

- $b_n$ 구하는 방법

$$b_n = \frac{2}{T} \int_0^T y(t) \sin n\omega t\,d\omega t = \frac{1}{\pi} \int_0^{2\pi} y(t) \sin n\omega t\,d\omega t$$

### 기·출·개·념 문제

**1.** 비정현파 교류를 나타내는 식은?  03 기사 / 02·19 산업

① 기본파 + 고조파 + 직류분
② 기본파 + 직류분 - 고조파
③ 직류분 + 고조파 - 기본파
④ 교류분 + 기본파 + 고조파

(해설) 비정현파의 구성은 기본파 + 고조파 + 직류분으로 분해된다.

**답** ①

**2.** 비정현파의 푸리에 급수에 의한 전개에서 옳게 전개한 $f(t)$는?  12 기사 / 14·02·85 산업

① $\sum_{n=1}^{\infty} a_n \sin n\omega t + \sum_{n=1}^{\infty} b_n \cos n\omega t$
② $\sum_{n=1}^{\infty} a_n \sin n\omega t + \sum_{n=1}^{\infty} b_n \sin n\omega t$
③ $a_0 + \sum_{n=1}^{\infty} a_n \cos n\omega t + \sum_{n=1}^{\infty} b_n \sin n\omega t$
④ $\sum_{n=1}^{\infty} a_n \cos n\omega t + \sum_{n=1}^{\infty} b_n \cos n\omega t$

(해설) $f(t) = a_0 + \sum_{n=1}^{\infty} a_n \cos n\omega t + \sum_{n=1}^{\infty} b_n \sin n\omega t$

**답** ③

## 기출개념 02-1 비정현파의 대칭성(Ⅰ)

### (1) 반파 대칭
반주기마다 크기는 같고, 부호는 반대인 파형으로 $\pi$만큼 수평 이동한 후 $x$축에 대하여 대칭인 파형

① 대칭 조건(=함수식)
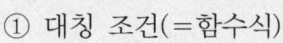
$$y(x) = -y(\pi + x)$$

② 특징 : 직류 성분 $A_0 = 0$이며, 홀수항의 sin, cos항 존재

$$y(t) = \sum_{n=1}^{\infty} a_n \cos n\omega t + \sum_{n=1}^{\infty} b_n \sin n\omega t \ (n=1,\ 3,\ 5,\ \cdots)$$

### (2) 정현 대칭
원점 0에 대칭인 파형으로 기함수로 표시되고 $\pi$를 축으로 180° 회전해서 아래, 위가 합동인 파형

① 대칭 조건(=함수식)
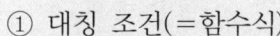
$$y(x) = -y(2\pi - x)$$
$$y(x) = -y(-x)$$

② 특징 : 직류 성분과 cos항의 계수가 0이고 sin항만 존재

$$y(t) = \sum_{n=1}^{\infty} b_n \sin n\omega t \ (n=1,\ 2,\ 3,\ 4,\ \cdots)$$

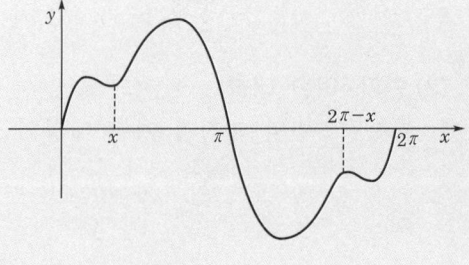

---

**기·출·개·념 문제**

**1.** 반파 대칭의 왜형파에 포함되는 고조파는 어느 파에 속하는가?  　　15·83 기사

① 제2고조파  　② 제4고조파  　③ 제5고조파  　④ 제6고조파

**[해설]** 홀수항의 sin, cos항만 존재하므로 짝수항은 모두 0이 된다.  　**답** ③

**2.** 비정현파에 있어서 정현 대칭의 조건은?  　　13 기사 / 16·06·99 산업

① $f(t) = f(-t)$  　② $f(t) = -f(-t)$  　③ $f(t) = -f(t)$  　④ $f(t) = -f\left(t + \dfrac{T}{2}\right)$

**[해설]** 정현 대칭
$f(t) = -f(2\pi - t)$
$f(t) = -f(-t)$

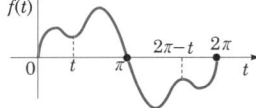

**답** ②

제9장 비정현파 교류 **115**

# CHAPTER 09 비정현파 교류

## 기출개념 02-2 비정현파의 대칭성(Ⅱ)

**(1) 여현 대칭**

$y$축에 대하여 좌우 대칭인 파형으로 우함수로 표시되고 $\pi$를 축으로 180° 회전해서 좌·우가 합동인 파형

① 대칭 조건(=함수식)

$$y(x) = y(2\pi - x), \ y(x) = y(-x)$$

② 특징 : sin항의 계수가 0이고, 직류 성분과 cos항이 존재

$$y(t) = A_0 + \sum_{n=1}^{\infty} a_n \cos n\omega t \ (n = 1, \ 2, \ 3, \ 4, \ \cdots)$$

**(2) 반파·정현 대칭**

- 특징 : 반파 대칭과 정현 대칭의 공통 성분인 **홀수항의 sin항만 존재**

$$y(t) = \sum_{n=1}^{\infty} b_n \sin n\omega t \ (n = 1, \ 3, \ 5, \ 7, \ \cdots)$$

**(3) 반파·여현 대칭**

- 특징 : 반파 대칭과 여현 대칭의 공통 성분인 **홀수항의 cos항만 존재**

$$y(t) = \sum_{n=1}^{\infty} a_n \cos n\omega t \ (n = 1, \ 3, \ 5, \ 7, \ \cdots)$$

---

### 기·출·개·념 문제

**1.** 그림과 같은 파형을 실수 푸리에 급수로 전개할 때에는?  [94 기사 / 90 산업]

① sin항은 없다.
② cos항은 없다.
③ sin항, cos항 모두 있다.
④ sin항, cos항을 쓰면 유한수의 항으로 전개된다.

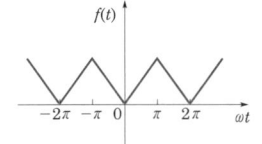

[해설] 여현 대칭이므로 직류 성분과 cos항이 존재한다. 즉, sin항은 없다.  **답 ①**

**2.** $i(t) = \dfrac{4I_m}{\pi}\left(\sin \omega t + \dfrac{1}{3}\sin 3\omega t + \dfrac{1}{5}\sin 5\omega t + \cdots\right)$로 표시하는 파형은?  [16 산업]

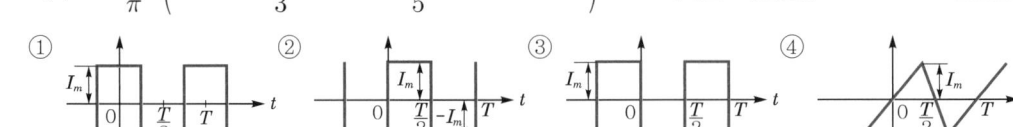

[해설] 반파 및 정현 대칭파는 홀수항의 sin항만 존재한다.  **답 ②**

## 기출개념 03   비정현파의 실효값

직류 성분 및 기본파와 각 고조파의 실효값의 제곱의 합의 제곱근으로 표시된다.

(1) $i(t) = I_0 + I_{m1}\sin\omega t + I_{m2}\sin 2\omega t + I_{m3}\sin 3\omega t + \cdots$

전류의 실효값은

$$I = \sqrt{I_0^2 + I_1^2 + I_3^2 + \cdots} = \sqrt{I_0^2 + \left(\frac{I_{m1}}{\sqrt{2}}\right)^2 + \left(\frac{I_{m2}}{\sqrt{2}}\right)^2 + \left(\frac{I_{m3}}{\sqrt{2}}\right)^2 + \cdots}$$

(2) $v(t) = V_0 + V_{m1}\sin\omega t + V_{m2}\sin 2\omega t + V_{m3}\sin 3\omega t + \cdots$

전압의 실효값은

$$V = \sqrt{V_0^2 + V_1^2 + V_2^2 + V_3^2 + \cdots} = \sqrt{V_0^2 + \left(\frac{V_{m1}}{\sqrt{2}}\right)^2 + \left(\frac{V_{m2}}{\sqrt{2}}\right)^2 + \left(\frac{V_{m3}}{\sqrt{2}}\right)^2 + \cdots}$$

**기·출·개념 접근**

비정현파 전류 $i(t) = I_0 + I_{m1}\sin\omega t + I_{m2}\sin 2\omega t + I_{m3}\sin 3\omega t + \cdots$ 의 실효값은 교류이므로 $I = \sqrt{\dfrac{1}{T}\displaystyle\int_0^T i^2(t)dt}$ 의 식으로 해석되어야 한다. 하지만 산식이 복잡하므로 결과식인 각 파의 실효값의 제곱의 합의 제곱근을 취한 값이다.

---

**기·출·개념 문제**

**1.** 비정현파의 실효값은?    07·03·00·99 산업
  ① 최대파의 실효값
  ② 각 고조파의 실효값의 합
  ③ 각 고조파 실효값의 합의 제곱근
  ④ 각 파의 실효값의 제곱의 합의 제곱근

  (해설) $V = \sqrt{V_0^2 + V_1^2 + V_2^2 + \cdots}$ [V]
  각 개별적인 실효값의 제곱의 합의 제곱근    **답 ④**

**2.** 전압의 순시값이 $e = 3 + 10\sqrt{2}\sin\omega t + 5\sqrt{2}\sin(3\omega t - 30°)$[V]일 때, 실효값 $|E|$는 몇 [V]인가?    16·15·08·07·92 기사 / 11·10 산업
  ① 20.1    ② 16.4    ③ 13.2    ④ 11.6

  (해설) $E = \sqrt{E_0^2 + E_1^2 + E_3^2} = \sqrt{3^2 + 10^2 + 5^2} = 11.6$[V]    **답 ④**

**3.** 전류 $I = 30\sin\omega t + 40\sin(3\omega t + 45°)$[A]의 실효값[A]은?    19 기사 / 17 산업
  ① 25    ② $25\sqrt{2}$    ③ 50    ④ $50\sqrt{2}$

  (해설) 비정현파의 실효값
  $I = \sqrt{I_1^2 + I_3^2} = \sqrt{\left(\dfrac{I_{m1}}{\sqrt{2}}\right)^2 + \left(\dfrac{I_{m3}}{\sqrt{2}}\right)^2} = \sqrt{\left(\dfrac{30}{\sqrt{2}}\right)^2 + \left(\dfrac{40}{\sqrt{2}}\right)^2} = 25\sqrt{2}$ [A]    **답 ②**

# CHAPTER 09 비정현파 교류

## 기출개념 04 왜형률

비정현파가 정현파에 대하여 일그러지는 정도를 나타내는 값

$$왜형률 = \frac{전\ 고조파의\ 실효값}{기본파의\ 실효값}$$

$$v = \sqrt{2}\,V_1\sin(\omega t + \theta_1) + \sqrt{2}\,V_2\sin(2\omega t + \theta_2) + \sqrt{2}\,V_3\sin(3\omega t + \theta_3) + \cdots$$

$$왜형률\ D = \frac{\sqrt{V_2^{\,2} + V_3^{\,2} + V_4^{\,2} + \cdots}}{V_1}$$

**기·출·개념 접근**  왜형률(Harmonics Distortion)은 기본파의 실효값과 전 고조파의 실효값의 비율값으로 IEC 등에서도 고조파 전압 전류의 제한값을 설정하여 전력 품질 개선에 노력하고 있다.

### 기·출·개념 문제

**1. 왜형률이란 무엇인가?**  03·88 기사 / 15·12·08·05·96·89 산업

① $\dfrac{전\ 고조파의\ 실효값}{기본파의\ 실효값}$  ② $\dfrac{전\ 고조파의\ 평균값}{기본파의\ 평균값}$

③ $\dfrac{제3고조파의\ 실효값}{기본파의\ 실효값}$  ④ $\dfrac{우수\ 고조파의\ 실효값}{기수\ 고조파의\ 실효값}$

(해설) 왜형률이란 비정현파의 일그러짐률을 말한다.

$$왜형률 = \frac{전\ 고조파의\ 실효값}{기본파의\ 실효값}$$

답 ①

**2. 왜형파 전압 $v = 100\sqrt{2}\sin\omega t + 50\sqrt{2}\sin2\omega t + 30\sqrt{2}\sin3\omega t$의 왜형률을 구하면?**  04·01 기사

① 1.0  ② 0.8  ③ 0.5  ④ 0.3

(해설) 왜형률 $D = \dfrac{\sqrt{50^2 + 30^2}}{100} \fallingdotseq 0.58$

답 ③

**3. 기본파의 30[%]인 제3고조파와 20[%]인 제5고조파를 포함하는 전압파의 왜형률은?**  06 기사 / 12·09·07·04·03·01·00·99 산업

① 0.23  ② 0.46  ③ 0.33  ④ 0.36

(해설) 왜형률 $= \dfrac{전\ 고조파의\ 실효값}{기본파의\ 실효값} = \dfrac{\sqrt{30^2 + 20^2}}{100} = 0.36$

답 ④

## 기출개념 05 비정현파의 전력

**(1) 유효전력**

주파수가 다른 전압과 전류 간의 전력은 0이 되고, 같은 주파수의 전압과 전류 간의 전력만 존재한다.

$$P = V_0 I_0 + V_1 I_1 \cos\theta_1 + V_2 I_2 \cos\theta_2 + V_3 I_3 \cos\theta_3 + \cdots$$
$$= V_0 I_0 + \sum_{n=1}^{\infty} V_n I_n \cos\theta_n = I_0^2 R + I_1^2 R + I_2^2 R + \cdots [\text{W}]$$

**(2) 무효전력**

$$P_r = V_1 I_1 \sin\theta_1 + V_2 I_2 \sin\theta_2 + V_3 I_3 \sin\theta_3 + \cdots = \sum_{n=1}^{\infty} V_n I_n \sin\theta_n [\text{Var}]$$

**(3) 피상전력**

$$P_a = VI = \sqrt{V_0^2 + V_1^2 + V_2^2 + V_3^2 + \cdots} \times \sqrt{I_0^2 + I_1^2 + I_2^2 + I_3^2 + \cdots} [\text{VA}]$$

**(4) 역률**

$$\cos\theta = \frac{P}{P_a} = \frac{P}{VI}$$

### 기·출·개·념 접근

비정현파 전력 계산 시 유의사항
① 직류는 유효전력만 존재하므로 무효전력식에는 직류 성분 $V_0$, $I_0$는 포함되지 않는다.
② 주파수가 같은 성분끼리 전력을 각각 구하여 모두 합한다.
③ 주파수가 서로 다르면 전력은 0이 된다.

### 기·출·개·념 문제

**1.** 전압이 $v = 10\sin 10t + 20\sin 20t$ [V]이고 전류가 $i = 20\sin 10t + 10\sin 20t$ [A]이면, 소비(유효)전력[W]은?  
                                 19·18 산업

① 400    ② 283    ③ 200    ④ 141

(해설) $P = V_1 I_1 \cos\theta_1 + V_2 I_2 \cos\theta_2 = \dfrac{10}{\sqrt{2}} \cdot \dfrac{20}{\sqrt{2}} \cos 0° + \dfrac{20}{\sqrt{2}} \cdot \dfrac{10}{\sqrt{2}} \cos 0° = 200 [\text{W}]$   **답 ③**

**2.** 다음과 같은 왜형파 교류 전압, 전류의 전력[W]을 계산하면?           91·88 산업

$$v = 100\sin\omega t + 50\sin(3\omega t + 60°) [\text{V}]$$
$$i = 20\cos(\omega t - 30°) + 10\cos(3\omega t - 30°) [\text{A}]$$

① 750    ② 1,000    ③ 1,299    ④ 1,732

(해설) $P = \dfrac{100}{\sqrt{2}} \cdot \dfrac{20}{\sqrt{2}} \cos 60° + \dfrac{50}{\sqrt{2}} \cdot \dfrac{10}{\sqrt{2}} \cos 0° = 750 [\text{W}]$   **답 ①**

# CHAPTER 09 비정현파 교류

## 기출개념 06 비정현파의 단독회로 해석

**(1) 인덕턴스($L$)만의 회로**

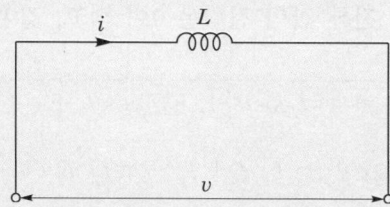

$v(t) = V_0 + V_{m1}\sin\omega t + V_{m2}\sin 2\omega t + V_{m3}\sin 3\omega t + \cdots$ 의 비정현파 전압을 인가했을 때 흐르는 전류 $i$는 다음과 같다.

$$i(t) = \frac{V_{m1}}{\omega L}\sin\left(\omega t - \frac{\pi}{2}\right) + \frac{V_{m2}}{2\omega L}\sin\left(2\omega t - \frac{\pi}{2}\right) + \frac{V_{m3}}{3\omega L}\sin\left(3\omega t - \frac{\pi}{2}\right) + \cdots$$

**(2) 정전용량($C$)만의 회로**

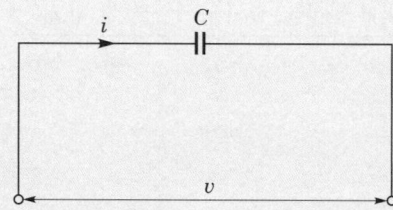

$v(t) = V_0 + V_{m1}\sin\omega t + V_{m2}\sin 2\omega t + V_{m3}\sin 3\omega t + \cdots$ 의 비정현파 전압을 인가했을 때 흐르는 전류 $i$는 다음과 같다.

$$i(t) = \omega C V_{m1}\sin\left(\omega t + \frac{\pi}{2}\right) + 2\omega C V_{m2}\sin\left(2\omega t + \frac{\pi}{2}\right) + \cdots$$

### 기·출·개·념 문제

$C$[F]인 용량을 $v = V_1\sin(\omega t + \theta_1) + V_3\sin(3\omega t + \theta_3)$인 전압으로 충전할 때 몇 [A]의 전류(실효값)가 필요한가?  96·88 산업

① $\dfrac{1}{\sqrt{2}}\sqrt{V_1^2 + 9V_3^2}$

② $\dfrac{1}{\sqrt{2}}\sqrt{V_1^2 + V_3^2}$

③ $\dfrac{\omega C}{\sqrt{2}}\sqrt{V_1^2 + 9V_3^2}$

④ $\dfrac{\omega C}{\sqrt{2}}\sqrt{V_1^2 + V_3^2}$

**[해설]** 전류 실효값 $i = \omega C V_1\sin(\omega t + \theta_1 + 90°) + 3\omega C V_3\sin(3\omega t + \theta_3 + 90°)$ 이므로,

$I = \sqrt{\dfrac{(\omega C V_1)^2 + (3\omega C V_3)^2}{2}} = \dfrac{\omega C}{\sqrt{2}}\sqrt{V_1^2 + 9V_3^2}$ [A]

**답** ③

## 기출개념 07  비정현파의 직렬회로 해석

(1) $R-L$ 직렬회로

① 기본파의 임피던스 : $Z_1 = R + j\omega L = \sqrt{R^2 + (\omega L)^2}$

② 2고조파의 임피던스 : $Z_2 = R + j2\omega L = \sqrt{R^2 + (2\omega L)^2}$

③ $n$고조파의 임피던스 : $\boxed{Z_n = R + jn\omega L = \sqrt{R^2 + (n\omega L)^2}}$

(2) $R-C$ 직렬회로

① 기본파의 임피던스 : $Z_1 = R - j\dfrac{1}{\omega C} = \sqrt{R^2 + \left(\dfrac{1}{\omega C}\right)^2}$

② 2고조파의 임피던스 : $Z_2 = R - j\dfrac{1}{2\omega C} = \sqrt{R^2 + \left(\dfrac{1}{2\omega C}\right)^2}$

③ $n$고조파의 임피던스 : $\boxed{Z_n = R - j\dfrac{1}{n\omega C} = \sqrt{R^2 + \left(\dfrac{1}{n\omega C}\right)^2}}$

(3) $R-L-C$ 직렬회로

① $n$고조파의 임피던스 : $Z_n = R + j\left(n\omega L - \dfrac{1}{n\omega C}\right) = \sqrt{R^2 + \left(n\omega L - \dfrac{1}{n\omega C}\right)^2}$

② $n$고조파의 공진 조건 : $\boxed{n\omega L = \dfrac{1}{n\omega C}}$

③ $n$고조파의 공진 주파수 : $\boxed{f_0 = \dfrac{1}{2\pi n\sqrt{LC}}\,[\text{Hz}]}$

---

### 기·출·개·념 문제

**1.** 왜형파 전압 $v = 100\sqrt{2}\sin\omega t + 75\sqrt{2}\sin3\omega t + 20\sqrt{2}\sin5\omega t\,[\text{V}]$를 $R-L$ 직렬회로에 인가할 때에 제3고조파 전류의 실효값[A]은? (단, $R=4[\Omega]$, $\omega L = 1[\Omega]$이다.)

19·10·99 기사 / 16·03·00 산업

① 75  ② 20  ③ 4  ④ 15

(해설) 제3고조파 전류 $I_3 = \dfrac{V_3}{Z_3} = \dfrac{V_3}{\sqrt{R^2 + (3\omega L)^2}} = \dfrac{75}{\sqrt{4^2 + 3^2}} = 15\,[\text{A}]$

답 ④

**2.** $R-L-C$ 직렬회로에서 제$n$고조파의 공진 주파수 $f[\text{Hz}]$는?

16 산업

① $\dfrac{1}{2\pi\sqrt{LC}}$  ② $\dfrac{1}{2\pi\sqrt{nLC}}$  ③ $\dfrac{1}{2\pi n\sqrt{LC}}$  ④ $\dfrac{1}{2\pi n^2\sqrt{LC}}$

(해설) 공진 조건 $n\omega L = \dfrac{1}{n\omega C}$, $n^2\omega^2 LC = 1$

∴ $f_n = \dfrac{1}{2\pi n\sqrt{LC}}\,[\text{Hz}]$

답 ③

# CHAPTER 09 비정현파 교류

## 단원 최근 빈출문제

**01** 주기적인 구형파 신호의 구성은? [17년 2회 산업]

① 직류 성분만으로 구성된다.
② 기본파 성분만으로 구성된다.
③ 고조파 성분만으로 구성된다.
④ 직류 성분, 기본파 성분, 무수히 많은 고조파 성분으로 구성된다.

**해설** 주기적인 구형파 신호는 각 고조파 성분의 합이므로 무수히 많은 주파수의 성분을 가진다.

**02** 반파 대칭 및 정현 대칭인 왜형파의 푸리에 급수의 전개에서 옳게 표현된 것은? (단, $f(t) = a_0 + \sum_{n=1}^{\infty} a_n \cos n\omega t + \sum_{n=1}^{\infty} b_n \sin n\omega t$이다.) [15년 2회 산업]

① $a_n$의 우수항만 존재한다.
② $a_n$의 기수항만 존재한다.
③ $b_n$의 우수항만 존재한다.
④ $b_n$의 기수항만 존재한다.

**해설** 반파 대칭 및 정현 대칭의 파형은 반파 대칭과 정현 대칭의 공통 성분인 홀수항의 sin항만 존재한다.

**03** 비정현파 $f(x)$가 반파 대칭 및 정현 대칭일 때 옳은 식은? (단, 주기는 $2\pi$이다.) [18년 1회 산업]

① $f(-x) = f(x),\ f(x+\pi) = f(x)$
② $f(-x) = f(x),\ f(x+2\pi) = f(x)$
③ $f(-x) = -f(x),\ -f(x+\pi) = f(x)$
④ $f(-x) = -f(x),\ -f(x+2\pi) = f(x)$

**해설**
- 반파 대칭 : $f(x) = -f(\pi+x)$
- 정현 대칭 : $f(x) = -f(2\pi-x),\ f(x) = -f(-x)$

---

### 기출 핵심 NOTE

**01 비정현파**
기본파 + 고조파 + 직류분
$$f(t) = a_0 + \sum_{n=1}^{\infty} a_n \cos n\omega t + \sum_{n=1}^{\infty} b_n \sin n\omega t$$

**02 반파 대칭**
- $f(t) = -f(\pi+t)$
- 홀수차의 sin, cos항 존재

**03 정현 대칭**
- $f(t) = -f(-t)$
- $f(t) = -f(2\pi-t)$
- sin항 존재

**정답** 01.④  02.④  03.③

**04** 그림과 같은 비정현파의 주기 함수에 대한 설명으로 틀린 것은? [16년 3회 산업]

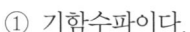

① 기함수파이다.
② 반파 대칭이다.
③ 직류 성분은 존재하지 않는다.
④ 홀수차의 정현항 계수는 0이다.

**해설** 삼각파는 반파 및 정현 대칭으로 홀수항의 sin항만 존재한다. 따라서 직류 성분과 cos항은 존재하지 않는다.

**05** 그림의 왜형파를 푸리에의 급수로 전개할 때, 옳은 것은? [18년 1회 기사]

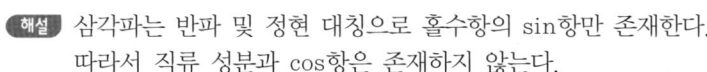

① 우수파만 포함한다.
② 기수파만 포함한다.
③ 우수파·기수파 모두 포함한다.
④ 푸리에의 급수로 전개할 수 없다.

**해설** 반파 및 정현 대칭이므로 홀수항의 정현 성분만 존재한다.

**06** 전압의 순시값이 $v = 3 + 10\sqrt{2}\sin\omega t$[V]일 때 실효값은 약 몇 [V]인가? [17년 3회 산업]

① 10.4
② 11.6
③ 12.5
④ 16.2

**해설** 비정현파의 실효값은 각 개별적인 실효값의 제곱의 합의 제곱근이므로
∴ $V = \sqrt{3^2 + 10^2} = 10.4$[V]

**07** 대칭 3상 전압이 있다. 1상의 Y결선 전압의 순시값이 다음과 같을 때, 선간전압에 대한 상전압의 비율은? [18·15년 3회 산업]

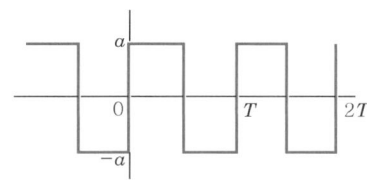

① 약 55[%]
② 약 65[%]
③ 약 70[%]
④ 약 75[%]

---

**기출 핵심 NOTE**

**04 반파 정현 대칭**
홀수차의 sin항 존재

**05** • 여현 대칭
$f(t) = f(-t)$
$f(t) = f(2\pi - t)$
$a_0$, cos항 존재(= sin항 없다)

• 반파 여현 대칭
홀수차 cos항만 존재

**06 비정현파의 실효값**
각 파의 실효값의 제곱의 합의 제곱근
$V = \sqrt{V_0^2 + V_1^2 + V_2^2 + \cdots}$
$= \sqrt{V_0^2 + \left(\dfrac{V_{m1}}{\sqrt{2}}\right)^2 + \left(\dfrac{V_{m2}}{\sqrt{2}}\right)^2 + \cdots}$

**정답** 04.④ 05.④ 06.① 07.②

# CHAPTER 09 비정현파 교류

**[해설]** 상전압의 실효값 $V_p$는
$$V_p = \sqrt{V_1^2 + V_3^2 + V_5^2} = \sqrt{1,000^2 + 500^2 + 100^2} = 1122.5$$
선간전압에는 제3고조파분이 나타나지 않으므로
$$V_l = \sqrt{3} \cdot \sqrt{V_1^2 + V_5^2} = \sqrt{3} \cdot \sqrt{1,000^2 + 100^2} = 1740.7$$
$$\therefore \frac{V_p}{V_l} = \frac{1122.5}{1740.7} = 0.645 ≒ 65[\%]$$

**08** 다음 왜형파 전류의 왜형률은 약 얼마인가? [14년 2회 기사]

$$i = 30\sin\omega t + 10\cos 3\omega t + 5\sin 5\omega t[A]$$

① 0.46  ② 0.26
③ 0.53  ④ 0.37

**[해설]**
$$왜형률 \, D = \frac{\sqrt{\left(\frac{10}{\sqrt{2}}\right)^2 + \left(\frac{5}{\sqrt{2}}\right)^2}}{\frac{30}{\sqrt{2}}} ≒ 0.37$$

**기출 핵심 NOTE**

**08 비정현파의 왜형률**
$$= \frac{전\,고조파의\,실효값}{기본파의\,실효값}$$
$$= \frac{\sqrt{V_2^2 + V_3^2 + V_4^2 + \cdots}}{V_1}$$
$$= \frac{\sqrt{I_2^2 + I_3^2 + I_4^2 + \cdots}}{I_1}$$

**09** 비정현파 전류가 $i(t) = 56\sin\omega t + 20\sin 2\omega t + 30\sin(3\omega t + 30°) + 40\sin(4\omega t + 60°)$로 표현될 때, 왜형률은 약 얼마인가? [19년 3회 기사]

① 1.0  ② 0.96
③ 0.55  ④ 0.11

**[해설]** 왜형률 $= \frac{전\,고조파의\,실효값}{기본파의\,실효값}$
$$\therefore D = \frac{\sqrt{\left(\frac{20}{\sqrt{2}}\right)^2 + \left(\frac{30}{\sqrt{2}}\right)^2 + \left(\frac{40}{\sqrt{2}}\right)^2}}{\frac{56}{\sqrt{2}}} = 0.96$$

**10** 기본파의 60[%]인 제3고조파와 80[%]인 제5고조파를 포함하는 전압의 왜형률은? [19년 2회 산업]

① 0.3  ② 1
③ 5  ④ 10

**[해설]** 왜형률 $D = \frac{전\,고조파의\,실효값}{기본파의\,실효값} = \frac{\sqrt{60^2 + 80^2}}{100} = 1$

**정답** 08. ④  09. ②  10. ②

**11** 어떤 회로의 단자 전압이 $V=100\sin\omega t + 40\sin 2\omega t + 30\sin(3\omega t + 60°)$[V]이고 전압 강하의 방향으로 흐르는 전류가 $I=10\sin(\omega t - 60°) + 2\sin(3\omega t + 105°)$ [A]일 때 회로에 공급되는 평균 전력[W]은? [18년 2회 산업]

① 271.2
② 371.2
③ 530.2
④ 630.2

**해설** $P = V_1 I_1 \cos\theta_1 + V_3 I_3 \cos\theta_3$
$= \dfrac{100}{\sqrt{2}} \times \dfrac{10}{\sqrt{2}} \cos 60° + \dfrac{30}{\sqrt{2}} \times \dfrac{2}{\sqrt{2}} \cos 45° = 271.2$[W]

**12** $R-C$ 회로에 비정현파 전압을 가하여 흐른 전류가 다음과 같을 때 이 회로의 역률은 약 몇 [%]인가? [17년 2회 산업]

$v = 20 + 220\sqrt{2}\sin 120\pi t + 40\sqrt{2}\sin 360\pi t$[V]
$i = 2.2\sqrt{2}\sin(120\pi t + 36.87°)$
    $+ 0.49\sqrt{2}\sin(360\pi t + 14.04°)$[A]

① 75.8
② 80.4
③ 86.3
④ 89.7

**해설** 역률 $\cos\theta = \dfrac{P}{P_a} \times 100$[%]
$P = V_1 I_1 \cos\theta_1 + V_3 I_3 \cos\theta_3$
$= 220 \times 2.2 \cos 36.87° + 40 \times 0.49 \cos 14.04°$
$\fallingdotseq 406.21$[W]
$P_a = VI = \sqrt{20^2 + 220^2 + 40^2} \times \sqrt{2.2^2 + 0.49^2} \fallingdotseq 505.13$
∴ $\cos\theta = \dfrac{P}{P_a} \times 100 = \dfrac{406.21}{505.13} \times 100 \fallingdotseq 80.4$[%]

**13** $R=1$[kΩ], $C=1[\mu F]$이 직렬접속된 회로에 스텝(구형파) 전압 10[V]를 인가하는 순간에 커패시터 $C$에 걸리는 최대 전압[V]은? [19년 1회 산업]

① 0
② 3.72
③ 6.32
④ 10

**해설** $V_C = X_C \cdot I = \dfrac{1}{\omega C} \cdot I$

스텝(구형파) 전압은 주파수가 매우 높아 각주파수가 무한대에 가깝다. 따라서, 용량 리액턴스 $\dfrac{1}{X_C} = \dfrac{1}{\omega C} = 0$[Ω]이다.

∴ $V_C = 0$[V]

---

### 기출 핵심 NOTE

**11 비정현파의 전력**
$P = V_0 I_0 + \sum_{n=1}^{\infty} V_n I_n \cos\theta_n$ [W]
$= I_0^2 R + I_1^2 R + I_2^2 R + \cdots$ [W]
같은 고조파의 전력을 계산하여 모두 합산한다.

**12.** 역률 $\cos\theta = \dfrac{P}{P_a}$

- $P = V_0 I_0 + \sum_{n=1}^{\infty} V_n I_n \cos\theta_n$
  같은 고조파의 전력을 계산하여 모두 합산한다.
- $P_a = VI$
  $= \sqrt{V_0^2 + V_1^2 + V_2^2 \cdots}$
  $\times \sqrt{I_0^2 + I_1^2 + I_2^2 \cdots}$
  전압의 실효값과 전류의 실효값의 곱으로 계산한다.

**13 구형파**
무수히 많은 주파수의 성분의 합성이다.

정답 11. ① 12. ② 13. ①

## CHAPTER 09 비정현파 교류

**14** $e(t) = 100\sqrt{2}\sin\omega t + 150\sqrt{2}\sin 3\omega t + 260\sqrt{2}\sin 5\omega t$[V]인 전압을 $R-L$ 직렬회로에 가할 때에 제5고조파 전류의 실효값은 약 몇 [A]인가? (단, $R=12$[Ω], $\omega L = 1$[Ω]이다.) [17년 2회 기사]

① 10　　　② 15
③ 20　　　④ 25

**해설** $I_5 = \dfrac{V_5}{Z_5} = \dfrac{V_5}{\sqrt{R^2+(5\omega L)^2}} = \dfrac{260}{\sqrt{12^2+5^2}} = 20$[A]

**15** $R-L-C$ 직렬 공진회로에서 제3고조파의 공진 주파수 $f$[Hz]는? [14년 1회 기사]

① $\dfrac{1}{2\pi\sqrt{LC}}$　　② $\dfrac{1}{3\pi\sqrt{LC}}$
③ $\dfrac{1}{6\pi\sqrt{LC}}$　　④ $\dfrac{1}{9\pi\sqrt{LC}}$

**해설** $n$고조파의 공진 조건 $n\omega L = \dfrac{1}{n\omega C}$, $n^2\omega^2 LC = 1$

공진 주파수 $f = \dfrac{1}{2\pi n\sqrt{LC}}$[Hz]

$\therefore f = \dfrac{1}{2\pi 3\sqrt{LC}} = \dfrac{1}{6\pi\sqrt{LC}}$

---

### 기출 핵심 NOTE

**14**
- $R-L$ 직렬 $n$고조파 임피던스
$Z_n = R + jn\omega L$[Ω]
- $R-C$ 직렬 $n$고조파 임피던스
$Z_n = R - j\dfrac{1}{n\omega C}$[Ω]

**15** $n$고조파 직렬 공진
- 공진 조건
$n\omega L = \dfrac{1}{n\omega C}$
- 공진 각주파수
$\omega_0 = \dfrac{1}{n\sqrt{LC}}$[rad/s]
- 공진 주파수
$f_0 = \dfrac{1}{2\pi n\sqrt{LC}}$[Hz]

정답 14. ③　15. ③

# CHAPTER 10

## 2단자망

- **01** 구동점 임피던스($Z(s)$)
- **02** 영점과 극점
- **03** 2단자 회로망 구성법
- **04** 정저항 회로와 역회로

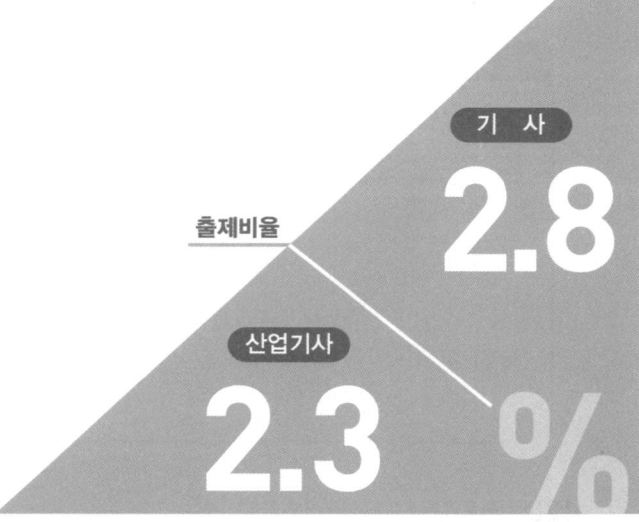

출제비율
기 사 **2.8%**
산업기사 **2.3%**

CHAPTER 10 2단자망

## 기출개념 01  구동점 임피던스($Z(s)$)

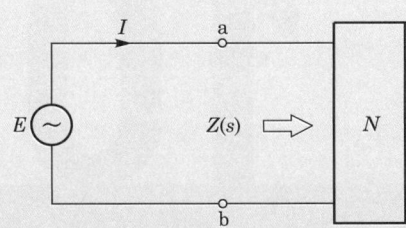

2단자망에 전원을 인가하여 구동 시 회로망 쪽을 바라본 임피던스로 보통 $j\omega$를 $s$로 또는 $\lambda$로 **치환**하면 다음과 같이 표시한다.

- $R \cdot L \cdot C$에 대한 구동점 임피던스 표시

$$R = R,\ X_L = j\omega L = sL,\ X_C = \frac{1}{j\omega C} = \frac{1}{sC}$$

**(1) 직렬회로의 구동점 임피던스**

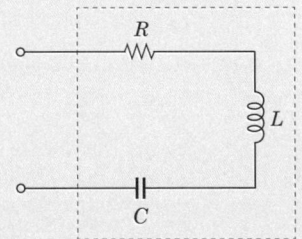

$$Z(s) = R + Ls + \frac{1}{Cs}\ [\Omega]$$

**(2) 병렬회로의 구동점 임피던스**

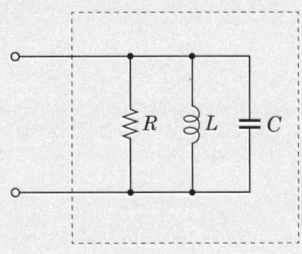

$$Z(s) = \frac{1}{Y(s)} = \frac{1}{\frac{1}{R} + \frac{1}{Ls} + Cs}\ [\Omega]$$

### 기·출·개·념 문제

그림과 같은 회로의 구동점 임피던스 $Z_{ab}[\Omega]$는?     17·99·91 기사

① $\dfrac{2(2s+1)}{2s^2+s+2}$    ② $\dfrac{2s+1}{2s^2+s+2}$

③ $\dfrac{2(2s-1)}{2s^2+s+2}$    ④ $\dfrac{2s^2+s+2}{2(2s+1)}$

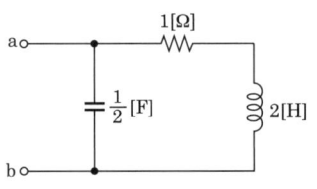

[해설] $Z(s) = \dfrac{\dfrac{2}{s}(1+2s)}{\dfrac{2}{s}+(1+2s)} = \dfrac{2(2s+1)}{2s^2+s+2}\ [\Omega]$

답 ①

128  회로이론

## 기출개념 02 영점과 극점

**(1) 영점**
  $Z(s)$가 0이 되기 위한 $s$의 값
  - $Z(s)$가 0이 되려면 $Z(s)$의 분자가 0이 되어야 한다.
  - 영점은 회로 단락상태가 된다.

**(2) 극점**
  $Z(s)$가 $\infty$가 되기 위한 $s$의 값
  - $Z(s)$가 $\infty$가 되려면 $Z(s)$의 분모가 0이 되어야 한다.
  - 극점은 회로 개방상태가 된다.

---

### 기·출·개·념 문제

**1.** 구동점 임피던스에 있어서 영점(zero)은?  　　　　04·88 기사 / 08·97 산업
  ① 전류가 흐르지 않는 경우이다.
  ② 회로를 개방한 것과 같다.
  ③ 회로를 단락한 것과 같다.
  ④ 전압이 가장 큰 상태이다.

  (해설) $Z(s) = 0$이 되는 $s$의 근으로 회로 단락상태를 의미한다.　　　답 ③

**2.** 2단자 임피던스 함수 $Z(s)$가 $Z(s) = \dfrac{s+3}{(s+4)(s+5)}$ 일 때의 영점은?　06·03 기사
  ① 4, 5    ② $-4, -5$
  ③ 3       ④ $-3$

  (해설) 영점은 $Z(s)$의 분자=0의 근 $s+3=0$, $s=-3$　　　답 ④

**3.** 2단자 임피던스 함수 $Z(s)$가 $Z(s) = \dfrac{(s+2)(s+3)}{(s+4)(s+5)}$ 일 때 극점은?　92 기사 / 18·13 산업
  ① $-2, -3$       ② $-3, -4$
  ③ $-1, -2, -3$   ④ $-4, -5$

  (해설) $(s+4)(s+5) = 0$
  $\therefore s = -4, -5$　　　답 ④

# CHAPTER 10 2단자망

## 기출개념 03 2단자 회로망 구성법

$Z(s)$의 함수를 줄 때 회로망으로 그리기 위해서는 다음과 같은 방법을 사용한다.
① 모든 분수의 분자를 1로 한다.
② 분수 밖의 +는 직렬, 분수 속의 +는 병렬을 의미한다.
③ 분수 밖에 존재하는 복소 함수 $s$의 계수는 $L$의 값이고, $\dfrac{1}{s}$의 계수는 $C$의 값이다.
④ 분수 속에 존재하는 복소 함수 $s$의 계수는 $C$의 값이고, $\dfrac{1}{s}$의 계수는 $L$의 값이다.

### 기·출·개념 접근

2단자 회로망 구성 시 임피던스 $Z(s)$의 $s$는 인덕턴스 $L$을 의미하고 $\dfrac{1}{s}$은 $C$를 의미하며, $L$의 크기는 $s$의 계수가 되고 $C$의 크기는 $\dfrac{1}{s}$의 $s$의 계수가 된다. 반대로 어드미턴스 $Y(s)$의 경우에는 $s$는 $C$를 의미하고 $\dfrac{1}{s}$은 $L$를 의미하며 $C$의 크기는 $s$의 계수, $L$의 크기는 $\dfrac{1}{s}$의 $s$의 계수가 된다.

### 기·출·개념 문제

**1.** 임피던스 $Z(s) = \dfrac{8s+7}{s}$로 표시되는 2단자 회로는?    05·02 산업

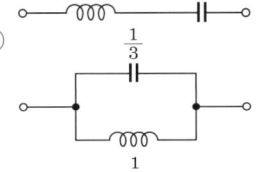

[해설] $Z(s) = \dfrac{8s+7}{s} = 8 + \dfrac{7}{s} = 8 + \dfrac{1}{\dfrac{1}{7}s}$ [Ω]

∴ $R = 8$[Ω], $C = \dfrac{1}{7}$[F]인 $R-C$ 직렬회로

답 ④

**2.** 리액턴스 함수가 $Z(\lambda) = \dfrac{3\lambda}{\lambda^2 + 15}$로 표시되는 리액턴스 2단자망은?    00·97 기사 / 15·12·97·93·91 산업

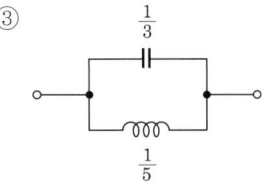

[해설] $Z(\lambda) = \dfrac{3\lambda}{\lambda^2 + 15} = \dfrac{1}{\dfrac{\lambda^2+15}{3\lambda}} = \dfrac{1}{\dfrac{1}{3}\lambda + \dfrac{1}{\dfrac{1}{5}\lambda}}$

답 ③

# 기출개념 04 정저항 회로와 역회로

## (1) 정저항 회로
구동점 임피던스의 허수부가 어떠한 주파수에서도 0이고 실수부도 주파수에 관계없이 일정하게 되는 회로이다.

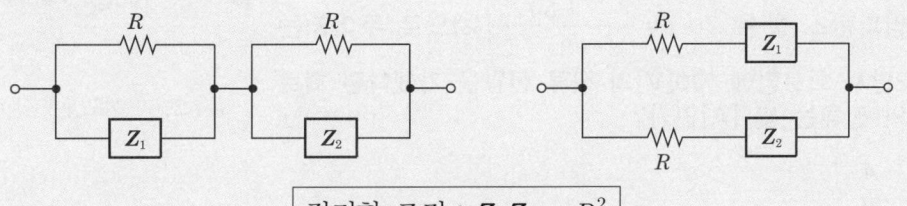

정저항 조건 : $Z_1 Z_2 = R^2$

## (2) 역회로
구동점 임피던스가 $Z_1 \cdot Z_2$일 때 $Z_1 \cdot Z_2$가 쌍대관계에 있으면서 $Z_1 \cdot Z_2 = K^2$이 되는 관계에 있을 때 $Z_1 \cdot Z_2$는 $K$에 대하여 역회로라고 한다.

**쌍대관계**

| 직 렬 | 병 렬 |
|---|---|
| 저항($R$) | 컨덕턴스($G$) |
| 임피던스($Z$) | 어드미턴스($Y$) |
| 인덕턴스($L$) | 커패시턴스($C$) |

---

### 기·출·개·념 문제

**1.** 그림과 같은 회로에서 $L=4$[mH], $C=0.1[\mu F]$일 때 이 회로가 정저항 회로가 되려면 $R[\Omega]$의 값은 얼마이어야 하는가?    10 기사 / 09·04·99 산업

① 100    ② 400
③ 300    ④ 200

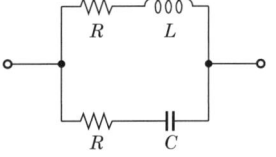

(해설) 정저항 조건 $Z_1 \cdot Z_2 = R^2$에서 $R^2 = \dfrac{L}{C}$

$\therefore R = \sqrt{\dfrac{L}{C}} = \sqrt{\dfrac{4 \times 10^{-3}}{0.1 \times 10^{-6}}} = 200[\Omega]$    **답** ④

**2.** 그림과 같은 (a), (b) 회로가 역회로의 관계가 있으려면 $L$의 값[mH]은?    99 산업

① 0.4    ② 0.8
③ 1.2    ④ 1.6

(a)        (b)

(해설) $L_2 = K^2 C_2 = \dfrac{L_1}{C_1} C_2$

$= \dfrac{3 \times 10^{-3}}{1.5 \times 10^{-6}} \times 0.8 \times 10^{-6} = 1.6[\text{mH}]$    **답** ④

# CHAPTER 10
## 2단자망

**이런 문제가 시험에 나온다!**
## 단원 최근 빈출문제

**기출 핵심 NOTE**

**01** 임피던스 함수 $Z(s) = \dfrac{s+50}{s^2+3s+2}$ [Ω]으로 주어지는 2단자 회로망에 100[V]의 직류 전압을 가했다면 회로의 전류는 몇 [A]인가?  [17년 1회 산업]

① 4　　② 6
③ 8　　④ 10

**해설** $I = \dfrac{V}{Z}\Big|_{s=0} = \dfrac{100}{25} = 4[\text{A}]$

**01** 2단자 회로망에 직류 인가 시 직류는 주파수 $f=0$이므로 $s=j\omega = j2\pi f = 0$이다.

**02** 구동점 임피던스 함수에 있어서 극점(pole)은?  [16·14년 3회 기사]

① 개방회로 상태를 의미한다.
② 단락회로 상태를 의미한다.
③ 아무 상태도 아니다.
④ 전류가 많이 흐르는 상태를 의미한다.

**해설** 극점은 $Z(s) = \infty$가 되는 $s$의 근으로 회로 개방상태를 의미한다.

**02** ㉠ 영점
- $Z(s) = 0$이 되는 $s$의 근
- $Z(s)$의 분자$=0$
- 회로 단락상태

㉡ 극점
- $Z(s) = \infty$가 되는 $s$의 근
- $Z(s)$의 분모$=0$
- 회로 개방상태

**03** $Z(s) = \dfrac{2s+3}{s}$으로 표시되는 2단자 회로망은?  [19년 2회 산업]

① 2[Ω]  $\dfrac{1}{3}$[F] (직렬)
② 2[H]  3[Ω] (직렬)
③ 2[Ω]  3[H] (직렬)
④ 3[F]  2[Ω] (직렬)

**해설** $Z(s) = \dfrac{2s+3}{s} = 2 + \dfrac{3}{s} = 2 + \dfrac{1}{\frac{1}{3}s}$

**03** 임피던스 $Z(s)$의 정수는 저항 $R$이고 +는 직렬이고, $\dfrac{1}{s}$은 $C$이며 $C$의 크기는 $s$의 계수가 된다.

**정답** 01. ①　02. ①　03. ①

**04** 인덕턴스 $L[H]$ 및 커패시턴스 $C[F]$를 직렬로 연결한 임피던스가 있다. 정저항 회로를 만들기 위하여 그림과 같이 $L$ 및 $C$의 각각에 서로 같은 저항 $R[\Omega]$을 병렬로 연결할 때, $R[\Omega]$은 얼마인가? (단, $L=4[\text{mH}]$, $C=0.1[\mu\text{F}]$이다.)

[16년 2회 산업]

① 100
② 200
③ $2\times 10^{-5}$
④ $0.5\times 10^{-2}$

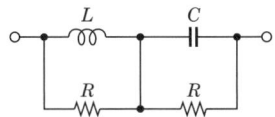

**기출 핵심 NOTE**

**04 정저항 조건**
$Z_1 \cdot Z_2 = R^2$

$Z_1 = Ls$, $Z_2 = \dfrac{1}{Cs}$ 인 경우

$Ls \cdot \dfrac{1}{sC} = R^2$

$R^2 = \dfrac{L}{C}$

$R = \sqrt{\dfrac{L}{C}}$

[해설] 정저항 조건 $Z_1 \cdot Z_2 = R^2$에서 $R^2 = \dfrac{L}{C}$

$\therefore R = \sqrt{\dfrac{L}{C}} = \sqrt{\dfrac{4\times 10^{-3}}{0.1\times 10^{-6}}} = 200[\Omega]$

**05** 그림과 같은 회로에서 스위치 S를 닫았을 때, 과도분을 포함하지 않기 위한 $R[\Omega]$은?

[17년 2회 기사]

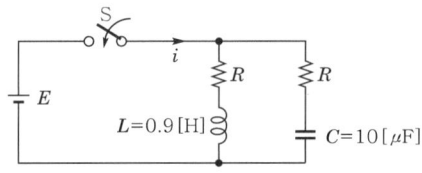

① 100
② 200
③ 300
④ 400

**05** $R$만의 회로가 되면 즉 정저항 회로가 되면 스위치 S를 닫을 때 과도분이 나타나지 않는 정상 전류만 흐르게 된다.

[해설] $R = \sqrt{\dfrac{L}{C}} = \sqrt{\dfrac{0.9}{10\times 10^{-6}}} = 300[\Omega]$

**06** 그림 (a)와 그림 (b)가 역회로 관계에 있으려면 $L$의 값은 몇 [mH]인가?

[18년 2회 기사]

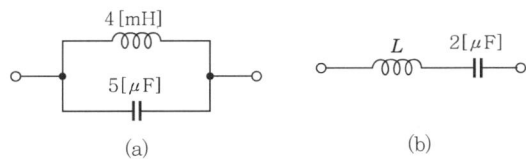

(a)    (b)

① 1
② 2
③ 5
④ 10

**06 역회로**
$Z_1 Z_2$가 쌍대관계에 있으면서 $Z_1 Z_2 = K^2$이 되는 관계의 회로

[해설] 역회로 조건 $Z_1 Z_2 = K^2$

$L = K^2 C = \dfrac{L_1}{C_1} C = \dfrac{4\times 10^{-3}}{2\times 10^{-6}} \times 5\times 10^{-6} = 10[\text{mH}]$

정답 04. ② 05. ③ 06. ④

"인생에서 최고의 행복은
우리가 사랑받고 있음을 확신하는 것이다."

- 빅토르 위고 -

# CHAPTER 11

# 4단자망

- **01** 임피던스 파라미터(parameter)
- **02** 어드미턴스 파라미터(parameter)
- **03** 하이브리드 $H$ 파라미터(hybrid $H$ parameter)
- **04** $ABCD$ 파라미터(4단자 정수, $F$ 파라미터)
- **05** 각종 회로의 4단자 정수
- **06** 이상 변압기의 4단자 정수
- **07** 영상 파라미터(parameter)
- **08** 반복 파라미터(parameter)

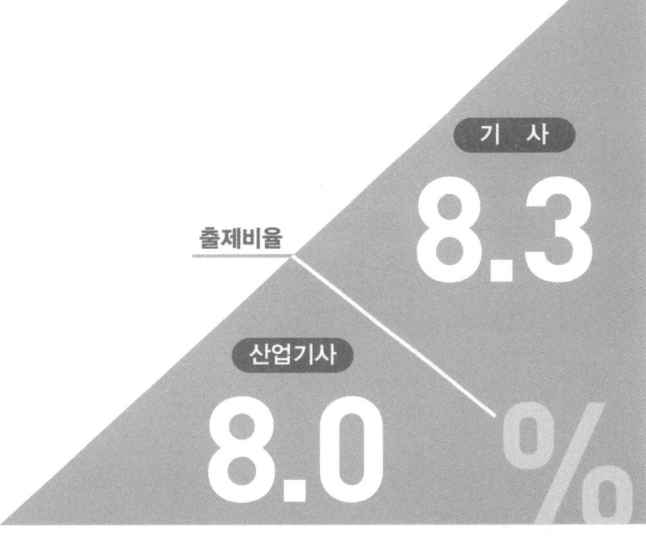

출제비율
기 사 8.3%
산업기사 8.0%

## CHAPTER 11 4단자망

### 기출개념 01 임피던스 파라미터(parameter)

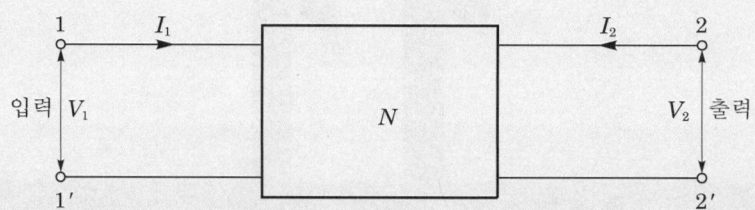

4단자망은 $V_1$, $I_1$, $V_2$, $I_2$ 4개의 변수를 사용하며 4개의 변수를 조합하는 방법에 따른 전압, 전류의 관계를 나타내는 4개의 매개 요소를 파라미터(parameter)라 한다.

$$\begin{bmatrix} V_1 \\ V_2 \end{bmatrix} = \begin{bmatrix} Z_{11} & Z_{12} \\ Z_{21} & Z_{22} \end{bmatrix} \begin{bmatrix} I_1 \\ I_2 \end{bmatrix}$$

$$V_1 = Z_{11}I_1 + Z_{12}I_2$$
$$V_2 = Z_{21}I_1 + Z_{22}I_2$$

* 임피던스 parameter를 구하는 방법

$Z_{11} = \dfrac{V_1}{I_1}\bigg|_{I_2=0}$ : 출력 단자를 개방하고 입력측에서 본 개방 구동점 임피던스

$Z_{22} = \dfrac{V_2}{I_2}\bigg|_{I_1=0}$ : 입력 단자를 개방하고 출력측에서 본 개방 구동점 임피던스

$Z_{12} = \dfrac{V_1}{I_2}\bigg|_{I_1=0}$ : 입력 단자를 개방했을 때의 개방 전달 임피던스

$Z_{21} = \dfrac{V_2}{I_1}\bigg|_{I_2=0}$ : 출력 단자를 개방했을 때의 개방 전달 임피던스

---

**기·출·개·념 문제**

그림과 같은 T회로의 임피던스 정수는 각각 몇 [Ω]인가?                    11·83 산업

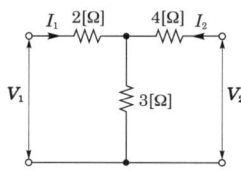

① $Z_{11}=5$, $Z_{21}=3$, $Z_{22}=7$, $Z_{12}=3$
② $Z_{11}=7$, $Z_{21}=5$, $Z_{22}=3$, $Z_{12}=5$
③ $Z_{11}=3$, $Z_{21}=7$, $Z_{22}=3$, $Z_{12}=5$
④ $Z_{11}=5$, $Z_{21}=7$, $Z_{22}=3$, $Z_{12}=7$

[해설] $Z_{11} = 2+3 = 5$[Ω], $Z_{22} = 3+4 = 7$[Ω], $Z_{12} = 3$[Ω], $Z_{21} = 3$[Ω]

답 ①

## 기출개념 02 어드미턴스 파라미터(parameter)

$$\begin{bmatrix} I_1 \\ I_2 \end{bmatrix} = \begin{bmatrix} Y_{11} & Y_{12} \\ Y_{21} & Y_{22} \end{bmatrix} \begin{bmatrix} V_1 \\ V_2 \end{bmatrix}$$

$$I_1 = Y_{11}V_1 + Y_{12}V_2$$
$$I_2 = Y_{21}V_1 + Y_{22}V_2$$

* 어드미턴스 parameter를 구하는 방법

$Y_{11} = \dfrac{I_1}{V_1}\bigg|_{V_2=0}$ : 출력 단자를 단락하고 입력측에서 본 단락 구동점 어드미턴스

$Y_{22} = \dfrac{I_2}{V_2}\bigg|_{V_1=0}$ : 입력 단자를 단락하고 출력측에서 본 단락 구동점 어드미턴스

$Y_{12} = \dfrac{I_1}{V_2}\bigg|_{V_1=0}$ : 입력 단자를 단락했을 때의 단락 전달 어드미턴스

$Y_{21} = \dfrac{I_2}{V_1}\bigg|_{V_2=0}$ : 출력 단자를 단락했을 때의 단락 전달 어드미턴스

### 기·출·개·념 문제

**1.** 어떤 2단자 쌍회로망의 $Y$-파라미터가 그림과 같다. a-a′ 단자 간에 $V_1=36$[V], b-b′ 단자 간에 $V_2=24$[V]의 정전압원을 연결하였을 때 $I_1$, $I_2$의 값은 각각 몇 [A]인가? (단, $Y$-파라미터는 [℧]단위임.)   15·88 기사

① $I_1=4$, $I_2=5$
② $I_1=5$, $I_2=4$
③ $I_1=1$, $I_2=4$
④ $I_1=4$, $I_2=1$

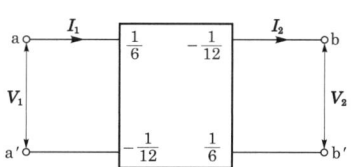

해설) $\begin{bmatrix} I_1 \\ I_2 \end{bmatrix} = \begin{bmatrix} Y_{11} & Y_{12} \\ Y_{21} & Y_{22} \end{bmatrix}\begin{bmatrix} V_1 \\ V_2 \end{bmatrix} = \begin{bmatrix} \frac{1}{6} & -\frac{1}{12} \\ -\frac{1}{12} & \frac{1}{6} \end{bmatrix}\begin{bmatrix} 36 \\ 24 \end{bmatrix} = \begin{bmatrix} 4 \\ 1 \end{bmatrix}$

답 ④

**2.** 그림과 같은 π형 4단자 회로의 어드미턴스 상수 중 $Y_{22}$[℧]는?   18·08·04·97·91 산업

① 5
② 6
③ 9
④ 11

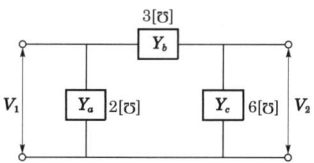

해설) $Y_{22} = Y_b + Y_c = 3 + 6 = 9$[℧]

답 ③

# CHAPTER 11  4단자망

## 기출개념 03   하이브리드 $H$ 파라미터(hybrid $H$ parameter)

$$\begin{bmatrix} V_1 \\ I_2 \end{bmatrix} = \begin{bmatrix} H_{11} & H_{12} \\ H_{21} & H_{22} \end{bmatrix} \begin{bmatrix} I_1 \\ V_2 \end{bmatrix}$$

$$V_1 = H_{11}I_1 + H_{12}V_2$$
$$I_2 = H_{21}I_1 + H_{22}V_2$$

\* 하이브리드 $H$ parameter를 구하는 방법

$H_{11} = \dfrac{V_1}{I_1}\bigg|_{V_2=0}$ : 출력 단자를 단락하고 입력측에서 본 단락 구동점 임피던스

$H_{22} = \dfrac{I_2}{V_2}\bigg|_{I_1=0}$ : 입력 단자를 개방하고 출력측에서 본 개방 구동점 어드미턴스

$H_{12} = \dfrac{V_1}{V_2}\bigg|_{I_1=0}$ : 입력 단자를 개방하고 개방 역방향 전압비

$H_{21} = \dfrac{I_2}{I_1}\bigg|_{V_2=0}$ : 출력 단자를 단락하고 단락 순방향 전류비

---

### 기·출·개·념  문제

**1.** 그림과 같은 4단자 회로망에서 하이브리드 파라미터 $H_{11}$은?   [80 기사]

① $\dfrac{Z_1 Z_2}{Z_1 + Z_2}$   ② $\dfrac{Z_1}{Z_1 + Z_2}$

③ $\dfrac{Z_3}{Z_1 + Z_3}$   ④ $\dfrac{2Z_1}{Z_1 + Z_2}$

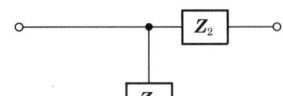

[해설] $H_{11} = \dfrac{V_1}{I_1}\bigg|_{V_2=0}$

출력 단자를 단락하고 입력측에서 본 단락 구동점 임피던스가 되므로

∴ $H_{11} = \dfrac{Z_1 Z_2}{Z_1 + Z_2}$

답 ①

**2.** 그림과 같은 4단자 회로망에서 하이브리드 파라미터 $H_{11}$은?   [18 기사]

① $\dfrac{Z_1}{Z_1 + Z_3}$   ② $\dfrac{Z_1}{Z_1 + Z_2}$

③ $\dfrac{Z_1 Z_3}{Z_1 + Z_3}$   ④ $\dfrac{Z_1 Z_2}{Z_1 + Z_2}$

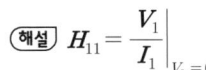

[해설] $H_{11} = \dfrac{V_1}{I_1}\bigg|_{V_2=0}$

출력 단자를 단락하고 입력측에서 본 단락 구동점 임피던스가 되므로

∴ $H_{11} = \dfrac{Z_1 Z_3}{Z_1 + Z_3}$

답 ③

## 기출개념 04 · *ABCD* 파라미터 (4단자 정수, *F* 파라미터)

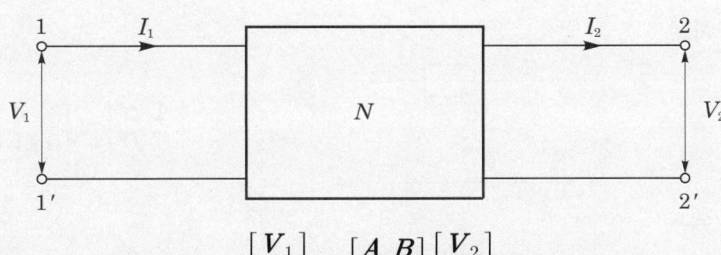

$$\begin{bmatrix} V_1 \\ I_1 \end{bmatrix} = \begin{bmatrix} A & B \\ C & D \end{bmatrix} \begin{bmatrix} V_2 \\ I_2 \end{bmatrix}$$

- 4단자 기초방정식
$$V_1 = AV_2 + BI_2$$
$$I_1 = CV_2 + DI_2$$

**(1) 4단자 정수를 구하는 방법(물리적 의미)**

$A = \dfrac{V_1}{V_2}\bigg|_{I_2=0}$ : 출력 단자를 개방했을 때의 **전압 이득**

$B = \dfrac{V_1}{I_2}\bigg|_{V_2=0}$ : 출력 단자를 단락했을 때의 **전달 임피던스**

$C = \dfrac{I_1}{V_2}\bigg|_{I_2=0}$ : 출력 단자를 개방했을 때의 **전달 어드미턴스**

$D = \dfrac{I_1}{I_2}\bigg|_{V_2=0}$ : 출력 단자를 단락했을 때의 **전류 이득**

**(2) 4단자 정수의 성질** : $\begin{vmatrix} A & B \\ C & D \end{vmatrix} = AD - BC = 1$

---

### 기·출·개·념 문제

**1.** 4단자 정수 $A$, $B$, $C$, $D$ 중에서 어드미턴스의 차원을 가진 정수는 어느 것인가?

16·10·09·97 기사 / 10·07·97·95·90 산업

① $A$     ② $B$     ③ $C$     ④ $D$

(해설) $A$ : 전압 이득, $B$ : 전달 임피던스, $C$ : 전달 어드미턴스, $D$ : 전류 이득    **답 ③**

**2.** 어떤 회로망의 4단자 정수가 $A=8$, $B=j2$, $D=3+j2$이면 이 회로망의 $C$는 얼마인가?

10 기사 / 17·10·03·96·88 산업

① $24+j14$     ② $3-j4$     ③ $8-j11.5$     ④ $4+j6$

(해설) $C = \dfrac{AD-1}{B} = \dfrac{8(3+j2)-1}{j2} = 8-j11.5$    **답 ③**

# CHAPTER 11 4단자망

## 기출개념 05 각종 회로의 4단자 정수

**(1) $Z$만의 회로**

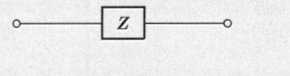

$$\begin{bmatrix} A & B \\ C & D \end{bmatrix} = \begin{bmatrix} 1 & Z \\ 0 & 1 \end{bmatrix}$$

**(2) $Y$만의 회로**

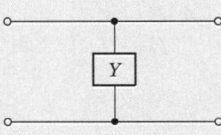

$$\begin{bmatrix} A & B \\ C & D \end{bmatrix} = \begin{bmatrix} 1 & 0 \\ Y & 1 \end{bmatrix}$$

**(3) T형 회로**

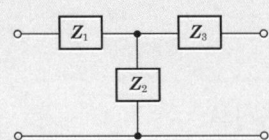

$$\begin{bmatrix} A & B \\ C & D \end{bmatrix} = \begin{bmatrix} 1+\dfrac{Z_1}{Z_2} & \dfrac{Z_1Z_2+Z_2Z_3+Z_3Z_1}{Z_2} \\ \dfrac{1}{Z_2} & 1+\dfrac{Z_3}{Z_2} \end{bmatrix}$$

**(4) $\pi$형 회로**

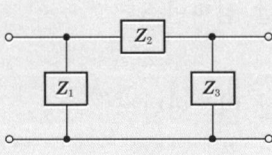

$$\begin{bmatrix} A & B \\ C & D \end{bmatrix} = \begin{bmatrix} 1+\dfrac{Z_2}{Z_3} & Z_2 \\ \dfrac{Z_1+Z_2+Z_3}{Z_1Z_3} & 1+\dfrac{Z_2}{Z_1} \end{bmatrix}$$

### 기·출·개·념 문제

**1.** 그림과 같은 회로에서 4단자 정수 중 옳지 않은 것은?  [98·91 산업]

① $A = 2$   ② $B = 12$
③ $C = \dfrac{1}{2}$   ④ $D = 2$

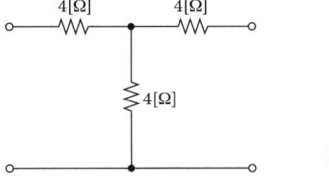

[해설] $\begin{bmatrix} A & B \\ C & D \end{bmatrix} = \begin{bmatrix} 1 & 4 \\ 0 & 1 \end{bmatrix} \begin{bmatrix} 1 & 0 \\ \frac{1}{4} & 1 \end{bmatrix} \begin{bmatrix} 1 & 4 \\ 0 & 1 \end{bmatrix} = \begin{bmatrix} 2 & 12 \\ \frac{1}{4} & 2 \end{bmatrix}$

답 ③

**2.** 그림과 같은 4단자 회로의 4단자 정수 중 $D$의 값은?  [08·05·87 기사 / 12·00·93·87 산업]

① $1 - \omega^2 LC$   ② $j\omega L(2 - \omega^2 LC)$
③ $j\omega C$   ④ $j\omega L$

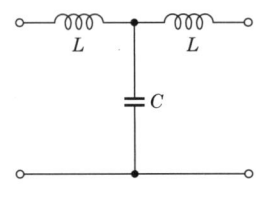

[해설] $\begin{bmatrix} A & B \\ C & D \end{bmatrix} = \begin{bmatrix} 1 & j\omega L \\ 0 & 1 \end{bmatrix} \begin{bmatrix} 1 & 0 \\ j\omega C & 1 \end{bmatrix} \begin{bmatrix} 1 & j\omega L \\ 0 & 1 \end{bmatrix}$
$= \begin{bmatrix} 1-\omega^2 LC & j\omega L(2-\omega^2 LC) \\ j\omega C & 1-\omega^2 LC \end{bmatrix}$

답 ①

## 기출개념 06 이상 변압기의 4단자 정수

**(1) 권수비**

$$a = \frac{n_1}{n_2} = \frac{V_1}{V_2} = \frac{I_2}{I_1}$$ 에서

$$V_1 = aV_2, \quad I_1 = \frac{1}{a}I_2$$

권수비를 4단자 방정식의 형태로 정리하면

$$V_1 = aV_2 + 0I_2$$

$$I_1 = 0V_2 + \frac{1}{a}I_2$$

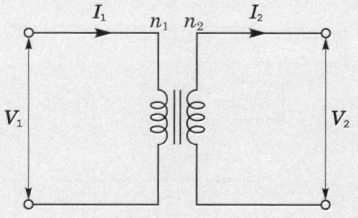

**(2) 이상 변압기의 4단자 정수**

$$\begin{bmatrix} A & B \\ C & D \end{bmatrix} = \begin{bmatrix} a & 0 \\ 0 & \frac{1}{a} \end{bmatrix}$$

### 기·출·개념 접근

**이상 자이레이터(gyrator)의 4단자 정수**

$$a = \frac{V_1}{I_2} = \frac{V_2}{I_1}$$ 에서 $V_1 = aI_2, \quad I_1 = \frac{1}{a}V_2$

4단자 방정식의 형태로 정리하면

$$V_1 = 0V_2 + aI_2$$

$$I_1 = \frac{1}{a}V_2 + 0I_2$$

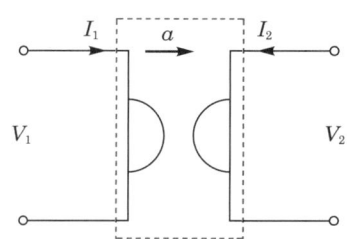

이상 자이레이터의 4단자 정수

$$\begin{bmatrix} A & B \\ C & D \end{bmatrix} = \begin{bmatrix} 0 & a \\ \frac{1}{a} & 0 \end{bmatrix}$$

### 기·출·개념 문제

그림과 같이 10[Ω]의 저항에 감은 비가 10 : 1의 결합회로를 연결했을 때 4단자 정수 $A$, $B$, $C$, $D$는?

18·95 기사 / 11·96 산업

① $A=10$, $B=1$, $C=0$, $D=\frac{1}{10}$
② $A=1$, $B=10$, $C=0$, $D=10$
③ $A=10$, $B=1$, $C=0$, $D=10$
④ $A=10$, $B=0$, $C=0$, $D=\frac{1}{10}$

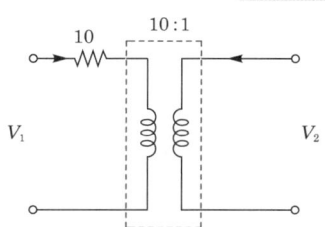

**[해설]** $\begin{bmatrix} A & B \\ C & D \end{bmatrix} = \begin{bmatrix} 1 & 10 \\ 0 & 1 \end{bmatrix} \begin{bmatrix} 10 & 0 \\ 0 & \frac{1}{10} \end{bmatrix} = \begin{bmatrix} 10 & 1 \\ 0 & \frac{1}{10} \end{bmatrix}$

**답** ①

# CHAPTER 11 4단자망

## 기출개념 07 영상 파라미터(parameter)

**(1) 영상 임피던스**

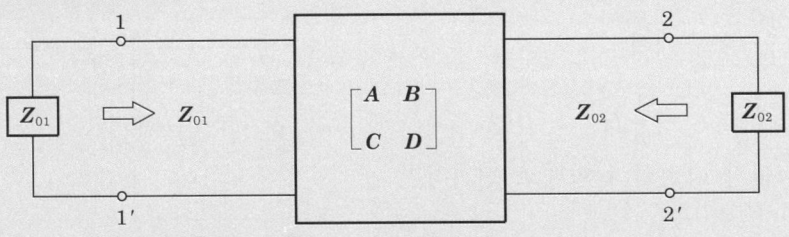

$$Z_{01} = \frac{V_1}{I_1} = \frac{AV_2 + BI_2}{CV_2 + DI_2} = \frac{AZ_{02} + B}{CZ_{02} + D} \quad \cdots\cdots\cdots ①$$

$$Z_{02} = \frac{V_2}{I_2} = \frac{DV_1 + BI_1}{CV_1 + AI_1} = \frac{DZ_{01} + B}{CZ_{01} + A} \quad \cdots\cdots\cdots ②$$

①, ②식에서

$$Z_{01}Z_{02} = \frac{B}{C} \quad \cdots\cdots\cdots ③$$

$$\frac{Z_{01}}{Z_{02}} = \frac{A}{D} \quad \cdots\cdots\cdots ④$$

③, ④식에서

$$Z_{01} = \sqrt{\frac{AB}{CD}}, \quad Z_{02} = \sqrt{\frac{BD}{AC}}$$

대칭회로이면 $A = D$의 관계가 되므로

$$Z_{01} = Z_{02} = \sqrt{\frac{B}{C}}$$

**(2) 영상 전달정수 $\theta$**

$$\theta = \ln\sqrt{\frac{V_1 I_1}{V_2 I_2}}$$

$$= \log_e(\sqrt{AD} + \sqrt{BC})$$

$$= \cosh^{-1}\sqrt{AD}$$

$$= \sinh^{-1}\sqrt{BC}$$

**(3) 영상 파라미터와 4단자 정수와의 관계**

$$A = \sqrt{\frac{Z_{01}}{Z_{02}}}\cosh\theta, \quad B = \sqrt{Z_{01}Z_{02}}\sinh\theta$$

$$C = \frac{1}{\sqrt{Z_{01}Z_{02}}}\sinh\theta, \quad D = \sqrt{\frac{Z_{02}}{Z_{01}}}\cosh\theta$$

### 기·출·개념 문제

**1.** L형 4단자 회로에서 4단자 정수가 $A = \dfrac{15}{4}$, $D = 1$이고 영상 임피던스 $Z_{02} = \dfrac{12}{5}$[Ω]일 때 영상 임피던스 $Z_{01}$[Ω]의 값은 얼마인가?  <small>12·96 기사 / 14·95·94·91·87 산업</small>

① 12　　② 9　　③ 8　　④ 6

[해설] $Z_{01} \cdot Z_{02} = \dfrac{B}{C}$, $\dfrac{Z_{01}}{Z_{02}} = \dfrac{A}{D}$ 에서 $Z_{01} = \dfrac{A}{D} Z_{02} = \dfrac{\frac{15}{4}}{1} \times \dfrac{12}{5} = \dfrac{180}{20} = 9\,[\Omega]$　　**답** ②

**2.** 그림과 같은 회로의 영상 임피던스 $Z_{01}$, $Z_{02}$는 각각 몇 [Ω]인가?  <small>90 기사 / 19·03·99·92·88 산업</small>

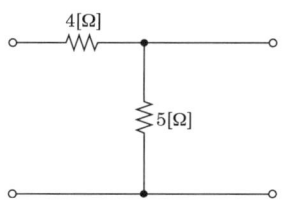

① $Z_{01} = 9$, $Z_{02} = 5$　　② $Z_{01} = 4$, $Z_{02} = 5$
③ $Z_{01} = 4$, $Z_{02} = \dfrac{20}{9}$　　④ $Z_{01} = 6$, $Z_{02} = \dfrac{10}{3}$

[해설] $\begin{bmatrix} A & B \\ C & D \end{bmatrix} = \begin{bmatrix} 1 & 4 \\ 0 & 1 \end{bmatrix} \begin{bmatrix} 1 & 0 \\ \frac{1}{5} & 1 \end{bmatrix} = \begin{bmatrix} \frac{9}{5} & 4 \\ \frac{1}{5} & 1 \end{bmatrix}$

$\therefore Z_{01} = \sqrt{\dfrac{AB}{CD}} = \sqrt{\dfrac{\frac{9}{5} \times 4}{\frac{1}{5} \times 1}} = 6\,[\Omega]$, $Z_{02} = \sqrt{\dfrac{BD}{AC}} = \sqrt{\dfrac{4 \times 1}{\frac{9}{5} \times \frac{1}{5}}} = \dfrac{10}{3}\,[\Omega]$　　**답** ④

**3.** 그림과 같은 T형 회로의 영상 파라미터 $\theta$는?  <small>17 기사 / 18·14·00·95·91 산업</small>

① 0　　② $+1$
③ $-3$　　④ $-1$

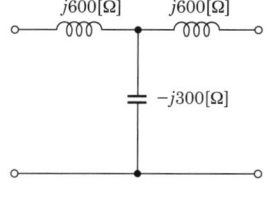

[해설] $\begin{bmatrix} A & B \\ C & D \end{bmatrix} = \begin{bmatrix} 1 & j600 \\ 0 & 1 \end{bmatrix} \begin{bmatrix} 1 & 0 \\ \frac{1}{-j300} & 1 \end{bmatrix} = \begin{bmatrix} 1 & j600 \\ 0 & 1 \end{bmatrix} = \begin{bmatrix} -1 & 0 \\ j\frac{1}{300} & -1 \end{bmatrix}$

$\therefore \theta = \cosh^{-1}\sqrt{AD} = \cosh^{-1} 1 = 0$　　**답** ①

**4.** T형 4단자 회로망에서 영상 임피던스 $Z_{01} = 50$[Ω], $Z_{02} = 2$[Ω]이고 전달정수가 0일 때 이 회로의 4단자 정수 $D$의 값은?  <small>91 기사 / 07·05·96·90 산업</small>

① 10　　② 5　　③ $\dfrac{1}{5}$　　④ 0

[해설] $D = \sqrt{\dfrac{Z_{02}}{Z_{01}}} \cosh\theta = \sqrt{\dfrac{2}{50}} \cosh\theta = \dfrac{1}{5}$　　**답** ③

# CHAPTER 11 4단자망

## 기출개념 08 반복 파라미터(parameter)

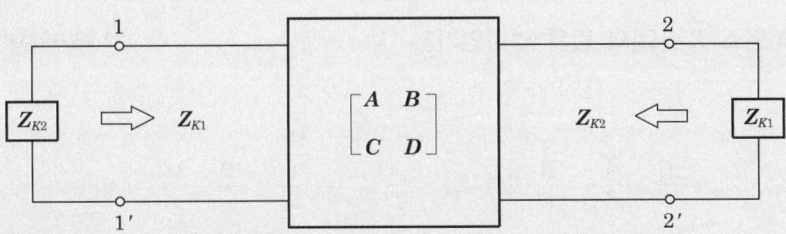

(1) 반복 임피던스

$$Z_{K1} = \frac{1}{2C}\{(A-D) \pm \sqrt{(A-D)^2 + 4BC}\}$$

$$Z_{K2} = \frac{1}{2C}\{(D-A) \pm \sqrt{(D-A)^2 + 4BC}\}$$

(2) 전파정수

$$\gamma = \cosh^{-1}\frac{A+D}{2}$$

### 기·출·개·념 문제

**1.** 그림과 같은 L형 회로의 반복 임피던스 $Z_{K2}$는?  [80 기사]

① $\dfrac{1}{2C}\{A-D+\sqrt{(A+D)^2-4BC}\}$

② $\dfrac{1}{2C}\{D-A+\sqrt{(D+A)^2-4BC}\}$

③ $\dfrac{1}{2C}\{A-D+\sqrt{(A+D)^2+4BC}\}$

④ $\dfrac{1}{2C}\{D-A+\sqrt{(D-A)^2+4BC}\}$

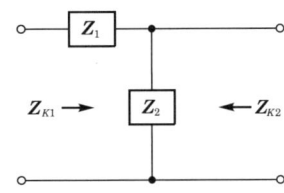

(해설) $Z_{K2} = \dfrac{1}{2C}\{(D-A) \pm \sqrt{(D-A)^2+4BC}\}$   답 ④

**2.** 그림과 같은 회로의 반복 파라미터 중 전파정수 $\gamma$를 $\cosh^{-1}$로 표시하면?  [94·88 산업]

① $\cosh^{-1}\left(1+\dfrac{Z_1}{2Z_2}\right)$  ② $\cosh^{-1}\left(1+\dfrac{Z_1}{Z_2}\right)$

③ $\cosh^{-1}\left(1+\dfrac{2Z_1}{Z_2}\right)$  ④ $\cosh^{-1}\left(1+\dfrac{Z_2}{Z_1}\right)$

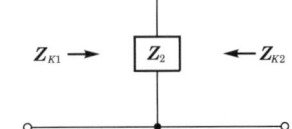

(해설) $\begin{bmatrix} A & B \\ C & D \end{bmatrix} = \begin{bmatrix} 1+\dfrac{Z_1}{Z_2} & Z_1 \\ \dfrac{1}{Z_2} & 1 \end{bmatrix}$

$\therefore \gamma = \cosh^{-1}\dfrac{A+D}{2} = \cosh^{-1}\dfrac{1+\dfrac{Z_1}{Z_2}+1}{2} = \cosh^{-1}\left(1+\dfrac{Z_1}{2Z_2}\right)$   답 ①

# CHAPTER 11
## 4단자망

### 단원 최근 빈출문제

**01** 회로에서 $Z$파라미터가 잘못 구하여진 것은? [15년 3회 산업]

① $Z_{11} = 8[\Omega]$
② $Z_{12} = 3[\Omega]$
③ $Z_{21} = 3[\Omega]$
④ $Z_{22} = 5[\Omega]$

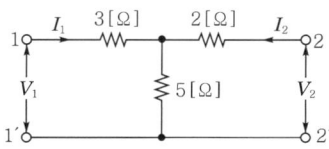

**해설** $Z_{11} = 5 + 3 = 8[\Omega]$
$Z_{12} = Z_{21} = 3[\Omega]$
$Z_{22} = 3[\Omega]$

**02** 회로에서 단자 1-1′에서 본 구동점 임피던스 $Z_{11}$은 몇 [Ω]인가? [18년 1회 산업]

① 5
② 8
③ 10
④ 15

**해설** $Z_{11}$은 출력 단자를 개방하고 입력측에서 본 개방 구동점 임피던스이므로 $Z_{11} = 3 + 5 = 8[\Omega]$이다.

**03** 그림과 같은 π형 4단자 회로의 어드미턴스 파라미터 중 $Y_{22}$는? [14년 2회 기사]

① $Y_{22} = Y_A + Y_C$
② $Y_{22} = Y_B$
③ $Y_{22} = Y_A$
④ $Y_{22} = Y_B + Y_C$

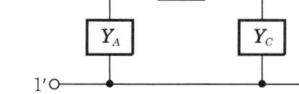

**해설** $Y_{22} = \dfrac{I_2}{V_2}\bigg|_{V_1 = 0}$

즉, 입력측을 단락하고 출력측에서 본 단락 구동점 어드미턴스가 된다.
∴ $Y_{22} = Y_B + Y_C$

### 기출 핵심 NOTE

**01** • $Z$ 파라미터
$V_1 = Z_{11}I_1 + Z_{12}I_2$
$V_2 = Z_{21}I_1 + Z_{22}I_2$

• 출력 개방($I_2 = 0$)
$Z_{11} = \dfrac{V_1}{I_1}\bigg|_{I_2 = 0}$
: 개방 구동점 임피던스

$Z_{21} = \dfrac{V_2}{I_1}\bigg|_{I_2 = 0}$
: 개방 전달 임피던스

• 입력 개방($I_1 = 0$)
$Z_{12} = \dfrac{V_1}{I_2}\bigg|_{I_1 = 0}$
: 개방 전달 임피던스

$Z_{22} = \dfrac{V_2}{I_2}\bigg|_{I_1 = 0}$
: 개방 구동점 임피던스

**02** T형 회로 임피던스 파라미터

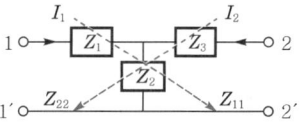

• $Z_{11} = Z_1 + Z_2$
• $Z_{22} = Z_2 + Z_3$
• $Z_{12} = Z_{21} = Z_2$
중앙 공통 임피던스를 취한다.

**03** • $Y$ 파라미터
$I_1 = Y_{11}V_1 + Y_{12}V_2$
$I_2 = Y_{21}V_1 + Y_{22}V_2$

**정답** 01. ④ 02. ② 03. ④

# CHAPTER 11 4단자망

**04** 다음 두 회로의 4단자 정수 $A$, $B$, $C$, $D$가 동일할 조건은?

[19년 3회 산업]

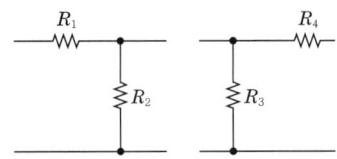

① $R_1 = R_2$, $R_3 = R_4$
② $R_1 = R_3$, $R_2 = R_4$
③ $R_1 = R_4$, $R_2 = R_3 = 0$
④ $R_2 = R_3$, $R_1 = R_4 = 0$

**해설**

$$\begin{bmatrix} A & B \\ C & D \end{bmatrix} = \begin{bmatrix} 0 & R_1 \\ 0 & 1 \end{bmatrix} \begin{bmatrix} 1 & 0 \\ \frac{1}{R_2} & 1 \end{bmatrix} = \begin{bmatrix} 1+\frac{R_1}{R_2} & R_1 \\ \frac{1}{R_2} & 1 \end{bmatrix}$$

$$\begin{bmatrix} A & B \\ C & D \end{bmatrix} = \begin{bmatrix} 1 & 0 \\ \frac{1}{R_3} & 1 \end{bmatrix} \begin{bmatrix} 0 & R_4 \\ 0 & 1 \end{bmatrix} = \begin{bmatrix} 1 & R_4 \\ \frac{1}{R_3} & 1+\frac{R_4}{R_3} \end{bmatrix}$$

∴ $A$, $B$, $C$, $D$가 동일할 조건
$R_2 = R_3$, $R_1 = R_4 = 0$

**05** 다음 회로의 4단자 정수는?

[16년 1회 기사]

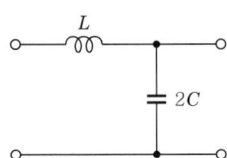

① $A = 1 + 2\omega^2 LC$, $B = j2\omega C$, $C = j\omega L$, $D = 0$
② $A = 1 - 2\omega^2 LC$, $B = j\omega L$, $C = j2\omega C$, $D = 1$
③ $A = 2\omega^2 LC$, $B = j\omega L$, $C = j2\omega C$, $D = 1$
④ $A = 2\omega^2 LC$, $B = j2\omega C$, $C = j\omega L$, $D = 0$

**해설** $\begin{bmatrix} A & B \\ C & D \end{bmatrix} = \begin{bmatrix} 1 & j\omega L \\ 0 & 1 \end{bmatrix} \begin{bmatrix} 1 & 0 \\ j2\omega C & 1 \end{bmatrix} = \begin{bmatrix} 1-2\omega^2 LC & j\omega L \\ j2\omega C & 1 \end{bmatrix}$

**06** 그림과 같은 T형 회로에서 4단자 정수 중 $D$값은?

[14년 1회 기사]

① $1 + \frac{Z_1}{Z_3}$
② $\frac{Z_1 Z_2}{Z_3} + Z_2 + Z_1$
③ $\frac{1}{Z_3}$
④ $1 + \frac{Z_2}{Z_3}$

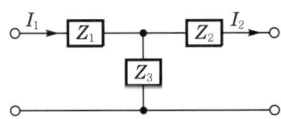

## 기출 핵심 NOTE

- 출력 단락($V_2 = 0$)

$Y_{11} = \left.\frac{I_1}{V_1}\right|_{V_2=0}$

: 단락 구동점 어드미턴스

$Y_{21} = \left.\frac{I_2}{V_1}\right|_{V_2=0}$

: 단락 전달 어드미턴스

- 입력 단락($V_1 = 0$)

$Y_{12} = \left.\frac{I_1}{V_2}\right|_{V_1=0}$

: 단락 전달 어드미턴스

$Y_{22} = \left.\frac{I_2}{V_2}\right|_{V_1=0}$

: 단락 구동점 어드미턴스

- π형 어드미턴스 파라미터

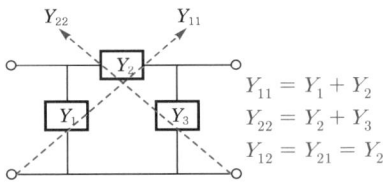

$Y_{11} = Y_1 + Y_2$
$Y_{22} = Y_2 + Y_3$
$Y_{12} = Y_{21} = Y_2$

중앙 공통 어드미턴스를 취한다.

**05** · $Z$만의 회로의 4단자 정수

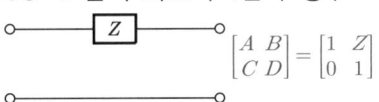

$\begin{bmatrix} A & B \\ C & D \end{bmatrix} = \begin{bmatrix} 1 & Z \\ 0 & 1 \end{bmatrix}$

- $Y$만의 회로의 4단자 정수

$\begin{bmatrix} A & B \\ C & D \end{bmatrix} = \begin{bmatrix} 1 & 0 \\ Y & 1 \end{bmatrix}$

**06** T형 회로

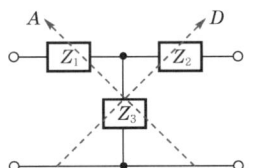

**정답** 04. ④  05. ②  06. ④

**해설**
$$\begin{bmatrix} A & B \\ C & D \end{bmatrix} = \begin{bmatrix} 1 & Z_1 \\ 0 & 1 \end{bmatrix} \begin{bmatrix} 1 & 0 \\ \frac{1}{Z_3} & 1 \end{bmatrix} \begin{bmatrix} 1 & Z_2 \\ 0 & 1 \end{bmatrix}$$

$$= \begin{bmatrix} 1+\frac{Z_1}{Z_3} & Z_1 \\ \frac{1}{Z_3} & 1 \end{bmatrix} \begin{bmatrix} 1 & Z_2 \\ 1 & 0 \end{bmatrix}$$

$$= \begin{bmatrix} 1+\frac{Z_1}{Z_3} & Z_2\left(1+\frac{Z_1}{Z_3}\right)+Z_1 \\ \frac{1}{Z_3} & \frac{Z_2}{Z_3}+1 \end{bmatrix}$$

## 기출 핵심 NOTE

$A = 1 + \dfrac{Z_1}{Z_3}$

$B = \dfrac{Z_1 Z_3 + Z_3 Z_2 + Z_2 Z_1}{Z_3}$

$C = \dfrac{1}{Z_3}$

$D = 1 + \dfrac{Z_2}{Z_3}$

$Z_1 = Z_2$인 대칭회로인 경우
$A = D$

**07** 다음의 T형 4단자망 회로에서 $ABCD$ 파라미터 사이의 성질 중 성립되는 대칭 조건은? [16년 1회 기사]

① $A = D$
② $A = C$
③ $B = C$
④ $B = A$

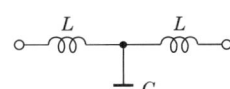

**해설**
$$\begin{bmatrix} A & B \\ C & D \end{bmatrix} = \begin{bmatrix} 1 & j\omega L \\ 0 & 1 \end{bmatrix} \begin{bmatrix} 1 & 0 \\ j\omega C & 1 \end{bmatrix} \begin{bmatrix} 1 & j\omega L \\ 0 & 1 \end{bmatrix}$$

$$= \begin{bmatrix} 1-\omega^2 LC & j\omega L(2-\omega^2 LC) \\ j\omega C & 1-\omega^2 LC \end{bmatrix}$$

∴ T형 대칭 회로는 $A = D$가 된다.

**08** 그림에서 4단자 회로 정수 $A$, $B$, $C$, $D$ 중 출력 단자 3, 4가 개방되었을 때의 $\dfrac{V_1}{V_2}$인 $A$의 값은? [19년 1회 산업]

① $1+\dfrac{Z_2}{Z_1}$
② $1+\dfrac{Z_3}{Z_2}$
③ $1+\dfrac{Z_2}{Z_3}$
④ $\dfrac{Z_1+Z_2+Z_3}{Z_1 Z_3}$

**08** $\pi$형 회로

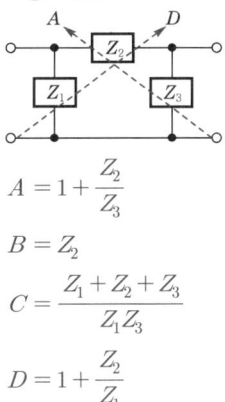

$A = 1 + \dfrac{Z_2}{Z_3}$

$B = Z_2$

$C = \dfrac{Z_1 + Z_2 + Z_3}{Z_1 Z_3}$

$D = 1 + \dfrac{Z_2}{Z_1}$

**해설**
$$\begin{bmatrix} A & B \\ C & D \end{bmatrix} = \begin{bmatrix} 1 & 0 \\ \frac{1}{Z_1} & 1 \end{bmatrix} \begin{bmatrix} 1 & Z_3 \\ 0 & 1 \end{bmatrix} \begin{bmatrix} 1 & 0 \\ \frac{1}{Z_2} & 1 \end{bmatrix}$$

$$= \begin{bmatrix} 1+\dfrac{Z_3}{Z_2} & Z_3 \\ \dfrac{Z_1+Z_2+Z_3}{Z_1 Z_2} & 1+\dfrac{Z_2}{Z_1} \end{bmatrix}$$

**정답** 07. ① 08. ②

# CHAPTER 11 4단자망

**09** 그림과 같이 π형 회로에서 $Z_3$를 4단자 정수로 표시한 것은? [17년 1회 산업]

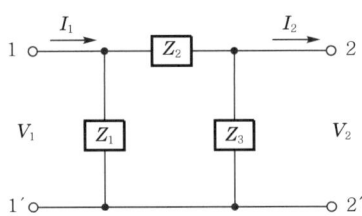

① $\dfrac{A}{1-B}$ ② $\dfrac{B}{1-A}$

③ $\dfrac{A}{B-1}$ ④ $\dfrac{B}{A-1}$

**해설**

$$\begin{bmatrix} A & B \\ C & D \end{bmatrix} = \begin{bmatrix} 1 & 0 \\ \frac{1}{Z_1} & 1 \end{bmatrix} \begin{bmatrix} 1 & Z_2 \\ 0 & 1 \end{bmatrix} \begin{bmatrix} 1 & 0 \\ \frac{1}{Z_3} & 1 \end{bmatrix} = \begin{bmatrix} 1+\frac{Z_2}{Z_3} & Z_2 \\ \frac{Z_1+Z_2+Z_3}{Z_1 \cdot Z_3} & 1+\frac{Z_2}{Z_1} \end{bmatrix}$$

$\therefore\ A = 1+\dfrac{Z_2}{Z_3}$

$B = Z_2$

$Z_3 = \dfrac{Z_2}{A-1} = \dfrac{B}{A-1}$

**10** 4단자 정수 $A$, $B$, $C$, $D$로 출력측을 개방시켰을 때 입력측에서 본 구동점 임피던스 $Z_{11} = \left.\dfrac{V_1}{I_1}\right|_{I_2=0}$ 을 표시한 것 중 옳은 것은? [14년 2회 기사]

① $Z_{11} = \dfrac{A}{C}$

② $Z_{11} = \dfrac{B}{D}$

③ $Z_{11} = \dfrac{A}{B}$

④ $Z_{11} = \dfrac{B}{C}$

**해설** 임피던스 파라미터와 4단자 정수와의 관계

$Z_{11} = \dfrac{A}{C}$

$Z_{12} = Z_{21} = \dfrac{1}{C}$

$Z_{22} = \dfrac{D}{C}$

### 기출 핵심 NOTE

**10** · 임피던스 파라미터와 4단자 정수와의 관계

$Z_{11} = \dfrac{A}{C}$

$Z_{12} = Z_{21} = \dfrac{1}{C}$

$Z_{22} = \dfrac{D}{C}$

· 어드미턴스 파라미터와 4단자 정수와의 관계

$Y_{11} = \dfrac{D}{B}$

$Y_{12} = Y_{21} = \dfrac{1}{B}$

$Y_{22} = \dfrac{A}{B}$

**정답** 09. ④ 10. ①

**11** 그림과 같은 이상적인 변압기로 구성된 4단자 회로에서 정수 $A$, $B$, $C$, $D$ 중 $A$는? [15년 1회 산업]

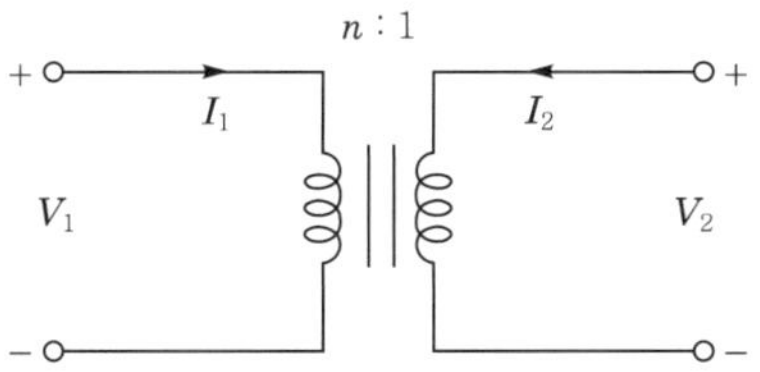

① 1
② 0
③ $n$
④ $\dfrac{1}{n}$

**[해설]**
- 전압비 : $\dfrac{V_1}{V_2} = \dfrac{n_1}{n_2} = a$
- 전류비 : $\dfrac{I_1}{I_2} = \dfrac{n_2}{n_1} = \dfrac{1}{a}$

$\begin{bmatrix} A & B \\ C & D \end{bmatrix} = \begin{bmatrix} a & 0 \\ 0 & \dfrac{1}{a} \end{bmatrix}$

$\therefore A = a = \dfrac{n_1}{n_2} = \dfrac{n}{1} = n$

**기출 핵심 NOTE**

**11** 이상 변압기의 4단자 정수

권수비 $a = \dfrac{n_1}{n_2}$

$\begin{bmatrix} A & B \\ C & D \end{bmatrix} = \begin{bmatrix} a & 0 \\ 0 & \dfrac{1}{a} \end{bmatrix}$

**12** 4단자 회로망이 가역적이기 위한 조건으로 틀린 것은? [17년 3회 산업]

① $Z_{12} = Z_{21}$
② $Y_{12} = Y_{21}$
③ $H_{12} = -H_{21}$
④ $AB - CD = 1$

**[해설]** 4단자 정수의 성질
$AD - BC = 1$

**12** • 가역적이란 한번 바뀐 다음 원 상태로 돌아갈 수 있는 것이란 뜻이므로 같아지는 것임.
- 4단자 정수의 성질
$\begin{vmatrix} A & B \\ C & D \end{vmatrix} = AD - BC = 1$

**13** $L$형 4단자 회로망에서 4단자 정수가 $B = \dfrac{5}{3}$, $C = 1$이고, 영상 임피던스 $Z_{01} = \dfrac{20}{3}$ [Ω]일 때 영상 임피던스 $Z_{02}$ [Ω]의 값은? [19년 1회 산업]

① 4
② $\dfrac{1}{4}$
③ $\dfrac{100}{9}$
④ $\dfrac{9}{100}$

**[해설]** $Z_{01} = \sqrt{\dfrac{AB}{CD}}$, $Z_{02} = \sqrt{\dfrac{BD}{AC}}$, $Z_{01} \cdot Z_{02} = \dfrac{B}{C}$

$\therefore Z_{02} = \dfrac{B}{CZ_{01}} = \dfrac{\dfrac{5}{3}}{1 \times \dfrac{20}{3}} = \dfrac{1}{4}$ [Ω]

**13** 1·2차 영상 임피던스의 관계
- $Z_{01} \cdot Z_{02} = \dfrac{B}{C}$
- $\dfrac{Z_{01}}{Z_{02}} = \dfrac{A}{D}$

**정답** 11. ③ 12. ④ 13. ②

## CHAPTER 11 4단자망

**14** 4단자 회로망에서 4단자 정수가 $A$, $B$, $C$, $D$일 때, 영상 임피던스 $\dfrac{Z_{01}}{Z_{02}}$은? [19년 3회 기사]

① $\dfrac{D}{A}$  ② $\dfrac{B}{C}$  ③ $\dfrac{C}{B}$  ④ $\dfrac{A}{D}$

**해설** 영상 임피던스
$Z_{01}=\sqrt{\dfrac{AB}{CD}}$, $Z_{02}=\sqrt{\dfrac{BD}{AC}}$, $Z_{01}\cdot Z_{02}=\dfrac{B}{C}$, $\dfrac{Z_{01}}{Z_{02}}=\dfrac{A}{D}$

**15** 다음과 같은 4단자 회로에서 영상 임피던스[Ω]는? [19·16년 3회 산업]

① 200
② 300
③ 450
④ 600

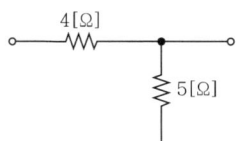

**해설**
$\begin{bmatrix} A & B \\ C & D \end{bmatrix} = \begin{bmatrix} 1 & 300 \\ 0 & 1 \end{bmatrix}\begin{bmatrix} 1 & 0 \\ \frac{1}{450} & 1 \end{bmatrix}\begin{bmatrix} 1 & 300 \\ 0 & 1 \end{bmatrix} = \begin{bmatrix} \frac{5}{3} & 800 \\ \frac{1}{450} & \frac{5}{3} \end{bmatrix}$

대칭회로이므로 $Z_{01}=Z_{02}=\sqrt{\dfrac{B}{C}}=\sqrt{\dfrac{800}{\frac{1}{450}}}=600[\Omega]$

**16** 그림과 같은 4단자망의 영상 전달정수 $\theta$는? [15년 1회 산업]

① $\sqrt{5}$
② $\log_e \sqrt{5}$
③ $\log_e \dfrac{1}{\sqrt{5}}$
④ $5\log_e \sqrt{5}$

**해설**
$\begin{bmatrix} A & B \\ C & D \end{bmatrix} = \begin{bmatrix} 1+\frac{4}{5} & 4 \\ \frac{1}{5} & 1 \end{bmatrix}$

$\therefore \theta = \log_e(\sqrt{AD}+\sqrt{BC}) = \log_e\left(\sqrt{\dfrac{9}{5}\times 1}+\sqrt{4\times\dfrac{1}{5}}\right)$
$= \log_e \sqrt{5}$

**17** 전압비 $10^6$을 데시벨[dB]로 나타내면? [16년 3회 기사]

① 20  ② 60
③ 100  ④ 120

**해설** 이득 $= 20\log_{10}10^6 = 120[\text{dB}]$

---

### 기출 핵심 NOTE

**15** · 영상 임피던스
$Z_{01}=\sqrt{\dfrac{AB}{CD}}\,[\Omega]$
$Z_{02}=\sqrt{\dfrac{BD}{AC}}\,[\Omega]$
· 좌우 대칭회로의 영상 임피던스 4단자 정수 $A=D$이므로
$Z_{01}=Z_{02}=\sqrt{\dfrac{B}{C}}\,[\Omega]$

**16** 영상 전달정수
$\theta=\log_e(\sqrt{AD}+\sqrt{BC})$
$=\cosh^{-1}\sqrt{AD}=\sinh^{-1}\sqrt{BC}$
$\sqrt{AD}=\cosh\theta$
$\sqrt{BC}=\sinh\theta$

**17** 이득(gain)
· $g=20\log\dfrac{\text{출력}}{\text{입력}}[\text{dB}]$
· 단위 : 데시벨[dB]

**정답** 14. ④ 15. ④ 16. ② 17. ④

# CHAPTER 12
# 분포정수회로

- **01** 분포정수회로의 특성 임피던스와 전파정수
- **02** 무손실 선로
- **03** 무왜형 선로
- **04** 유한장 선로 해석

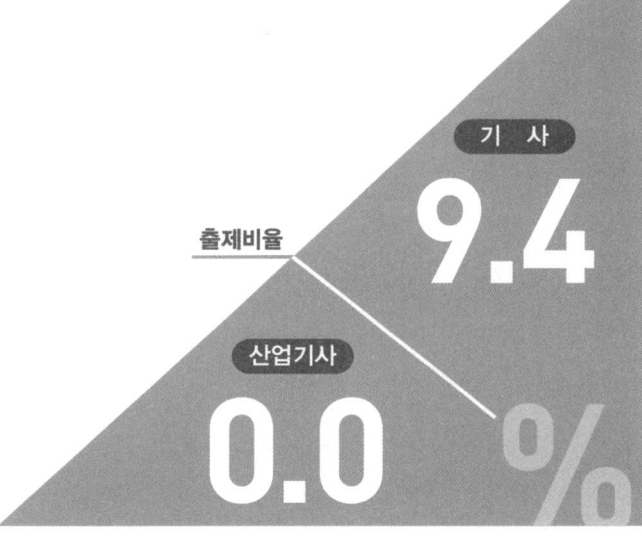

출제비율
기 사 **9.4**
산업기사 **0.0** %

# CHAPTER 12 분포정수회로

## 기출개념 01 분포정수회로의 특성 임피던스와 전파정수

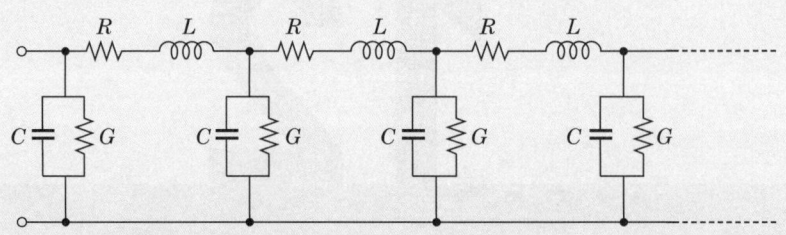

미소 저항 $R$과 인덕턴스 $L$이 직렬로 선간에 미소한 정전용량 $C$와 누설 컨덕턴스 $G$가 형성되고 이들이 반복하여 분포되어 있는 회로를 분포정수회로라 한다. 단위 길이에 대한 선로의 직렬 임피던스 $Z = R + j\omega L [\Omega/\text{m}]$, 병렬 어드미턴스 $Y = G + j\omega C [\mho/\text{m}]$이다.

**(1) 특성 임피던스(파동 임피던스)**

$$Z_0 = \sqrt{\frac{Z}{Y}} = \sqrt{\frac{R + j\omega L}{G + j\omega C}} \, [\Omega]$$

**(2) 전파정수**

$$\gamma = \sqrt{ZY} = \sqrt{(R + j\omega L) \cdot (G + j\omega C)} = \alpha + j\beta$$

여기서, $\alpha$ : 감쇠정수, $\beta$ : 위상정수

---

**기·출·개·념 문제**

**1.** 단위 길이당 임피던스 및 어드미턴스가 각각 $Z$ 및 $Y$인 전송 선로의 특성 임피던스는?

17·11·06·98·93 기사

① $\sqrt{ZY}$   ② $\sqrt{\dfrac{Z}{Y}}$   ③ $\sqrt{\dfrac{Y}{Z}}$   ④ $\dfrac{Y}{Z}$

**[해설]** $Z = R + j\omega L [\Omega/\text{m}]$
$Y = G + j\omega C [\mho/\text{m}]$
$\therefore Z_0 = \sqrt{\dfrac{Z}{Y}} = \sqrt{\dfrac{R + j\omega L}{G + j\omega C}} \, [\Omega]$

**답** ②

**2.** 분포정수회로에서 선로의 특성 임피던스를 $Z_0$, 전파정수를 $\gamma$라 할 때 선로의 직렬 임피던스는?

16·11·85 기사

① $\dfrac{Z_0}{\gamma}$   ② $\dfrac{\gamma}{Z_0}$
③ $\sqrt{\gamma Z_0}$   ④ $Z_0 \cdot \gamma$

**[해설]** $Z_0 \cdot \gamma = \sqrt{\dfrac{Z}{Y}} \cdot \sqrt{Z \cdot Y} = Z$

**답** ④

## 기출개념 02 무손실 선로

**(1) 조건**

$$\boxed{R=0,\ G=0}$$

**(2) 특성 임피던스**

$$Z_0 = \sqrt{\frac{Z}{Y}} = \sqrt{\frac{R+j\omega L}{G+j\omega C}} = \boxed{\sqrt{\frac{L}{C}}}\,[\Omega]$$

**(3) 전파정수**

$$\gamma = \sqrt{ZY} = \sqrt{(R+j\omega L)(G+j\omega C)} = \boxed{j\omega\sqrt{LC}} = \alpha + j\beta$$

여기서, 감쇠정수 $\alpha = 0$, 위상정수 $\beta = \omega\sqrt{LC}$

**(4) 파장**

$$\lambda = \frac{2\pi}{\beta} = \frac{2\pi}{\omega\sqrt{LC}} = \boxed{\frac{1}{f\sqrt{LC}}}\,[\text{m}]$$

**(5) 전파속도**

$$v = \lambda f = \frac{2\pi f}{\beta} = \frac{\omega}{\beta} = \boxed{\frac{1}{\sqrt{LC}}}\,[\text{m/s}]$$

---

### 기·출·개·념 문제

**1.** 전송 선로에서 무손실일 때, $L = 96[\text{mH}]$, $C = 0.6[\mu\text{F}]$이면 특성 임피던스[Ω]는?

    19·12·08·06·04·00·99·98·96·95·91 기사 / 10 산업

① 500  ② 400  ③ 300  ④ 200

**[해설]** 무손실 선로 $R=0$, $G=0$

$$\therefore\ Z_0 = \sqrt{\frac{Z}{Y}} = \sqrt{\frac{R+j\omega L}{G+j\omega C}} = \sqrt{\frac{L}{C}} = \sqrt{\frac{96\times 10^{-3}}{0.6\times 10^{-6}}} = 400[\Omega]$$

**답** ②

**2.** 무손실 선로의 분포정수회로에서 감쇠정수 $\alpha$와 위상정수 $\beta$의 값은?   07·04·91·90·88 기사

① $\alpha = \sqrt{RG}$, $\beta = \omega\sqrt{LC}$  
② $\alpha = 0$, $\beta = \omega\sqrt{LC}$  
③ $\alpha = \sqrt{RG}$, $\beta = 0$  
④ $\alpha = 0$, $\beta = \dfrac{1}{\sqrt{LC}}$

**[해설]** $\gamma = \sqrt{(R+j\omega L)(G+j\omega C)} = j\omega\sqrt{LC}$

$\therefore$ 감쇠정수 $\alpha = 0$, 위상정수 $\beta = \omega\sqrt{LC}$

**답** ②

**3.** 위상정수가 $\dfrac{\pi}{6}[\text{rad/m}]$인 선로의 10[kHz]에 대한 전파속도[m/s]는?   90·85·83 기사

① $12\times 10^4$  ② $10\times 10^4$  ③ $8\times 10^4$  ④ $6\times 10^4$

**[해설]** $v = \dfrac{\omega}{\beta} = 2\pi\times 10\times \dfrac{10^3}{\dfrac{\pi}{6}} = 12\times 10^4[\text{m/s}]$

**답** ①

# CHAPTER 12 분포정수회로

## 기출개념 03 무왜형 선로

파형의 일그러짐이 없는 선로

**(1) 조건**

$$\frac{R}{L} = \frac{G}{C} \text{ 또는 } LG = RC$$

**(2) 특성 임피던스**

$$Z_0 = \sqrt{\frac{Z}{Y}} = \sqrt{\frac{R+j\omega L}{G+j\omega C}} = \sqrt{\frac{R+j\omega L}{\frac{RC}{L}+j\omega C}} = \sqrt{\frac{L}{C}\left(\frac{R+j\omega L}{R+j\omega L}\right)} = \sqrt{\frac{L}{C}} \, [\Omega]$$

**(3) 전파정수**

$$\gamma = \sqrt{ZY} = \sqrt{(R+j\omega L)(G+j\omega C)} = \sqrt{RG} + j\omega\sqrt{LC} = \alpha + j\beta$$

여기서, 감쇠정수 $\alpha = \sqrt{RG}$
　　　　위상정수 $\beta = \omega\sqrt{LC}$

**(4) 전파속도**

$$v = \lambda f = \frac{2\pi f}{\beta} = \frac{\omega}{\beta} = \frac{1}{\sqrt{LC}} \, [\text{m/s}]$$

---

### 기·출·개·념 문제

**1.** 분포정수회로가 무왜 선로로 되는 조건은? (단, 선로의 단위 길이당 저항을 $R$, 인덕턴스를 $L$, 정전용량을 $C$, 누설 컨덕턴스를 $G$라 한다.)  　　13·87 기사

① $RC = LG$　　　　　　　　　② $RL = CG$
③ $R = \sqrt{\dfrac{L}{C}}$　　　　　　　　④ $R = \sqrt{LC}$

**[해설]** 일그러짐이 없는 선로, 즉 무왜형 선로 조건은 $RC = LG$이다.　　**답** ①

**2.** 다음 분포전송회로에 대한 서술에서 옳지 않은 것은?　　17·04·99·98·91 기사

① $\dfrac{R}{L} = \dfrac{G}{C}$인 회로를 무왜형 회로라 한다.
② $R = G = 0$인 회로를 무손실 회로라 한다.
③ 무손실 회로, 무왜형 회로의 감쇠정수는 $\sqrt{RG}$이다.
④ 무손실 회로, 무왜형 회로에서의 위상속도는 $\dfrac{1}{\sqrt{CL}}$이다.

**[해설]** 무손실 선로 $\gamma = \sqrt{Z \cdot Y} = \sqrt{(R+j\omega L)(G+j\omega C)} = j\omega\sqrt{LC}$
　　　감쇠정수 $\alpha = 0$, 위상정수 $\beta = \omega\sqrt{LC}$　　**답** ③

## 기출개념 04 유한장 선로 해석

### (1) 분포정수회로의 전파 방정식

$$V_S = AV_R + BI_R = \cosh\gamma l\, V_R + Z_0 \sinh\gamma l\, I_R$$

$$I_S = CV_R + DI_R = \frac{1}{Z_0}\sinh\gamma l\, V_R + \cosh\gamma l\, I_R$$

여기서, $V_S, I_S$ : 송전단 전압과 전류
$V_R, I_R$ : 수전단 전압과 전류

### (2) 특성 임피던스

$$\boxed{Z_0 = \sqrt{Z_{SS} \cdot Z_{SO}}\,[\Omega]}$$

여기서, $Z_{SS}$ : 수전단을 단락하고 송전단에서 측정한 임피던스
$Z_{SO}$ : 수전단을 개방하고 송전단에서 측정한 임피던스

### (3) 전압 반사계수

$$\boxed{\text{반사계수 } \rho = \frac{Z_L - Z_0}{Z_L + Z_0}}$$

여기서, $Z_L$ : 부하 임피던스
$Z_0$ : 특성 임피던스

---

### 기·출·개·념 문제

**1.** 특성 임피던스 50[Ω], 감쇠정수 0, 위상정수 $\frac{\pi}{3}$[rad/m], 선로의 길이 2[m]인 분포정수회로의 4단자 정수 $A$를 구하면?  [97 기사]

① $1 - j\frac{1}{2}$  ② $\frac{\sqrt{3}}{2}$  ③ $-\frac{1}{2}$  ④ $-\frac{\sqrt{3}}{2}$

**해설** $A = \cosh\gamma l = \cosh\left(j\frac{2}{3}\pi\right) = \cos\frac{2}{3}\pi = -\frac{1}{2}$

**답** ③

**2.** 유한장의 송전 선로에서 수전단을 단락시키고 송전단에서 측정한 임피던스는 $j250[\Omega]$, 또 수전단을 개방시키고 송전단에서 측정한 어드미턴스는 $j1.5 \times 10^{-3}[\mho]$이다. 이 송전 선로의 특성 임피던스[Ω]는 약 얼마인가?  [83 기사]

① $2.45 \times 10^{-3}$  ② $408.25$
③ $j0.612$  ④ $6 \times 10^{-6}$

**해설** 특성 임피던스 $Z_0 = \sqrt{Z_{SS} \cdot Z_{SO}} = \sqrt{j250 \times \frac{1}{j1.5 \times 10^{-3}}} = 408.25[\Omega]$

**답** ②

제12장 분포정수회로

# CHAPTER 12 분포정수회로

## 단원 최근 빈출문제

**01** 분포정수회로에 직류를 흘릴 때 특성 임피던스는? (단, 단위 길이당의 직렬 임피던스 $Z=R+j\omega L[\Omega]$, 병렬 어드미턴스 $Y=G+j\omega C[\mho]$이다.) [14년 2회 기사]

① $\sqrt{\dfrac{L}{C}}$  ② $\sqrt{\dfrac{L}{R}}$
③ $\sqrt{\dfrac{G}{C}}$  ④ $\sqrt{\dfrac{R}{G}}$

**해설** 직류는 주파수가 0[Hz]이므로 $\omega=2\pi f=0$[rad/s]가 된다.
따라서 특성 임피던스 $Z_0=\sqrt{\dfrac{Z}{Y}}=\sqrt{\dfrac{R+j\omega L}{G+j\omega C}}$ [Ω]에서 직류 인가 시 특성 임피던스는 $\omega=0$이므로 $Z_0=\sqrt{\dfrac{R}{G}}$ [Ω]이 된다.

**02** 단위 길이당 인덕턴스 및 커패시턴스가 각각 $L$ 및 $C$일 때, 전송 선로의 특성 임피던스는? (단, 무손실 선로이다.) [15년 3회 기사]

① $\sqrt{\dfrac{L}{C}}$  ② $\sqrt{\dfrac{C}{L}}$
③ $\dfrac{L}{C}$  ④ $\dfrac{C}{L}$

**해설** 무손실 선로에서는 $R=0$, $G=0$이므로
$Z_0=\sqrt{\dfrac{Z}{Y}}=\sqrt{\dfrac{R+j\omega L}{G+j\omega C}}=\sqrt{\dfrac{L}{C}}$ [Ω]

**03** 무손실 선로의 정상상태에 대한 설명으로 틀린 것은? [18년 3회 기사]

① 전파정수 $\gamma$는 $j\omega\sqrt{LC}$이다.
② 특성 임피던스 $Z_0=\sqrt{\dfrac{C}{L}}$이다.
③ 진행파의 전파속도 $v=\dfrac{1}{\sqrt{LC}}$이다.
④ 감쇠정수 $\alpha=0$, 위상정수 $\beta=\omega\sqrt{LC}$이다.

## 기출 핵심 NOTE

**01 특성 임피던스**
$Z_0=\sqrt{\dfrac{Z}{Y}}=\sqrt{\dfrac{R+j\omega L}{G+j\omega C}}$ [Ω]

**03 무손실 선로**
- 조건 : $R=0$, $G=0$
- 특성 임피던스 : $Z_0=\sqrt{\dfrac{L}{C}}$ [Ω]
- 전파정수 : $\gamma=j\omega\sqrt{LC}$
  여기서, $\alpha=0$, $\beta=\omega\sqrt{LC}$
- 전파속도 : $v=\dfrac{1}{\sqrt{LC}}$ [m/s]

**정답** 01. ④ 02. ① 03. ②

**해설** 무손실 선로

- $Z_0 = \sqrt{\dfrac{Z}{Y}} = \sqrt{\dfrac{L}{C}}\,[\Omega]$
- $\gamma = \sqrt{Z \cdot Y} = \sqrt{(R+j\omega L)(G+j\omega C)} = j\omega\sqrt{LC}$
  여기서, $\alpha = 0$, $\beta = \omega\sqrt{LC}$
- $v = \dfrac{1}{\sqrt{LC}}\,[\text{m/s}]$

**04** 무손실 선로에 있어서 감쇠정수 $\alpha$, 위상정수를 $\beta$라 하면 $\alpha$와 $\beta$의 값은? (단, $R$, $G$, $L$, $C$는 선로 단위 길이당의 저항, 컨덕턴스, 인덕턴스, 커패시턴스이다.)

[18년 2회 기사]

① $\alpha = \sqrt{RG}$, $\beta = 0$
② $\alpha = 0$, $\beta = \dfrac{1}{\sqrt{LC}}$
③ $\alpha = 0$, $\beta = \omega\sqrt{LC}$
④ $\alpha = \sqrt{RG}$, $\beta = \omega\sqrt{LC}$

**해설** $\gamma = \sqrt{(R+j\omega L)(G+j\omega C)} = j\omega\sqrt{LC}$
∴ 감쇠정수 $\alpha = 0$, 위상정수 $\beta = \omega\sqrt{LC}$

**05** 분포정수 선로에서 위상정수를 $\beta$[rad/m]라 할 때 파장은?

[17년 3회·14년 1회 기사]

① $2\pi\beta$
② $\dfrac{2\pi}{\beta}$
③ $4\pi\beta$
④ $\dfrac{4\pi}{\beta}$

**해설** 파장 $\lambda = \dfrac{2\pi}{\beta}\,[\text{m}]$
파장은 위상차가 $2\pi$가 되는 거리를 말한다.

**05 파장($\lambda$)**
위상차가 $2\pi$가 되는 거리
$\lambda = \dfrac{2\pi}{\beta}\,[\text{m}]$

**06** 무한장 평행 2선 선로에 주파수 4[MHz]의 전압을 가하였을 때 전압의 위상정수는 약 몇 [rad/m]인가? (단, 여기서 전파속도는 $3\times 10^8$[m/s]로 한다.) [14년 3회 기사]

① 0.0734
② 0.0838
③ 0.0934
④ 0.0634

**해설** 전파속도 $v = \dfrac{\omega}{\beta}$
$\beta = \dfrac{\omega}{v} = \dfrac{2\pi\times 4\times 10^6}{3\times 10^8} \fallingdotseq 0.0838\,[\text{rad/m}]$

**06 전파속도**
$v = \lambda \cdot f$
$= \dfrac{2\pi f}{\beta} = \dfrac{\omega}{\beta} = \dfrac{1}{\sqrt{LC}}\,[\text{m/s}]$

**정답** 04. ③  05. ②  06. ②

# CHAPTER 12 분포정수회로

**07** 위상정수가 $\frac{\pi}{8}$[rad/m]인 선로의 1[MHz]에 대한 전파속도는 몇 [m/s]인가? [15년 1회 기사]

① $1.6 \times 10^7$
② $3.2 \times 10^7$
③ $5.0 \times 10^7$
④ $8.0 \times 10^7$

**해설** 전파속도 $v = \frac{\omega}{\beta} = \frac{2 \times \pi \times 1 \times 10^6}{\frac{\pi}{8}} = 1.6 \times 10^7 \text{[m/s]}$

**08** 1[km]당 인덕턴스 25[mH], 정전용량 0.005[μF]의 선로가 있다. 무손실 선로라고 가정한 경우 진행파의 위상(전파)속도는 약 몇 [km/s]인가? [19년 2회 기사]

① $8.95 \times 10^4$
② $9.95 \times 10^4$
③ $89.5 \times 10^4$
④ $99.5 \times 10^4$

**해설** 위상속도
$v = \frac{\omega}{\beta} = \frac{1}{\sqrt{LC}} = \frac{1}{\sqrt{25 \times 10^{-3} \times 0.005 \times 10^{-6}}}$
$= 8.95 \times 10^4 \text{[km/s]}$

**09** 분포정수회로에서 선로의 단위 길이당 저항을 100[Ω], 인덕턴스를 200[mH], 누설 컨덕턴스를 0.5[℧]라 할 때 일그러짐이 없는 조건을 만족하기 위한 정전용량은 몇 [μF]인가? [16년 2회 기사]

① 0.001
② 0.1
③ 10
④ 1,000

**해설** 일그러짐이 없는 선로, 즉 무왜형 선로의 조건은 $RC = LG$
$\therefore C = \frac{LG}{R} = \frac{200 \times 10^{-3} \times 0.5}{100} \times 10^6 = 1,000 \text{[μF]}$

**10** 분포정수회로에서 선로정수가 $R$, $L$, $C$, $G$이고 무왜형 조건이 $RC = GL$과 같은 관계가 성립될 때 선로의 특성 임피던스 $Z_0$는? (단, 선로의 단위 길이당 저항을 $R$, 인덕턴스를 $L$, 정전용량을 $C$, 누설 컨덕턴스를 $G$라 한다.) [18년 1회 기사]

① $Z_0 = \frac{1}{\sqrt{CL}}$
② $Z_0 = \sqrt{\frac{L}{C}}$
③ $Z_0 = \sqrt{CL}$
④ $Z_0 = \sqrt{RG}$

**해설** $Z_0 = \sqrt{\frac{Z}{Y}} = \sqrt{\frac{R + j\omega L}{G + j\omega C}} = \sqrt{\frac{L}{C}}$ [Ω]

---

**기출 핵심 NOTE**

**09 무왜형 선로**
- 조건 : $\frac{R}{L} = \frac{G}{C}$, $RC = LG$
- 특성 임피던스 : $Z_0 = \sqrt{\frac{L}{C}}$ [Ω]
- 전파정수 : $\gamma = \sqrt{RG} + j\omega\sqrt{LC}$
  여기서, $\alpha = \sqrt{RG}$, $\beta = \omega\sqrt{LC}$
- 전파속도 : $v = \frac{1}{\sqrt{LC}}$ [m/s]

**정답** 07. ① 08. ① 09. ④ 10. ②

**11** 분포정수 선로에서 무왜형 조건이 성립하면 어떻게 되는가? [19년 1회 기사]

① 감쇠량이 최소로 된다.
② 전파속도가 최대로 된다.
③ 감쇠량은 주파수에 비례한다.
④ 위상정수가 주파수에 관계없이 일정하다.

**[해설]**
- 무왜형 선로 조건 : $\dfrac{R}{L} = \dfrac{G}{C}$, $RC = LG$
- 전파정수 : $\gamma = \sqrt{Z \cdot Y} = \sqrt{(R+j\omega L)(G+j\omega C)}$
  $= \sqrt{RG} + j\omega\sqrt{LC}$
- 감쇠량 : $\alpha = \sqrt{RG}$ 로 최소가 된다.

**12** 전송 선로의 특성 임피던스가 100[Ω]이고, 부하 저항이 400[Ω]일 때 전압 정재파비 $S$는 얼마인가? [16년 3회 기사]

① 0.25
② 0.6
③ 1.67
④ 4.0

**[해설]** 전압 정재파비 $S = \dfrac{1+\rho}{1-\rho}$

반사계수 $\rho = \dfrac{Z_L - Z_0}{Z_L + Z_0}$ 이므로 $\rho = \dfrac{400-100}{400+100} = 0.6$

∴ $S = \dfrac{1+0.6}{1-0.6} = 4$

## 기출 핵심 NOTE

**12**
- 반사계수
$$\rho = \dfrac{Z_L - Z_0}{Z_L + Z_0}$$
- 정재파비
$$S = \dfrac{1+\rho}{1-\rho} \; (S \geqq 1 \text{의 값})$$

**정답** 11. ① 12. ④

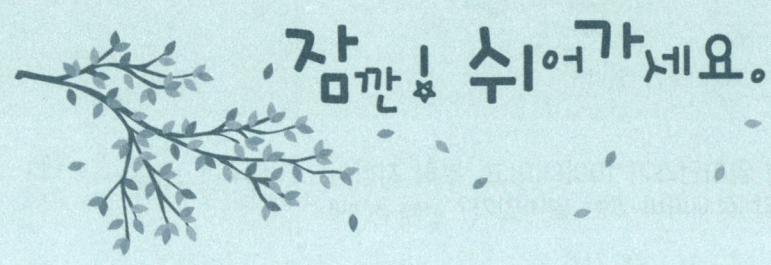

"실패한 자가 패배한 것이 아니라,
포기한 자가 패배한 것이다."

- 장 파울 -

# CHAPTER 13
## 라플라스 변환

- **01** 기초 함수의 라플라스 변환
- **02** 기본 함수의 라플라스 변환표
- **03** 라플라스 변환 기본 정리
- **04** 복소추이 적용 함수의 라플라스 변환표
- **05** 기본 함수의 역라플라스 변환
- **06** 완전제곱 꼴을 이용한 역라플라스 변환
- **07** 부분 분수에 의한 역라플라스 변환

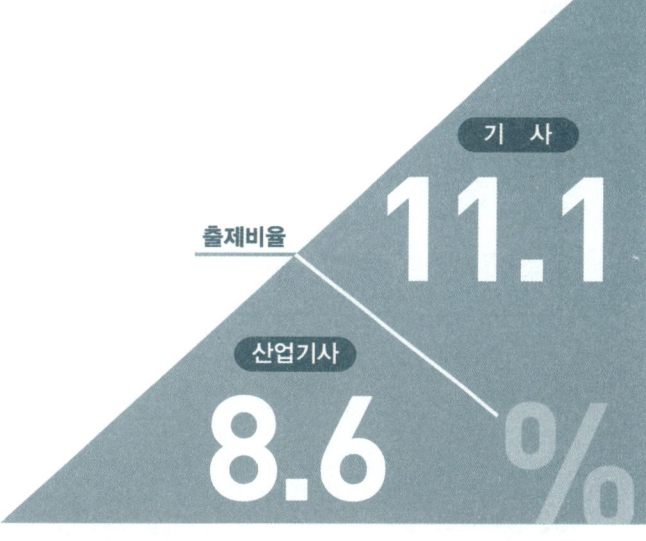

출제비율 기 사 **11.1** 산업기사 **8.6** %

# CHAPTER 13 라플라스 변환

## 기출개념 01 기초 함수의 라플라스 변환

**(1) 정의**

어떤 시간 함수 $f(t)$를 복소 함수 $F(s)$로 바꾸는 것

$$F(s) = \mathcal{L}[f(t)] = \int_0^\infty f(t)e^{-st}dt$$

**(2) 기초 함수의 라플라스 변환**

① 단위 계단 함수 : $f(t) = u(t) = 1$

$$F(s) = \mathcal{L}[f(t)] = \int_0^\infty 1 \cdot e^{-st}dt = \left[-\frac{1}{s}e^{-st}\right]_0^\infty = \boxed{\frac{1}{s}}$$

② 지수 감쇠 함수 : $f(t) = e^{-at}$

$$F(s) = \mathcal{L}[f(t)] = \int_0^\infty e^{-(s+a)t}dt = \left[-\frac{1}{s+a}e^{-(s+a)t}\right]_0^\infty = \boxed{\frac{1}{s+a}}$$

③ 단위 램프 함수 : $f(t) = tu(t)$

$$F(s) = \int_0^\infty te^{-st}dt = \left[t\frac{e^{-st}}{-s}\right]_0^\infty - \int_0^\infty \frac{e^{-st}}{-s}dt = \boxed{\frac{1}{s^2}}$$

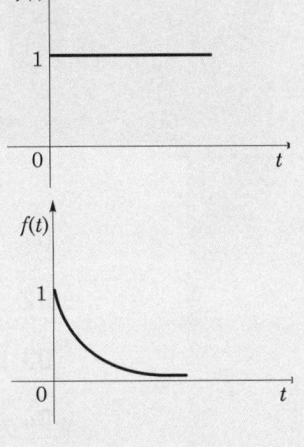

---

**기·출·개념 문제**

$e^{j\omega t}$의 라플라스 변환은?     19·10 기사 / 19·13·95·91 산업

① $\dfrac{1}{s-j\omega}$      ② $\dfrac{1}{s+j\omega}$

③ $\dfrac{1}{s^2+\omega^2}$      ④ $\dfrac{\omega}{s^2+\omega^2}$

**해설** $F(s) = \mathcal{L}[e^{j\omega t}] = \dfrac{1}{s-j\omega}$

**답** ①

## 기출개념 02 기본 함수의 라플라스 변환표

| 구분 | 함수명 | $f(t)$ | $F(s)$ |
|---|---|---|---|
| 1 | 단위 임펄스 함수 | $\delta(t)$ | 1 |
| 2 | 단위 계단 함수 | $u(t)=1$ | $\dfrac{1}{s}$ |
| 3 | 지수 감쇠 함수 | $e^{-at}$ | $\dfrac{1}{s+a}$ |
| 4 | 단위 램프 함수 | $t$ | $\dfrac{1}{s^2}$ |
| 5 | 포물선 함수 | $t^2$ | $\dfrac{2}{s^3}$ |
| 6 | $n$차 램프 함수 | $t^n$ | $\dfrac{n!}{s^{n+1}}$ |
| 7 | 정현파 함수 | $\sin\omega t$ | $\dfrac{\omega}{s^2+\omega^2}$ |
| 8 | 여현파 함수 | $\cos\omega t$ | $\dfrac{s}{s^2+\omega^2}$ |
| 9 | 쌍곡 정현파 함수 | $\sinh at$ | $\dfrac{a}{s^2-a^2}$ |
| 10 | 쌍곡 여현파 함수 | $\cosh at$ | $\dfrac{s}{s^2-a^2}$ |

### 기·출·개·념 문제

**1.** $10t^3$의 라플라스 변환은?  11·91 산업

① $\dfrac{60}{s^4}$   ② $\dfrac{30}{s^4}$   ③ $\dfrac{10}{s^4}$   ④ $\dfrac{80}{s^4}$

(해설) $\mathcal{L}[10t^3] = 10\dfrac{3!}{s^{3+1}} = 10\dfrac{3\times 2\times 1}{s^4} = \dfrac{60}{s^4}$   답 ①

**2.** $f(t) = \sin t \cos t$를 라플라스로 변환하면?   14 기사 / 12·06·96·95·89 산업

① $\dfrac{1}{s^2+4}$   ② $\dfrac{1}{s^2+2}$   ③ $\dfrac{1}{(s+2)^2}$   ④ $\dfrac{1}{(s+4)^2}$

(해설) 삼각함수 가법 정리에 의해서 $\sin(t+t) = 2\sin t \cos t$

$\sin t \cos t = \dfrac{1}{2}\sin 2t$

$\therefore F(s) = \mathcal{L}[\sin t \cos t] = \mathcal{L}\left[\dfrac{1}{2}\sin 2t\right] = \dfrac{1}{2} \times \dfrac{2}{s^2+2^2} = \dfrac{1}{s^2+4}$   답 ①

제13장 라플라스 변환

# CHAPTER 13 라플라스 변환

## 기출개념 03 라플라스 변환 기본 정리

### (1) 선형 정리
두 개 이상의 시간 함수의 합 또는 차의 라플라스 변환

$$\mathcal{L}[af_1(t) \pm bf_2(t)] = a\boldsymbol{F}_1(s) \pm b\boldsymbol{F}_2(s)$$

---

**기·출·개·념 문제**

**1.** $f(t) = \delta(t) - be^{-bt}$의 라플라스 변환은? (단, $\delta(t)$는 임펄스 함수이다.)   08·04·96 산업

① $\dfrac{b}{s+b}$    ② $\dfrac{s(1-b)+5}{s(s+b)}$

③ $\dfrac{1}{s(s+b)}$    ④ $\dfrac{s}{s+b}$

(해설) $\boldsymbol{F}(s) = \mathcal{L}[\delta(t)] - \mathcal{L}[be^{-bt}] = 1 - \dfrac{b}{s+b} = \dfrac{s}{s+b}$    답 ④

**2.** $f(t) = \sin t + 2\cos t$를 라플라스 변환하면?   10·91·90 기사 / 10·08·02·01·00·98·91·90 산업

① $\dfrac{2s}{s^2+1}$    ② $\dfrac{2s+1}{(s+1)^2}$    ③ $\dfrac{2s+1}{s^2+1}$    ④ $\dfrac{2s}{(s+1)^2}$

(해설) $\boldsymbol{F}(s) = \dfrac{1}{s^2+1} + \dfrac{2s}{s^2+1} = \dfrac{2s+1}{s^2+1}$    답 ③

---

### (2) 복소추이 정리
시간 함수 $f(t)$에 지수 함수 $e^{\pm at}$가 곱해진 경우의 라플라스 변환

$$\mathcal{L}[e^{\pm at}f(t)] = \boldsymbol{F}(s \mp a)$$

---

**기·출·개·념 문제**

$e^{-at}\cos\omega t$의 라플라스 변환은?   04·01·83 기사 / 13·04·03·00·92 산업

① $\dfrac{s+a}{(s+a)^2+\omega^2}$    ② $\dfrac{\omega}{(s+a)^2+\omega^2}$

③ $\dfrac{\omega}{(s^2+a^2)^2}$    ④ $\dfrac{s+a}{(s^2+a^2)^2}$

(해설) 복소추이 정리를 이용하면

$\mathcal{L}[e^{-at}\cos\omega t] = \mathcal{L}[\cos\omega t]\Big|_{s=s+a} = \dfrac{s}{s^2+\omega^2}\Big|_{s=s+a} = \dfrac{s+a}{(s+a)^2+\omega^2}$    답 ①

### (3) 복소 미분 정리

시간 함수 $f(t)$에 램프 함수 $t$가 곱해진 경우의 라플라스 변환

$$\mathcal{L}[tf(t)] = -\frac{d}{ds}F(s)$$

**기·출·개·념 문제**

$t\sin\omega t$의 라플라스 변환은?    13·07·00·99 산업

① $\dfrac{\omega}{(s^2+\omega^2)^2}$      ② $\dfrac{\omega s}{(s^2+\omega^2)^2}$

③ $\dfrac{\omega^2}{(s^2+\omega^2)^2}$      ④ $\dfrac{2\omega s}{(s^2+\omega^2)^2}$

**[해설]** 복소 미분 정리를 이용하면

$$F(s) = (-1)\frac{d}{ds}\{\mathcal{L}(\sin\omega t)\} = (-1)\frac{d}{ds}\left(\frac{\omega}{s^2+\omega^2}\right) = \frac{2\omega s}{(s^2+\omega^2)^2}$$

**답** ④

### (4) 시간추이 정리

시간 함수 $f(t)$가 $t=a$만큼 평형 이동한 경우의 라플라스 변환

$$\mathcal{L}[f(t-a)] = e^{-as}F(s)$$

**기·출·개·념 문제**

**1.** 그림과 같은 구형파의 라플라스 변환은?    14·04·98·94 산업

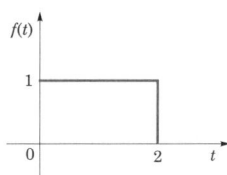

① $\dfrac{1}{s}(1-e^{-s})$      ② $\dfrac{1}{s}(1+e^{-s})$

③ $\dfrac{1}{s}(1-e^{-2s})$      ④ $\dfrac{1}{s}(1+e^{-2s})$

**[해설]** $f(t) = u(t) - u(t-2)$

시간추이 정리를 적용하면 $F(s) = \dfrac{1}{s} - e^{-2s} \cdot \dfrac{1}{s} = \dfrac{1}{s}(1-e^{-2s})$

**답** ③

## CHAPTER 13 라플라스 변환

**기·출·개·념 문제**

**2.** 그림과 같은 게이트 함수의 라플라스 변환을 구하면?  `00·97·88 기사 / 15·11·99·95 산업`

① $\dfrac{E}{Ts^2}[1-(Ts+1)e^{-Ts}]$

② $\dfrac{E}{Ts^2}[1+(Ts+1)e^{-Ts}]$

③ $\dfrac{E}{Ts^2}(Ts+1)e^{-Ts}$

④ $\dfrac{E}{Ts^2}(Ts-1)e^{-Ts}$

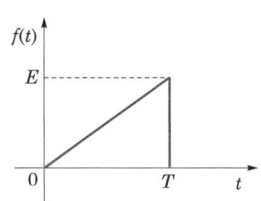

**[해설]** $f(t)=\dfrac{E}{T}tu(t)-Eu(t-T)-\dfrac{E}{T}(t-T)u(t-T)$ 이므로
시간추이 정리를 이용하면

$\therefore F(s)=\dfrac{E}{Ts^2}-\dfrac{Ee^{-Ts}}{s}-\dfrac{Ee^{-Ts}}{Ts^2}$

$=\dfrac{E}{Ts^2}[1-(Ts+1)e^{-Ts}]$

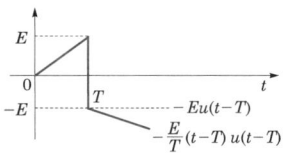

**답** ①

### (5) 실미분 정리

시간 함수 $f(t)$가 미분되어 있는 경우의 라플라스 변환

- $\mathcal{L}\left[\dfrac{d}{dt}f(t)\right]=sF(s)-f(0)$
- $\mathcal{L}\left[\dfrac{d^2}{dt^2}f(t)\right]=s^2F(s)-sf(0)-f'(0)$
- $\mathcal{L}\left[\dfrac{d^3}{dt^3}f(t)\right]=s^3F(s)-s^2f(0)-sf'(0)-f''(0)$

**기·출·개·념 문제**

$5\dfrac{d^2q}{dt^2}+\dfrac{dq}{dt}=10\sin t$ 에서 모든 초기 조건을 0으로 한 라플라스 변환은?  `14·83 산업`

① $\dfrac{10}{(5s+1)(s^2+1)}$

② $\dfrac{10}{(5s^2+s)(s^2+1)}$

③ $\dfrac{10}{2(s^2+1)}$

④ $\dfrac{10}{(s^2+5)(s^2+1)}$

**[해설]** 라플라스 변환하면 모든 초기 조건이 0이므로

$(5s^2+s)Q(s)=\dfrac{10}{s^2+1}$  $\therefore Q(s)=\dfrac{10}{(5s^2+s)(s^2+1)}$

**답** ②

### (6) 실적분 정리

시간 함수 $f(t)$가 적분되어 있는 경우의 라플라스 변환

$$\mathcal{L}\left[\int f(t)\,dt\right] = \frac{1}{s}F(s) + \frac{1}{s}f^{(-1)}(0)$$

$$\mathcal{L}\left[\iint f(t)\,dt^2\right] = \frac{1}{s^2}F(s) + \frac{1}{s^2}f^{(-1)}(0) + \frac{1}{s}f^{(-2)}(0)$$

**기·출·개·념 문제**

$v_i(t) = Ri(t) + L\dfrac{di(t)}{dt} + \dfrac{1}{C}\int i(t)\,dt$ 에서 모든 초기 조건을 0으로 하고 라플라스 변환하면 어떻게 되는가?   〔15·07·00·94·93·88 산업〕

① $\dfrac{Cs}{LCs^2 + RCs + 1}V_i(s)$

② $\dfrac{1}{LCs^2 + RCs + 1}V_i(s)$

③ $\dfrac{LCs}{LCs^2 + RCs + 1}V_i(s)$

④ $\dfrac{C}{LCs^2 + RCs + 1}V_i(s)$

**[해설]** $V_i(s) = \left(R + sL + \dfrac{1}{sC}\right)I(s)$

$\therefore\ I(s) = \dfrac{1}{sL + R + \dfrac{1}{sC}}V_i(s) = \dfrac{Cs}{LCs^2 + RCs + 1}V_i(s)$   **답** ①

### (7) 초기값 정리

$$f(0) = \lim_{t \to 0} f(t) = \lim_{s \to \infty} sF(s)$$

**기·출·개·념 문제**

$I(s) = \dfrac{2s+5}{s^2+3s+2}$ 일 때 $i(t)|_{t=0} = i(0)$은 얼마인가?   〔99 기사 / 03 산업〕

① 2

② 3

③ 5

④ $\dfrac{5}{2}$

**[해설]** 초기값 정리에 의해 $i(0) = \lim\limits_{s\to\infty} sI(s) = \lim\limits_{s\to\infty} s \cdot \dfrac{2s+5}{s^2+3s+2} = 2$   **답** ①

제13장 라플라스 변환

# CHAPTER 13 라플라스 변환

**(8) 최종값 정리(정상값 정리)**

$$f(\infty) = \lim_{t \to \infty} f(t) = \lim_{s \to 0} sF(s)$$

**기·출·개·념 문제**

어떤 제어계의 출력이 $C(s) = \dfrac{5}{s(s^2+s+2)}$ 로 주어질 때 출력의 시간 함수 $C(t)$의 정상값은?

① 5
② 2
③ $\dfrac{2}{5}$
④ $\dfrac{5}{2}$

02 기사 / 18·14·11·06·03·99 산업

**해설** 최종값 정리에 의해 $\lim\limits_{s \to 0} sC(s) = \lim\limits_{s \to 0} s \cdot \dfrac{5}{s(s^2+s+2)} = \dfrac{5}{2}$

**답** ④

**(9) 주기 함수의 라플라스 변환**

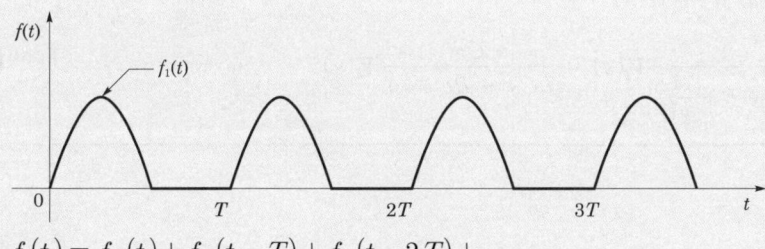

$f(t) = f_1(t) + f_1(t-T) + f_1(t-2T) + \cdots$

$F(s) = F_1(s)(1 + e^{-Ts} + e^{-2Ts} + \cdots) = F_1(s)\dfrac{1}{1-e^{-Ts}}$

**기·출·개·념 문제**

그림과 같은 계단 함수의 라플라스 변환은?

97 산업

① $E(1+e^{-Ts})$
② $\dfrac{E}{(1-e^{-Ts})}$
③ $\dfrac{E}{s(1-e^{-Ts})}$
④ $\dfrac{E}{s(1-e^{-Ts/2})}$

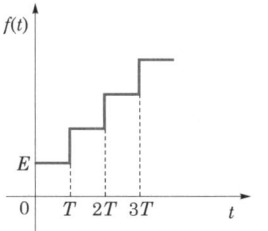

**해설** 첫 주기 $f_1(t) = Eu(t)$ 함수이므로 $F_1(s) = \dfrac{E}{s}$

∴ $F(s) = \dfrac{1}{1-e^{-Ts}} F_1(s) = \dfrac{E}{s(1-e^{-Ts})}$

**답** ③

## 기출개념 04 복소추이 적용 함수의 라플라스 변환표

| 구 분 | 함수명 | $f(t)$ | $F(s)$ |
|---|---|---|---|
| 1 | 지수 감쇠 램프 함수 | $te^{-at}$ | $\dfrac{1}{(s+a)^2}$ |
| 2 | 지수 감쇠 포물선 함수 | $t^2e^{-at}$ | $\dfrac{2}{(s+a)^3}$ |
| 3 | 지수 감쇠 $n$차 램프 함수 | $t^n e^{-at}$ | $\dfrac{n!}{(s+a)^{n+1}}$ |
| 4 | 지수 감쇠 정현파 함수 | $e^{-at}\sin\omega t$ | $\dfrac{\omega}{(s+a)^2+\omega^2}$ |
| 5 | 지수 감쇠 여현파 함수 | $e^{-at}\cos\omega t$ | $\dfrac{s+a}{(s+a)^2+\omega^2}$ |
| 6 | 지수 감쇠 쌍곡 정현파 함수 | $e^{-at}\sinh\omega t$ | $\dfrac{\omega}{(s+a)^2-\omega^2}$ |
| 7 | 지수 감쇠 쌍곡 여현파 함수 | $e^{-at}\cosh\omega t$ | $\dfrac{s+a}{(s+a)^2-\omega^2}$ |

### 기·출·개·념 문제

**1.** $t^2 e^{at}$ 의 라플라스 변환은?  09·05·02·81 산업

① $\dfrac{1}{(s-a)^2}$  ② $\dfrac{2}{(s-a)^2}$
③ $\dfrac{1}{(s-a)^3}$  ④ $\dfrac{2}{(s-a)^3}$

(해설) $\mathcal{L}[t^n e^{-at}] = \dfrac{n!}{(s+a)^{n+1}}$

$\therefore \mathcal{L}[t^2 e^{at}] = \dfrac{2}{(s-a)^3}$

답 ④

**2.** $e^{-2t}\cos 3t$ 의 라플라스 변환은?  04·00 산업

① $\dfrac{s+2}{(s+2)^2+3^2}$  ② $\dfrac{s-2}{(s-2)^2+3^2}$
③ $\dfrac{s}{(s+2)^2+3^2}$  ④ $\dfrac{s}{(s-2)^2+3^2}$

(해설) $\mathcal{L}[e^{-2t}\cos 3t] = \mathcal{L}[\cos 3t]_{s=s+2} = \dfrac{s}{s^2+3^2}\bigg|_{s=s+2} = \dfrac{s+2}{(s+2)^2+3^2}$

답 ①

# CHAPTER 13 라플라스 변환

## 기출개념 05 기본 함수의 역라플라스 변환표

| 구분 | $F(s)$ | $f(t)$ | 구분 | $F(s)$ | $f(t)$ |
|---|---|---|---|---|---|
| 1 | 1 | $\delta(t)$ | 7 | $\dfrac{1}{(s+a)^2}$ | $te^{-at}$ |
| 2 | $\dfrac{1}{s}$ | $u(t)=1$ | 8 | $\dfrac{n!}{(s+a)^{n+1}}$ | $t^n e^{-at}$ |
| 3 | $\dfrac{1}{s^2}$ | $t$ | 9 | $\dfrac{\omega}{s^2+\omega^2}$ | $\sin\omega t$ |
| 4 | $\dfrac{2}{s^3}$ | $t^2$ | 10 | $\dfrac{s}{s^2+\omega^2}$ | $\cos\omega t$ |
| 5 | $\dfrac{n!}{s^{n+1}}$ | $t^n$ | 11 | $\dfrac{\omega}{(s+a)^2+\omega^2}$ | $e^{-at}\sin\omega t$ |
| 6 | $\dfrac{1}{s+a}$ | $e^{-at}$ | 12 | $\dfrac{s+a}{(s+a)^2+\omega^2}$ | $e^{-at}\cos\omega t$ |

### 기·출·개념 문제

**1.** $\dfrac{1}{s+3}$ 의 역라플라스 변환은?   02·01·16 산업

① $e^{3t}$  ② $e^{-3t}$  ③ $e^{\frac{1}{3}}$  ④ $e^{-\frac{1}{3}}$

[해설] $\mathcal{L}[e^{-at}] = \dfrac{1}{s+a}$ 이므로

$\therefore \mathcal{L}^{-1}\left[\dfrac{1}{(s+3)}\right] = e^{-3t}$

답 ②

**2.** 다음 함수의 역라플라스 변환을 구하면?   12·83 기사

$$F(s) = \dfrac{3s+8}{s^2+9}$$

① $3\cos 3t - \dfrac{8}{3}\sin 3t$
② $3\sin 3t + \dfrac{8}{3}\cos 3t$
③ $3\cos 3t + \dfrac{8}{3}\sin t$
④ $3\cos 3t + \dfrac{8}{3}\sin 3t$

[해설] $F(s) = \dfrac{3s+8}{s^2+9} = \dfrac{3s}{s^2+3^2} + \dfrac{8}{s^2+3^2} = 3\left(\dfrac{s}{s^2+3^2}\right) + \dfrac{8}{3}\left(\dfrac{3}{s^2+3^2}\right)$

$\therefore f(t) = \mathcal{L}^{-1}[F(s)] = 3\cos 3t + \dfrac{8}{3}\sin 3t$

답 ④

## 기출개념 06 완전제곱 꼴을 이용한 역라플라스 변환

(1) 완전제곱식
① $s^2 + 2s + 1 = (s+1)^2$
② $s^2 + 4s + 4 = (s+2)^2$
③ $s^2 + 6s + 9 = (s+3)^2$
④ $s^2 + 8s + 16 = (s+4)^2$

(2) $F(s) = \dfrac{\omega}{(s+a)^2 + \omega^2}$ 의 역라플라스 변환

$$f(t) = \mathcal{L}^{-1} F(s) = \mathcal{L}^{-1} \dfrac{\omega}{(s+a)^2 + \omega^2} = e^{-at} \sin \omega t$$

(3) $F(s) = \dfrac{s+a}{(s+a)^2 + \omega^2}$ 의 역라플라스 변환

$$f(t) = \mathcal{L}^{-1} F(s) = \mathcal{L}^{-1} \dfrac{s+a}{(s+a)^2 + \omega^2} = e^{-at} \cos \omega t$$

### 기·출·개·념 문제

**1.** $E(t) = \mathcal{L}^{-1}\left[\dfrac{1}{s^2 + 6s + 10}\right]$ 의 값은 얼마인가?    97·89 산업

① $e^{-3t}\sin t$      ② $e^{-3t}\cos t$
③ $e^{-t}\sin 5t$      ④ $e^{-t}\sin 5\omega t$

(해설) $F(s) = \dfrac{1}{s^2 + 6s + 10} = \dfrac{1}{(s+3)^2 + 1}$

∴ $f(t) = e^{-3t}\sin t$    답 ①

**2.** $\mathcal{L}^{-1}\left[\dfrac{1}{s^2 + 2s + 5}\right]$ 의 값은?    11·89 기사 / 18·06·85 산업

① $e^{-t}\sin 2t$      ② $\dfrac{1}{2}e^{-t}\sin t$
③ $\dfrac{1}{2}e^{-t}\sin 2t$      ④ $e^{-t}\sin t$

(해설) $\mathcal{L}^{-1}\left[\dfrac{1}{s^2 + 2s + 5}\right] = \mathcal{L}^{-1}\left[\dfrac{1}{(s+1)^2 + 2^2}\right]$

$= \dfrac{1}{2}e^{-t}\sin 2t$    답 ③

# CHAPTER 13 라플라스 변환

## 기출개념 07 부분 분수에 의한 역라플라스 변환

**(1) 실수 단근인 경우**

$$F(s) = \frac{Z(s)}{(s-p_1)(s-p_2)} = \frac{K_1}{(s-p_1)} + \frac{K_2}{(s-p_2)}$$

• 유수 정리

$$K_1 = (s-p_1)F(s)\big|_{s=p_1} = \frac{Z(s)}{(s-p_2)}\bigg|_{s=p_1}$$

$$K_2 = (s-p_2)F(s)\big|_{s=p_2} = \frac{Z(s)}{(s-p_1)}\bigg|_{s=p_2}$$

**(2) 중복근이 있는 경우**

$$F(s) = \frac{1}{(s+1)^2(s+2)} = \frac{K_{11}}{(s+1)^2} + \frac{K_{12}}{(s+1)} + \frac{K_2}{(s+2)}$$

• 유수 정리

$$K_{11} = \frac{1}{s+2}\bigg|_{s=-1} = 1$$

$$K_{12} = \frac{d}{ds}\frac{1}{s+2}\bigg|_{s=-1} = \frac{-1}{(s+2)^2}\bigg|_{s=-1} = -1$$

$$K_2 = \frac{1}{(s+1)^2}\bigg|_{s=-2} = 1$$

$$F(s) = \frac{1}{(s+1)^2} - \frac{1}{s+1} + \frac{1}{s+2}$$

$$f(t) = te^{-t} - e^{-t} + e^{-2t}$$

---

### 기·출·개·념 문제

$F(s) = \dfrac{1}{s(s+1)}$ 의 역라플라스 변환은?   11·09·88 산업

① $1 + e^{-t}$   ② $1 - e^{-t}$   ③ $\dfrac{1}{1-e^{-t}}$   ④ $\dfrac{1}{1+e^{-t}}$

**[해설]** $F(s) = \dfrac{1}{s(s+1)} = \dfrac{K_1}{s} + \dfrac{K_2}{s+1}$

$K_1 = sF(s)\big|_{s=0} = \dfrac{1}{s+1}\bigg|_{s=0} = 1$

$K_2 = (s+1)F(s)\big|_{s=-1} = \dfrac{1}{s}\bigg|_{s=-1} = -1$

$\therefore F(s) = \dfrac{1}{s} - \dfrac{1}{s+1}$

$\therefore f(t) = 1 - e^{-t}$

**답** ②

# CHAPTER 13 라플라스 변환

## 단원 최근 빈출문제

**01** 함수 $f(t)$의 라플라스 변환은 어떤 식으로 정의되는가? [18년 1회 기사]

① $\int_0^\infty f(t)e^{st}dt$
② $\int_0^\infty f(t)e^{-st}dt$
③ $\int_0^\infty f(-t)e^{st}dt$
④ $\int_{-\infty}^\infty f(-t)e^{-st}dt$

**해설** 어떤 시간 함수 $f(t)$가 있을 때 이 함수에 $e^{-st}dt$를 곱하고 그것을 다시 0에서부터 ∞까지 시간에 대하여 적분한 것을 함수 $f(t)$의 라플라스 변환식이라고 말하며 $F(s) = \mathcal{L}[f(t)]$로 표시한다.

정의식 $\mathcal{L}[f(t)] = F(s) = \int_0^\infty f(t)e^{-st}dt$

### 기출 핵심 NOTE

**01** 라플라스 변환 정의식

$$F(s) = \int_0^\infty f(t)e^{-st}dt$$

**02** 단위 임펄스 $\delta(t)$의 라플라스 변환은? [17년 1회 산업]

① $e^{-s}$
② $\dfrac{1}{s}$
③ $\dfrac{1}{s^2}$
④ 1

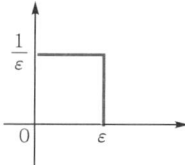

**해설** 단위 임펄스 함수[$\delta(t)$]
단위 임펄스 함수[$\delta(t)$]는 면적이 1인 함수로 라플라스 변환하면 1이 된다.

**02** • 단위 임펄스 함수
 =하중 함수
 =델타 함수
• $\mathcal{L}[\delta(t)] = 1$

**03** 그림과 같은 직류 전압의 라플라스 변환을 구하면? [16년 3회 기사]

① $\dfrac{E}{s-1}$
② $\dfrac{E}{s+1}$
③ $\dfrac{E}{s}$
④ $\dfrac{E}{s^2}$

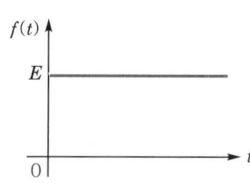

**해설** $f(t) = Eu(t)$
즉, 계단 함수의 라플라스 변환 $\mathcal{L}[Eu(t)] = \dfrac{E}{s}$

**03** 계단 함수
• $\mathcal{L}[u(t)] = \dfrac{1}{s}$
• $\mathcal{L}[E] = \dfrac{E}{s}$

**정답** 01. ② 02. ④ 03. ③

# CHAPTER 13 라플라스 변환

**04** $f(t) = 3t^2$의 라플라스 변환은? [14년 1회 기사]

① $\dfrac{3}{s^3}$  ② $\dfrac{3}{s^2}$

③ $\dfrac{6}{s^3}$  ④ $\dfrac{6}{s^2}$

**해설**
$F(s) = \mathcal{L}[t^n] = \dfrac{n!}{s^{n+1}}$

$\mathcal{L}[3t^2] = 3\dfrac{2!}{s^3} = \dfrac{6}{s^3}$

> **04** $n$차 램프 함수
> - $\mathcal{L}[t^n] = \dfrac{n!}{s^{n+1}}$
> - $\mathcal{L}[t^2] = \dfrac{2}{s^3}$

**05** 회로망의 응답 $h(t) = (e^{-t} + 2e^{-2t})u(t)$의 라플라스 변환은? [18년 1회 산업]

① $\dfrac{3s+4}{(s+1)(s+2)}$  ② $\dfrac{3s}{(s-1)(s-2)}$

③ $\dfrac{3s+2}{(s+1)(s+2)}$  ④ $\dfrac{-s-4}{(s-1)(s-2)}$

**해설**
$H(s) = \dfrac{1}{s+1} + \dfrac{2}{s+2} = \dfrac{s+2+2(s+1)}{(s+1)(s+2)} = \dfrac{3s+4}{(s+1)(s+2)}$

> **05** 선형 정리
> $\mathcal{L}[af(t) \pm bg(t)] = aF(s) \pm bG(s)$
> 합차의 라플라스 변환은 각각 라플라스 변환한다.

**06** $f(t) = e^{-t} + 3t^2 + 3\cos 2t + 5$의 라플라스 변환식은? [19년 2회 산업]

① $\dfrac{1}{s+1} + \dfrac{6}{s^2} + \dfrac{3s}{s^2+5} + \dfrac{5}{s}$

② $\dfrac{1}{s+1} + \dfrac{6}{s^3} + \dfrac{3s}{s^2+4} + \dfrac{5}{s}$

③ $\dfrac{1}{s+1} + \dfrac{5}{s^2} + \dfrac{3s}{s^2+5} + \dfrac{4}{s}$

④ $\dfrac{1}{s+1} + \dfrac{5}{s^3} + \dfrac{2s}{s^2+4} + \dfrac{4}{s}$

**해설**
$F(s) = \mathcal{L}[e^{-t} + 3t^2 + 3\cos 2t + 5] = \dfrac{1}{s+1} + \dfrac{6}{s^3} + \dfrac{3s}{s^2+2^2} + \dfrac{5}{s}$

> **06** 라플라스 변환표
> - $\mathcal{L}[e^{-at}] = \dfrac{1}{s+a}$
> - $\mathcal{L}[t^2] = \dfrac{2}{s^3}$
> - $\mathcal{L}[\cos \omega t] = \dfrac{s}{s^2+\omega^2}$
> - $\mathcal{L}[u(t)] = \dfrac{1}{s}$

**07** $f(t) = \delta(t-T)$의 라플라스 변환 $F(s)$는? [19년 3회 기사]

① $e^{Ts}$  ② $e^{-Ts}$

③ $\dfrac{1}{s}e^{Ts}$  ④ $\dfrac{1}{s}e^{-Ts}$

**해설**
시간추이 정리 $\mathcal{L}[f(t-a)] = e^{-as} \cdot F(s)$
$\therefore \mathcal{L}[\delta(t-T)] = e^{-Ts} \cdot 1 = e^{-Ts}$

> **07** 시간추이 정리
> $\mathcal{L}[f(t-a)] = e^{-as} \cdot F(s)$

**정답** 04. ③  05. ①  06. ②  07. ②

**08** 그림과 같은 단위 계단 함수는? [15년 1회 기사]

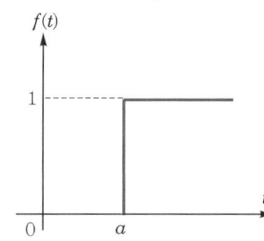

① $u(t)$
② $u(t-a)$
③ $u(a-t)$
④ $-u(t-a)$

[해설] $f(t) = u(t-a)$
단위 계단 함수 $u(t)$가 $t=a$만큼 평행 이동된 함수, 즉 $a$만큼 지연된 파형이므로 $u(t-a)$로 나타낸다.

**기출 핵심 NOTE**

**08** $\mathcal{L}[\mu(t-a)]$
시간추이 정리에 의해
$= e^{-as} \cdot \dfrac{1}{s}$

**09** 다음 파형의 라플라스 변환은? [15년 2회 기사]

① $-\dfrac{E}{Ts^2}e^{-Ts}$
② $\dfrac{E}{Ts^2}e^{-Ts}$
③ $-\dfrac{E}{Ts^2}e^{Ts}$
④ $\dfrac{E}{Ts^2}e^{Ts}$

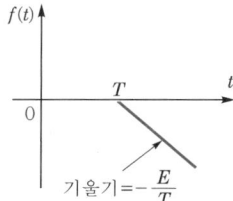

[해설] $f(t) = -\dfrac{E}{T}(t-T)u(t-T)$

시간추이 정리를 적용하면 $F(s) = -\dfrac{E}{Ts^2}e^{-Ts}$

**10** 그림과 같은 구형파의 라플라스 변환은? [17년 1회 기사]

① $\dfrac{2}{s}(1-e^{4s})$
② $\dfrac{2}{s}(1-e^{-4s})$
③ $\dfrac{4}{s}(1-e^{4s})$
④ $\dfrac{4}{s}(1-e^{-4s})$

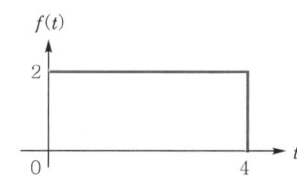

[해설] $f(t) = 2u(t) - 2u(t-4)$

시간추이 정리를 적용하면 $F(s) = \dfrac{2}{s} - \dfrac{2}{s}e^{-4s} = \dfrac{2}{s}(1-e^{-4s})$

**10** 시간추이 정리
- $\mathcal{L}[u(t-4)] = e^{-4s} \cdot \dfrac{1}{s}$
- $\mathcal{L}[2u(t-4)] = e^{-4s} \cdot \dfrac{2}{s}$

정답 08. ② 09. ① 10. ②

# CHAPTER 13 라플라스 변환

**11** 그림과 같이 높이가 1인 펄스의 라플라스 변환은?
[16년 2회 산업]

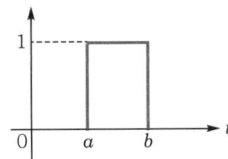

① $\dfrac{1}{s}(e^{-as}+e^{-bs})$

② $\dfrac{1}{a-b}\left(\dfrac{e^{-as}+e^{-bs}}{1}\right)$

③ $\dfrac{1}{s}(e^{-as}-e^{-bs})$

④ $\dfrac{1}{a-b}\left(\dfrac{e^{-as}-e^{-bs}}{s}\right)$

**해설** $f(t)=u(t-a)-u(t-b)$
시간추이 정리를 적용하면
$F(s)=\dfrac{e^{-as}}{s}-\dfrac{e^{-bs}}{s}=\dfrac{1}{s}(e^{-as}-e^{-bs})$

**기출 핵심 NOTE**

**11** 시간추이 정리
- $\mathcal{L}\,[u(t-a)]=e^{-as}\cdot\dfrac{1}{s}$
- $\mathcal{L}\,[u(t-b)]=e^{-bs}\cdot\dfrac{1}{s}$

**12** 다음과 같은 파형 $v(t)$를 단위 계단 함수로 표시하면 어떻게 되는가?
[16년 2회 산업]

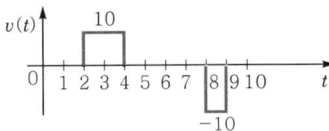

① $10u(t-2)+10u(t-4)+10u(t-8)+10u(t-9)$
② $10u(t-2)-10u(t-4)-10u(t-8)-10u(t-9)$
③ $10u(t-2)-10u(t-4)+10u(t-8)-10u(t-9)$
④ $10u(t-2)-10u(t-4)-10u(t-8)+10u(t-9)$

**해설**

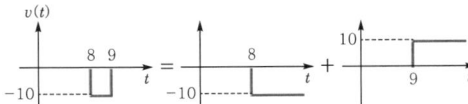

∴ $10u(t-2)-10u(t-4)$

∴ $-10u(t-8)+10u(t-9)$

∴ $v(t)=10u(t-2)-10u(t-4)-10u(t-8)+10u(t-9)$

**정답** 11. ③ 12. ④

**13** 그림과 같은 파형의 Laplace 변환은? [18년 3회 기사]

① $\dfrac{1}{2s^2}(1-e^{-4s}-se^{-4s})$  ② $\dfrac{1}{2s^2}(1-e^{-4s}-4e^{-4s})$

③ $\dfrac{1}{2s^2}(1-se^{-4s}-4e^{-4s})$  ④ $\dfrac{1}{2s^2}(1-e^{-4s}-4se^{-4s})$

[해설] $f(t)=\dfrac{2}{4}tu(t)-2u(t-4)-\dfrac{2}{4}(t-4)u(t-4)$

시간추이 정리를 이용하면

$F(s)=\dfrac{1}{2}\dfrac{1}{s^2}-2\dfrac{e^{-4s}}{s}-\dfrac{1}{2}\dfrac{e^{-4s}}{s^2}=\dfrac{1}{2s^2}(1-e^{-4s}-4se^{-4s})$

**14** $f(t)=\dfrac{d}{dt}\cos\omega t$를 라플라스 변환하면? [16년 3회 산업]

① $\dfrac{\omega^2}{s^2+\omega^2}$  ② $\dfrac{-s^2}{s^2+\omega^2}$

③ $\dfrac{s}{s^2+\omega^2}$  ④ $\dfrac{-\omega^2}{s^2+\omega^2}$

[해설] $\mathcal{L}\left[\dfrac{d}{dt}\cos\omega t\right]=\mathcal{L}[-\omega\sin\omega t]=-\omega\cdot\dfrac{\omega}{s^2+\omega^2}=\dfrac{-\omega^2}{s^2+\omega^2}$

**15** $\dfrac{dx(t)}{dt}+3x(t)=5$의 라플라스 변환은? (단, $x(0)=0$, $X(s)=\mathcal{L}[x(t)]$) [19·18년 3회 산업]

① $X(s)=\dfrac{5}{s+3}$  ② $X(s)=\dfrac{3}{s(s+5)}$

③ $X(s)=\dfrac{3}{s+5}$  ④ $X(s)=\dfrac{5}{s(s+3)}$

[해설] 모든 초기값을 0으로 하고 Laplace 변환하면

$sX(s)+3X(s)=\dfrac{5}{s}$

$\therefore X(s)=\dfrac{5}{s(s+3)}$

**기출 핵심 NOTE**

**14** 실미분 정리 적용 해설

- $\mathcal{L}\left[\dfrac{d}{dt}f(t)\right]=sF(s)-f(0)$
- $\mathcal{L}\left[\dfrac{d}{dt}\cos\omega t\right]=s\cdot\dfrac{s}{s^2+\omega^2}-1$

  $=\dfrac{-\omega^2}{s^2+\omega^2}$

**15** 실미분 정리 초기값이 0인 경우

- $\mathcal{L}\left[\dfrac{d}{dt}f(t)\right]=sF(s)$
- $\mathcal{L}\left[\dfrac{d^2}{dt^2}f(t)\right]=s^2F(s)$
- $\mathcal{L}\left[\dfrac{d^3}{dt^3}f(t)\right]=s^3F(s)$

정답 13. ④ 14. ④ 15. ④

## CHAPTER 13 라플라스 변환

**16** 콘덴서 $C[\text{F}]$에 단위 임펄스의 전류원을 접속하여 동작시키면 콘덴서의 전압 $V_C(t)$는? (단, $u(t)$는 단위 계단 함수이다.)  [17년 1회 기사]

① $V_C(t) = C$
② $V_C(t) = Cu(t)$
③ $V_C(t) = \dfrac{1}{C}$
④ $V_C(t) = \dfrac{1}{C}u(t)$

**해설** 콘덴서의 전압 $V_C(t) = \dfrac{1}{C}\int i(t)\,dt$

라플라스 변환하면 $V_C(s) = \dfrac{1}{Cs}I(s)$

단위 임펄스 전류원 $i(t) = \delta(t)$
∴ $I(s) = 1$
∴ $V_C(s) = \dfrac{1}{Cs}$

역라플라스 변환하면 $V_C(t) = \dfrac{1}{C}u(t)$가 된다.

**17** 그림과 같은 커패시터 $C$의 초기 전압이 $V(0)$일 때 라플라스 변환에 의하여 $s$함수로 표시된 등가회로로 옳은 것은?  [16년 3회 산업]

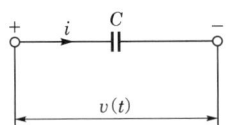

① $\dfrac{1}{Cs}$ $V(0)$
② $\dfrac{1}{Cs}$ $\dfrac{V(0)}{s}$
③ $V(0)$ $\dfrac{1}{Cs}$
④ $\dfrac{V(0)}{s}$ $\dfrac{1}{Cs}$

**해설** $V(t) = \dfrac{1}{C}\int i(t)\,dt$

라플라스 변환하면 $V(s) = \dfrac{1}{Cs}I(s) + \dfrac{1}{Cs}i^{(-1)}(0)$

여기서, $i^{(-1)}(0) = \int i(t)\,dt \Big|_{t=0} = q(0)$

즉, 초기 전하이므로 $q(0) = CV(0)$

∴ $V(s) = \dfrac{1}{Cs}I(s) + \dfrac{V(0)}{s}$

### 기출 핵심 NOTE

**17** • 실적분 정리
$$\mathcal{L}\left[\int f(t)\,dt\right] = \dfrac{1}{s}F(s) + \dfrac{1}{s}f_{(0)}^{(-1)}$$

• 실적분 정리 초기값이 0인 경우
$$\mathcal{L}\left[\int f(t)\,dt\right] = \dfrac{1}{s}F(s)$$
$$\mathcal{L}\left[\iint f(t)\,dt^2\right] = \dfrac{1}{s^2}F(s)$$

**정답** 16. ④  17. ②

**18** 다음과 같은 전류의 초기값 $i(0^+)$를 구하면?
[19년 1회 산업]

$$I(s) = \frac{12(s+8)}{4s(s+6)}$$

① 1
② 2
③ 3
④ 4

**해설** 초기값 정리

$$i(0) = \lim_{t \to 0} i(t) = \lim_{s \to \infty} s \cdot I(s) = \lim_{s \to \infty} s \cdot \frac{12(s+8)}{4s(s+6)} = 3$$

**19** $f(t)$와 $\dfrac{df}{dt}$는 라플라스 변환이 가능하며 $\mathcal{L}[f(t)]$를 $F(s)$라고 할 때 최종값 정리는?
[14년 3회 기사]

① $\lim\limits_{s \to 0} F(s)$
② $\lim\limits_{s \to \infty} sF(s)$
③ $\lim\limits_{s \to \infty} F(s)$
④ $\lim\limits_{s \to 0} sF(s)$

**해설** $f_{(\infty)} = \lim\limits_{t \to \infty} f(t) = \lim\limits_{s \to 0} s \cdot F(s)$

**20** $F(s) = \dfrac{2s+15}{s^3+s^2+3s}$일 때 $f(t)$의 최종값은?
[19·15년 1회 기사]

① 2
② 3
③ 5
④ 15

**해설** 최종값 정리에 의해 $\lim\limits_{s \to 0} s \cdot F(s) = \lim\limits_{s \to 0} s \cdot \dfrac{2s+15}{s(s^2+s+3)} = 5$

**21** $\dfrac{s\sin\theta + \omega\cos\theta}{s^2+\omega^2}$의 역라플라스 변환을 구하면 어떻게 되는가?
[18년 3회 산업]

① $\sin(\omega t - \theta)$
② $\sin(\omega t + \theta)$
③ $\cos(\omega t - \theta)$
④ $\cos(\omega t + \theta)$

**해설** $\dfrac{s}{s^2+\omega^2}\sin\theta + \dfrac{\omega}{s^2+\omega^2}\cos\theta$ (역 Laplace 변환하면)
$= \cos\omega t \sin\theta + \sin\omega t \cos\theta = \sin(\omega t + \theta)$

---

**기출 핵심 NOTE**

**18** 초기값 정리
$$\lim_{t \to 0} f(t) = \lim_{s \to \infty} s \cdot F(s)$$

**19** 최종값 정리
$$\lim_{t \to \infty} f(t) = \lim_{s \to 0} s \cdot F(s)$$

**21** 역라플라스 변환
- $\mathcal{L}^{-1}\left[\dfrac{\omega}{s^2+\omega^2}\right] = \sin\omega t$
- $\mathcal{L}^{-1}\left[\dfrac{s}{s^2+\omega^2}\right] = \cos\omega t$

**정답** 18. ③  19. ④  20. ③  21. ②

# CHAPTER 13 라플라스 변환

**22** $F(s) = \dfrac{s}{s^2 + \pi^2} \cdot e^{-2s}$ 함수를 시간추이 정리에 의해서 역변환하면? [19년 1회 산업]

① $\sin\pi(t+a) \cdot u(t+a)$
② $\sin\pi(t-2) \cdot u(t-2)$
③ $\cos\pi(t+a) \cdot u(t+a)$
④ $\cos\pi(t-2) \cdot u(t-2)$

**[해설]** 시간추이 정리 $\mathcal{L}[f(t-a)] = e^{-as} \cdot F(s)$

역 Laplace 변환하면 $F(s) = \dfrac{s}{s^2 + \pi^2} \cdot e^{-2s}$

∴ $f(t) = \cos\pi(t-2) \cdot u(t-2)$

**23** $F(s) = \dfrac{2(s+1)}{s^2 + 2s + 5}$ 의 시간 함수 $f(t)$는 어느 것인가? [18년 1회 산업]

① $2e^t \cos 2t$
② $2e^t \sin 2t$
③ $2e^{-t} \cos 2t$
④ $2e^{-t} \sin 2t$

**[해설]** $F(s) = \dfrac{2(s+1)}{s^2 + 2s + 5} = 2\dfrac{s+1}{(s+1)^2 + 2^2}$

∴ $f(t) = 2e^{-t} \cos 2t$

**24** $F(s) = \dfrac{1}{s(s+a)}$ 의 라플라스 역변환은? [18년 2회 기사]

① $e^{-at}$
② $1 - e^{-at}$
③ $a(1 - e^{-at})$
④ $\dfrac{1}{a}(1 - e^{-at})$

**[해설]** $F(s) = \dfrac{1}{s(s+a)} = \dfrac{1}{as} - \dfrac{1}{a(s+a)}$

∴ $f(t) = \dfrac{1}{a}(1 - e^{-at})$

**25** $F(s) = \dfrac{s+1}{s^2 + 2s}$ 의 역라플라스 변환은? [17년 2회 기사]

① $\dfrac{1}{2}(1 - e^{-t})$
② $\dfrac{1}{2}(1 - e^{-2t})$
③ $\dfrac{1}{2}(1 + e^t)$
④ $\dfrac{1}{2}(1 + e^{-2t})$

## 기출 핵심 NOTE

**23 역라플라스 변환**
- $\mathcal{L}^{-1}\left[\dfrac{\omega}{(s+a)^2 + \omega^2}\right] = e^{-at} \sin\omega t$
- $\mathcal{L}^{-1}\left[\dfrac{s+a}{(s+a)^2 + \omega^2}\right] = e^{-at} \cos\omega t$

**25 역라플라스 변환의 기본식**

| $F(s)$ | $f(t)$ |
| --- | --- |
| 1 | $\delta(t)$ |
| $\dfrac{1}{s}$ | $u(t) = 1$ |
| $\dfrac{1}{s^2}$ | $t$ |
| $\dfrac{n!}{s^{n+1}}$ | $t^n$ |
| $\dfrac{1}{s \pm a}$ | $e^{\mp at}$ |
| $\dfrac{\omega}{s^2 + \omega^2}$ | $\sin\omega t$ |
| $\dfrac{s}{s^2 + \omega^2}$ | $\cos\omega t$ |

**정답** 22. ④ 23. ③ 24. ④ 25. ④

**해설**
$$F(s) = \frac{s+1}{s^2+2s} = \frac{s+1}{s(s+2)} = \frac{K_1}{s} + \frac{K_2}{s+2}$$
$$K_1 = \frac{s+1}{s+2}\bigg|_{s=0} = \frac{1}{2}, \quad K_2 = \frac{s+1}{s}\bigg|_{s=-2} = \frac{1}{2}$$
$$\therefore F(s) = \frac{1}{2} \cdot \frac{1}{s} + \frac{1}{2} \cdot \frac{1}{s+2}$$
$$\therefore f(t) = \mathcal{L}^{-1}F(s) = \frac{1}{2} + \frac{1}{2}e^{-2t} = \frac{1}{2}(1+e^{-2t})$$

**26** $F(s) = \dfrac{2}{(s+1)(s+3)}$ 의 역라플라스 변환은?

[19년 2회 산업]

① $e^{-t} - e^{-3t}$      ② $e^{-t} - e^{3t}$
③ $e^{t} - e^{3t}$      ④ $e^{t} - e^{-3t}$

**해설**
$$F(s) = \frac{2}{(s+1)(s+3)} = \frac{1}{s+1} - \frac{1}{s+3}$$
$$\therefore f(t) = e^{-t} - e^{-3t}$$

**27** $\dfrac{d^2x(t)}{dt^2} + 2\dfrac{dx(t)}{dt} + x(t) = 1$ 에서 $x(t)$는 얼마인가? (단, $x(0) = x'(0) = 0$이다.)

[14년 2회 기사]

① $te^{-t} - e^{t}$      ② $t^{-t} + e^{-t}$
③ $1 - te^{-t} - e^{-t}$      ④ $1 + te^{-t} + e^{-t}$

**해설**
$$s^2X(s) + 2sX(s) + X(s) = \frac{1}{s}$$
$$X(s) = \frac{1}{s(s^2+2s+1)} = \frac{1}{s(s+1)^2}$$
$$= \frac{1}{s} - \frac{1}{(s+1)^2} - \frac{1}{s+1}$$
$$\therefore x(t) = 1 - te^{-t} - e^{-t}$$

---

**기출 핵심 NOTE**

**26 유수 정리 적용·설명**
$$\frac{2}{(s+1)(s+3)} = \frac{K_1}{s+1} + \frac{K_2}{s+3}$$
$$K_1 = \frac{2}{(s+3)}\bigg|_{s=-1} = 1$$
$K_1$의 분모를 제외한 나머지에 분모 $s+1$를 0이 되게 한다(즉, $s=-1$ 대입).
$$K_2 = \frac{2}{s+1}\bigg|_{s=-3}$$
$K_2$의 분모를 제외한 나머지에 분모 $s+3$을 0이 되게 한다(즉, $s=-3$ 대입).

**정답** 26. ① 27. ③

"할 수 있다고 믿는 사람은 그렇게 되고,
할 수 없다고 믿는 사람 역시 그렇게 된다."

- 샤를 드골 -

# CHAPTER 14

# 전달함수

- **01** 전달함수의 정의 및 전기회로의 전달함수
- **02** 미분방정식에 의한 전달함수
- **03** 제어요소의 전달함수
- **04** 자동제어계의 시간 응답

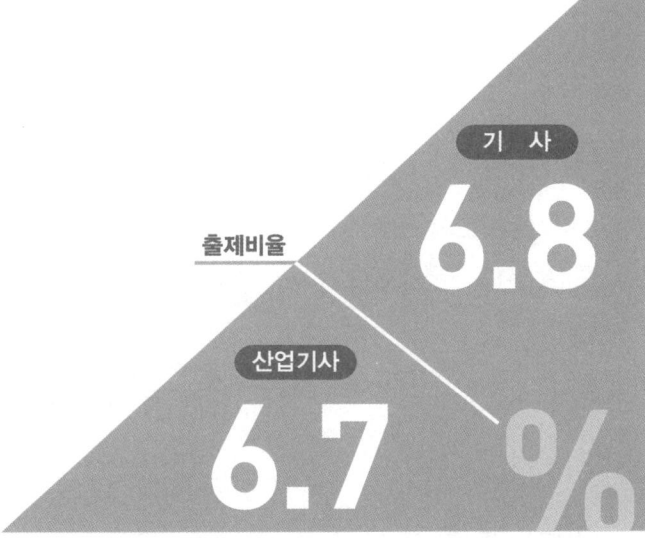

# CHAPTER 14 전달함수

## 기출개념 01 전달함수의 정의 및 전기회로의 전달함수

### (1) 전달함수의 정의

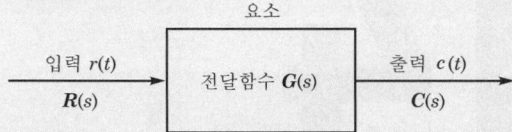

전달함수는 '모든 초기값을 0으로 했을 때 입력신호의 라플라스 변환과 출력신호의 라플라스 변환의 비'로 정의한다.

$$\text{전달함수 } G(s) = \frac{\mathcal{L}[c(t)]}{\mathcal{L}[r(t)]} = \frac{C(s)}{R(s)}$$

### (2) 전기회로의 전달함수

① $R-L$ 직렬회로의 전달함수

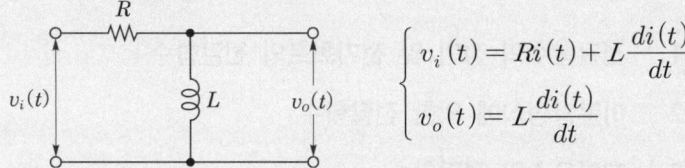

$$\begin{cases} v_i(t) = Ri(t) + L\dfrac{di(t)}{dt} \\ v_o(t) = L\dfrac{di(t)}{dt} \end{cases}$$

위 식을 초기값 0인 조건에서 라플라스 변환하면

$$\begin{cases} V_i(s) = RI(s) + LsI(s) = (R+Ls)I(s) \\ V_o(s) = LsI(s) \end{cases}$$

$$\therefore \; G(s) = \frac{V_o(s)}{V_i(s)} = \frac{Ls}{R+Ls}$$

[별해] $G(s) = \dfrac{\text{출력측 임피던스}}{\text{입력측 임피던스}}$

② $R-C$ 직렬회로의 전달함수

$$\begin{cases} v_i(t) = Ri(t) + \dfrac{1}{C}\int i(t)dt \\ v_o(t) = \dfrac{1}{C}\int i(t)dt \end{cases}$$

위 식을 초기값 0인 조건에서 라플라스 변환하면

$$\begin{cases} V_i(s) = \left(R + \dfrac{1}{Cs}\right)I(s) \\ V_o(s) = \dfrac{1}{Cs}I(s) \end{cases}$$

$$\therefore \; G(s) = \frac{V_o(s)}{V_i(s)} = \frac{\dfrac{1}{Cs}}{R+\dfrac{1}{Cs}}$$

[별해] $G(s) = \dfrac{\text{출력측 임피던스}}{\text{입력측 임피던스}}$

## 기·출·개념 문제

**1.** 그림과 같은 회로의 전달함수 $\dfrac{e_2(s)}{e_1(s)}$ 는?　　11·07·04·99·94 기사

① $\dfrac{1}{LCs^2+RCs+1}$

② $\dfrac{Cs}{LCs^2+RCs+1}$

③ $\dfrac{Ls}{LCs^2+RCs+1}$

④ $\dfrac{LCs^2}{LCs^2+RCs+1}$

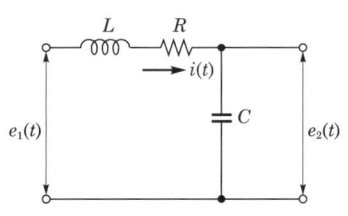

**[해설]** $G(s)=\dfrac{e_2(s)}{e_1(s)}=\dfrac{\dfrac{1}{Cs}}{Ls+R+\dfrac{1}{Cs}}=\dfrac{1}{LCs^2+RCs+1}$

**답** ①

**2.** 그림과 같은 회로에서 전달함수 $\dfrac{V_o(s)}{I(s)}$ 를 구하면? (단, 초기 조건은 모두 0으로 한다.)

03·99·89 산업

① $\dfrac{1}{RCs+1}$

② $\dfrac{R}{RCs+1}$

③ $\dfrac{C}{RCs+1}$

④ $\dfrac{RCs}{RCs+1}$

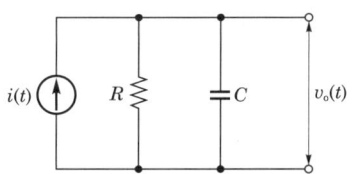

**[해설]** $\dfrac{V_o(s)}{I(s)}=Z(s)=\dfrac{1}{\dfrac{1}{R}+Cs}=\dfrac{R}{RCs+1}$ (전류에 대한 전압의 비이므로 임피던스를 구한다.)

**답** ②

**3.** 그림과 같은 $R-L-C$ 회로망에서 입력 전압을 $e_i(t)$, 출력량을 $i(t)$로 할 때, 이 요소의 전달함수는 어느 것인가?　　16·10·99·94 산업

① $\dfrac{Rs}{LCs^2+RCs+1}$

② $\dfrac{RLs}{LCs^2+RCs+1}$

③ $\dfrac{Ls}{LCs^2+RCs+1}$

④ $\dfrac{Cs}{LCs^2+RCs+1}$

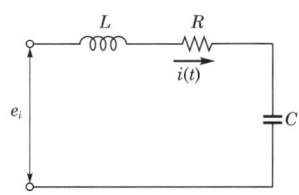

**[해설]** $\dfrac{i(s)}{e_i(s)}=Y(s)=\dfrac{1}{Z(s)}=\dfrac{1}{R+Ls+\dfrac{1}{Cs}}=\dfrac{Cs}{LCs^2+RCs+1}$

(전압에 대한 전류의 비이므로 어드미턴스를 구한다.)

**답** ④

# CHAPTER 14 전달함수

## 기출개념 02 미분방정식에 의한 전달함수

전달함수의 정의에서 모든 초기값을 0으로 하고 실미분·실적분 정리를 이용하여 전달함수를 구한다.

어떤 계를 표시하는 미분방정식이 $\dfrac{d^2y(t)}{dt^2}+3\dfrac{dy(t)}{dt}+2y(t)=\dfrac{dx(t)}{dt}+x(t)$ 라고 한다.

$x(t)$는 입력, $y(t)$는 출력이라고 한다면 이 계의 전달함수는 초기값은 0으로 하고 양변을 실미분 정리를 이용, 라플라스 변환하면 다음과 같다.

$$s^2Y(s)+3sY(s)+2Y(s)=sX(s)+X(s)$$
$$(s^2+3s+2)Y(s)=(s+1)X(s)$$

전달함수 $G(s)=\dfrac{Y(s)}{X(s)}=\dfrac{s+1}{s^2+3s+2}$

### 기·출·개·념 문제

**1.** 제어계의 미분방정식이 $\dfrac{d^3c(t)}{dt^3}+4\dfrac{d^2c(t)}{dt^2}+5\dfrac{dc(t)}{dt}+c(t)=5r(t)$ 로 주어졌을 때 전달함수를 구하면?   98·91 산업

① $\dfrac{5}{s^3+4s^2+5s+1}$

② $\dfrac{s^3+4s^2+5s+1}{5s}$

③ $\dfrac{5s}{s^3+4s^2+5s+1}$

④ $s^3+4s^2+5s+1$

**(해설)** $(s^3+4s^2+5s+1)C(s)=5R(s)$

$\therefore G(s)=\dfrac{C(s)}{R(s)}=\dfrac{5}{s^3+4s^2+5s+1}$   **답 ①**

**2.** 어떤 제어계의 전달함수가 $G(s)=\dfrac{2s+1}{s^2+s+1}$ 로 표시될 때, 이 계에 입력 $x(t)$를 가했을 경우 출력 $y(t)$를 구하는 미분방정식은?   08 기사 / 91 산업

① $\dfrac{d^2y}{dt^2}+\dfrac{dy}{dt}+y=2\dfrac{dx}{dt}+x$

② $\dfrac{d^2y}{dt^2}-2\dfrac{dy}{dt}+y=\dfrac{dx}{dt}+x$

③ $\dfrac{d^2y}{dt^2}+2\dfrac{dy}{dt}+y=-\dfrac{dx}{dt}+x$

④ $\dfrac{d^2y}{dt^2}+\dfrac{dy}{dt}+y^2=\dfrac{dx}{dt}+x$

**(해설)** $G(s)=\dfrac{Y(s)}{X(s)}=\dfrac{2s+1}{s^2+s+1}$

$(s^2+s+1)Y(s)=(2s+1)X(s)$

$\therefore \dfrac{d^2}{dt^2}y(t)+\dfrac{d}{dt}y(t)+y(t)=2\dfrac{d}{dt}x(t)+x(t)$   **답 ①**

## 기출개념 03 제어요소의 전달함수

(1) 비례요소

전달함수 $\boxed{G(s) = K}$ (여기서, $K$ : 이득정수)

(2) 미분요소

전달함수 $\boxed{G(s) = \dfrac{Y(s)}{X(s)} = Ks}$

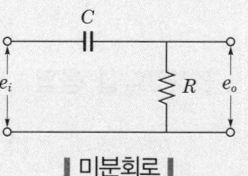

|미분회로|

(3) 적분요소

전달함수 $\boxed{G(s) = \dfrac{Y(s)}{X(s)} = \dfrac{K}{s}}$

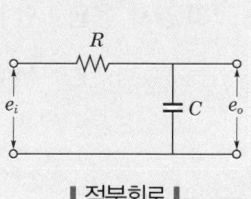

|적분회로|

(4) 1차 지연요소

전달함수 $\boxed{G(s) = \dfrac{Y(s)}{X(s)} = \dfrac{K}{Ts+1}}$

(5) 2차 지연요소

전달함수 $\boxed{G(s) = \dfrac{Y(s)}{X(s)} = \dfrac{K\omega_n^2}{s^2 + 2\delta\omega_n s + \omega_n^2}}$

여기서, $\delta$ : 감쇠계수 또는 제동비, $\omega_n$ : 고유 주파수

(6) 부동작 시간요소

전달함수 $\boxed{G(s) = \dfrac{Y(s)}{X(s)} = Ke^{-Ls}}$

여기서, $L$ : 부동작 시간

---

### 기·출·개념 문제

**1.** 부동작 시간요소의 전달함수는?  04 기사 / 18·17·15·07·03·01·98 산업

① $K$  ② $\dfrac{K}{s}$  ③ $Ke^{-Ls}$  ④ $Ks$

[해설] 부동작 시간요소의 전달함수 $G(s) = Ke^{-Ls}$ (여기서, $L$ : 부동작 시간)   답 ③

**2.** 그림과 같은 회로는?  93 산업

① 가산회로  ② 승산회로
③ 미분회로  ④ 적분회로

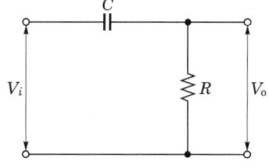

[해설] $G(s) = \dfrac{V_o(s)}{V_i(s)} = \dfrac{R}{R + \dfrac{1}{Cs}} = \dfrac{RCs}{RCs+1}$

$RC \ll 1$이면 $G(s) \fallingdotseq RCs$   답 ③

# CHAPTER 14 전달함수

## 기출개념 04 자동제어계의 시간 응답

(1) **임펄스 응답** : 단위 임펄스 입력의 입력신호에 대한 응답

$$y(t) = \mathcal{L}^{-1}[Y(s)] = \mathcal{L}^{-1}[G(s) \cdot 1]$$

(2) **인디셜 응답** : 단위 계단 입력의 입력신호에 대한 응답

$$y(t) = \mathcal{L}^{-1}[Y(s)] = \mathcal{L}^{-1}\left[G(s) \cdot \frac{1}{s}\right]$$

(3) **경사 응답** : 단위 램프 입력의 입력신호에 대한 응답

$$y(t) = \mathcal{L}^{-1}[Y(s)] = \mathcal{L}^{-1}\left[G(s) \cdot \frac{1}{s^2}\right]$$

### 기·출·개·념 문제

**1.** 전달함수 $C(s) = G(s)R(s)$에서 입력 함수를 단위 임펄스, 즉 $\delta(t)$로 가할 때 계의 응답은?  
  19·11·08·04·97·91 산업

① $G(s)\delta(s)$  
② $\dfrac{G(s)}{\delta(s)}$  
③ $\dfrac{G(s)}{s}$  
④ $G(s)$

(해설) $r(t) = \delta(t)$, $R(s) = 1$, $C(s) = G(s)$  
임펄스 응답에서는 $C(s) = G(s)$가 된다.  
**답** ④

**2.** 어떤 계에 임펄스 함수($\delta$ 함수)가 입력으로 가해졌을 때 시간함수 $e^{-2t}$가 출력으로 나타났다. (이 출력을 임펄스 응답이라 한다.) 이 계의 전달함수는?  
  18·15·96·93 산업

① $\dfrac{1}{s+2}$  
② $\dfrac{1}{s-2}$  
③ $\dfrac{2}{s+2}$  
④ $\dfrac{2}{s-2}$

(해설) 전달함수 $G(s) = \mathcal{L}[e^{-2t}] = \dfrac{1}{s+2}$  
**답** ①

**3.** 전달함수 $G(s) = \dfrac{1}{s+1}$인 제어계의 인디셜 응답은?  
  99·94 산업

① $1 - e^{-t}$  
② $e^{-t}$  
③ $1 + e^{-t}$  
④ $e^{-t} - 1$

(해설) $G(s) = \dfrac{C(s)}{R(s)} = \dfrac{1}{s+1}$에서 인디셜 응답이므로 입력 $r(t) = u(t)$ 즉, $R(s) = \dfrac{1}{s}$

$\therefore C(s) = \dfrac{1}{s+1} \cdot R(s) = \dfrac{1}{s+1} \cdot \dfrac{1}{s} = \dfrac{1}{s(s+1)} = \dfrac{1}{s} - \dfrac{1}{s+1}$

$\therefore C(t) = 1 - e^{-t}$  
**답** ①

# CHAPTER 14 전달함수

## 단원 최근 빈출문제

**01** 모든 초기값을 0으로 할 때 입력에 대한 출력의 비는?
[14년 1회 기사 / 15년 1회 산업]

① 전달함수   ② 충격함수
③ 경사함수   ④ 포물선 함수

**해설** 전달함수는 모든 초기값을 0으로 했을 때 입력신호의 라플라스 변환과 출력신호의 라플라스 변환의 비로 정의한다.

**02** 그림과 같은 회로의 전압 전달함수 $G(s)$는?
[19·18년 2회 산업]

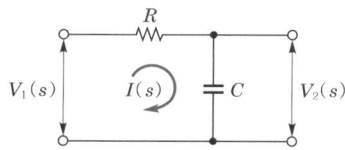

① $\dfrac{RC}{s+\dfrac{1}{RC}}$   ② $\dfrac{RC}{s+RC}$

③ $\dfrac{RC}{RCs+1}$   ④ $\dfrac{1}{RCs+1}$

**해설** 전달함수 $G(s)=\dfrac{V_2(s)}{V_1(s)}=\dfrac{\dfrac{1}{Cs}}{R+\dfrac{1}{Cs}}=\dfrac{1}{RCs+1}$

**03** $RC$ 저역 여파기 회로의 전달함수 $G(j\omega)$에서 $\omega=\dfrac{1}{RC}$인 경우 $|G(j\omega)|$의 값은?
[14년 2회 기사]

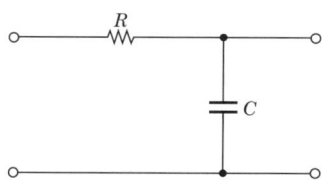

① $1$   ② $\dfrac{1}{\sqrt{2}}$

③ $\dfrac{1}{\sqrt{3}}$   ④ $\dfrac{1}{2}$

## 기출 핵심 NOTE

**01 전달함수**
모든 초기값을 0으로 했을 때 입력 라플라스 변환과 출력 라플라스 변환비
$G(s)=\dfrac{C(s)}{R(s)}$

**02 전압비 전달함수**
$G(s)=\dfrac{V_o(s)}{V_i(s)}=$
$\dfrac{\text{출력 임피던스}}{\text{입력 임피던스}}$

- $R \to R$
- $L \to j\omega L = sL$
- $C \to \dfrac{1}{j\omega C}=\dfrac{1}{sC}$

**정답** 01. ① 02. ④ 03. ②

# CHAPTER 14 전달함수

**해설**
$$G(s) = \frac{\frac{1}{sC}}{R + \frac{1}{sC}} = \frac{1}{sRC+1}, \quad G(j\omega) = \frac{1}{j\omega RC+1}$$

$$\therefore |G(j\omega)| = \frac{1}{\sqrt{(\omega RC)^2+1}}\bigg|_{\omega=\frac{1}{RC}} = \frac{1}{\sqrt{2}} = 0.707$$

**04** 그림과 같은 $RC$ 저역 통과 필터 회로에 단위 임펄스를 입력으로 가했을 때 응답 $h(t)$는? [19년 2회 기사]

① $h(t) = RCe^{-\frac{t}{RC}}$
② $h(t) = \frac{1}{RC}e^{-\frac{t}{RC}}$
③ $h(t) = \frac{R}{1+j\omega RC}$
④ $h(t) = \frac{1}{RC}e^{-\frac{C}{R}t}$

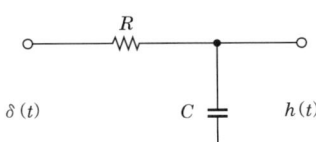

**기출 핵심 NOTE**

**04 전달함수**
- $G(s) = \dfrac{H(s)}{\delta(s)}$

임펄스 응답은 입력신호가 임펄스 함수이므로 $\delta(t)$의 라플라스 변환 $\delta(s) = 1$이므로
$H(s) = G(s)$
응답 $h(t) = \mathcal{L}^{-1}[G(s)]$

**해설**
전달함수 $G(s) = \dfrac{H(s)}{\delta(s)} = \dfrac{\frac{1}{Cs}}{R+\frac{1}{Cs}} = \dfrac{1}{RCs+1} = \dfrac{\frac{1}{RC}}{s+\frac{1}{RC}}$

임펄스 입력이므로 $\delta(s) = 1$

$\therefore H(s) = \dfrac{\frac{1}{RC}}{s+\frac{1}{RC}}$

$\therefore h(t) = \dfrac{1}{RC}e^{-\frac{1}{RC}t}$

**05** 그림과 같은 전기회로의 전달함수는? (단, $e_i(t)$는 입력 전압, $e_o(t)$는 출력 전압이다.) [15년 3회 기사]

① $\dfrac{1+CRs}{CR}$
② $\dfrac{1+CRs}{CRs}$
③ $\dfrac{CR}{1+CRs}$
④ $\dfrac{CRs}{1+CRs}$

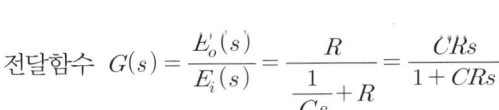

**해설** 전달함수 $G(s) = \dfrac{E_o(s)}{E_i(s)} = \dfrac{R}{\frac{1}{Cs}+R} = \dfrac{CRs}{1+CRs}$

**05 전압비 전달함수**
$G(s) = \dfrac{\text{출력 임피던스}}{\text{입력 임피던스}}$
- $R \to R$
- $L \to j\omega L = sL$
- $C \to \dfrac{1}{j\omega C} = \dfrac{1}{sC}$

**정답** 04. ② 05. ④

**06** $V_1(s)$를 입력, $V_2(s)$를 출력이라 할 때, 다음 회로의 전달함수는? (단, $C_1 = 1[F]$, $L_1 = 1[H]$) [19년 3회 산업]

① $\dfrac{s}{s+1}$

② $\dfrac{s^2}{s^2+1}$

③ $\dfrac{1}{s+1}$

④ $1 + \dfrac{1}{s}$

**해설** 전달함수

$$G(s) = \frac{V_2(s)}{V_1(s)} = \frac{L_1 s}{\dfrac{1}{C_1 s} + L_1 s} = \frac{L_1 C_1 s^2}{L_1 C_1 s^2 + 1}$$

$C_1 = 1[F]$, $L_1 = 1[H]$이므로

$\therefore G(s) = \dfrac{s^2}{s^2+1}$

---

**07** 그림과 같은 회로의 전달함수는? (단, $T_1 = R_1 C$, $T_2 = \dfrac{R_2}{R_1 + R_2}$ 이다.) [15년 2회 기사]

① $\dfrac{1}{1 + T_1 s}$

② $\dfrac{T_2(1 + T_1 s)}{1 + T_1 T_2 s}$

③ $\dfrac{1 + T_1 s}{1 + T_2 s}$

④ $\dfrac{T_2(1 + T_1 s)}{T_1(1 + T_2 s)}$

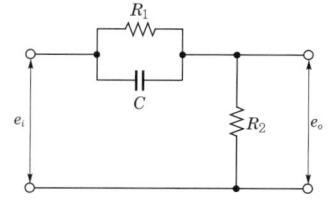

**해설**
$$G(s) = \frac{E_o(s)}{E_i(s)} = \frac{R_2}{\dfrac{R_1}{1 + R_1 C s} + R_2}$$

$$= \frac{R_2}{\dfrac{R_1}{1 + T_1 s} + R_2} = \frac{R_2(1 + T_1 s)}{R_1 + R_2 + R_2 T_1 s}$$

$$= \frac{\dfrac{R_2}{R_1 + R_2}(1 + T_1 s)}{1 + \dfrac{R_2}{R_1 + R_2}} = \frac{T_2(1 + T_1 s)}{1 + T_1 T_2 s}$$

---

**기출 핵심 NOTE**

**07 전압비 전달함수**

$$G(s) = \frac{\text{출력 임피던스}}{\text{입력 임피던스}}$$

- $R \rightarrow R$
- $L \rightarrow j\omega L = sL$
- $C \rightarrow \dfrac{1}{j\omega C} = \dfrac{1}{sC}$

**정답** 06. ② 07. ②

## CHAPTER 14 전달함수

**08** 다음과 같은 회로의 전달함수 $\dfrac{E_o(s)}{I(s)}$는? [16년 2회 산업]

① $\dfrac{1}{s(C_1+C_2)}$

② $\dfrac{C_1 C_2}{C_1+C_2}$

③ $\dfrac{C_1}{s(C_1+C_2)}$

④ $\dfrac{C_2}{s(C_1+C_2)}$

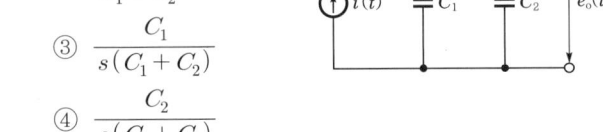

**[해설]** 전달함수 $G(s) = \dfrac{E_o(s)}{I(s)} = Z(s)$와 같으므로

$\therefore\ G(s) = Z(s) = \dfrac{1}{Y(s)} = \dfrac{1}{C_1 s + C_2 s} = \dfrac{1}{s(C_1+C_2)}$

### 기출 핵심 NOTE

**08 병렬 연결 시 전달함수**

$G(s) = \dfrac{E_o(s)}{I(s)}$ 인 경우 전류가 입력 전압이 출력이므로 병렬회로의 임피던스 $Z(s)$와 같다.

---

**09** 입력신호 $x(t)$와 출력신호 $y(t)$의 관계가 다음과 같을 때 전달함수는? [17년 3회 기사]

$$\dfrac{d^2}{dt^2}y(t) + 5\dfrac{d}{dt}y(t) + 6y(t) = x(t)$$

① $\dfrac{1}{(s+2)(s+3)}$

② $\dfrac{s+1}{(s+2)(s+3)}$

③ $\dfrac{s+4}{(s+2)(s+3)}$

④ $\dfrac{s}{(s+2)(s+3)}$

**[해설]** $\dfrac{d^2}{dt^2}y(t) + 5\dfrac{dy(t)}{dt} + 6y(t) = x(t)$

라플라스 변환하면 $s^2 Y(s) + 5s Y(s) + 6Y(s) = X(s)$

$\therefore\ G(s) = \dfrac{Y(s)}{X(s)} = \dfrac{1}{s^2 + 5s^2 + 6} = \dfrac{1}{(s+2)(s+3)}$

**09 미분방정식의 전달함수**

전달함수는 모든 초기값을 0으로 하므로

- $\mathcal{L}\left[\dfrac{d}{dt}f(t)\right] = sF(s)$
- $\mathcal{L}\left[\dfrac{d^2}{dt^2}f(t)\right] = s^2 F(s)$
- $\mathcal{L}\left[\dfrac{d^3}{dt^3}f(t)\right] = s^3 F(s)$

---

**10** 시간 지연 요인을 포함한 어떤 특정계가 다음 미분방정식 $\dfrac{dy(t)}{dt} + y(t) = x(t-T)$로 표현된다. $x(t)$를 입력, $y(t)$를 출력이라 할 때 이 계의 전달함수는? [17년 3회 산업]

① $\dfrac{e^{-sT}}{s+1}$

② $\dfrac{s+1}{e^{-sT}}$

③ $\dfrac{e^{sT}}{s-1}$

④ $\dfrac{e^{-2sT}}{s+2}$

**[해설]** $(s+1)Y(s) = e^{-sT}X(s)$

$\therefore\ G(s) = \dfrac{Y(s)}{X(s)} = \dfrac{e^{-sT}}{s+1}$

**정답** 08. ① 09. ① 10. ①

**11** $\dfrac{E_o(s)}{E_i(s)} = \dfrac{1}{s^2+3s+1}$ 의 전달함수를 미분방정식으로 표시하면? (단, $\mathcal{L}^{-1}[E_o(s)] = e_o(t)$, $\mathcal{L}^{-1}[E_i(s)] = e_i(t)$ 이다.) [19년 1회 산업]

① $\dfrac{d^2}{dt^2}e_i(t) + 3\dfrac{d}{dt}e_i(t) + e_i(t) = e_o(t)$

② $\dfrac{d^2}{dt^2}e_o(t) + 3\dfrac{d}{dt}e_o(t) + e_o(t) = e_i(t)$

③ $\dfrac{d^2}{dt^2}e_i(t) + 3\dfrac{d}{dt}e_i(t) + \int e_i(t)dt = e_o(t)$

④ $\dfrac{d^2}{dt^2}e_o(t) + 3\dfrac{d}{dt}e_o(t) + \int e_o(t)dt = e_i(t)$

**해설** $(s^2+3s+1)E_o(s) = E_i(s)$
$s^2 E_o(s) + 3s E_o(s) + E_o(s) = E_i(s)$
역 Laplace 변환하면 $\dfrac{d^2}{dt^2}e_o(t) + 3\dfrac{d}{dt}e_o(t) + e_o(t) = e_i(t)$

**11 역라플라스 변환**
- $\mathcal{L}^{-1}[sF(s)] = \dfrac{d}{dt}f(t)$
- $\mathcal{L}^{-1}[s^2 F(s)] = \dfrac{d^2}{dt^2}f(t)$

**12** 어떤 2단자 회로에 단위 임펄스 전압을 가할 때 $2e^{-t} + 3e^{-2t}$[A]의 전류가 흘렀다. 이를 회로로 구성하면? (단, 각 소자의 단위는 기본 단위로 한다.) [14년 1회 기사]

①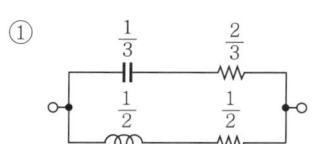
②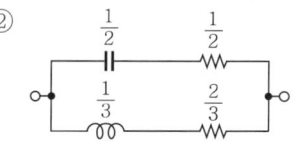
③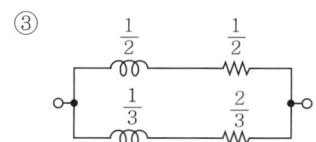
④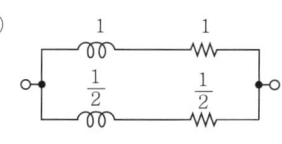

**해설** $Y(s) = \dfrac{I(s)}{V(s)} = \dfrac{2}{s+1} + \dfrac{3}{s+2} = \dfrac{1}{\dfrac{1}{2}s + \dfrac{1}{2}} + \dfrac{1}{\dfrac{1}{3}s + \dfrac{2}{3}}$

**12 어드미턴스**
$Y(s) = \dfrac{1}{Z(s)}$
임피던스 $Z(s)$의 +는 직렬 연결을 의미하고, 어드미턴스 $Y(s)$의 +는 병렬 연결을 의미한다.

**정답** 11. ② 12. ③

# 잠깐! 쉬어가세요.

"순간을 사랑하라.
그러면 그 순간의 에너지가
모든 경계를 넘어 퍼져 나갈 것이다."

- 코리타 켄트 -

# CHAPTER 15
# 과도 현상

- **01** $R-L$ 직렬회로
- **02** $R-C$ 직렬회로
- **03** $L-C$ 직렬회로에 직류 전압을 인가하는 경우
- **04** $R-L-C$ 직렬회로에 직류 전압을 인가하는 경우
- **05** $R-L$ 직렬회로에 교류 전압을 인가하는 경우
- **06** $R$, $L$, $C$ 소자의 시간에 대한 특성

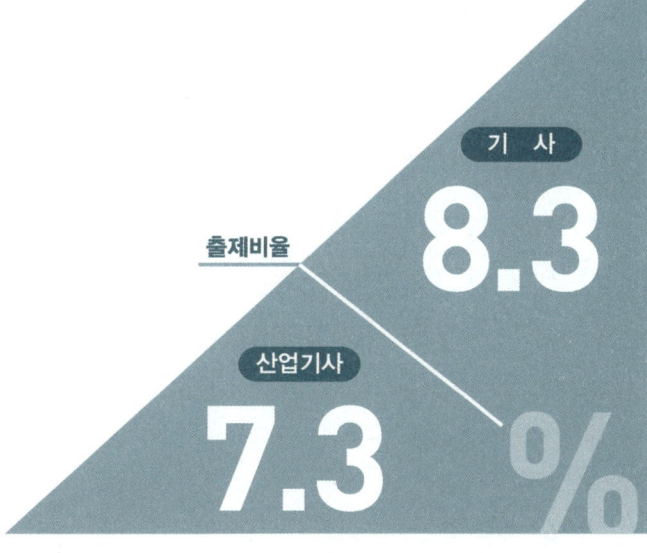

출제비율  
기 사 **8.3**%  
산업기사 **7.3**

# CHAPTER 15 과도 현상

## 기출개념 01 $R-L$ 직렬회로

**(1) 직류 전압을 인가하는 경우**

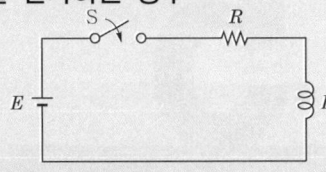 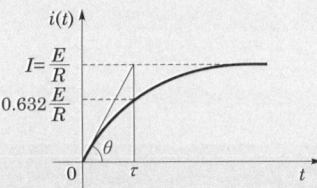

① 전류

전압 방정식은 $Ri(t) + L\dfrac{di(t)}{dt} = E$ 가 되고 이를 라플라스 변환을 이용하여 풀면 다음과 같다.

$$\boxed{i(t) = \dfrac{E}{R}\left(1 - e^{-\frac{R}{L}t}\right) [\text{A}]}$$

② 시정수

$t=0$에서 과도 전류에 접선을 그어 접선이 정상 전류와 만날 때까지의 시간

$$\boxed{\tau = \dfrac{L}{R} [\text{s}]}$$

③ $\boxed{특성근 = -\dfrac{1}{시정수} = -\dfrac{R}{L}}$

④ 시정수에서의 전류값

$$i(\tau) = \dfrac{E}{R}\left(1 - e^{-\frac{R}{L} \times \tau}\right) = \dfrac{E}{R}(1 - e^{-1}) = \boxed{0.632\dfrac{E}{R} [\text{A}]}$$

⑤ $R$, $L$ 단자 전압

- $V_R = Ri(t) = R \cdot \dfrac{E}{R}\left(1 - e^{-\frac{R}{L}t}\right) = \boxed{E\left(1 - e^{-\frac{R}{L}t}\right) [\text{V}]}$

- $V_L = L\dfrac{d}{dt}i(t) = L\dfrac{d}{dt}\dfrac{E}{R}\left(1 - e^{-\frac{R}{L}t}\right) = \boxed{Ee^{-\frac{R}{L}t} [\text{V}]}$

**(2) 직류 전압을 제거하는 경우**

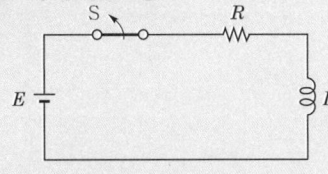 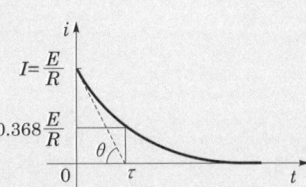

① 전류

전압 방정식은 $Ri(t) + L\dfrac{di(t)}{dt} = 0$ 이 되고 이를 라플라스 변환을 이용하여 풀면 다음과 같다.

$$\boxed{i(t) = \dfrac{E}{R}e^{-\frac{R}{L}t} [\text{A}]}$$

② 시정수에서의 전류값

$$i(\tau) = \dfrac{E}{R}e^{-\frac{R}{L} \times \tau} = \dfrac{E}{R}e^{-1} = \boxed{0.368\dfrac{E}{R} [\text{A}]}$$

### 기·출·개·념 문제

**1.** 그림과 같은 회로에서 시정수[s] 및 회로의 정상 전류[A]는?  `10·05 산업`

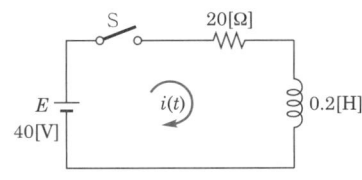

① 0.01, 2  
② 0.01, 1  
③ 0.02, 1  
④ 1, 3  

(해설) • 시정수 $\tau = \dfrac{L}{R} = \dfrac{0.2}{20} = 0.01\,[\text{s}]$

• 정상 전류 $i_s = \dfrac{E}{R} = \dfrac{40}{20} = 2\,[\text{A}]$  **답 ①**

**2.** 전기회로에서 일어나는 과도 현상은 그 회로의 시정수와 관계가 있다. 이 사이의 관계를 옳게 표현한 것은?  `91 기사 / 04·01·99·97·92·90 산업`

① 회로의 시정수가 클수록 과도 현상은 오랫동안 지속된다.  
② 시정수는 과도 현상의 지속시간에는 상관되지 않는다.  
③ 시정수의 역이 클수록 과도 현상은 천천히 사라진다.  
④ 시정수가 클수록 과도 현상은 빨리 사라진다.  

(해설) 시정수와 과도분은 비례관계이므로 시정수가 클수록 과도분은 많다.
즉, 과도 현상은 천천히 사라진다. **답 ①**

**3.** 자계 코일이 있다. 이것의 권수 $N=2{,}000$회, 저항 $R=12\,[\Omega]$이고, 전류 $I=10\,[\text{A}]$를 통했을 때 자속 $\phi=6\times10^{-2}\,[\text{Wb}]$이다. 이 회로의 시정수[s]는 얼마인가?  `15·96 기사 / 97·91 산업`

① 0.01  
② 0.1  
③ 1  
④ 10  

(해설) 코일의 자기 인덕턴스 $L = \dfrac{N\phi}{I} = \dfrac{2{,}000\times 6\times 10^{-2}}{10} = 12\,[\text{H}]$

∴ 시정수 $\tau = \dfrac{L}{R} = \dfrac{12}{12} = 1\,[\text{s}]$  **답 ③**

**4.** 그림과 같은 회로에서 S를 닫은 후 0.01[s]일 때 전류는 몇 [A]인가?  `01 산업`

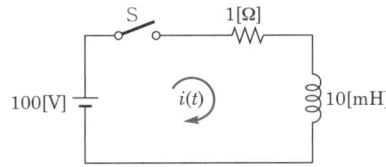

① 100  
② 63.2  
③ 36.8  
④ 24.6  

(해설) $t = \tau = \dfrac{L}{R} = \dfrac{10\times 10^{-3}}{1} = 0.01$ 이므로 전류 $i(t) = 0.632\dfrac{E}{R} = 0.632\dfrac{100}{1} = 63.2\,[\text{A}]$  **답 ②**

# CHAPTER 15 과도 현상

## 기출개념 02  $R-C$ 직렬회로

### (1) 직류 전압을 인가하는 경우

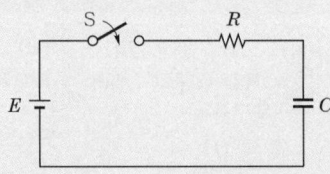
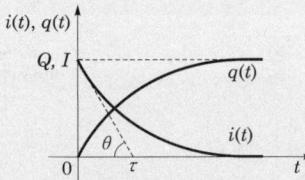

① 전류

전압 방정식은 $Ri(t) + \dfrac{1}{C}\int i(t)dt = E$ 가 되고 이를 라플라스 변환을 이용하여 풀면

$$\boxed{i(t) = -\dfrac{E}{R}e^{-\frac{1}{RC}t}\,[\text{A}]}$$

② 시정수($\tau$)

$t=0$에서 과도 전류에 접선을 그어 접선이 정상 전류와 만날 때까지의 시간

$$\boxed{\tau = RC\,[\text{s}]}$$

③ 전하

$$q(t) = \int_0^t i(t)\,dt = \boxed{CE\left(1 - e^{-\frac{1}{RC}t}\right)[\text{C}]}$$

④ $R$, $C$의 단자 전압

- $V_R = Ri(t) = R \cdot \dfrac{E}{R}e^{-\frac{1}{RC}t} = \boxed{Ee^{-\frac{1}{RC}t}\,[\text{V}]}$

- $V_C = \dfrac{q(t)}{C} = \dfrac{1}{C} \cdot CE\left(1 - e^{-\frac{1}{RC}t}\right) = \boxed{E\left(1 - e^{-\frac{1}{RC}t}\right)[\text{V}]}$

### (2) 직류 전압을 제거하는 경우

① 전류

전압 방정식은 $Ri(t) + \dfrac{1}{C}\int i(t)dt = 0$ 이 되고 이를 라플라스 변환을 이용하여 풀면

$$\boxed{i(t) = -\dfrac{E}{R}e^{-\frac{1}{RC}t}\,[\text{A}]}$$

② 전하

$$\boxed{q(t) = CEe^{-\frac{1}{RC}t}\,[\text{C}]}$$

③ $C$의 단자 전압

$$V_C = \dfrac{q(t)}{C} = \dfrac{1}{C} \cdot CEe^{-\frac{1}{RC}t} = \boxed{Ee^{-\frac{1}{RC}t}\,[\text{V}]}$$

### 기·출·개념 문제

**1.** 그림의 회로에서 콘덴서의 초기 전압을 0[V]로 할 때 회로에 흐르는 전류 $i(t)$[A]는?

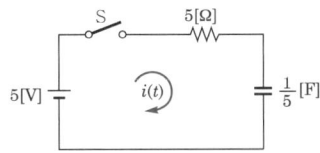

① $5(1-e^{-t})$  ② $1-e^{-t}$  ③ $5e^{-t}$  ④ $e^{-t}$

[해설] $i(t) = \dfrac{E}{R}e^{-\frac{1}{RC}t} = \dfrac{5}{5}e^{-\frac{1}{5 \times \frac{1}{5}}t} = e^{-t}$ [A]

**답** ④

**2.** $R=1[\text{M}\Omega]$, $C=1[\mu\text{F}]$의 직렬회로에 직류 100[V]를 인가했을 때 시정수 $\tau$[s] 및 전류의 초기값 $I$[A]는 각각 얼마인가?

① 5, $10^{-4}$   ② 4, $10^{-3}$
③ 1, $10^{-4}$   ④ 2, $10^{-3}$

[해설] • 시정수 $\tau = RC = 1 \times 10^6 \times 1 \times 10^{-6} = 1$ [s]
• 초기값 전류 $i = \dfrac{V}{R} = \dfrac{100}{1 \times 10^6} = 10^{-4}$ [A]

**답** ③

**3.** $R-C$ 직렬회로의 과도 현상에 대하여 옳게 설명된 것은?

① $R-C$값이 클수록 과도 전류값은 천천히 사라진다.
② $R-C$값이 클수록 과도 전류값은 빨리 사라진다.
③ 과도 전류는 $R-C$값과 상관 없다.
④ $\dfrac{1}{RC}$의 값이 클수록 과도 전류값은 천천히 사라진다.

[해설] 시정수와 과도분 전류는 비례하므로 시정수 $RC$값이 클수록 과도 전류는 천천히 사라진다.

**답** ①

**4.** 저항 $R=5{,}000[\Omega]$, 정전용량 $C=20[\mu\text{F}]$가 직렬로 접속된 회로에 일정 전압 $E=100$[V]를 가하고, $t=0$에서 스위치를 넣을 때 콘덴서 단자 전압[V]을 구하면? (단, 처음에 콘덴서는 충전되지 않았다.)

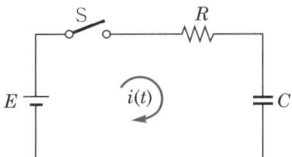

① $100(1-e^{10t})$   ② $100e^{-10t}$   ③ $100(1-e^{-10t})$   ④ $100e^{10t}$

[해설] $V_C = \dfrac{1}{C}\int i(t)dt = E\left(1-e^{-\frac{1}{RC}t}\right)$
$= 100\left(1-e^{-\frac{1}{5{,}000 \times 20 \times 100}t}\right) = 100(1-e^{-10t})$ [V]

**답** ③

제15장 과도 현상

# CHAPTER 15 과도 현상

## 기출개념 03  $L-C$ 직렬회로에 직류 전압을 인가하는 경우

① 전류

전압 방정식은 $L\dfrac{di(t)}{dt}+\dfrac{1}{C}\int i(t)dt = E$ 가 되고

이를 라플라스 변환을 이용하여 풀면

$$i(t)=E\sqrt{\dfrac{C}{L}}\sin\dfrac{1}{\sqrt{LC}}t\,[\text{A}]$$

② 고유 각주파수

$$\omega=\dfrac{1}{\sqrt{LC}}\,[\text{rad/s}]$$

③ 전하

$$q(t)=CE\left(1-\cos\dfrac{1}{\sqrt{LC}}t\right)[\text{C}]$$

④ $C$의 단자 전압

$$V_C=\dfrac{q}{C}=E\left(1-\cos\dfrac{1}{\sqrt{LC}}t\right)[\text{V}]$$

$C$의 양단의 전압 $V_C$의 최대 전압은 인가 전압의 2배까지 되어 고전압 발생 회로로 이용된다.

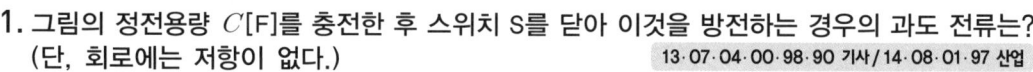

### 기·출·개·념 문제

**1.** 그림의 정전용량 $C[\text{F}]$를 충전한 후 스위치 S를 닫아 이것을 방전하는 경우의 과도 전류는? (단, 회로에는 저항이 없다.)   13·07·04·00·98·90 기사 / 14·08·01·97 산업

① 불변의 진동 전류
② 감쇠하는 전류
③ 감쇠하는 진동 전류
④ 일정값까지 증가하여 그 후 감쇠하는 전류

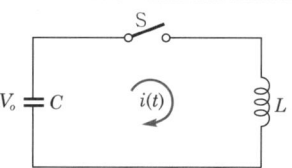

(해설) $i(t)=-V_o\sqrt{\dfrac{C}{L}}\sin\dfrac{1}{\sqrt{LC}}t\,[\text{A}]$

각주파수 $\omega=\dfrac{1}{\sqrt{LC}}\,[\text{rad/s}]$로 불변 진동 전류가 된다.   답 ①

**2.** $L-C$ 직렬회로에 직류 기전력 $E$를 $t=0$에서 갑자기 인가할 때 $C$에 걸리는 최대 전압은?   12·05·03 산업

① $E$    ② 0    ③ $\infty$    ④ $2E$

(해설) $V_C=\dfrac{q}{C}=E\left(1-\cos\dfrac{1}{\sqrt{LC}}t\right)$

$-1\leq\cos\theta\leq 1$이므로 $\cos\theta=-1$인 경우 $V_C$가 최대가 되므로 $V_C$는 최대 $2E$까지 커지며 이 현상은 고전압 발생에 이용된다.   답 ④

## 기출개념 04   $R-L-C$ 직렬회로에 직류 전압을 인가하는 경우

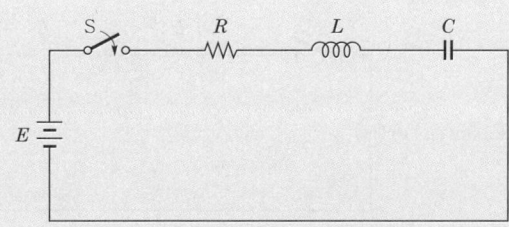

전압 방정식은 $Ri(t) + L\dfrac{d}{dt}i(t) + \dfrac{1}{C}\int i(t)dt = E$가 되고 이를 라플라스 변환하여 전류에 대해 정리하면 $I(s) = \dfrac{E}{Ls^2 + Rs + \dfrac{1}{C}}$가 된다.

여기서, 특성 방정식 $Ls^2 + Rs + \dfrac{1}{C} = 0$의 근 $s$를 구하면

$s = \dfrac{-R \pm \sqrt{R^2 - 4\dfrac{L}{C}}}{2L} = -\dfrac{R}{2L} \pm \sqrt{\left(\dfrac{R}{2L}\right)^2 - \dfrac{1}{LC}}$ 가 되며, 제곱근 안의 값에 의하여 다음 3가지의 다른 현상을 발생한다.

* 진동 여부 판별식

① $R^2 - 4\dfrac{L}{C} = \left(\dfrac{R}{2L}\right)^2 - \dfrac{1}{LC} = 0$ : **임계 진동** 형태의 과도 전류

② $R^2 - 4\dfrac{L}{C} = \left(\dfrac{R}{2L}\right)^2 - \dfrac{1}{LC} > 0$ : **비진동** 형태의 과도 전류

③ $R^2 - 4\dfrac{L}{C} = \left(\dfrac{R}{2L}\right)^2 - \dfrac{1}{LC} < 0$ : **진동** 형태의 과도 전류

---

**기·출·개·념 문제**

$R-L-C$ 직렬회로에서 $R=100[\Omega]$, $L=0.1 \times 10^{-3}[H]$, $C=0.1 \times 10^{-6}[F]$일 때 이 회로는?

07·04·94·91 산업

① 진동적이다.
② 비진동이다.
③ 정현파 진동이다.
④ 진동일 수도 있고, 비진동일 수도 있다.

**해설** 진동 여부 판별식 $R^2 - 4\dfrac{L}{C} = 100^2 - 4\left(\dfrac{0.1 \times 10^{-3}}{0.1 \times 10^{-6}}\right) > 0$

∴ 비진동

**답** ②

# CHAPTER 15 과도 현상

## 기출개념 05  $R-L$ 직렬회로에 교류 전압을 인가하는 경우

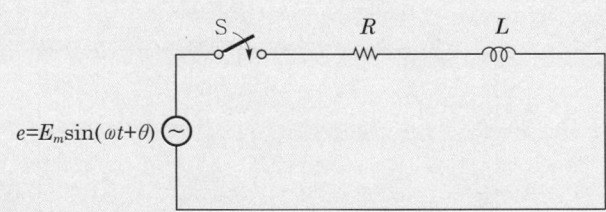

① 정상 전류($i_s$)

$$i_s = \frac{E_m}{\sqrt{R^2+\omega^2L^2}}\sin(\omega t+\theta-\phi) = \frac{E_m}{Z}\sin(\omega t+\theta-\phi)$$

② 과도 전류($i_t$)

$$i_t = -\frac{E_m}{Z}\sin(\theta-\phi)e^{-\frac{R}{L}t}$$

$$\therefore \text{전류 } i = \frac{E_m}{Z}\left[\sin(\omega t+\theta-\phi) - e^{-\frac{R}{L}t}\sin(\theta-\phi)\right]$$

여기서, $\theta-\phi = \frac{\pi}{2}$ 일 때는 $\sin(\theta-\phi)=1$ 로서 최대가 되므로 과도해의 절댓값은 최대로 되고, $\theta-\phi=0$ 일 때는 $\sin(\theta-\phi)=0$ 이 되므로 과도해는 없어지고 바로 정상 상태로 되어 버린다.

따라서, 과도해가 생기지 않을 조건은 $\theta = \phi = \tan^{-1}\frac{\omega L}{R}$ 이다.

### 기·출·개·념 문제

**1.** 60[Hz]의 전압을 40[mH]의 인덕턴스와 20[Ω]의 저항과의 직렬회로에 가할 때 과도 전류가 생기지 않으려면 그 전압을 어느 위상에 가하면 되는가?  *95 기사*

① 약 $\tan^{-1}0.854$  ② 약 $\tan^{-1}0.754$
③ 약 $\tan^{-1}0.954$  ④ 약 $\tan^{-1}0.654$

(해설) $\theta = \phi = \tan^{-1}\frac{\omega L}{R} = \tan^{-1}\frac{377\times 40\times 10^{-3}}{20} = \tan^{-1}0.754$   **답 ②**

**2.** $R=30[\Omega]$, $L=79.6[\text{mH}]$의 $R-L$ 직렬회로에 60[Hz], 교류를 인가할 때 과도 현상이 일어나지 않으려면 전압은 어느 위상에서 가해야 하는가?  *14·01·91 기사 / 91 산업*

① 23°  ② 30°
③ 45°  ④ 60°

(해설) $\theta = \phi = \tan^{-1}\frac{\omega L}{R} = \tan^{-1}\frac{377\times 79.6\times 10^{-3}}{30} = 45°$   **답 ③**

## 기출개념 06 　$R$, $L$, $C$ 소자의 시간에 대한 특성

| 소 자 | $t=0$ | $t=\infty$ |
|---|---|---|
| $R$ | $R$ | $R$ |
| $L$ | 개방상태 | 단락상태 |
| $C$ | 단락상태 | 개방상태 |

### 기·출·개·념 문제

**1.** 그림의 회로에서 $t=0$일 때 스위치 S를 닫았다. $i_1(0)$, $i_2(0)$의 값은? (단, $t<0$에서 $C$ 전압, $L$ 전압은 0이다.)　　14·03·87·85 기사 / 15·09·96·89 산업

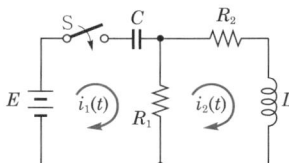

① $\dfrac{E}{R_1}$, 0　　　　　　　　　② 0, $\dfrac{E}{R_2}$

③ 0, 0　　　　　　　　　　　④ $-\dfrac{E}{R_1}$, 0

**[해설]** $t=0$에서 $L$은 개방상태, $C$는 단락상태

$i_1(0^+) = \dfrac{E}{R_1}$, $\quad i_2(0^+) = 0$

**답** ①

**2.** 그림의 회로에서 $t=0$일 때 스위치를 닫았다. $t=\infty$에서 $i_1(t)$, $i_2(t)$의 값은?　80 산업

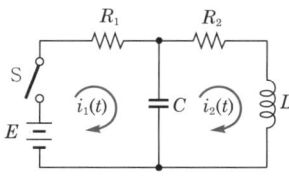

① 0, 0　　　　　　　　　　　② $\dfrac{E}{R_1}$, 0

③ $\dfrac{E}{R_1+R_2}$, $\dfrac{E}{R_1+R_2}$　　④ $\dfrac{E}{R_1+R_2}$, 0

**[해설]** $t=\infty$에서 $L$은 단락상태, $C$는 개방상태

$i_1(\infty) = i_2(\infty) = \dfrac{E}{R_1+R_2}$

**답** ③

제15장 과도 현상　203

# CHAPTER 15 과도 현상

## 단원 최근 빈출문제

**01** $t=0$에서 스위치 S를 닫았을 때 정상 전류값[A]은?

[19년 1회 산업]

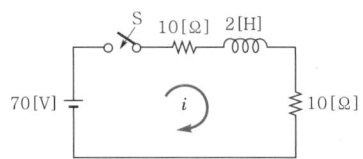

① 1
② 2.5
③ 3.5
④ 7

**해설** $R-L$ 직렬회로의 직류 전압 인가 시 전류

$$i(t) = \frac{E}{R}\left(1-e^{-\frac{R}{L}t}\right)[\text{A}]$$

정상 전류 $i_s = \frac{E}{R} = \frac{70}{10+10} = 3.5[\text{A}]$

**02** $t=0$에서 스위치 S를 닫을 때의 전류 $i(t)$는?

[16년 3회 산업]

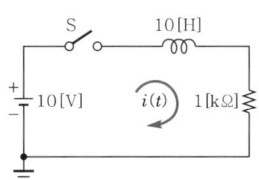

① $0.01(1-e^{-t})$
② $0.01(1+e^{-t})$
③ $0.01(1-e^{-100t})$
④ $0.01(1+e^{-100t})$

**해설**
- 전류 $i(t) = \frac{E}{R}(1-e^{-\frac{R}{L}t}) = \frac{E}{R}(1-e^{-\frac{1}{\tau}t})[\text{A}]$
- 정상 전류 $i_s = \frac{E}{R} = \frac{10}{1\times 10^3} = 0.01[\text{A}]$
- 시정수 $\tau = \frac{L}{R} = \frac{10}{1\times 10^3} = 0.01[\text{s}]$

$\therefore i(t) = 0.01(1-e^{-\frac{1}{0.01}t}) = 0.01(1-e^{-100t})[\text{A}]$

---

## 기출 핵심 NOTE

**01 정상 전류**

$t=\infty$일 때의 전류값

**02 전류**

$$i(t) = \frac{E}{R}(1-e^{-\frac{R}{L}t})[\text{A}]$$

- 시정수 $\tau = \frac{L}{R}[\text{s}]$
- 특성근 $= -\frac{1}{시정수} = -\frac{R}{L}$

**정답** 01. ③ 02. ③

**03** 시정수의 의미를 설명한 것 중 틀린 것은? [18년 2회 기사]

① 시정수가 작으면 과도 현상이 짧다.
② 시정수가 크면 정상상태에 늦게 도달한다.
③ 시정수는 $\tau$로 표기하며, 단위는 초[s]이다.
④ 시정수는 과도기간 중 변화해야 할 양의 0.632[%]가 변화하는 데 소요된 시간이다.

**해설** 시정수 $\tau$값이 커질수록 $e^{-\frac{1}{\tau}t}$의 값이 증가하므로 과도상태는 길어진다. 즉, 시정수와 과도분은 비례관계에 있게 된다.

**기출 핵심 NOTE**

**03** 시정수와 과도분은 비례관계
시정수가 작으면 과도 현상이 짧고, 시정수가 크면 과도 현상은 길어진다.

**04** $RL$ 직렬회로에서 시정수의 값이 클수록 과도 현상은 어떻게 되는가? [19년 2회 산업]

① 없어진다.  ② 짧아진다.
③ 길어진다.  ④ 변화가 없다.

**해설** 시정수 $\tau$값이 커질수록 $e^{-\frac{1}{\tau}t}$의 값이 증가하므로 과도상태는 길어진다. 즉, 시정수와 과도분은 비례관계에 있게 된다. 시정수와 과도분은 비례관계이므로 시정수가 클수록 과도분은 천천히 사라진다.

**05** $RL$ 직렬회로에서 $R=20[\Omega]$, $L=40[\text{mH}]$일 때, 이 회로의 시정수[s]는? [19년 3회 기사]

① $2 \times 10^3$  ② $2 \times 10^{-3}$
③ $\frac{1}{2} \times 10^3$  ④ $\frac{1}{2} \times 10^{-3}$

**해설** 시정수 $\tau = \frac{L}{R}[\text{s}]$

$\therefore \tau = \frac{40 \times 10^{-3}}{20} = 2 \times 10^{-3}[\text{s}]$

**05** • 시정수($\tau$)
특성근 절댓값의 역수
$\tau = \frac{L}{R}[\text{s}]$
• 특성근 $= \frac{1}{\text{시정수}}$

**06** $RL$ 직렬회로에서 시정수가 0.03[s], 저항이 14.7[$\Omega$]일 때, 코일의 인덕턴스[mH]는? [15년 2회 기사]

① 441  ② 362
③ 17.6  ④ 2.53

**해설** 시정수 $\tau = \frac{L}{R}[\text{s}]$

$\therefore L = \tau \cdot R = 0.03 \times 14.7 = 0.441[\text{H}] = 441[\text{mH}]$

**06** 시정수($\tau$)
• $\tau = \frac{L}{R}[\text{s}]$
• $L = \tau \cdot R[\text{H}]$
• $R = \frac{L}{\tau}[\Omega]$

**정답** 03.④  04.③  05.②  06.①

# CHAPTER 15 과도 현상

**07** 코일의 권수 $N=1,000$회, 저항 $R=10[\Omega]$이다. 전류 $I=10[A]$를 흘릴 때 자속 $\phi=3\times10^{-2}[Wb]$라면 이 회로의 시정수[s]는? [19·16년 3회 산업]

① 0.3  ② 0.4
③ 3.0  ④ 4.0

**해설** 코일의 자기 인덕턴스 $L=\dfrac{N\phi}{I}=\dfrac{1,000\times3\times10^{-2}}{10}=3[H]$

∴ 시정수 $\tau=\dfrac{L}{R}=\dfrac{3}{10}=0.3[s]$

**기출 핵심 NOTE**

**07** • 자기 인덕턴스(자기유도계수)
$L=\dfrac{N\phi}{I}[Wb/A]$, [H]
• 시정수$(\tau)=\dfrac{L}{R}[s]$

**08** $R_1=R_2=100[\Omega]$이며 $L_1=5[H]$인 회로에서 시정수는 몇 [s]인가? [17년 1회 기사]

① 0.001
② 0.01
③ 0.1
④ 1

**해설** $R-L$ 직렬회로의 시정수$(\tau)$
$\tau=\dfrac{L}{R}=\dfrac{L_1}{\dfrac{R_1R_2}{R_1+R_2}}=\dfrac{5}{\dfrac{100\times100}{100+100}}=\dfrac{5}{50}=0.1[s]$

**09** 다음과 같은 회로에서 $t=0$인 순간에 스위치 S를 닫았다. 이 순간에 인덕턴스 $L$에 걸리는 전압[V]은? (단, $L$의 초기 전류는 0이다.) [18년 1회 산업]

① 0
② $\dfrac{LE}{R}$
③ $E$
④ $\dfrac{E}{R}$

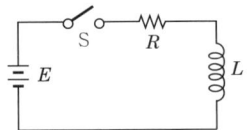

**해설** $e_L=L\dfrac{di}{dt}=L\dfrac{d}{dt}\dfrac{E}{R}(1-e^{-\frac{R}{L}t})=Ee^{-\frac{R}{L}t}\Big|_{t=0}=E[V]$

**09** • $R$에 걸리는 전압
$V_R=R\cdot i(t)=E(1-e^{-\frac{R}{L}t})[V]$
• $L$에 걸리는 전압
$V_L=L\dfrac{di(t)}{dt}=Ee^{-\frac{R}{L}t}[V]$
$t=0$에서 $V_L=E[V]$

**10** 시정수 $\tau$를 갖는 $R-L$ 직렬회로에 직류 전압을 가할 때, $t=2\tau$가 되는 시간에 회로에 흐르는 전류는 최종값의 약 몇 [%]인가? [15년 2회 산업]

① 98  ② 95
③ 86  ④ 63

**10** 시정수 시간에서의 전류
• $t=\tau: i(t)=0.632\dfrac{E}{R}[A]$
• $t=2\tau: i(t)=0.864\dfrac{E}{R}[A]$
• $t=3\tau: i(t)=0.951\dfrac{E}{R}[A]$

**정답** 07.① 08.③ 09.③ 10.③

**해설** 전류 $i(t) = \frac{E}{R}(1-e^{-\frac{R}{L}t}) = \frac{E}{R}(1-e^{-\frac{1}{\tau}t})$

$t=2\tau$ 이므로 $i(t) = \frac{E}{R}(1-e^{-\frac{1}{\tau}\cdot 2\tau}) = \frac{E}{R}(1-e^{-2}) = 0.864\frac{E}{R}$

∴ 최종값의 약 86.4[%]

**11** 인덕턴스 0.5[H], 저항 2[Ω]의 직렬회로에 30[V]의 직류 전압을 급히 가했을 때 스위치를 닫은 후 0.1초 후의 전류의 순시값 $i$[A]와 회로의 시정수 $\tau$[s]는? [16년 2회 기사]

① $i=4.95$, $\tau=0.25$
② $i=12.75$, $\tau=0.35$
③ $i=5.95$, $\tau=0.45$
④ $i=13.95$, $\tau=0.25$

**해설**
- 시정수 $\tau = \frac{L}{R} = \frac{0.5}{2} = 0.25[\text{s}]$
- 전류 $i(t) = \frac{E}{R}(1-e^{-\frac{R}{L}t})$ 에서 $t=0.1$초이므로

∴ $i(t) = \frac{30}{2}(1-e^{-\frac{2}{0.5}\times 0.1}) = 4.95[\text{A}]$

**12** 회로에서 10[mH]의 인덕턴스에 흐르는 전류는 일반적으로 $i(t) = A + Be^{-at}$ 로 표시된다. $a$의 값은? [17년 3회 기사]

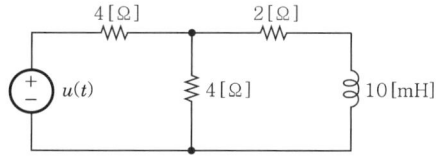

① 100   ② 200
③ 400   ④ 500

**해설** 테브난의 등가회로

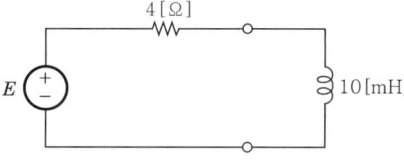

전류 $i(t) = \frac{E}{R}(1-e^{-\frac{R}{L}t})$

∴ $\alpha = \frac{R}{L} = \frac{4}{10\times 10^{-3}} = 400$

**정답** 11. ① 12. ③

# CHAPTER 15 과도 현상

**13** $R-L$ 직렬회로에서 스위치 S가 1번 위치에 오랫동안 있다가 $t=0^+$에서 위치 2번으로 옮겨진 후, $\frac{L}{R}$[s] 후에 $L$에 흐르는 전류[A]는?  [18년 1회 기사]

① $\dfrac{E}{R}$

② $0.5\dfrac{E}{R}$

③ $0.368\dfrac{E}{R}$

④ $0.632\dfrac{E}{R}$

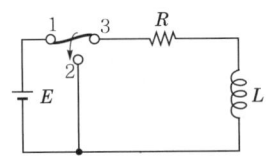

**[해설]** $i(t)=\dfrac{E}{R}e^{-\frac{R}{L}t}=\dfrac{E}{R}e^{-\frac{1}{\tau}t}$ 에서 $t=\tau$에서의 전류를 구하면

$i(t)=\dfrac{E}{R}e^{-1}=0.368\dfrac{E}{R}$[A]

### 기출 핵심 NOTE

**13** 직류 전압 제거 시
- 전류
  $i(t)=\dfrac{E}{R}e^{-\frac{R}{L}t}$[A]
- 시정수에서의 전류값
  $t=\tau : i(t)=0.368\dfrac{E}{R}$[A]

---

**14** 회로에서 스위치를 닫을 때 콘덴서의 초기 전하를 무시하면 회로에 흐르는 전류 $i(t)$는 어떻게 되는가?  [17년 3회 산업]

① $\dfrac{E}{R}e^{\frac{C}{R}t}$

② $\dfrac{E}{R}e^{\frac{R}{C}t}$

③ $\dfrac{E}{R}e^{-\frac{1}{CR}t}$

④ $\dfrac{E}{R}e^{\frac{1}{CR}t}$

**[해설]** 전압 방정식 $Ri(t)+\dfrac{1}{C}\int i(t)dt=E$

라플라스 변환을 이용하여 풀면 $i(t)=\dfrac{E}{R}e^{-\frac{1}{CR}t}$[A]

**14** $R-C$ 직렬회로 직류 인가 시
- 전류 : $i(t)=\dfrac{E}{R}e^{-\frac{1}{RC}t}$[A]
- 시정수 : $\tau=RC$[s]
- 특성근 $=-\dfrac{1}{시정수}=-\dfrac{1}{RC}$

---

**15** 그림과 같은 $RC$ 회로에서 스위치를 넣는 순간 전류는? (단, 초기 조건은 0이다.)  [18년 3회 기사]

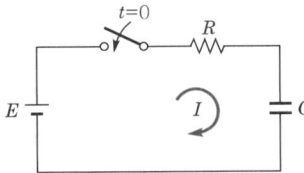

① 불변 전류이다.
② 진동 전류이다.
③ 증가 함수로 나타난다.
④ 감쇠 함수로 나타난다.

**15** $R-C$ 직렬회로 직류 인가 시

전류 : $i(t)=\dfrac{E}{R}e^{-\frac{1}{RC}t}$[A]

지수 감쇠 함수

**정답** 13. ③  14. ③  15. ④

해설 전압 방정식 $Ri(t) + \frac{1}{C}\int i(t)dt = E$
라플라스 변환을 이용하여 풀면
전류 $i(t) = \frac{E}{R}e^{-\frac{1}{RC}t}$ [A]

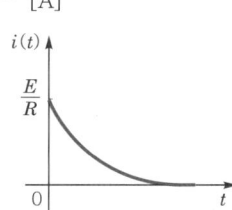

∴ 지수 감쇠 함수가 된다.

**16** 그림과 같은 $RC$ 직렬회로에 $t=0$에서 스위치 S를 닫아 직류 전압 100[V]를 회로의 양단에 인가하면 시간 $t$에서의 충전 전하는? (단, $R=10[\Omega]$, $C=0.1[F]$이다.)

[19년 3회 산업]

① $10(1-e^{-t})$
② $-10(1-e^t)$
③ $10e^{-t}$
④ $-10e^t$

해설 $q = CE\left(1-e^{-\frac{1}{RC}t}\right) = 0.1 \times 100\left(1-e^{-\frac{1}{10 \times 0.1}t}\right)$
$= 10(1-e^{-t})$ [C]

**17** 그림에서 $t=0$에서 스위치 S를 닫았다. 콘덴서에 충전된 초기 전압 $V_C(0)$가 1[V]였다면 전류 $i(t)$를 변환한 값 $I(s)$는?

[16년 1회 기사]

① $\frac{3}{2s+4}$
② $\frac{3}{s(2s+4)}$
③ $\frac{2}{s(s+2)}$
④ $\frac{1}{s+2}$

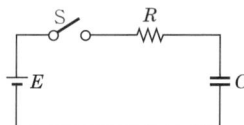

해설 콘덴서에 초기 전압 $V_C(0)$가 있는 경우이므로
전류 $i(t) = \frac{E-V_C(0)}{R}e^{-\frac{1}{RC}t}$
$= \frac{3-1}{2}e^{-\frac{1}{2 \times \frac{1}{4}}t} = e^{-2t}$
∴ $I(s) = \mathcal{L}^{-1}[i(t)] = \frac{1}{s+2}$

### 기출 핵심 NOTE

**16** • 콘덴서의 충전 전하량
$q(t) = CE(1-e^{-\frac{1}{RC}t})$ [C]
• $C$에 걸리는 전압
$V_C = \frac{q(t)}{C} = E(1-e^{-\frac{1}{RC}t})$ [V]

**17** 초기값이 있는 경우
전류 $i(t) = \frac{E-V(0)}{R}e^{-\frac{1}{RC}t}$ [A]
여기서, $V(0)$ : 초기 전압

정답 16. ① 17. ④

# CHAPTER 15 과도 현상

**18** $R-L-C$ 직렬회로에서 $R=100[\Omega]$, $L=5[mH]$, $C=2[\mu F]$일 때 이 회로는? [19년 2회 산업]

① 과제동이다.
② 무제동이다.
③ 임계 제동이다.
④ 부족 제동이다.

**[해설]** 진동 여부 판별식
$$R^2 - 4\frac{L}{C} = 100^2 - 4 \times \frac{5 \times 10^{-3}}{2 \times 10^{-6}} = 0$$
따라서, 임계 제동이다.

**18 진동 여부 판별식**
- $R^2 - 4\frac{L}{C} = 0$ : 임계 진동
- $R^2 - 4\frac{L}{C} > 0$ : 비진동
- $R^2 - 4\frac{L}{C} < 0$ : 진동

**19** 회로에서 $E=10[V]$, $R=10[\Omega]$, $L=1[H]$, $C=10[\mu F]$ 그리고 $V_C(0)=0$일 때 스위치 K를 닫은 직후 전류의 변화율 $\dfrac{di}{dt}(0^+)$의 값[A/s]은? [19년 1회 기사]

① 0
② 1
③ 5
④ 10

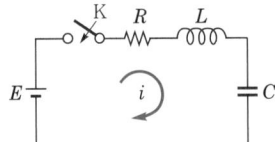

**[해설]** 진동 여부 판별식
$$R^2 - 4\frac{L}{C} = 10^2 - 4\frac{1}{10 \times 10^{-6}} < 0$$
따라서 진동인 경우이므로 $i = \dfrac{E}{\beta L}e^{-at}\sin\beta t$

$\therefore \left.\dfrac{di}{dt}\right|_{t=0} = \dfrac{E}{\beta L}\left[-ae^{-at}\sin\beta t + \beta e^{-at}\cos\beta t\right]_{t=0}$
$= \dfrac{E}{\beta L} \cdot \beta = \dfrac{E}{L} = \dfrac{10}{1} = 10[A/s]$

**20** $R=30[\Omega]$, $L=79.6[mH]$의 $R-L$ 직렬회로에 60[Hz]의 교류를 가할 때 과도 현상이 발생하지 않으려면 전압은 어떤 위상에서 가해야 하는가? [14년 3회 기사]

① 23°
② 30°
③ 45°
④ 60°

**[해설]** $\theta = \phi = \tan^{-1}\dfrac{\omega L}{R}$
$= \tan^{-1}\dfrac{377 \times 79.6 \times 10^{-3}}{30} = 45°$

**20** $R-L$ 직렬회로에 교류 전압 인가 시 과도 전류가 생기지 않을 조건
$\theta = \phi = \tan^{-1}\dfrac{\omega L}{R}$

**정답** 18. ③  19. ④  20. ③

**21** 다음과 같은 회로에서 $t=0^+$에서 스위치 K를 닫았다. $i_1(0^+)$, $i_2(0^+)$는 얼마인가? (단, $C$의 초기 전압과 $L$의 초기 전류는 0이다.) [14년 1회 기사]

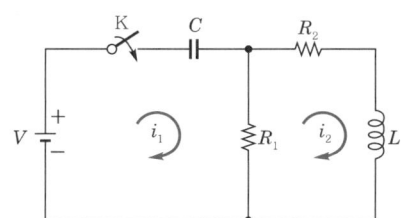

① $i_1(0^+)=0$, $i_2(0^+)=\dfrac{V}{R_2}$

② $i_1(0^+)=\dfrac{V}{R_1}$, $i_2(0^+)=0$

③ $i_1(0^+)=0$, $i_2(0^+)=0$

④ $i_1(0^+)=\dfrac{V}{R_1}$, $i_2(0^+)=\dfrac{V}{R_2}$

**[해설]** 스위치를 닫는 순간 $t=0$에서는 $L$은 개방상태, $C$는 단락상태가 된다.
$i_1(0^+)=\dfrac{V}{R_1}$, $i_2(0^+)=0$

### 21 소자의 특성

| 소 자 | $t=0$ | $t=\infty$ |
|---|---|---|
| $R$ | $R$ | $R$ |
| $L$ | 개방 | 단락 |
| $C$ | 단락 | 개방 |

정답 21. ②

# 잠깐! 쉬어가세요.

"인생은 일약 '대박'이 아니다.
삶을 변화시키는 의미있는 발걸음을
차례차례 밟아가는 것이 인생이다."

- O. 윈프리 -

# 부 록
## 과년도 출제문제

# 2020년 제1·2회 통합 기출문제

**전기기사**

## 01
3상 전류가 $I_a = 10 + j3$[A], $I_b = -5 - j2$[A], $I_c = -3 + j4$[A]일 때 정상분 전류의 크기는 약 몇 [A]인가?

① 5　　② 6.4
③ 10.5　　④ 13.34

**해설** 정상 전류

$$I_1 = \frac{1}{3}(I_a + aI_b + a^2 I_c)$$

$$= \frac{1}{3}\left\{(10+j3) + \left(-\frac{1}{2} + j\frac{\sqrt{3}}{2}\right)(-5-j2) \right.$$
$$\left. + \left(-\frac{1}{2} - j\frac{\sqrt{3}}{2}\right)(-3+j4)\right\}$$

$$≒ 6.39 + j0.09$$

$$\therefore I_1 = \sqrt{(6.39)^2 + (0.09)^2} ≒ 6.4[\text{A}]$$

## 02
그림의 회로에서 영상 임피던스 $Z_{01}$이 6[Ω]일 때 저항 $R$의 값은 몇 [Ω]인가?

① 2　　② 4　　③ 6　　④ 9

**해설** 영상 임피던스 $Z_{01} = 6[\Omega] = \sqrt{\dfrac{AB}{CD}}$ [Ω]

$$\begin{bmatrix} A & B \\ C & D \end{bmatrix} = \begin{bmatrix} 1 & R \\ 0 & 1 \end{bmatrix}\begin{bmatrix} 1 & 0 \\ \frac{1}{5} & 1 \end{bmatrix} = \begin{bmatrix} 1+\frac{R}{5} & R \\ \frac{1}{5} & 1 \end{bmatrix}$$

$$6 = \sqrt{\dfrac{\frac{5+R}{5} \times R}{\frac{1}{5} \times 1}}$$

$36 = (5+R)R$
$R^2 + 5R - 36 = 0$
$(R-4)(R+9) = 0$

$\therefore R = 4, R = -9$
저항값이므로 $R = 4[\Omega]$

## 03
Y결선의 평형 3상 회로에서 선간전압 $V_{ab}$와 상전압 $V_{an}$의 관계로 옳은 것은? (단, $V_{bn} = V_{an}e^{-j\left(\frac{2\pi}{3}\right)}$, $V_{cn} = V_{bn}e^{-j\left(\frac{2\pi}{3}\right)}$)

① $V_{ab} = \dfrac{1}{\sqrt{3}} e^{-j\left(\frac{\pi}{6}\right)} V_{an}$

② $V_{ab} = \sqrt{3} e^{j\left(\frac{\pi}{6}\right)} V_{an}$

③ $V_{ab} = \dfrac{1}{\sqrt{3}} e^{-j\left(\frac{\pi}{6}\right)} V_{an}$

④ $V_{ab} = \sqrt{3} e^{j\left(\frac{\pi}{6}\right)} V_{an}$

**해설** 성결 결선(Y결선)
선간전압($V_l$)과 상전압($V_p$)의 관계

$$V_l = \sqrt{3} V_p \bigg/ \frac{\pi}{6}$$

$\therefore V_{ab} = \sqrt{3} e^{j\frac{\pi}{6}} V_{an}$
　지수 함수 표시식

## 04
$f(t) = t^2 e^{-at}$를 라플라스 변환하면?

① $\dfrac{2}{(s+a)^2}$　　② $\dfrac{3}{(s+a)^2}$

③ $\dfrac{2}{(s+a)^3}$　　④ $\dfrac{3}{(s+a)^3}$

**해설** $\mathcal{L}[t^n e^{-at}] = \dfrac{n!}{(s+a)^{n+1}}$

$\mathcal{L}[t^2 e^{-at}] = \dfrac{2!}{(s+a)^{2+1}}$

$= \dfrac{2}{(s+a)^3}$

**정답** 01. ② 02. ② 03. ② 04. ③

**05** 선로의 단위 길이당 인덕턴스, 저항, 정전용량, 누설 컨덕턴스를 각각 $L$, $R$, $C$, $G$라 하면 전파정수는?

① $\dfrac{\sqrt{R+j\omega L}}{G+j\omega C}$

② $\sqrt{(R+j\omega L)(G+j\omega C)}$

③ $\sqrt{\dfrac{R+j\omega L}{G+j\omega C}}$

④ $\sqrt{\dfrac{G+j\omega C}{R+j\omega L}}$

**해설** 직렬 임피던스 $Z = R + j\omega L\,[\Omega/\text{m}]$
병렬 어드미턴스 $Y = G + j\omega C\,[\mho/\text{m}]$
전파정수 $\gamma = \sqrt{ZY} = \sqrt{(R+j\omega L)(G+j\omega C)}$

**06** 다음 회로에서 0.5[Ω] 양단 전압은 약 몇 [V]인가?

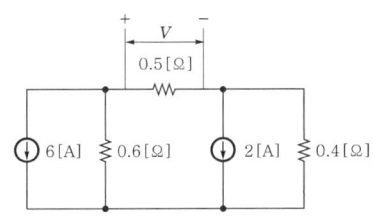

① 0.6
② 0.93
③ 1.47
④ 1.5

**해설** 전류원을 전압원으로 등가 변환하면 다음과 같다.

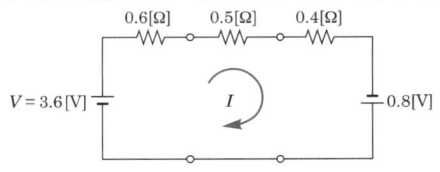

전류 $I = \dfrac{3.6 + 0.8}{0.6 + 0.5 + 0.4} ≒ 2.93\,[\text{A}]$

∴ $V = 0.5 \times 2.93 ≒ 1.47\,[\text{V}]$

**07** $RLC$ 직렬회로의 파라미터가 $R^2 = \dfrac{4L}{C}$의 관계를 가진다면, 이 회로에 직류 전압을 인가하는 경우 과도 응답 특성은?

① 무제동
② 과제동
③ 부족 제동
④ 임계 제동

**해설** 진동 여부 판별식

- $R^2 - 4\dfrac{L}{C} = 0$ : 임계 진동(임계 제동)
- $R^2 - 4\dfrac{L}{C} > 0$ : 비진동(과제동)
- $R^2 - 4\dfrac{L}{C} < 0$ : 진동(감쇠 진동, 부족 제동)

**08** $v(t) = 3 + 5\sqrt{2}\sin\omega t + 10\sqrt{2}\sin\left(3\omega t - \dfrac{\pi}{3}\right)$[V]의 실효값 크기는 약 몇 [V]인가?

① 9.6
② 10.6
③ 11.6
④ 12.6

**해설** 실효값
각 고조파의 실효값의 제곱 합의 제곱근
$V = \sqrt{V_0^2 + V_1^2 + V_3^2}$
$= \sqrt{3^2 + 5^2 + 10^2} ≒ 11.6\,[\text{V}]$

**09** $8 + j6$[Ω]인 임피던스에 $13 + j20$[V]의 전압을 인가할 때 복소전력은 약 몇 [VA]인가?

① $12.7 + j34.1$
② $12.7 + j55.5$
③ $45.5 + j34.1$
④ $45.5 + j55.5$

**해설** 복소전력 $P_a = \overline{V}I = P \pm jP_r$

전류 $I = \dfrac{V}{Z}$
$= \dfrac{13 + j20}{8 + j6}$
$= \dfrac{(13+j20)(8-j6)}{(8+j6)(8-j6)}$
$= 2.24 + j0.82$

$P_a = \overline{V}I = (13 - j20)(2.24 + j0.82)$
$≒ 45.5 + j34.1\,[\text{VA}]$

**정답** 05.② 06.③ 07.④ 08.③ 09.③

**10** 그림과 같이 결선된 회로의 단자(a, b, c)에 선간전압이 $V[V]$인 평형 3상 전압을 인가할 때 상전류 $I[A]$의 크기는?

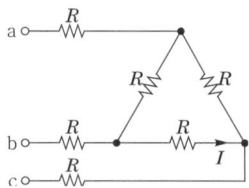

① $\dfrac{V}{4R}$  ② $\dfrac{3V}{4R}$

③ $\dfrac{\sqrt{3}\,V}{4R}$  ④ $\dfrac{V}{4\sqrt{3}\,R}$

**해설**  △결선의 선전류와 상전류와의 관계

선전류$(I_l) = \sqrt{3}$ 상전류$(I_p)\angle -30°$

△결선을 Y결선으로 등가 변환하면

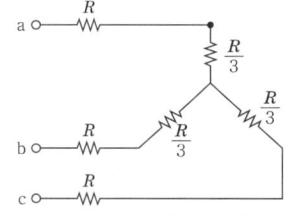

한 상의 저항 $R_0 = R + \dfrac{R}{3} = \dfrac{4R}{3}\,[\Omega]$

Y결선에서

$$I_p = I_l = \dfrac{\dfrac{V}{\sqrt{3}}}{\dfrac{4R}{3}} = \dfrac{3V}{4\sqrt{3}\,R} = \dfrac{\sqrt{3}\,V}{4R}\,[A]$$

∴ △결선의 상전류 $I_p = \dfrac{I_l}{\sqrt{3}} = \dfrac{V}{4R}\,[A]$

## 2020년 제1·2회 통합 기출문제 (전기산업기사)

**01** 회로의 4단자 정수로 틀린 것은?

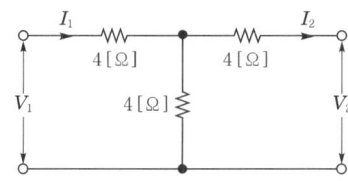

① $A=2$
② $B=12$
③ $C=\dfrac{1}{4}$
④ $D=6$

**해설** T형 회로의 4단자 정수

$A = 1 + \dfrac{4}{4} = 2\,[\Omega]$

$B = \dfrac{4\times 4 + 4\times 4 + 4\times 4}{4} = 12\,[\Omega]$

$C = \dfrac{1}{4}\,[\Omega]$

$D = 1 + \dfrac{4}{4} = 2\,[\Omega]$

T형 대칭회로는 $A=D$이다.

**02** 푸리에 급수로 표현된 왜형파 $f(t)$가 반파 대칭 및 정현 대칭일 때 $f(t)$에 대한 특징으로 옳은 것은?

$$f(t) = a_0 + \sum_{n=1}^{\infty} a_n \cos n\omega t + \sum_{n=1}^{\infty} b_n \sin n\omega t$$

① $a_n$의 우수항만 존재한다.
② $a_n$의 기수항만 존재한다.
③ $b_n$의 우수항만 존재한다.
④ $b_n$의 기수항만 존재한다.

**해설** 반파 및 정현 대칭의 특징
반파 대칭과 정현 대칭의 공통 성분인 홀수항(기수항)의 $\sin$항만 존재한다.

$\therefore\ f(t) = \sum_{n=1}^{\infty} b_n \sin n\omega t\ \ (n = 1,\ 3,\ 5,\ \cdots\cdots)$

**03** 용량이 50[kVA]인 단상 변압기 3대를 △결선하여 3상으로 운전하는 중 1대의 변압기에 고장이 발생하였다. 나머지 2대의 변압기를 이용하여 3상 V결선으로 운전하는 경우 최대 출력은 몇 [kVA]인가?

① $30\sqrt{3}$
② $50\sqrt{3}$
③ $100\sqrt{3}$
④ $200\sqrt{3}$

**해설** V결선의 출력 $P = \sqrt{3}\,VI\cos\theta\,[\mathrm{W}]$
최대 출력은 $\cos\theta = 1$인 경우이므로
$P = \sqrt{3}\,VI$
여기서, $VI$는 단상 변압기의 1대 용량이므로
$P = 50\sqrt{3}\,[\mathrm{kVA}]$

**04** 그림과 같은 회로에서 $L_2$에 흐르는 전류 $I_2$[A]가 단자 전압 $V$[V]보다 위상이 90° 뒤지기 위한 조건은? (단, $\omega$는 회로의 각주파수[rad/s]이다.)

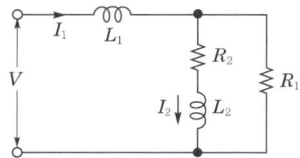

① $\dfrac{R_2}{R_1} = \dfrac{L_2}{L_1}$
② $R_1 R_2 = L_1 L_2$
③ $R_1 R_2 = \omega L_1 L_2$
④ $R_1 R_2 = \omega^2 L_1 L_2$

정답 01. ④  02. ④  03. ②  04. ④

**해설** 전전류 $I_1 = \dfrac{V}{j\omega L_1 + \dfrac{R_1 R_2 + j\omega R_1 L_2}{R_1 + R_2 + j\omega L_2}}$

$I_2$는 분류법칙에 의해

$I_2 = \dfrac{R_1}{R_1 + R_2 + j\omega L_2} \times \dfrac{V}{j\omega L_1 + \dfrac{R_1 R_2 + j\omega R_1 L_2}{R_1 + R_2 + j\omega L_2}}$

$= \dfrac{R_1 V}{j\omega L_1 R_1 + j\omega L_1 R_2 - \omega^2 L_1 L_2 + R_1 R_2 + j\omega R_1 L_2}$

여기서, $I_2$가 $V$보다 위상이 90° 뒤지기 위한 조건은 분모의 실수부가 0이면 된다.

$R_1 R_2 - \omega^2 L_1 L_2 = 0$

$\therefore R_1 R_2 = \omega^2 L_1 L_2$

**05** $f(t) = \sin t + 2\cos t$를 라플라스 변환하면?

① $\dfrac{2s}{s^2 + 1}$

② $\dfrac{2s+1}{(s+1)^2}$

③ $\dfrac{2s+1}{s^2+1}$

④ $\dfrac{2s}{(s+1)^2}$

**해설** $\mathcal{L}[\sin\omega t] = \dfrac{\omega}{s^2 + \omega^2}$, $\mathcal{L}[\cos\omega t] = \dfrac{s}{s^2 + \omega^2}$

$F(s) = \dfrac{1}{s^2 + 1} + \dfrac{2s}{s^2 + 1} = \dfrac{2s+1}{s^2+1}$

**06** 그림과 같은 회로에서 스위치 S를 $t=0$에서 닫았을 때 $v_L(t)|_{t=0} = 100[V]$, $\left.\dfrac{di(t)}{dt}\right|_{t=0} = 400[A/s]$이다. $L[H]$의 값은?

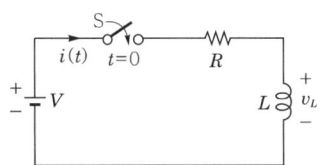

① 0.75
② 0.5
③ 0.25
④ 0.1

**해설** $v_L(t) = L\dfrac{di}{dt}[V]$

$L = \dfrac{v_L(t)}{\dfrac{di}{dt}} = \dfrac{100}{400} = 0.25[H]$

**07** 어떤 전지에 연결된 외부 회로의 저항은 5[Ω]이고 전류는 8[A]가 흐른다. 외부 회로에 5[Ω] 대신 15[Ω]의 저항을 접속하면 전류는 4[A]로 떨어진다. 이 전지의 내부 기전력은 몇 [V]인가?

① 15
② 20
③ 50
④ 80

**해설**
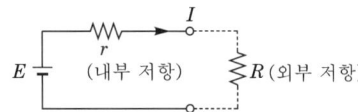

전지 회로에서 기전력 $E$는

$(5+r) \cdot 8 = 40 + 8r$ ········ ㉠

$(15+r) \cdot 4 = 60 + 4r$ ········ ㉡

㉠=㉡이므로

$40 + 8r = 60 + 4r$

내부 저항 $r = 5[Ω]$이므로

$\therefore$ 전지의 기전력 $E = 80[V]$

**08** 파형률과 파고율이 모두 1인 파형은?

① 고조파
② 삼각파
③ 구형파
④ 사인파

**해설** 구형파

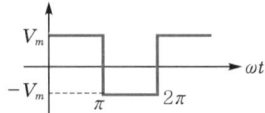

평균값 $V_{av} = V_m$, 실효값 $V = V_m$

파고율 $= \dfrac{\text{최댓값}}{\text{실효값}}$, 파형률 $= \dfrac{\text{실효값}}{\text{평균값}}$

구형파는 평균값=실효값=최댓값이므로 파고율=파형률이다.

**정답** 05. ③  06. ③  07. ④  08. ③

**09** $r_1[\Omega]$인 저항에 $r[\Omega]$인 가변 저항이 연결된 그림과 같은 회로에서 전류 $I$를 최소로 하기 위한 저항 $r_2[\Omega]$는? (단, $r[\Omega]$은 가변 저항의 최대 크기이다.)

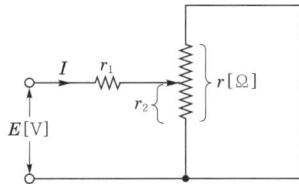

① $\dfrac{r_1}{2}$  ② $\dfrac{r}{2}$
③ $r_1$  ④ $r$

**해설** 전류 $I$가 최소가 되려면 합성저항 $R_o$가 최대가 되어야 한다.

합성저항 $R_o = r_1 + \dfrac{(r-r_2)r_2}{(r-r_2)+r_2}$

합성저항 $R_o$의 최대 조건은 $\dfrac{dR_o}{dr_2}=0$

$\dfrac{d}{dr_2}\left(r_1 + \dfrac{rr_2 - r_2^2}{r}\right) = 0$

$r - 2r_2 = 0$

$\therefore r_2 = \dfrac{r}{2}[\Omega]$

**10** 그림과 같은 4단자 회로망에서 출력측을 개방하니 $V_1=12[V]$, $I_1=2[A]$, $V_2=4[V]$이고, 출력측을 단락하니 $V_1=16[V]$, $I_1=4[A]$, $I_2=2[A]$이었다. 4단자 정수 $A$, $B$, $C$, $D$는 얼마인가?

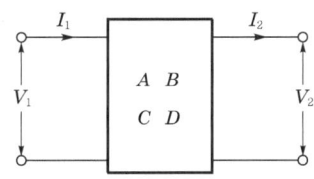

① $A=2$, $B=3$, $C=8$, $D=0.5$
② $A=0.5$, $B=2$, $C=3$, $D=8$
③ $A=8$, $B=0.5$, $C=2$, $D=3$
④ $A=3$, $B=8$, $C=0.5$, $D=2$

**해설**
$A = \dfrac{V_1}{V_2}\bigg|_{I_2=0} = \dfrac{12}{4} = 3$

$B = \dfrac{V_1}{I_2}\bigg|_{V_2=0} = \dfrac{16}{2} = 8$

$C = \dfrac{I_1}{V_2}\bigg|_{I_2=0} = \dfrac{2}{4} = 0.5$

$D = \dfrac{I_1}{I_2}\bigg|_{V_2=0} = \dfrac{4}{2} = 2$

**11** $V = 50\sqrt{3} - j50[V]$, $I = 15\sqrt{3} + j15[A]$일 때 유효전력 $P[W]$와 무효전력 $Q[Var]$는 각각 얼마인가?

① $P=3,000$, $Q=-1,500$
② $P=1,500$, $Q=-1,500\sqrt{3}$
③ $P=750$, $Q=-750\sqrt{3}$
④ $P=2,250$, $Q=-1,500\sqrt{3}$

**해설** 복소전력 $P_a = \overline{V}I$
$= (50\sqrt{3} + j50)(15\sqrt{3} + j15)$
$= 1,500 + j1,500\sqrt{3}$
$\therefore P = 1,500[W]$, $Q = 1,500\sqrt{3}[Var]$

**12** 그림과 같은 회로에서 5[Ω]에 흐르는 전류는 몇 [A]인가?

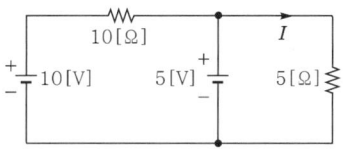

① $\dfrac{1}{2}$  ② $\dfrac{2}{3}$
③ $1$  ④ $\dfrac{5}{3}$

**해설** 중첩의 정리에 의해
• 10[V] 전압원 존재 시 : 5[V] 전압원 단락
  $\therefore$ 5[Ω]에 흐르는 전류는 없다.
• 5[V] 전압원 존재 시 : 10[V] 전압원 단락
  $\therefore$ 5[Ω]에 흐르는 전류 $I = \dfrac{5}{5} = 1[A]$

정답 09. ② 10. ④ 11. ② 12. ③

**13** 다음과 같은 회로에서 $V_a$, $V_b$, $V_c$[V]를 평형 3상 전압이라 할 때 전압 $V_0$[V]은?

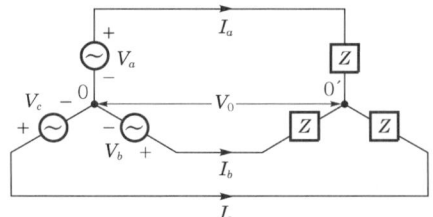

① 0
② $\dfrac{V_1}{3}$
③ $\dfrac{2}{3}V_1$
④ $V_1$

**해설** $V_0$는 중성점의 전압으로
$V_a + V_b + V_c = V + a^2V + aV$
$\qquad\qquad\quad = (1 + a^2 + a)V$
$\qquad\qquad\quad = 0$
평형 3상 전압의 합은 0이 된다.

**14** $RC$ 직렬회로의 과도 현상에 대한 설명으로 옳은 것은?

① $(R \times C)$의 값이 클수록 과도 전류는 빨리 사라진다.
② $(R \times C)$의 값이 클수록 과도 전류는 천천히 사라진다.
③ 과도 전류는 $(R \times C)$의 값에 관계가 없다.
④ $\dfrac{1}{R \times C}$의 값이 클수록 과도 전류는 천천히 사라진다.

**해설** $RC$ 직렬의 직류회로의 시정수 $\tau = RC$[s]
시정수의 값이 클수록 과도 상태는 오랫동안 지속된다.
∴ $RC$의 값이 클수록 과도 전류는 천천히 사라진다.

**15** 어떤 회로에 흐르는 전류가 $i(t) = 7 + 14.1\sin\omega t$[A]인 경우 실효값은 약 몇 [A]인가?

① 11.2
② 12.2
③ 13.2
④ 14.2

**해설** 비정현파 전류의 실효값
각 고조파의 실효값의 제곱의 합의 제곱근이다.
$I = \sqrt{I_0^2 + I_1^2} = \sqrt{7^2 + 10^2} ≒ 12.2$[A]

**16** 9[Ω]과 3[Ω]인 저항 6개를 그림과 같이 연결하였을 때 a와 b 사이의 합성저항[Ω]은?

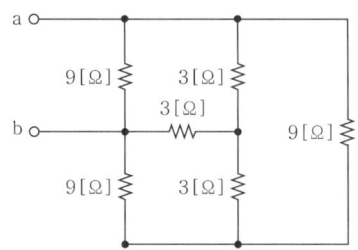

① 9
② 4
③ 3
④ 2

**해설**

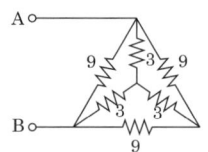

△결선을 Y결선으로 등가 변환하면

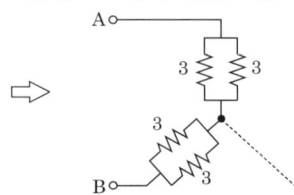

∴ 합성저항 $R_{AB} = \dfrac{3 \times 3}{3 + 3} + \dfrac{3 \times 3}{3 + 3} = 3$[Ω]

**17** 그림과 같은 회로의 전달함수는? (단, 초기 조건은 0이다.)

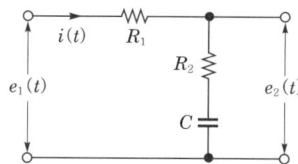

① $\dfrac{R_2 + Cs}{R_1 + R_2 + Cs}$

② $\dfrac{R_1 + R_2 + Cs}{R_1 + Cs}$

③ $\dfrac{R_2 Cs + 1}{R_2 Cs + R_1 Cs + 1}$

④ $\dfrac{R_1 Cs + R_2 Cs + 1}{R_2 Cs + 1}$

**해설** 전압비 전달함수 $G(s) = \dfrac{E_2(s)}{E_1(s)}$ 이므로 임피던스의 비가 된다.

$G(s) = \dfrac{R_2 + \dfrac{1}{Cs}}{R_1 + R_2 + \dfrac{1}{Cs}} = \dfrac{R_2 Cs + 1}{R_1 Cs + R_2 Cs + 1}$

**18** 전류의 대칭분이 $I_0 = -2 + j4$ [A], $I_1 = 6 - j5$ [A], $I_2 = 8 + j10$ [A]일 때 3상 전류 중 a상 전류($I_a$)의 크기($|I_a|$)는 몇 [A]인가? (단, $I_0$는 영상분이고, $I_1$은 정상분이고, $I_2$는 역상분이다.)

① 9   ② 12
③ 15  ④ 19

**해설** 비대칭 전류와 대칭분 전류

$I_a = I_0 + I_1 + I_2$
$I_b = I_0 + a^2 I_1 + a I_2$
$I_c = I_0 + a I_1 + a^2 I_2$
$I_a = I_0 + I_1 + I_2$
$\quad = (-2 + j4) + (6 - j5) + (8 + j10) = 12 + j9$
$\therefore |I_a| = \sqrt{12^2 + 9^2} = 15$ [A]

**19** 각 상의 전류가 다음과 같을 때 영상분 전류 [A]의 순시치는?

$i_a = 30 \sin \omega t$ [A]
$i_b = 30 \sin (\omega t - 90°)$ [A]
$i_c = 30 \sin (\omega t + 90°)$ [A]

① $10 \sin \omega t$   ② $10 \sin \dfrac{\omega t}{3}$

③ $30 \sin \omega t$   ④ $\dfrac{30}{\sqrt{3}} \sin (\omega t + 45°)$

**해설** $i_o = \dfrac{1}{3}(i_a + i_b + i_c)$

$= \dfrac{1}{3}\{30 \sin \omega t + 30 \sin (\omega t - 90°)$
$\quad + 30 \sin (\omega t + 90°)\}$
$= \dfrac{30}{3}\{\sin \omega t + (\sin \omega t \cos 90° - \cos \omega t \sin 90°)$
$\quad + (\sin \omega t \cos 90° + \cos \omega t \sin 90°)\}$
$= 10 \sin \omega t$ [A]

[별해]
$\cos \omega t = \sin (\omega t + 90°)$, $-\cos \omega t = \sin (\omega t - 90°)$
이므로
영상 전류 $i_0 = \dfrac{1}{3}(i_a + i_b + i_c)$
$\qquad = \dfrac{1}{3}(30 \sin \omega t - 30 \cos \omega t + 30 \cos \omega t)$
$\qquad = 10 \sin \omega t$ [A]

**20** $Z = 5\sqrt{3} + j5$ [Ω]인 3개의 임피던스를 Y결선하여 선간전압 250[V]의 평형 3상 전원에 연결하였다. 이때, 소비되는 유효전력은 약 몇 [W]인가?

① 3,125   ② 5,413
③ 6,252   ④ 7,120

**해설** 유효전력
$P = 3 I_p^2 R$
$= 3 \left(\dfrac{V_p}{Z}\right)^2 \cdot R$
$= 3 \left(\dfrac{\dfrac{250}{\sqrt{3}}}{\sqrt{(5\sqrt{3})^2 + 5^2}}\right)^2 \times 5\sqrt{3}$
$\fallingdotseq 5,413$ [W]

**정답** 17. ③  18. ③  19. ①  20. ②

# 2020년 제3회 기출문제

**01** $RC$ 직렬회로에 직류 전압 $V$[V]가 인가되었을 때 전류 $i(t)$에 대한 전압 방정식(KVL)이 $V = Ri(t) + \frac{1}{C}\int i(t)\,dt$ [V]이다. 전류 $i(t)$의 라플라스 변환인 $I(s)$는? (단, $C$에는 초기 전하가 없다.)

① $I(s) = \dfrac{V}{R} \dfrac{1}{s - \frac{1}{RC}}$

② $I(s) = \dfrac{C}{R} \dfrac{1}{s + \frac{1}{RC}}$

③ $I(s) = \dfrac{V}{R} \dfrac{1}{s + \frac{1}{RC}}$

④ $I(s) = \dfrac{R}{C} \dfrac{1}{s - \frac{1}{RC}}$

**해설** 전압 방정식을 라플라스 변환하면 다음과 같다.

$$\frac{V}{s} = RI(s) + \frac{1}{Cs}I(s)$$

$$I(s) = \frac{V}{s\left(R + \frac{1}{Cs}\right)} = \frac{V}{Rs + \frac{1}{C}}$$

$$= \frac{V}{R\left(s + \frac{1}{RC}\right)}$$

$$= \frac{V}{R} \frac{1}{s + \frac{1}{RC}}$$

**02** 어떤 회로의 유효전력이 300[W], 무효전력이 400[Var]이다. 이 회로의 복소전력의 크기[VA]는?

① 350
② 500
③ 600
④ 700

**해설** 복소전력 $P_a = \overline{V} \cdot I = P \pm jP_r$ [VA]
$P = 300$[W], $P_r = 400$[Var]
$P_a = 300 \pm j400$
$P_a = \sqrt{300^2 + 400^2} = 500$[VA]

**03** 회로에서 20[Ω]의 저항이 소비하는 전력은 몇 [W]인가?

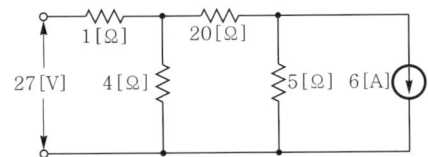

① 14
② 27
③ 40
④ 80

**해설**
• 27[V]에 의한 전류

$$I_1 = \frac{27}{1 + \frac{4 \times (20+5)}{4 + (20+5)}} \times \frac{4}{4 + (20+5)}$$

$$= \frac{108}{129} \text{[A]}$$

• 6[A]에 의한 전류

$$I_2 = \frac{5}{5 + \left(20 + \frac{4 \times 1}{4 + 1}\right)} \times 6$$

$$= \frac{150}{129} \text{[A]}$$

• 20[Ω]에 흐르는 전전류

$$I = I_1 + I_2 = \frac{108}{129} + \frac{150}{129} = 2 \text{[A]}$$

$$\therefore P = I^2 R = 2^2 \times 20 = 80 \text{[W]}$$

**정답** 01. ③  02. ②  03. ④

**04** 선간전압이 $V_{ab}$[V]인 3상 평형 전원에 대칭 부하 $R$[Ω]이 그림과 같이 접속되어 있을 때 a, b 두 상 간에 접속된 전력계의 지시값이 $W$[W]라면 c상 전류의 크기[A]는?

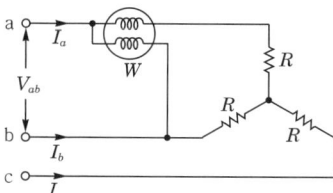

① $\dfrac{W}{3V_{ab}}$   ② $\dfrac{2W}{3V_{ab}}$

③ $\dfrac{2W}{\sqrt{3}V_{ab}}$   ④ $\dfrac{\sqrt{3}W}{V_{ab}}$

**해설** 3상 전력 $P = 2W$[W]
평형 3상 전원이므로 $I_a = I_b = I_c$, $V_{ab} = V_{bc} = V_{ca}$ 이다.
$2W = \sqrt{3}V_{ab}I_a\cos\theta$에서 $R$만의 부하이므로 역률 $\cos\theta = 1$
∴ $I_c = \dfrac{2W}{\sqrt{3}V_{ab}} = I_a$[A]

**05** 불평형 3상 전류가 다음과 같을 때 역상분 전류 $I_2$[A]는?

$$I_a = 15 + j2\text{[A]}$$
$$I_b = -20 - j14\text{[A]}$$
$$I_c = -3 + j10\text{[A]}$$

① $1.91 + j6.24$   ② $15.74 - j3.57$
③ $-2.67 - j0.67$   ④ $-8 - j2$

**해설** 역상 전류
$I_2 = \dfrac{1}{3}(I_a + a^2 I_b + a I_c)$
$= \dfrac{1}{3}\left\{(15+j2) + \left(-\dfrac{1}{2} - j\dfrac{\sqrt{3}}{2}\right)(-20-j14)\right.$
$\left. + \left(-\dfrac{1}{2} + j\dfrac{\sqrt{3}}{2}\right)(-3+j10)\right\}$
$\fallingdotseq 1.91 + j6.24$[A]

**06** $R = 4$[Ω], $\omega L = 3$[Ω]의 직렬회로에 $e = 100\sqrt{2}\sin\omega t + 50\sqrt{2}\sin 3\omega t$를 인가할 때 이 회로의 소비전력은 약 몇 [W]인가?

① 1,000
② 1,414
③ 1,560
④ 1,703

**해설** $I_1 = \dfrac{V_1}{Z_1} = \dfrac{V_1}{\sqrt{R^2 + (\omega L)^2}} = \dfrac{100}{\sqrt{4^2 + 3^2}}$
$= 20$[A]
$I_3 = \dfrac{V_3}{Z_3} = \dfrac{V_3}{\sqrt{R^2 + (3\omega L)^2}} = \dfrac{50}{\sqrt{4^2 + 9^2}}$
$= 5.07$[A]
∴ $P = I_1^2 R + I_3^2 R$
$= 20^2 \times 4 + 5.07^2 \times 4$
$= 1703.06 \fallingdotseq 1,703$[W]

**07** 그림과 같은 T형 4단자 회로망에서 4단자 정수 $A$와 $C$는? (단, $Z_1 = \dfrac{1}{Y_1}$, $Z_2 = \dfrac{1}{Y_2}$, $Z_3 = \dfrac{1}{Y_3}$)

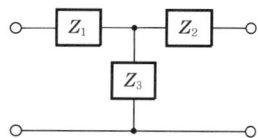

① $A = 1 + \dfrac{Y_3}{Y_1}$, $C = Y_2$

② $A = 1 + \dfrac{Y_3}{Y_1}$, $C = \dfrac{1}{Y_3}$

③ $A = 1 + \dfrac{Y_3}{Y_1}$, $C = Y_3$

④ $A = 1 + \dfrac{Y_1}{Y_3}$, $C = \left(1 + \dfrac{Y_1}{Y_3}\right)\dfrac{1}{Y_3} + \dfrac{1}{Y_2}$

**해설** $A = 1 + \dfrac{Z_1}{Z_3} = 1 + \dfrac{Y_3}{Y_1}$, $C = \dfrac{1}{Z_3} = Y_3$

**정답** 04. ③  05. ①  06. ④  07. ③

**08** $t=0$에서 스위치(S)를 닫았을 때 $t=0^+$에서의 $i(t)$는 몇 [A]인가? (단, 커패시터에 초기 전하는 없다.)

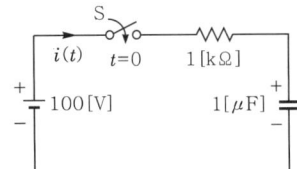

① 0.1  ② 0.2
③ 0.4  ④ 1.0

해설) $i(t) = \dfrac{E}{R} e^{-\frac{1}{RC}t}$

$= \dfrac{100}{10^3} e^{-\frac{1}{10^3 \times 10^{-6}} \cdot 0} = 0.1 [A]$

**09** 선간전압이 100[V]이고, 역률이 0.6인 평형 3상 부하에서 무효전력이 $Q=10$[kVar]일 때 선전류의 크기는 약 몇 [A]인가?

① 57.7  ② 72.2
③ 96.2  ④ 125

해설) 무효전력 $Q = \sqrt{3} VI \sin\theta$

선전류 $I = \dfrac{Q}{\sqrt{3} V \sin\theta}$

$= \dfrac{10 \times 10^3}{\sqrt{3} \times 100 \times 0.8} ≒ 72.2 [A]$

**10** 단위 길이당 인덕턴스가 $L$[H/m]이고, 단위 길이당 정전용량이 $C$[F/m]인 무손실 선로에서의 진행파 속도[m/s]는?

① $\sqrt{LC}$
② $\dfrac{1}{\sqrt{LC}}$
③ $\sqrt{\dfrac{C}{L}}$
④ $\sqrt{\dfrac{L}{C}}$

해설) 위상속도(전파속도)

$v = f \cdot \lambda = \dfrac{\omega}{\beta} = \dfrac{\omega}{\omega\sqrt{LC}} = \dfrac{1}{\sqrt{LC}}$ [m/s]

정답) 08. ① 09. ② 10. ②

# 2020년 제3회 기출문제

전기산업기사

**01** $e_i(t) = Ri(t) + L\dfrac{di(t)}{dt} + \dfrac{1}{C}\int i(t)dt$에서 모든 초기값을 0으로 하고 라플라스 변환했을 때 $I(s)$는? (단, $I(s)$, $E_i(s)$는 각각 $i(t)$, $e_i(t)$를 라플라스 변환한 것이다.)

① $\dfrac{Cs}{LCs^2 + RCs + 1}E_i(s)$

② $\dfrac{1}{R + Ls + \dfrac{1}{C}s}E_i(s)$

③ $\dfrac{1}{s^2 + \dfrac{L}{R}s + \dfrac{1}{LC}}E_i(s)$

④ $\left(R + Ls + \dfrac{1}{Cs}\right)E_i(s)$

**해설** $E_i(s) = RI(s) + LsI(s) + \dfrac{1}{Cs}I(s)$

$I(s) = \dfrac{E_i(s)}{R + Ls + \dfrac{1}{Cs}} = \dfrac{Cs}{LCs^2 + RCs + 1}E_i(s)$

**02** 어느 회로에 $V = 120 + j90$[V]의 전압을 인가하면 $I = 3 + j4$[A]의 전류가 흐른다. 이 회로의 역률은?

① 0.92  ② 0.94
③ 0.96  ④ 0.98

**해설** 임피던스 $Z = \dfrac{V}{I}$

$= \dfrac{120 + j90}{3 + j4}$

$= \dfrac{(120 + j90)(3 - j4)}{(3 + j4)(3 - j4)}$

$= 28.8 - j8.4$

역률 $\cos\theta = \dfrac{28.8}{\sqrt{28.8^2 + 8.4^2}} = 0.96$

**03** 기본파의 30[%]인 제3고조파와 기본파의 20[%]인 제5고조파를 포함하는 전압의 왜형률은 약 얼마인가?

① 0.21  ② 0.31
③ 0.36  ④ 0.42

**해설** 왜형률 $= \dfrac{\text{전 고조파의 실효값}}{\text{기본파의 실효값}}$

$= \dfrac{\sqrt{30^2 + 20^2}}{100} \fallingdotseq 0.36$

**04** 3상 회로의 대칭분 전압이 $V_0 = -8 + j3$[V], $V_1 = 6 - j8$[V], $V_2 = 8 + j12$[V]일 때 a상의 전압[V]은? (단, $V_0$는 영상분, $V_1$은 정상분, $V_2$는 역상분 전압이다.)

① $5 - j6$  ② $5 + j6$
③ $6 - j7$  ④ $6 + j7$

**해설** $V_a = V_0 + V_1 + V_2$
$= -8 + j3 + 6 - j8 + 8 + j12$
$= 6 + j7$[V]

**05** 2단자 회로망에 단상 100[V]의 전압을 가하면 30[A]의 전류가 흐르고 1.8[kW]의 전력이 소비된다. 이 회로망과 병렬로 커패시터를 접속하여 합성 역률을 100[%]로 하기 위한 용량성 리액턴스는 약 몇 [Ω]인가?

① 2.1  ② 4.2
③ 6.3  ④ 8.4

**해설** $P_a = \sqrt{P^2 + P_r^2}$

무효전력 $P_r = \sqrt{P_a^2 - P^2} = \sqrt{(VI)^2 - P^2}$
$= \sqrt{(100 \times 30)^2 - 1{,}800^2}$
$= 2{,}400$[Var]

**정답** 01. ① 02. ③ 03. ③ 04. ④ 05. ②

∴ 합성 역률 100[%]를 하기 위한 용량 리액턴스
$$X_c = \frac{V^2}{P_r} = \frac{100^2}{2,400} = 4.167 ≒ 4.2[Ω]$$

**06** 22[kVA]의 부하가 0.8의 역률로 운전될 때 이 부하의 무효전력[kVar]은?

① 11.5  ② 12.3
③ 13.2  ④ 14.5

**해설** 무효전력 $P_r = VI\sin\theta[\text{Var}]$
$\sin\theta = \sqrt{1-\cos^2\theta} = \sqrt{1-0.8^2} = 0.6$
∴ $P_r = 22 \times 0.6 = 13.2[\text{kVar}]$

**07** 어드미턴스 $Y[℧]$로 표현된 4단자 회로망에서 4단자 정수 행렬 $T$는? (단, $\begin{bmatrix} V_1 \\ I_1 \end{bmatrix} = T \begin{bmatrix} V_2 \\ I_2 \end{bmatrix}$, $T = \begin{bmatrix} A & B \\ C & D \end{bmatrix}$)

① $\begin{bmatrix} 1 & 0 \\ Y & 1 \end{bmatrix}$
② $\begin{bmatrix} 1 & Y \\ 0 & 1 \end{bmatrix}$
③ $\begin{bmatrix} 1 & 0 \\ \frac{1}{Y} & 1 \end{bmatrix}$
④ $\begin{bmatrix} Y & 1 \\ 1 & 0 \end{bmatrix}$

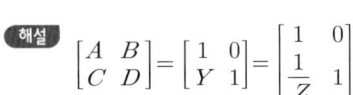

**해설** $\begin{bmatrix} A & B \\ C & D \end{bmatrix} = \begin{bmatrix} 1 & 0 \\ Y & 1 \end{bmatrix} = \begin{bmatrix} 1 & 0 \\ \frac{1}{Z} & 1 \end{bmatrix}$

**08** 회로에서 10[Ω]의 저항에 흐르는 전류[A]는?

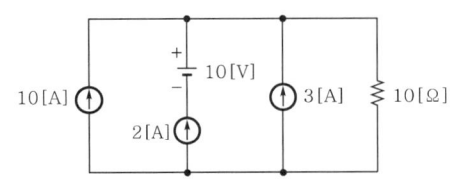

① 8  ② 10
③ 15  ④ 20

**해설**
• 전류원 존재 시 : 전압원은 단락
 10[Ω]에 흐르는 전류 $I_1 = 10+2+3 = 15[\text{A}]$
• 전압원 존재 시 : 전류원은 개방
 폐회로가 구성되지 않으므로 10[V] 전압원에 의해 10[Ω] 흐르는 전류는 존재하지 않는다.
∴ 15[A]

**09** 10[Ω]의 저항 5개를 접속하여 얻을 수 있는 합성저항 중 가장 작은 값은 몇 [Ω]인가?

① 10  ② 5
③ 2  ④ 0.5

**해설** 저항 $R[\Omega]$ 접속방법에 따른 합성저항
• 직렬접속 시 : 합성저항 $R_o = 5R[\Omega]$
• 병렬접속 시 : 합성저항 $R_o = \frac{R}{5}[\Omega]$
$R = 10[\Omega]$이므로 병렬접속 시
합성저항 $R_o = \frac{10}{5} = 2[\Omega]$으로 가장 작은 값을 갖는다.

**10** 동일한 용량 2대의 단상 변압기를 V결선하여 3상으로 운전하고 있다. 단상 변압기 2대의 용량에 대한 3상 V결선 시 변압기 용량의 비인 변압기 이용률은 약 몇 [%]인가?

① 57.7  ② 70.7
③ 80.1  ④ 86.6

**해설** 변압기 이용률 $U = \frac{\sqrt{3}\, VI}{2VI} = \frac{\sqrt{3}}{2} ≒ 0.866$
∴ 86.6[%]

**11** $i(t) = 3\sqrt{2}\sin(377t-30°)[\text{A}]$의 평균값은 약 몇 [A]인가?

① 1.35  ② 2.7
③ 4.35  ④ 5.4

**해설** 평균값 $I_{av} = \frac{2}{\pi}I_m = 0.637I_m$
$= 0.637 \times 3\sqrt{2} ≒ 2.7[\text{A}]$

**정답** 06. ③ 07. ① 08. ③ 09. ③ 10. ④ 11. ②

**12** 4단자 회로망에서의 영상 임피던스[Ω]는?

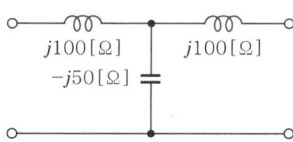

① $j\dfrac{1}{50}$   ② $-1$
③ $1$   ④ $0$

해설
$$\begin{bmatrix} A & B \\ C & D \end{bmatrix} = \begin{bmatrix} 1 & j100 \\ 0 & 1 \end{bmatrix} \begin{bmatrix} 1 & 0 \\ \dfrac{1}{-j50} & 1 \end{bmatrix}$$
$$= \begin{bmatrix} 1 & j100 \\ 0 & 1 \end{bmatrix} \begin{bmatrix} -1 & 0 \\ j\dfrac{1}{50} & -1 \end{bmatrix}$$
$$\therefore Z_{01} = Z_{02} = \sqrt{\dfrac{B}{C}} = \sqrt{\dfrac{0}{j\dfrac{1}{50}}} = 0$$

**13** 20[Ω]과 30[Ω]의 병렬회로에서 20[Ω]에 흐르는 전류가 6[A]라면 전체 전류 $I$[A]는?

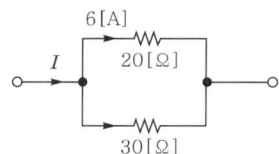

① 3   ② 4
③ 9   ④ 10

해설 분류법칙에서
$6 = \dfrac{30}{20+30} \cdot I$
$\therefore$ 전체 전류 $I = \dfrac{300}{30} = 10$[A]

**14** $F(s) = \dfrac{A}{\alpha + s}$의 라플라스 역변환은?

① $\alpha e^{At}$   ② $Ae^{\alpha t}$
③ $\alpha e^{-At}$   ④ $Ae^{-\alpha t}$

해설 지수 감쇠 함수의 라플라스 변환
$F(s) = \mathcal{L}[e^{-\alpha t}] = \dfrac{1}{s+\alpha}$이므로
$\therefore \mathcal{L}^{-1}\left[\dfrac{A}{s+\alpha}\right] = Ae^{-\alpha t}$

**15** $RC$ 직렬회로의 과도 현상에 대한 설명으로 옳은 것은?

① 과도 상태 전류의 크기는 $(R \times C)$의 값과 무관하다.
② $(R \times C)$의 값이 클수록 과도 상태 전류의 크기는 빨리 사라진다.
③ $(R \times C)$의 값이 클수록 과도 상태 전류의 크기는 천천히 사라진다.
④ $\dfrac{1}{R \times C}$의 값이 클수록 과도 상태 전류의 크기는 천천히 사라진다.

해설 시정수 $\tau$값이 커질수록 과도 상태는 길어진다. 즉, 천천히 사라진다.
$RC$ 직렬회로의 시정수 $\tau = RC$[s]이므로 $(R \times C)$의 값이 클수록 과도 상태는 천천히 사라진다.

**16** $RL$ 병렬회로에서 $t=0$일 때 스위치 S를 닫는 경우 $R$[Ω]에 흐르는 전류 $i_R(t)$[A]는?

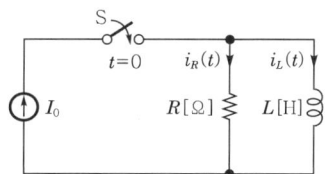

① $I_0\left(1-e^{-\frac{R}{L}t}\right)$
② $I_0\left(1+e^{-\frac{R}{L}t}\right)$
③ $I_0$
④ $I_0 e^{-\frac{R}{L}t}$

정답 12. ④  13. ④  14. ④  15. ③  16. ④

**해설**

$I_0 = i_R(t) + i_L(t)$, $Ri_R(t) - L\dfrac{di_L(t)}{dt} = 0$

두 식으로부터

$Ri_R(t) - L\dfrac{d}{dt}[I_0 - i_R(t)] = 0$

여기서, $\dfrac{dI_0}{dt} = 0$ 이므로

$Ri_R(t) + L\dfrac{d}{dt}i_R(t) = 0$

라플라스 변환하면

$RI_R(s) + L\{sI_R(s) - i_R(0)\} = 0$

$i_R(0) = I_0$ 이므로

$I_R(s) = \dfrac{LI_0}{Ls + R} = I_0\dfrac{1}{s + \dfrac{R}{L}}$

$\therefore i_R(t) = I_0 e^{-\dfrac{R}{L}t}$

**17** 불평형 Y결선의 부하 회로에 평형 3상 전압을 가할 경우 중성점의 전위 $V_{n'n}$[V]는? (단, $Z_1$, $Z_2$, $Z_3$는 각 상의 임피던스[Ω]이고, $Y_1$, $Y_2$, $Y_3$는 각 상의 임피던스에 대한 어드미턴스[℧]이다.)

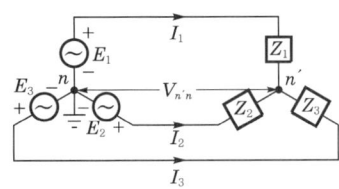

① $\dfrac{E_1 + E_2 + E_3}{Z_1 + Z_2 + Z_3}$

② $\dfrac{Z_1E_1 + Z_2E_2 + Z_3E_3}{Z_1 + Z_2 + Z_3}$

③ $\dfrac{E_1 + E_2 + E_3}{Y_1 + Y_2 + Y_3}$

④ $\dfrac{Y_1E_1 + Y_2E_2 + Y_3E_3}{Y_1 + Y_2 + Y_3}$

**해설** 중성점의 전위는 밀만의 정리가 성립된다.

$V_n = \dfrac{\sum_{k=1}^{n} I_k}{\sum_{k=1}^{n} Y_k} = \dfrac{Y_1E_1 + Y_2E_2 + Y_3E_3}{Y_1 + Y_2 + Y_3}$ [V]

**18** 1상의 임피던스가 $14 + j48$[Ω]인 평형 △ 부하에 선간전압이 200[V]인 평형 3상 전압이 인가될 때 이 부하의 피상전력[VA]은?

① 1,200
② 1,384
③ 2,400
④ 4,157

**해설** 피상전력

$P_a = 3I_p^2 Z$

$= 3\left(\dfrac{200}{\sqrt{14^2 + 48^2}}\right)^2 \times \sqrt{14^2 + 48^2}$

$= 2,400$[VA]

**19** $i(t) = 100 + 50\sqrt{2}\sin\omega t + 20\sqrt{2}\sin\left(3\omega t + \dfrac{\pi}{6}\right)$[A]로 표현되는 비정현파 전류의 실효값은 약 몇 [A]인가?

① 20
② 50
③ 114
④ 150

**해설** 비정현파 전류의 실효값은 각 개별적인 실효값 제곱의 합의 제곱근이므로

$I = \sqrt{I_0^2 + I_1^2 + I_3^2}$

$= \sqrt{100^2 + 50^2 + 20^2}$

$≒ 114$[A]

정답 17. ④  18. ③  19. ③

**20** 저항만으로 구성된 그림의 회로에 평형 3상 전압을 가했을 때 각 선에 흐르는 선전류가 모두 같게 되기 위한 $R[\Omega]$의 값은?

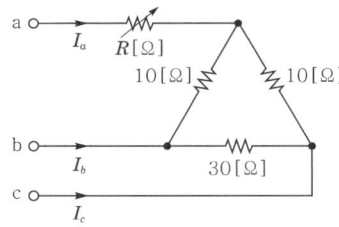

① 2
② 4
③ 6
④ 8

**해설** △결선을 Y결선으로 등가 변환하면

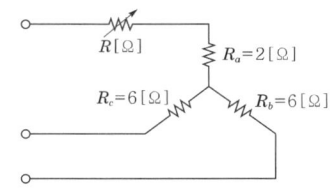

$R_a = \dfrac{10 \times 10}{10+30+10} = 2[\Omega]$

$R_b = \dfrac{30 \times 10}{10+30+10} = 6[\Omega]$

$R_c = \dfrac{10 \times 30}{10+30+10} = 6[\Omega]$

각 선에 흐르는 전류가 같으려면 각 상의 저항의 크기가 같아야 하므로 $R = 4[\Omega]$이다.

정답 20. ②

# 2020년 제4회 기출문제 (전기기사)

**01** 대칭 3상 전압이 공급되는 3상 유도 전동기에서 각 계기의 지시는 다음과 같다. 유도 전동기의 역률은 약 얼마인가?

- 전력계($W_1$) : 2.84[kW]
- 전력계($W_2$) : 6.00[kW]
- 전압계(V) : 200[V]
- 전류계(A) : 30[A]

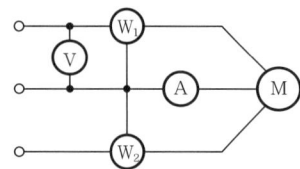

① 0.70  ② 0.75
③ 0.80  ④ 0.85

**해설** 유효전력 $P = W_1 + W_2 = 2,840 + 6,000$
$= 8,840\text{[W]}$
피상전력 $P_a = \sqrt{3}\,VI = \sqrt{3} \times 200 \times 30$
$= 10,392\text{[VA]}$
∴ 역률 $\cos\theta = \dfrac{P}{P_a} = \dfrac{8,840}{10,392} ≒ 0.85$

**02** 불평형 3상 전류 $I_a = 25 + j4$[A], $I_b = -18 - j16$[A], $I_c = 7 + j15$[A]일 때 영상 전류 $I_0$[A]는?

① $2.67 + j$  ② $2.67 + j2$
③ $4.67 + j$  ④ $4.67 + j2$

**해설** 영상 전류
$I_0 = \dfrac{1}{3}(I_a + I_b + I_c)$
$= \dfrac{1}{3}\{(25+j4) + (-18-j16) + (7+j15)\}$
$= 4.67 + j$

**03** 4단자 정수 $A$, $B$, $C$, $D$ 중에서 전압 이득의 차원을 가진 정수는?

① $A$
② $B$
③ $C$
④ $D$

**해설** 4단자 정수의 물리적 의미

- $A = \left.\dfrac{V_1}{V_2}\right|_{I_2=0}$ : 전압 이득
- $B = \left.\dfrac{V_1}{I_2}\right|_{V_2=0}$ : 전달 임피던스
- $C = \left.\dfrac{I_1}{V_2}\right|_{I_2=0}$ : 전달 어드미턴스
- $D = \left.\dfrac{I_1}{I_2}\right|_{V_2=0}$ : 전류 이득

**04** △결선으로 운전 중인 3상 변압기에서 하나의 변압기 고장에 의해 V결선으로 운전하는 경우 V결선으로 공급할 수 있는 전력은 고장 전 △결선으로 공급할 수 있는 전력에 비해 약 몇 [%]인가?

① 86.6
② 75.0
③ 66.7
④ 57.7

**해설** △결선 시 전력 : $P_\triangle = 3VI\cos\theta$
V결선 시 전력 : $P_V = \sqrt{3}\,VI\cos\theta$
$\dfrac{P_V}{P_\triangle} = \dfrac{\sqrt{3}\,VI\cos\theta}{3VI\cos\theta}$
$= \dfrac{\sqrt{3}}{3} = \dfrac{1}{\sqrt{3}} ≒ 0.577$
∴ 57.7[%]

**정답** 01. ④  02. ③  03. ①  04. ④

**05** 분포정수회로에서 직렬 임피던스를 $Z$, 병렬 어드미턴스를 $Y$라 할 때 선로의 특성 임피던스 $Z_0$는?

① $ZY$  ② $\sqrt{ZY}$
③ $\sqrt{\dfrac{Y}{Z}}$  ④ $\sqrt{\dfrac{Z}{Y}}$

**해설** 특성(파동) 임피던스
$$Z_0 = \sqrt{\dfrac{Z}{Y}} = \sqrt{\dfrac{R+j\omega L}{G+j\omega C}}\,[\Omega]$$

**06** 그림과 같은 회로의 구동점 임피던스[Ω]는?

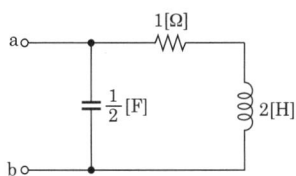

① $\dfrac{2(2s+1)}{2s^2+s+2}$  ② $\dfrac{2s^2+s-2}{-2(2s+1)}$
③ $\dfrac{-2(2s+1)}{2s^2+s-2}$  ④ $\dfrac{2s^2+s+2}{2(2s+1)}$

**해설**
$$Z(s) = \dfrac{\dfrac{2}{s}(1+2s)}{\dfrac{2}{s}+(1+2s)} = \dfrac{2(2s+1)}{2s^2+s+2}\,[\Omega]$$

**07** 회로의 단자 a와 b 사이에 나타나는 전압 $V_{ab}$는 몇 [V]인가?

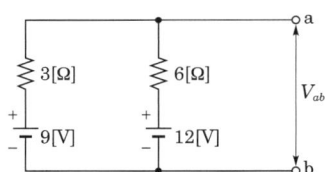

① 3  ② 9
③ 10  ④ 12

**해설** 밀만의 정리에 의해서
$$V_{ab} = \dfrac{\dfrac{9}{3}+\dfrac{12}{6}}{\dfrac{1}{3}+\dfrac{1}{6}} = 10\,[V]$$

**08** $RL$ 직렬회로에 순시치 전압 $v(t) = 20 + 100\sin\omega t + 40\sin(3\omega t + 60°) + 40\sin5\omega t$ [V]를 가할 때 제5고조파 전류의 실효값 크기는 약 몇 [A]인가? (단, $R = 4[\Omega]$, $\omega L = 1[\Omega]$)

① 4.4  ② 5.66
③ 6.25  ④ 8.0

**해설** 제5고조파 전류
$$I_5 = \dfrac{V_5}{Z_5} = \dfrac{V_5}{\sqrt{R^2+(5\omega L)^2}}$$
$$= \dfrac{\dfrac{40}{\sqrt{2}}}{\sqrt{4^2+5^2}} \fallingdotseq 4.4\,[A]$$

**09** 다음 그림의 교류 브리지 회로가 평형이 되는 조건은?

① $L = \dfrac{R_1 R_2}{C}$
② $L = \dfrac{C}{R_1 R_2}$
③ $L = R_1 R_2 C$
④ $L = \dfrac{R_2}{R_1}C$

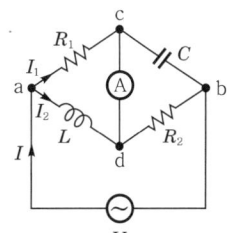

**해설** 브리지 평형 조건
$$R_1 R_2 = j\omega L \dfrac{1}{j\omega C}$$
$$R_1 R_2 = \dfrac{L}{C}$$
$$\therefore\ L = R_1 R_2 C$$

**10** $f(t) = t^n$의 라플라스 변환식은?

① $\dfrac{n}{s^n}$  ② $\dfrac{n+1}{s^{n+1}}$
③ $\dfrac{n!}{s^{n+1}}$  ④ $\dfrac{n+1}{s^{n!}}$

**해설**
$$F(s) = \mathcal{L}[t^n] = \dfrac{n!}{s^{n+1}}$$

**정답** 05. ④  06. ①  07. ③  08. ①  09. ③  10. ③

# 2021년 제1회 기출문제

**01** $F(s) = \dfrac{2s^2+s-3}{s(s^2+4s+3)}$ 의 라플라스 역변환은?

① $1-e^{-t}+2e^{-3t}$
② $1-e^{-t}-2e^{-3t}$
③ $-1-e^{-t}-2e^{-3t}$
④ $-1+e^{-t}+2e^{-3t}$

**해설**
$F(s) = \dfrac{2s^2+s-3}{s(s^2+4s+3)} = \dfrac{2s^2+s-3}{s(s+1)(s+3)}$

$= \dfrac{K_1}{s} + \dfrac{K_2}{s+1} + \dfrac{K_3}{s+3}$

- $K_1 = \dfrac{2s^2+s-3}{(s+1)(s+3)}\bigg|_{s=0} = -1$
- $K_2 = \dfrac{2s^2+s-3}{s(s+3)}\bigg|_{s=-1} = 1$
- $K_3 = \dfrac{2s^2+s-3}{s(s+1)}\bigg|_{s=-3} = 2$

$= \dfrac{-1}{s} + \dfrac{1}{s+1} + \dfrac{2}{s+3}$

$\therefore f(t) = -1 + e^{-t} + 2e^{-3t}$

**02** 전압 및 전류가 다음과 같을 때 유효전력[W] 및 역률[%]은 각각 약 얼마인가?

$v(t) = 100\sin\omega t - 50\sin(3\omega t+30°)$
$\quad + 20\sin(5\omega t+45°)[V]$
$i(t) = 20\sin(\omega t+30°) + 10\sin(3\omega t-30°)$
$\quad + 5\cos 5\omega t[A]$

① 825[W], 48.6[%]
② 776.4[W], 59.7[%]
③ 1,120[W], 77.4[%]
④ 1,850[W], 89.6[%]

**해설**
- 유효전력
$P = \dfrac{100}{\sqrt{2}}\dfrac{20}{\sqrt{2}}\cos 30° - \dfrac{50}{\sqrt{2}}\dfrac{10}{\sqrt{2}}\cos 60°$
$\quad + \dfrac{20}{\sqrt{2}}\dfrac{5}{\sqrt{2}}\cos 45° = 776.4[W]$

- 피상전력
$P_a = VI$
$= \sqrt{\dfrac{100^2+(-50)^2+20^2}{2}}$
$\quad \times \sqrt{\dfrac{20^2+10^2+5^2}{2}}$
$= 1300.86[VA]$

- 역률 $\cos\theta = \dfrac{P}{P_a} = \dfrac{776.4}{1300.86} \times 100 = 59.7[\%]$

**03** 회로에서 $t=0$초일 때 닫혀 있는 스위치 S를 열었다. 이때 $\dfrac{dv(0^+)}{dt}$의 값은? (단, $C$의 초기 전압은 0[V]이다.)

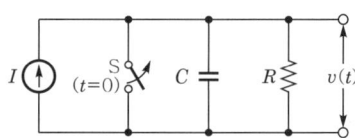

① $\dfrac{1}{RI}$
② $\dfrac{C}{I}$
③ $RI$
④ $\dfrac{I}{C}$

**해설**
$C$에서의 전류 $i_c = C\dfrac{dv(t)}{dt}$에서

$I = C\dfrac{dv(0^+)}{dt}$

$\therefore \dfrac{dv(0^+)}{dt} = \dfrac{I}{C}$

정답 01. ④ 02. ② 03. ④

**04** △ 결선된 대칭 3상 부하가 0.5[Ω]인 저항만의 선로를 통해 평형 3상 전압원에 연결되어 있다. 이 부하의 소비전력이 1,800[W]이고 역률이 0.8(지상)일 때, 선로에서 발생하는 손실이 50[W]이면 부하의 단자 전압[V]의 크기는?

① 627   ② 525
③ 326   ④ 225

**해설**
- 선로 손실 $P_l = 3I^2 R$

$$I = \sqrt{\frac{P_l}{3R}} = \sqrt{\frac{50}{3 \times 0.5}} = \sqrt{\frac{100}{3}}\,[A]$$

- 소비전력 $P = \sqrt{3}\,VI\cos\theta$

$$\therefore V = \frac{P}{\sqrt{3}\,I\cos\theta} = \frac{1,800}{\sqrt{3} \times \sqrt{\frac{100}{3}} \times 0.8}$$
$$= 225\,[V]$$

**05** 그림과 같이 △ 회로를 Y회로로 등가 변환하였을 때 임피던스 $Z_a[\Omega]$는?

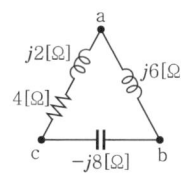

① 12   ② $-3 + j6$
③ $4 - j8$   ④ $6 + j8$

**해설**
$$Z_a = \frac{j6(4+j2)}{j6 + (-j8) + (4+j2)} = \frac{-12 + j24}{4}$$
$$= -3 + j6$$

**06** 그림과 같은 H형의 4단자 회로망에서 4단자 정수(전송 파라미터) $A$는? (단, $V_1$은 입력 전압이고, $V_2$는 출력 전압이고, $A$는 출력 개방 시 회로망의 전압 이득 $\left(\frac{V_1}{V_2}\right)$이다.)

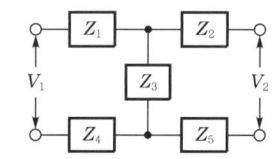

① $\dfrac{Z_1 + Z_2 + Z_3}{Z_3}$   ② $\dfrac{Z_1 + Z_3 + Z_4}{Z_3}$

③ $\dfrac{Z_2 + Z_3 + Z_5}{Z_3}$   ④ $\dfrac{Z_3 + Z_4 + Z_5}{Z_3}$

**해설** H형 회로를 T형 회로로 등가 변환

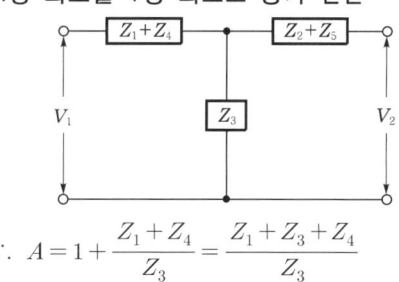

$$\therefore A = 1 + \frac{Z_1 + Z_4}{Z_3} = \frac{Z_1 + Z_3 + Z_4}{Z_3}$$

**07** 특성 임피던스가 400[Ω]인 회로 말단에 1,200[Ω]의 부하가 연결되어 있다. 전원측에 20[kV]의 전압을 인가할 때 반사파의 크기[kV]는? (단, 선로에서의 전압 감쇠는 없는 것으로 간주한다.)

① 3.3   ② 5
③ 10   ④ 33

**해설**
반사 계수 $\beta = \dfrac{Z_L - Z_0}{Z_L + Z_0} = \dfrac{1,200 - 400}{1,200 + 400} = 0.5$

∴ 반사파 전압 = 반사계수($\beta$) × 입사 전압
  $= 0.5 \times 20 = 10\,[kV]$

**08** 회로에서 전압 $V_{ab}[V]$는?

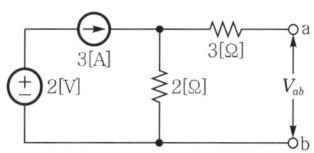

① 2   ② 3
③ 6   ④ 9

**해설** $V_{ab}$는 2[Ω]의 단자 전압이므로 중첩의 정리에 의해 2[Ω]에 흐르는 전류를 구한다.
- 3[A]의 전류원 존재 시 :
  전압원 2[V] 단락 $I_1 = 3$[A]
- 2[V]의 전압원 존재 시 :
  전류원 3[A] 개방 $I_2 = 0$[A]

∴ $V_{ab} = 2 \times 3 = 6$[V]

**09** △결선된 평형 3상 부하로 흐르는 선전류가 $I_a$, $I_b$, $I_c$일 때, 이 부하로 흐르는 영상분 전류 $I_0$[A]는?

① $3I_a$　　　② $I_a$
③ $\frac{1}{3}I_a$　　　④ 0

**해설** 영상 전류

$I_0 = \frac{1}{3}(I_a + I_b + I_c)$

평형(대칭) 3상 전류의 합
$I_a + I_b + I_c = 0$이므로
∴ 영상 전류 $I_0 = 0$[A]

**10** 저항 $R=15$[Ω]과 인덕턴스 $L=3$[mH]를 병렬로 접속한 회로의 서셉턴스의 크기는 약 몇 [℧]인가? (단, $\omega = 2\pi \times 10^5$)

① $3.2 \times 10^{-2}$
② $8.6 \times 10^{-3}$
③ $5.3 \times 10^{-4}$
④ $4.9 \times 10^{-5}$

**해설** 서셉턴스는 리액턴스의 역수이므로
유도리액턴스 $X_L = \omega L = 2\pi \times 10^5 \times 3 \times 10^{-3}$
$\qquad\qquad\qquad\quad ≒ 1,885$[Ω]

∴ 서셉턴스 $B = \frac{1}{X_L} = \frac{1}{1,885} ≒ 5.3 \times 10^{-4}$[℧]

**정답** 09. ④　10. ③

# 2021년 제1회 CBT 기출복원문제

**01** 그림과 같은 브리지 회로가 평형하기 위한 $Z$의 값은?

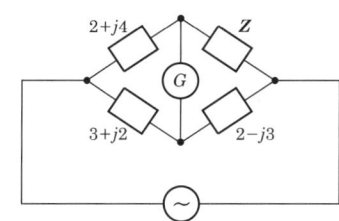

① $2+j4$
② $-2+j4$
③ $4+j2$
④ $4-j2$

**해설** 브리지 회로의 평형조건
$Z(3+j2) = (2+j4)(2-j3)$
$\therefore Z = \dfrac{(2+j4)(2-j3)}{3+j2} = \dfrac{(16+j2)(3-j2)}{(3+j2)(3-j2)}$
$= 4-j2$

**02** 단위 계단 함수 $u(t)$의 라플라스 변환은?

① $\dfrac{1}{s}e^{-st}$
② $1$
③ $\dfrac{1}{s^2}$
④ $\dfrac{1}{s}$

**해설** $F(s) = \displaystyle\int_0^\infty 1 \cdot e^{-st}dt = \left[-\dfrac{1}{s}e^{-st}\right]_0^\infty = \dfrac{1}{s}$

**03** 그림에서 5[Ω]에 흐르는 전류 $I$[A]는?

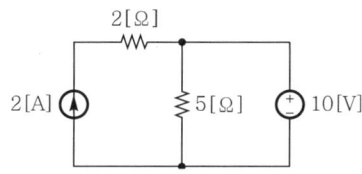

① 2
② 1
③ 3
④ 4

**해설** 중첩의 정리에 의해 5[Ω]에 흐르는 전류
- 1[A] 전류원 존재 시 : 전압원 10[V]은 단락
  $I_1 = 0$[A]
- 10[V] 전압원 존재 시 : 전류원 2[A]는 개방
  $I_2 = \dfrac{10}{5} = 2$[A]
$\therefore I = I_1 + I_2 = 0 + 2 = 2$[A]

**04** 그림과 같은 회로에서의 전압비의 전달함수는? (단, $C = 1$[F], $L = 1$[H])

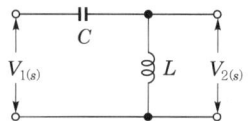

① $\dfrac{1}{s+1}$
② $\dfrac{s}{s+1}$
③ $\dfrac{s^2}{s^2+1}$
④ $s+\dfrac{1}{s}$

**해설** $G(s) = \dfrac{V_2(s)}{V_1(s)} = \dfrac{Ls}{\dfrac{1}{Cs}+Ls} = \dfrac{LCs^2}{LCs^2+1}$

$C = 1$[F], $L = 1$[H]이므로
$\therefore G(s) = \dfrac{s^2}{s^2+1}$

**05** 다음의 대칭 다상 교류에 의한 회전자계 중 잘못된 것은?

① 대칭 3상 교류에 의한 회전자계는 원형 회전자계이다.
② 대칭 2상 교류에 의한 회전자계는 타원형 회전자계이다.
③ 3상 교류에서 어느 두 코일의 전류의 상순은 바꾸면 회전자계의 방향도 바뀐다.
④ 회전자계의 회전 속도는 일정 각속도 $\omega$이다.

**정답** 01. ④  02. ④  03. ①  04. ③  05. ②

해설 대칭 2상 교류에 의한 회전자계는 단상 교류가 되므로 교번자계가 된다.

**06** 파고율이 2가 되는 파형은?
① 정현파
② 톱니파
③ 반파 정류파
④ 전파 정류파

해설 반파 정류파의 파고율 = $\dfrac{\text{최댓값}}{\text{실효값}} = \dfrac{V_m}{\frac{1}{2}V_m} = 2$

**07** 단상 전력계 2개로 3상 전력을 측정하고자 한다. 전력계의 지시가 각각 200[W]와 100[W]를 가리켰다고 한다. 부하 역률은 약 몇 [%]인가?
① 94.8
② 86.6
③ 50.0
④ 31.6

해설 역률 $\cos\theta = \dfrac{P}{P_a} = \dfrac{P_1+P_2}{2\sqrt{P_1^2+P_2^2-P_1P_2}}\bigg|_{\substack{P_1=200\\P_2=100}}$
$= \dfrac{300}{346.4} ≒ 0.866$
∴ 86.6%

**08** 그림과 같은 회로의 2단자 임피던스 $Z(s)$는? (단, $s = j\omega$라 한다.)

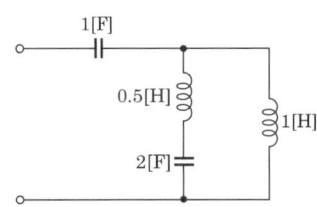

① $\dfrac{s^3+1}{3s^2(s+1)}$
② $\dfrac{3s^2(s+1)}{s^3+1}$
③ $\dfrac{s(3s^2+1)}{s^4+2s^9+1}$
④ $\dfrac{s^4+4s^2+1}{s(3s^2+1)}$

해설 $Z(s) = \dfrac{1}{s} + \dfrac{\left(0.5s+\dfrac{1}{2s}\right)\cdot s}{\left(0.5s+\dfrac{1}{2s}\right)+s} = \dfrac{1}{s} + \dfrac{s^3+s}{3s^2+1}$
$= \dfrac{s^4+4s^2+1}{s(3s^2+1)}$

**09** $3r[\Omega]$인 6개의 저항을 그림과 같이 접속하고 3상 선간전압 $V$를 가했을 때 선전류 $I$는 몇 [A]인가? (단, $r = 2[\Omega]$, $V = 200\sqrt{3}$[V]이다.)

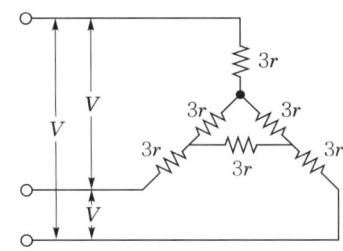

① 20
② 10
③ 25
④ 15

해설 △ → Y로 등가변환하면

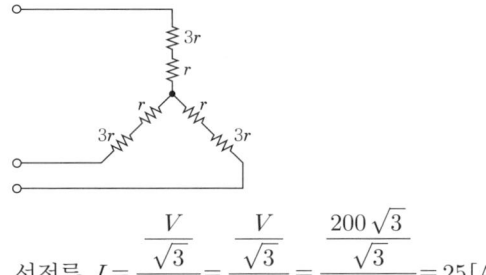

선전류 $I = \dfrac{\frac{V}{\sqrt{3}}}{3r+r} = \dfrac{\frac{V}{\sqrt{3}}}{4r} = \dfrac{\frac{200\sqrt{3}}{\sqrt{3}}}{4\times 2} = 25$[A]

**10** 대칭 좌표법에 관한 설명 중 잘못된 것은?
① 불평형 3상 회로의 비접지식 회로에서는 영상분이 존재한다.
② 대칭 3상 전압에서 영상분은 0이 된다.
③ 대칭 3상 전압은 정상분만 존재한다.
④ 불평형 3상 회로의 접지식 회로에서는 영상분이 존재한다.

정답 06.③ 07.② 08.④ 09.③ 10.①

**해설** 대칭 3상 a상 기준으로 한 대칭분

$$V_0 = \frac{1}{3}(V_a + V_b + V_c)$$
$$= \frac{1}{3}(V_a + a^2 V_a + a V_a)$$
$$= \frac{V_a}{3}(1 + a^2 + a) = 0$$

$$V_1 = \frac{1}{3}(V_a + aV_b + a^2V_c)$$
$$= \frac{1}{3}(V_a + a^3 V_a + a^3 V_a)$$
$$= \frac{V_a}{3}(1 + a^3 + a^3) = V_a$$

$$V_2 = \frac{1}{3}(V_a + a^2V_b + aV_c)$$
$$= \frac{1}{3}(V_a + a^4 V_a + a^2 V_a)$$
$$= \frac{V_a}{3}(1 + a^4 + a^2) = 0$$

비접지식 회로에서는 영상분이 존재하지 않는다.

**11** 전류의 대칭분이 $I_0 = -2 + j4$[A], $I_1 = 6 - j5$[A], $I_2 = 8 + j10$[A]일 때 3상 전류 중 a상 전류($I_a$)의 크기는 몇 [A]인가? (단, 3상 전류의 상순은 a-b-c이고 $I_0$는 영상분, $I_1$는 정상분, $I_2$는 역상분이다.)

① 12  ② 19
③ 15  ④ 9

**해설** a상 전류 $I_a = I_0 + I_1 + I_2$
$= (-2 + j4) + (6 - j5) + (8 + j10)$
$= 12 + j9$
$\therefore |I_a| = \sqrt{12^2 + 9^2} = 15$

**12** 그림과 같은 회로망의 4단자 정수 $B$[Ω]는?

① 10
② $\frac{20}{3}$
③ $\frac{2}{3}$
④ 30

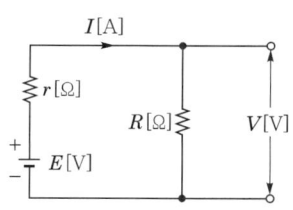

**해설** 10[Ω]과 20[Ω]은 직렬접속이므로

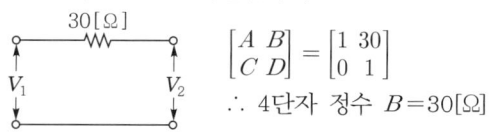

$\begin{bmatrix} A & B \\ C & D \end{bmatrix} = \begin{bmatrix} 1 & 30 \\ 0 & 1 \end{bmatrix}$

$\therefore$ 4단자 정수 $B = 30$[Ω]

**13** 다음 회로에서의 $R$[Ω]을 나타낸 것은?

① $\frac{E}{E-V}r$
② $\frac{V}{E-V}r$
③ $\frac{E-V}{V}r$
④ $\frac{E-V}{E}r$

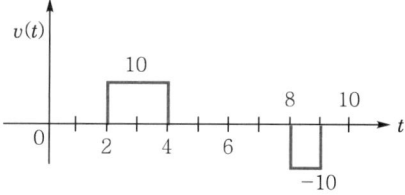

**해설** $R$[Ω]에 흐르는 전류
$I = \frac{V}{R}$[A]
$\frac{V}{R} = \frac{E}{r+R}$
$rV + RV = RE$
$rV = R(E-V)$ $\quad \therefore R = \frac{rV}{E-V}$[Ω]

**14** 다음과 같은 파형 $v(t)$를 단위 계단 함수로 표시하면 어떻게 되는가?

① $10u(t-2) + 10u(t-4) + 10u(t-8) + 10u(t-9)$
② $10u(t-2) - 10u(t-4) - 10u(t-8) - 10u(t-9)$
③ $10u(t-2) - 10u(t-4) - 10u(t-8) + 10u(t-9)$
④ $10u(t-2) - 10u(t-4) + 10u(t-8) - 10u(t-9)$

**정답** 11. ③  12. ④  13. ②  14. ③

**해설**

$U(t)$의 그래프
$10u(t-2) - 10u(t-4)$

$-10u(t-8) + 10u(t-9)$

∴ $u(t) = 10u(t-2) - 10u(t-4) - 10u(t-8) + 10u(t-9)$

**15** 비정현파 대칭 조건 중 반파 대칭의 조건은?

① $f(t) = -f\left(T - \dfrac{T}{2}\right)$

② $f(t) = f\left(t + \dfrac{T}{2}\right)$

③ $f(t) = f\left(t - \dfrac{T}{2}\right)$

④ $f(t) = -f\left(t + \dfrac{T}{2}\right)$

**해설** 반파 대칭은 반주기마다 크기는 같고 부호는 반대인 파형이다.
$f(t) = -f\left(t + \dfrac{T}{2}\right) = -f(t+\pi)$

**16** $v(t) = 50 + 30\sin\omega t$[V]의 실효값 $V$는 몇 [V]인가?

① 약 50.3
② 약 62.3
③ 약 54.3
④ 약 58.3

**해설** 실효값
$V = \sqrt{V_0^2 + V_1^2 + V_2^2 + \cdots}$ [V]
각 개별적인 실효값의 제곱의 합의 제곱근
$V = \sqrt{50^2 + \left(\dfrac{30}{\sqrt{2}}\right)^2} \fallingdotseq 54.3$ [V]

**17** Y결선 부하에 $V_a = 200$[V]인 대칭 3상 전원이 인가될 때 선전류 $I_a$의 크기는 몇 [A]인가? (단, $Z = 6 + j8$[Ω]이다.)

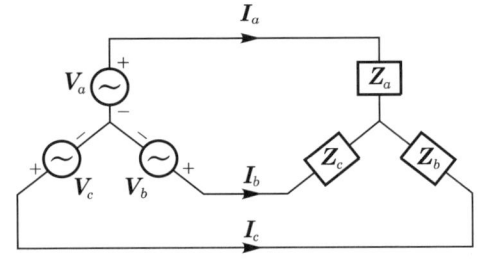

① $15\sqrt{3}$
② 20
③ $20\sqrt{3}$
④ 15

**해설** 선전류 $I_l = I_p = \dfrac{V_p}{Z} = \dfrac{200}{\sqrt{6^2 + 8^2}} = 20$[A]

**18** 그림과 같은 회로에서 $t=0$에서 스위치를 S를 닫았을 때 $(V_L)_{t=0} = 100$[V], $\left(\dfrac{di}{dt}\right)_{t=0} = 50$[A/s]이다. $L$[H]의 값은?

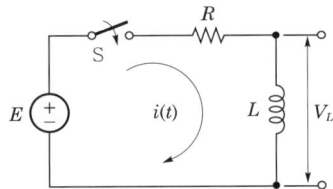

① 20
② 10
③ 2
④ 6

**해설** $V_L = L\dfrac{di}{dt}$ 에서 $100 = L \cdot 50$

∴ $L = \dfrac{100}{50} = 2$[H]

**19** 어떤 회로 소자에 $e = 125\sin 377t$[V]를 가했을 때 전류 $i = 25\sin 377t$[A]가 흐른다. 이 소자는 어떤 것인가?

① 다이오드
② 순저항
③ 유도 리액턴스
④ 용량 리액턴스

**정답** 15. ④  16. ③  17. ②  18. ③  19. ②

**해설** 전압 $e=125\sin 377t$이고 전류 $i=25\sin 377t$이므로 전압 전류 위상차가 $0°$이므로 $R$만의 회로가 된다.

**20** 3상 불평형 전압에서 역상 전압이 50[V]이고 정상 전압이 200[V], 영상 전압이 10[V]라고 할 때 전압의 불평형률은?

① 0.01　　② 0.05
③ 0.25　　④ 0.5

**해설** 불평형률 $=\dfrac{\text{역상 전압}}{\text{정상 전압}}\times 100 = \dfrac{50}{200}=0.25$

**정답** 20. ③

# 2021년 제2회 기출문제

**01** 그림 (a)와 같은 회로에 대한 구동점 임피던스의 극점과 영점이 각각 그림 (b)에 나타낸 것과 같고 $Z(0)=1$일 때, 이 회로에서 $R[\Omega]$, $L[H]$, $C[F]$의 값은?

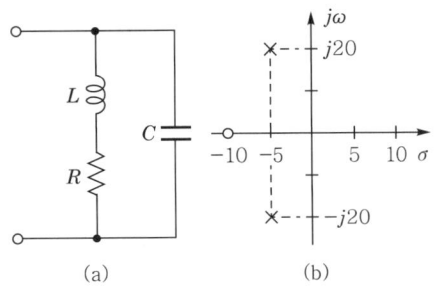

① $R=1.0[\Omega]$, $L=0.1[H]$, $C=0.0235[F]$
② $R=1.0[\Omega]$, $L=0.2[H]$, $C=1.0[F]$
③ $R=2.0[\Omega]$, $L=0.1[H]$, $C=0.0235[F]$
④ $R=2.0[\Omega]$, $L=0.2[H]$, $C=1.0[F]$

**해설** • 구동점 임피던스

$$Z(s) = \frac{(Ls+R) \cdot \frac{1}{Cs}}{(Ls+R)+\frac{1}{Cs}} = \frac{Ls+R}{LCs^2+RCs+1}$$

$$= \frac{\frac{1}{C}s + \frac{R}{LC}}{s^2 + \frac{R}{L}s + \frac{1}{LC}}[\Omega]$$

• 영점과 극점의 임피던스

$$Z(s) = \frac{s+10}{\{(s+5)-j20\}\{(s+5)+j20\}}$$

$$= \frac{s+10}{s^2+10s+425}$$

$Z(0)=1$일 때이므로 $R=1[\Omega]$이고 구동점 임피던스 $Z(s)$와 영점과 극점의 임피던스 $Z(s)$를 비교하면 $\frac{R}{L}=10$, $\frac{1}{LC}=425$

∴ $L=0.1[H]$, $C=0.0235[F]$

**02** 다음 회로에서 저항 $1[\Omega]$에 흐르는 전류 $I[A]$는?

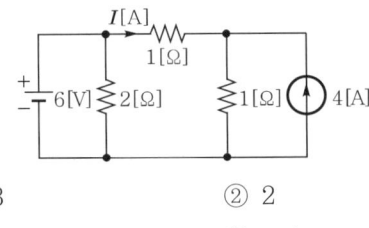

① 3  ② 2
③ 1  ④ -1

**해설** 중첩의 정리

• 6[V] 전압원에 의한 전류(전류원 개방)

전전류 $I = \dfrac{6}{\dfrac{2\times2}{2+2}} = 6[A]$

$R=1[\Omega]$에 흐르는 전류 $I_1 = 3[A]$

• 4[A] 전류원에 의한 전류(전압원 단락)

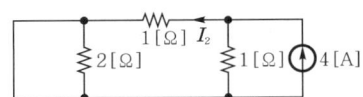

$R=1[\Omega]$에 흐르는 전류 $I_2 = 2[A]$

∴ $I = I_1 - I_2 = 3-2 = 1[A]$

**03** 파형이 톱니파인 경우 파형률은 약 얼마인가?

① 1.155
② 1.732
③ 1.414
④ 0.577

**해설** 파형률 $= \dfrac{\text{실효값}}{\text{평균값}}$

$= \dfrac{\dfrac{1}{\sqrt{3}}V_m}{\dfrac{1}{2}V_m} = \dfrac{2}{\sqrt{3}} \fallingdotseq 1.155$

**정답** 01. ① 02. ③ 03. ①

**04** 무한장 무손실 전송 선로의 임의의 위치에서 전압이 100[V]이었다. 이 선로의 인덕턴스가 7.5[μH/m]이고, 커패시턴스가 0.012[μF/m]일 때 이 위치에서 전류[A]는?

① 2　　② 4
③ 6　　④ 8

**해설** 전류 $I = \dfrac{V}{Z_0} = \dfrac{V}{\sqrt{\dfrac{R+j\omega L}{G+j\omega C}}}$ [A]

무손실 전송 선로이므로 $R=0$, $G=0$이므로
$I = \dfrac{V}{\sqrt{\dfrac{L}{C}}} = \dfrac{100}{\sqrt{\dfrac{7.5 \times 10^{-6}}{0.012 \times 10^{-6}}}} = 4$ [A]

**05** 전압 $v(t) = 14.14\sin\omega t + 7.07\sin\left(3\omega t + \dfrac{\pi}{6}\right)$ [V]의 실효값은 약 몇 [V]인가?

① 3.87　　② 11.2
③ 15.8　　④ 21.2

**해설** 실효값 $V = \sqrt{V_1^2 + V_3^2}$
$= \sqrt{\left(\dfrac{14.14}{\sqrt{2}}\right)^2 + \left(\dfrac{7.07}{\sqrt{2}}\right)^2}$
$\fallingdotseq 11.2$ [V]

**06** 그림과 같은 평형 3상 회로에서 전원 전압이 $V_{ab}=200$[V]이고 부하 한 상의 임피던스가 $Z=4+j3$[Ω]인 경우 전원과 부하 사이 선전류 $I_a$는 약 몇 [A]인가?

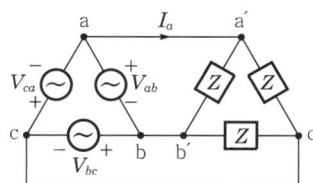

① $40\sqrt{3} \underline{/36.87°}$　　② $40\sqrt{3} \underline{/-36.87°}$
③ $40\sqrt{3} \underline{/66.87°}$　　④ $40\sqrt{3} \underline{/-66.87°}$

**해설** 선전류 $I_a = \sqrt{3}$ 상 전류$(I_{ab}) \underline{/-30°}$
$= \sqrt{3} \dfrac{200}{4+j3} \underline{/-30°}$
$= \sqrt{3} \dfrac{200}{5} \underline{/-30° - \tan^{-1}\dfrac{3}{4}}$
$= 40\sqrt{3} \underline{/-66.87°}$

**07** 정상상태에서 $t=0$초인 순간에 스위치 S를 열었다. 이때 흐르는 전류 $i(t)$는?

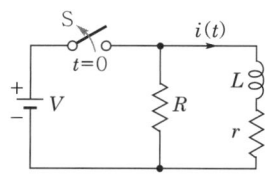

① $\dfrac{V}{R} e^{-\frac{R+r}{L}t}$

② $\dfrac{V}{r} e^{-\frac{R+r}{L}t}$

③ $\dfrac{V}{R} e^{-\frac{L}{R+r}t}$

④ $\dfrac{V}{r} e^{-\frac{L}{R+r}t}$

**해설** 전류 $i(t) = Ke^{-\frac{1}{\tau}t}$에서 시정수 $\tau = \dfrac{L}{R+r}$ [s],
초기 전류 $i(0) = \dfrac{V}{r}$ [A]이므로 $K = \dfrac{V}{r}$
$\therefore i(t) = \dfrac{V}{r} e^{-\frac{R+r}{L}t}$ [A]

**08** 선간전압이 150[V], 선전류가 $10\sqrt{3}$[A], 역률이 80[%]인 평형 3상 유도성 부하로 공급되는 무효전력[Var]은?

① 3,600　　② 3,000
③ 2,700　　④ 1,800

**해설** 무효전력
$P_r = \sqrt{3} \, VI\sin\theta$
$= \sqrt{3} \times 150 \times 10\sqrt{3} \times \sqrt{1-(0.8)^2}$
$= 2,700$ [Var]

정답 04.② 05.② 06.④ 07.② 08.③

**09** 그림과 같은 함수의 라플라스 변환은?

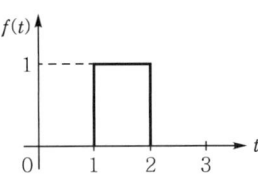

① $\dfrac{1}{s}(e^s - e^{2s})$
② $\dfrac{1}{s}(e^{-s} - e^{-2s})$
③ $\dfrac{1}{s}(e^{-2s} - e^{-s})$
④ $\dfrac{1}{s}(e^{-s} + e^{-2s})$

**해설** $f(t) = u(t-1) - u(t-2)$
시간추이 정리에 의해
$F(s) = e^{-s}\dfrac{1}{s} - e^{-2s}\dfrac{1}{s} = \dfrac{1}{s}(e^{-s} - e^{-2s})$

**10** 상의 순서가 a-b-c인 불평형 3상 전류가 $I_a = 15 + j2$[A], $I_b = -20 - j14$[A], $I_c = -3 + j10$[A]일 때 영상분 전류 $I_0$는 약 몇 [A]인가?

① $2.67 + j0.38$
② $2.02 + j6.98$
③ $15.5 - j3.56$
④ $-2.67 - j0.67$

**해설** 영상분 전류
$I_0 = \dfrac{1}{3}(I_a + I_b + I_c)$
$= \dfrac{1}{3}\{(15+j2) + (-20-j14) + (-3+j10)\}$
$= -2.67 - j0.67$[A]

**정답** 09. ② 10. ④

# 2021년 제2회 CBT 기출복원문제 (전기산업기사)

**01** 4단자망의 파라미터 정수에 관한 설명 중 옳지 않은 것은?

① $A$, $B$, $C$, $D$ 파라미터 중 $A$ 및 $D$는 차원(dimension)이 없다.
② $h$파라미터 중 $h_{12}$ 및 $h_{21}$은 차원이 없다.
③ $A$, $B$, $C$, $D$ 파라미터 중 $B$는 어드미턴스, $C$는 임피던스의 차원을 갖는다.
④ $h$파라미터 중 $h_{11}$은 임피던스, $h_{22}$는 어드미턴스의 차원을 갖는다.

**해설** $B$는 전달 임피던스, $C$는 전달 어드미턴스의 차원을 갖는다.

**02** $R-L$ 직렬회로에서 시정수의 값이 클수록 과도 현상의 소멸되는 시간은 어떻게 되는가?

① 짧아진다.  ② 길어진다.
③ 과도기가 없어진다.  ④ 관계 없다.

**해설** 시정수와 과도분은 비례관계에 있다
따라서 시정수의 값이 클수록 과도 현상의 소멸되는 시간은 길어진다.

**03** 그림과 같은 회로에서 $e(t) = E_m \cos \omega t$의 전원 전압을 인가했을 때 인덕턴스 $L$에 축적되는 에너지[J]는?

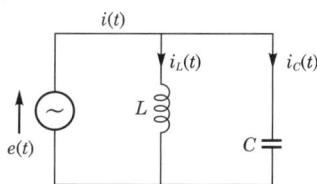

① $\dfrac{1}{4} \cdot \dfrac{E_m^2}{\omega^2 L}(1-\cos 2\omega t)$

② $\dfrac{1}{2} \cdot \dfrac{E_m^2}{\omega^2 L^2}(1-\cos 2\omega t)$

③ $\dfrac{1}{4} \cdot \dfrac{E_m^2}{\omega^2 L}(1+\cos 2\omega t)$

④ $-\dfrac{1}{2} \cdot \dfrac{E_m^2}{\omega^2 L^2}(1+\cos \omega t)$

**해설** 자기에너지
$$W = \frac{1}{2} L I_L^2 [J] = \frac{1}{2} L \frac{E_m^2}{\omega^2 L^2} \sin^2 \omega t$$
$$= \frac{1}{2} \frac{E_m^2}{\omega^2 L} \frac{1-\cos 2\omega t}{2}$$
$$= \frac{1}{4} \cdot \frac{E_m^2}{\omega^2 L}(1-\cos 2\omega t) [J]$$

**04** 키르히호프의 전압 법칙의 적용에 대한 서술 중 옳지 않은 것은?

① 이 법칙은 집중정수회로에 적용된다.
② 이 법칙은 회로 소자의 선형, 비선형에는 관계를 받지 않고 적용된다.
③ 이 법칙은 회로 소자의 시변, 시불변성에 구애를 받지 않는다.
④ 이 법칙은 선형 소자로만 이루어진 회로에 적용된다.

**해설** 키르히호프 법칙은 집중정수회로에서는 선형·비선형에 관계를 받지 않고 적용된다.

**05** 대칭 3상 교류에서 선간전압이 100[V], 한 상의 임피던스가 5/45°[Ω]인 부하를 △결선하였을 때 선전류는 약 몇 [A]인가?

① 42.3   ② 34.6
③ 28.2   ④ 19.2

**정답** 01. ③  02. ②  03. ①  04. ④  05. ②

**[해설]** △ 결선이므로 $V_l = V_p$, $I_l = \sqrt{3} I_p$

$\therefore I_l = \sqrt{3} \cdot \dfrac{V_p}{Z} = \sqrt{3}\dfrac{100}{5} = 20\sqrt{3} = 34.6[A]$

**06** 각 상의 전류가 $i_a = 30\sin\omega t$, $i_b = 30\sin(\omega t - 90°)$, $i_c = 30\sin(\omega t + 90°)$일 때 영상 대칭분의 전류[A]는?

① $10\sin\omega t$  
② $\dfrac{10}{3}\sin\dfrac{\omega t}{3}$  
③ $\dfrac{30}{\sqrt{3}}\sin(\omega t + 45°)$  
④ $30\sin\omega t$

**[해설]** $i_0 = \dfrac{1}{3}(i_a + i_b + i_c)$

$= \dfrac{1}{3}\{30\sin\omega t + 30\sin(\omega t - 90°) + 30\sin(\omega t + 90°)\}$

$= \dfrac{30}{3}\{\sin\omega t + (\sin\omega t\cos 90° - \cos\omega t\sin 90°) + (\sin\omega t\cos 90° + \cos\omega t\sin 90°)\}$

$= 10\sin\omega t[A]$

**07** 1[Ω]의 저항에 걸리는 전압 $V_R[V]$은?

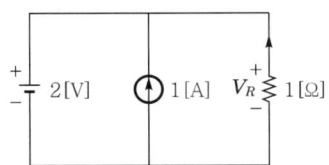

① 1.5  ② 1  
③ 2    ④ 3

**[해설]** 중첩의 정리에 의해 $V_R = 1[Ω]$에 흐르는 전류를 구하면

• 2[V] 전압원 존재 시 : 전류원 1[A]는 개방  
$I_1 = \dfrac{2}{1} = 2[A]$

• 1[A] 전류원 존재 시 : 전압 2[A]는 단락  
$I_2 = 0[A]$  
$I = I_1 + I_2 = 2 + 0 = 2[A]$  
$\therefore V_R = R \cdot I = 1 \times 2 = 2[V]$

**08** 그림과 같은 회로에서 컨덕턴스 $G_2$에 흐르는 전류 $I[A]$의 크기는? (단, $G_1 = 30[℧]$, $G_2 = 15[℧]$)

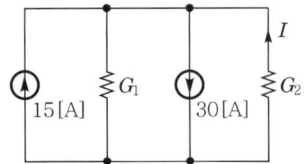

① 3  
② 15  
③ 10  
④ 5

**[해설]** 전류원 전류의 방향이 반대이므로

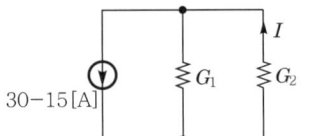

$\therefore$ 분류법칙에 의해  
$I = \dfrac{G_2}{G_1 + G_2} \times 15 = \dfrac{15}{30 + 15} \times 15 = 5[A]$

**09** 대칭 6상식의 성형 결선의 전원이 있다. 상전압이 100[V]이면 선간전압[V]은 얼마인가?

① 600  ② 300  
③ 220  ④ 100

**[해설]** 선간전압 $V_l = 2\sin\dfrac{\pi}{n} \cdot V_p$에서

$V_l = 2\sin\dfrac{\pi}{6} \times 100 = 100[V]$

**10** 전압이 $v(t) = V(\sin\omega t - \sin 3\omega t)[V]$이고 전류가 $i(t) = I\sin\omega t[A]$인 단상 교류회로의 평균 전력은 몇 [W]인가?

① $VI$  
② $\dfrac{2}{\sqrt{3}}VI$  
③ $\dfrac{1}{2}VI\sin\omega t$  
④ $\dfrac{1}{2}VI$

**[해설]** 비정현파의 평균(유효)전력은 주파수가 다른 전압과 전류 간의 전력은 0이 되고 같은 주파수의 전압과 전류 간의 전력만 존재한다.

$\therefore P = \dfrac{V}{\sqrt{2}} \cdot \dfrac{I}{\sqrt{2}} \cos 0° = \dfrac{1}{2}VI[W]$

**정답** 06.① 07.③ 08.④ 09.④ 10.④

**11** 비정현파 교류를 나타내는 식은?

① 기본파 + 고조파 + 직류분
② 기본파 + 직류분 – 고조파
③ 직류분 + 고조파 – 기본파
④ 교류분 + 기본파 + 고조파

**해설** 비정현파의 푸리에 급수 전개식
$$f(t) = a_0 + \sum_{n=1}^{\infty} a_n \cos\omega t + \sum_{n=1}^{\infty} b_n \sin\omega t$$
즉 비정현파를 직류 성분 + 기본파 성분 + 고조파 성분으로 분해해서 표시한 것이다.

**12** $R-L-C$ 직렬회로에서 회로 저항값이 다음의 어느 값이어야 이 회로가 임계적으로 제동되는가?

① $\sqrt{\dfrac{L}{C}}$  ② $2\sqrt{\dfrac{L}{C}}$

③ $\dfrac{1}{\sqrt{CL}}$  ④ $2\sqrt{\dfrac{C}{L}}$

**해설** 진동 여부 판별식이 임계 제동일 조건
$$\left(\dfrac{R}{2L}\right)^2 - \dfrac{1}{LC} = R^2 - 4\dfrac{L}{C} = 0$$
$$R^2 = 4\dfrac{L}{C}$$
$$\therefore R = 2\sqrt{\dfrac{L}{C}}$$

**13** 대칭 좌표법에 관한 설명 중 잘못된 것은?

① 불평형 3상 회로의 비접지식 회로에서는 영상분이 존재한다.
② 대칭 3상 전압에서 영상분은 0이 된다.
③ 대칭 3상 전압은 정상분만 존재한다.
④ 불평형 3상 회로의 접지식 회로에서는 영상분이 존재한다.

**해설** 비접지식 회로에서는 영상분이 존재하지 않는다.

**14** $f(t) = \sin t \cos t$ 를 라플라스로 변환하면?

① $\dfrac{1}{s^2+4}$

② $\dfrac{1}{s^2+2}$

③ $\dfrac{1}{(s+2)^2}$

④ $\dfrac{1}{(s+4)^2}$

**해설** 삼각함수 가법 정리에 의해서
$\sin(t+t) = \sin t \cos t + \cos t \sin t = 2\sin t \cos t$
$\therefore \sin t \cos t = \dfrac{1}{2}\sin 2t$
$$F(s) = \mathcal{L}[\sin t \cos t] = \mathcal{L}\left[\dfrac{1}{2}\sin 2t\right]$$
$$= \dfrac{1}{2} \times \dfrac{2}{s^2+2^2} = \dfrac{1}{s^2+4}$$

**15** 극좌표 형식으로 표현된 전류의 페이저가 $I_1 = 10\angle\tan^{-1}\dfrac{4}{3}$[A], $I_2 = 10\angle\tan^{-1}\dfrac{3}{4}$[A] 이고 $I = I_1 + I_2$일 때 $I$[A]는?

① $14+j14$  ② $14+j4$
③ $-2+j2$  ④ $14+j3$

**해설** 위상각 $\theta = \tan^{-1}\dfrac{4}{3}$, $\theta = \tan^{-1}\dfrac{3}{4}$ 을 직각 삼각형을 이용하면

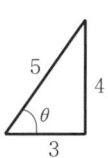

$I_1 = 10\angle\tan^{-1}\dfrac{4}{3}$
$= 10(\cos\theta + j\sin\theta)$
$= 10\left(\dfrac{3}{5} + j\dfrac{4}{5}\right) = 6+j8$

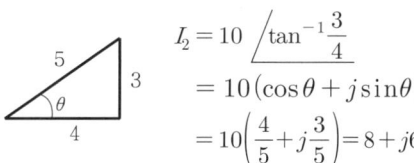

$I_2 = 10\angle\tan^{-1}\dfrac{3}{4}$
$= 10(\cos\theta + j\sin\theta)$
$= 10\left(\dfrac{4}{5} + j\dfrac{3}{5}\right) = 8+j6$

$\therefore I = I_1 + I_2 = (6+j8) + (8+j6) = 14+j14$

**정답** 11. ① 12. ② 13. ① 14. ① 15. ①

**16** 회로에 흐르는 전류가 $i(t) = 7 + 14.1\sin\omega t$ [A]인 경우 실효값은 약 몇 [A]인가?

① 12.2  ② 13.2
③ 14.2  ④ 11.2

**해설** 비정현파의 실효값은 각 개별적인 실효값의 제곱의 합의 제곱근이다.

$$\therefore I = \sqrt{I_0^2 + I_1^2} = \sqrt{7^2 + \left(\frac{14.1}{\sqrt{2}}\right)^2} \fallingdotseq 12.2[A]$$

**17** 평형 부하의 전압이 200[V], 전류가 20[A]이고 역률은 0.8이다. 이때 무효전력은 몇 [kVar]인가?

① $1.2\sqrt{3}$  ② $1.8\sqrt{3}$
③ $2.4\sqrt{3}$  ④ $2.8\sqrt{3}$

**해설** 무효전력 $P_r = \sqrt{3}\,VI\sin\theta$
$= \sqrt{3} \times 200 \times 20 \times 0.6 \times 10^{-3}$
$= 2.4\sqrt{3}\,[\text{kVar}]$

**18** 그림과 같은 회로의 영상 임피던스 $Z_{01}$, $Z_{02}$는 각각 몇 [Ω]인가?

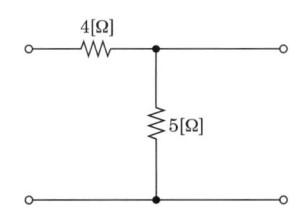

① $Z_{01} = 9$, $Z_{02} = 5$
② $Z_{01} = 4$, $Z_{02} = 5$
③ $Z_{01} = 4$, $Z_{02} = \dfrac{20}{9}$
④ $Z_{01} = 6$, $Z_{02} = \dfrac{10}{3}$

**해설**
$$\begin{bmatrix} A & B \\ C & D \end{bmatrix} = \begin{bmatrix} 1 & 4 \\ 0 & 1 \end{bmatrix}\begin{bmatrix} 1 & 0 \\ \frac{1}{5} & 1 \end{bmatrix} = \begin{bmatrix} \frac{9}{5} & 4 \\ \frac{1}{5} & 1 \end{bmatrix}$$

$$\therefore Z_{01} = \sqrt{\frac{AB}{CD}} = \sqrt{\frac{\frac{9}{5} \times 4}{\frac{1}{5} \times 1}} = 6[\Omega]$$

$$Z_{02} = \sqrt{\frac{BD}{AC}} = \sqrt{\frac{4 \times 1}{\frac{9}{5} \times \frac{1}{5}}} = \frac{10}{3}[\Omega]$$

**19** 그림과 같은 회로의 전달함수는? $\left(\text{단, } T = \dfrac{L}{R}\right)$

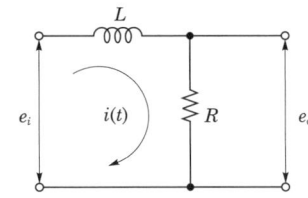

① $\dfrac{1}{Ts^2 + 1}$  ② $\dfrac{1}{Ts + 1}$
③ $Ts^2 + 1$  ④ $Ts + 1$

**해설** $G(s) = \dfrac{R}{sL + R} = \dfrac{1}{s \cdot \dfrac{L}{R} + 1} = \dfrac{1}{Ts + 1}$

**20** 정현파 교류의 실효값을 계산하는 식은?

① $I = \dfrac{1}{T}\displaystyle\int_0^T i^2 dt$

② $I^2 = \dfrac{2}{T}\displaystyle\int_0^T i\,dt$

③ $I^2 = \dfrac{1}{T}\displaystyle\int_0^T i^2 dt$

④ $I = \sqrt{\dfrac{2}{T}\displaystyle\int_0^T i^2 dt}$

**해설** 실효값 계산식 $I = \sqrt{\dfrac{1}{T}\displaystyle\int_0^T i^2 dt}$

양변을 제곱하면 $I^2 = \dfrac{1}{T}\displaystyle\int_0^T i^2 dt$

**정답** 16. ① 17. ③ 18. ④ 19. ② 20. ③

# 2021년 제3회 기출문제

**전기기사**

**01** 그림과 같은 파형의 라플라스 변환은?

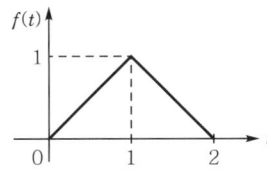

① $\dfrac{1}{s^2}(1-2e^s)$

② $\dfrac{1}{s^2}(1-2e^{-s})$

③ $\dfrac{1}{s^2}(1-2e^s+e^{2s})$

④ $\dfrac{1}{s^2}(1-2e^{-s}+e^{-2s})$

**해설** 구간 $0 \leq t \leq 1$에서 $f_1(t)=t$ 이고,
구간 $1 \leq t \leq 2$에서 $f_2(t)=2-t$ 이므로

$$\mathcal{L}[f(t)] = \int_0^1 te^{-st}dt + \int_1^2 (2-t)e^{-st}dt$$

$$= \left[t \cdot \dfrac{e^{-st}}{-s}\right]_0^1 + \dfrac{1}{s}\int_0^1 e^{-st}dt$$

$$+ \left[(2-t)\dfrac{e^{-st}}{-s}\right]_1^2 - \dfrac{1}{s}\int_1^2 e^{-st}dt$$

$$= -\dfrac{e^{-s}}{s} - \dfrac{e^{-s}}{s^2} + \dfrac{1}{s^2} + \dfrac{e^{-s}}{s}$$

$$+ \dfrac{e^{-2s}}{s^2} - \dfrac{e^{-s}}{s^2}$$

$$= \dfrac{1}{s^2}(1-2e^{-s}+e^{-2s})$$

**02** 단위 길이당 인덕턴스 및 커패시턴스가 각각 $L$ 및 $C$일 때 전송 선로의 특성 임피던스는? (단, 전송 선로는 무손실 선로이다.)

① $\sqrt{\dfrac{L}{C}}$  ② $\sqrt{\dfrac{C}{L}}$

③ $\dfrac{L}{C}$  ④ $\dfrac{C}{L}$

**해설** 특성 임피던스 $Z_0 = \sqrt{\dfrac{Z}{Y}} = \sqrt{\dfrac{R+j\omega L}{G+j\omega C}}$ [Ω]

무손실 선로 조건 $R=0$, $G=0$

$\therefore Z_0 = \sqrt{\dfrac{L}{C}}$

**03** 다음 전압 $v(t)$를 $RL$ 직렬회로에 인가했을 때 제3고조파 전류의 실효값[A]의 크기는? (단, $R=8[\Omega]$, $\omega L=2[\Omega]$, $v(t)=100\sqrt{2}\sin\omega t + 200\sqrt{2}\sin3\omega t + 50\sqrt{2}\sin5\omega t$ [V]이다.)

① 10  ② 14
③ 20  ④ 28

**해설** 제3고조파 전류의 실효값

$$I_3 = \dfrac{V_3}{Z_3} = \dfrac{V_3}{\sqrt{R^2+(3\omega L)^2}}$$

$$= \dfrac{200}{\sqrt{8^2+(3\times 2)^2}} = 20[\text{A}]$$

**04** 내부 임피던스가 $0.3+j2[\Omega]$인 발전기에 임피던스가 $1.1+j3[\Omega]$인 선로를 연결하여 어떤 부하에 전력을 공급하고 있다. 이 부하의 임피던스가 몇 [Ω]일 때 발전기로부터 부하로 전달되는 전력이 최대가 되는가?

① $1.4-j5$  ② $1.4+j5$
③ $1.4$  ④ $j5$

**해설** 전원 내부 임피던스
$Z_s = Z_g + Z_L = (0.3+j2)+(1.1+j3)$
$= 1.4+j5[\Omega]$
최대 전력 전달조건
$Z_L = \overline{Z_s} = 1.4-j5[\Omega]$

**정답** 01. ④ 02. ① 03. ③ 04. ①

**05** 회로에서 $t=0$초에 전압 $v_1(t)=e^{-4t}$[V]를 인가하였을 때 $v_2(t)$는 몇 [V]인가? (단, $R=2[\Omega]$, $L=1[H]$이다.)

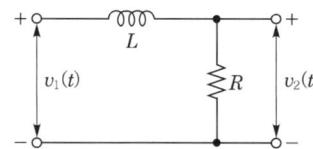

① $e^{-2t}-e^{-4t}$
② $2e^{-2t}-2e^{-4t}$
③ $-2e^{-2t}+2e^{-4t}$
④ $-2e^{-2t}-2e^{-4t}$

**해설** 전달함수 $\dfrac{V_2(s)}{V_1(s)}=\dfrac{R}{R+Ls}=\dfrac{2}{s+2}$

$\therefore V_2(s)=\dfrac{2}{s+2}V_1(s)=\dfrac{2}{s+2}\cdot\dfrac{1}{s+4}$

$=\dfrac{2}{(s+2)(s+4)}=\dfrac{K_1}{s+2}+\dfrac{K_2}{s+4}$

유수 정리에 의해

$K_1=\dfrac{2}{s+4}\bigg|_{s=-2}=1,\ K_2=\dfrac{2}{s+2}\bigg|_{s=-4}=-1$

$=\dfrac{1}{s+2}-\dfrac{1}{s+4}$

$\therefore v_2(t)=e^{-2t}-e^{-4t}$

**06** 동일한 저항 $R[\Omega]$ 6개를 그림과 같이 결선하고 대칭 3상 전압 $V[V]$를 가하였을 때 전류 $I[A]$의 크기는?

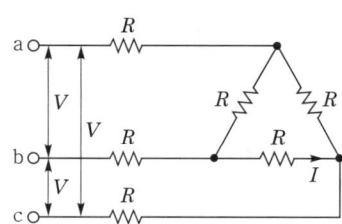

① $\dfrac{V}{R}$    ② $\dfrac{V}{2R}$
③ $\dfrac{V}{4R}$    ④ $\dfrac{V}{5R}$

**해설** △ → Y로 등가 변환하면

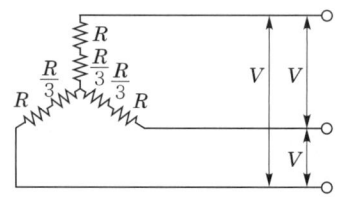

Y결선에서는 선전류($I_l$)=상전류($I_p$)

$\therefore I_l=I_p=\dfrac{V_p}{Z}=\dfrac{\dfrac{V}{\sqrt{3}}}{R+\dfrac{R}{3}}=\dfrac{\sqrt{3}\,V}{4R}$[A]

$I$는 △결선의 상전류이므로

$\therefore I=\dfrac{I_l}{\sqrt{3}}=\dfrac{1}{\sqrt{3}}\dfrac{\sqrt{3}\,V}{4R}=\dfrac{V}{4R}$[A]

**07** 각 상의 전류가 $i_a(t)=90\sin\omega t$[A], $i_b(t)=90\sin(\omega t-90°)$[A], $i_c(t)=90\sin(\omega t+90°)$[A]일 때 영상분 전류[A]의 순시치는?

① $30\cos\omega t$    ② $30\sin\omega t$
③ $90\sin\omega t$    ④ $90\cos\omega t$

**해설** 영상 전류 $I_0=\dfrac{1}{3}(i_a+i_b+i_c)$

$=\dfrac{1}{3}\{90\sin\omega t+90\sin(\omega t-90°)+90\sin(\omega t+90°)\}$

$=\dfrac{1}{3}\{90\sin\omega t-90\cos\omega t+90\cos\omega t\}$

$=30\sin\omega t$

**08** 어떤 선형 회로망의 4단자 정수가 $A=8$, $B=j2$, $D=1.625+j$일 때, 이 회로망의 4단자 정수 $C$는?

① $24-j14$
② $8-j11.5$
③ $4-j6$
④ $3-j4$

정답 05. ① 06. ③ 07. ② 08. ③

**[해설]** 4단자 정수의 성질 $AD - BC = 1$

$$C = \frac{AD-1}{B}$$
$$= \frac{8(1.625+j) - 1}{j2}$$
$$= 4 - j6$$

**09** 평형 3상 부하에 선간전압의 크기가 200[V]인 평형 3상 전압을 인가했을 때 흐르는 선전류의 크기가 8.6[A]이고 무효전력이 1,298[Var]이었다. 이때 이 부하의 역률은 약 얼마인가?

① 0.6  ② 0.7
③ 0.8  ④ 0.9

**[해설]**
- 피상전력 : $P_a = \sqrt{3}\,VI = \sqrt{3} \times 200 \times 8.6$
  $\fallingdotseq 2,979\,[\mathrm{VA}]$
- 무효전력 : $P_r = 1,298\,[\mathrm{Var}]$
- 유효전력 : $P = \sqrt{P_a^{\,2} - P_r^{\,2}}$
  $= \sqrt{(2,979)^2 - (1,298)^2}$
  $= 2681.3\,[\mathrm{W}]$

$\therefore$ 역률 $\cos\theta = \dfrac{P}{P_a} = \dfrac{2681.3}{2,979} \fallingdotseq 0.9$

**10** 어떤 회로에서 $t = 0$초에 스위치를 닫은 후 $i = 2t + 3t^2$[A]의 전류가 흘렀다. 30초까지 스위치를 통과한 총 전기량[Ah]은?

① 4.25  ② 6.75
③ 7.75  ④ 8.25

**[해설]** 총 전기량 $Q = \displaystyle\int_0^t i\,dt\,[\mathrm{As}] = [\mathrm{C}]$
$= \displaystyle\int_0^{30}(2t+3t^2)dt = [t^2+t^3]_0^{30}$
$= 27,900\,[\mathrm{As}]$

1시간은 60분, 1분은 60초이므로
$1[\mathrm{Ah}] = 1 \times 60 \times 60 = 3,600\,[\mathrm{As}]$

$\therefore Q = \dfrac{27,900}{3,600} = 7.75\,[\mathrm{Ah}]$

**정답** 09. ④  10. ③

# 2021년 제3회 CBT 기출복원문제

**01** 다음 회로에서 10[Ω]의 저항에 흐르는 전류[A]는?

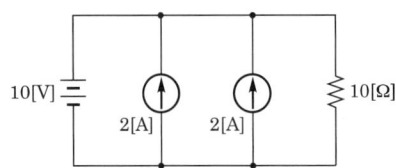

① 5    ② 4
③ 2    ④ 1

**해설** 중첩의 정리에 의해 10[Ω]에 흐르는 전류
- 10[V] 전압원 존재 시 : 전류원은 개방
  $I_1 = \dfrac{10}{10} = 1[A]$
- 4[A] 전류원 존재 시 : 전압원은 단락
  $I_2 = 0[A]$
  $\therefore I = I_1 + I_2 = 1[A]$

**02** $F(s) = \dfrac{3s+10}{s^3+2s^2+5s}$ 일 때 $f(t)$의 최종값은?

① 0    ② 1
③ 2    ④ 8

**해설** 최종값 정리에 의해
$\lim\limits_{s \to 0} s \cdot F(s) = \lim\limits_{s \to 0} s \cdot \dfrac{3s+10}{s(s^2+2s+5)} = \dfrac{10}{5} = 2$

**03** $t^2 e^{at}$의 라플라스 변환은?

① $\dfrac{1}{(s-a)^2}$    ② $\dfrac{2}{(s-a)^2}$
③ $\dfrac{1}{(s-a)^3}$    ④ $\dfrac{2}{(s-a)^3}$

**해설** $\mathcal{L}[t^n e^{-at}] = \dfrac{n!}{(s+a)^{n+1}}$
$\therefore \mathcal{L}[t^2 e^{at}] = \dfrac{2}{(s-a)^3}$

**04** 주어진 회로에 $Z_1 = 3+j10[Ω]$, $Z_2 = 3-j2[Ω]$이 직렬로 연결되어 있다. 회로 양단에 $V = 100\angle 0°$의 전압을 가할 때 $Z_1$과 $Z_2$에 인가되는 전압의 크기는?

① $Z_1 = 98+j36$, $Z_2 = 2+j36$
② $Z_1 = 98+j36$, $Z_2 = 2-j36$
③ $Z_1 = 98-j36$, $Z_2 = 2-j36$
④ $Z_1 = 98-j36$, $Z_2 = 2+j36$

**해설** 합성 임피던스
$Z = Z_1 + Z_2 = (3+j10) + (3-j2) = 6+j8[Ω]$
전류 $I = \dfrac{V}{Z} = \dfrac{100}{6+j8} = \dfrac{100(6-j8)}{(6+j8)(6-j8)} = 6-j8$
$\therefore V_1 = Z_1 I = (3+j10)(6-j8) = 98+j36$
$V_2 = Z_2 I = (3-j2)(6-j8) = 2-j36$

**05** 다음의 대칭 다상 교류에 의한 회전자계 중 잘못된 것은?

① 대칭 3상 교류에 의한 회전자계는 원형 회전자계이다.
② 대칭 2상 교류에 의한 회전자계는 타원형 회전자계이다.
③ 3상 교류에서 어느 두 코일의 전류의 상순을 바꾸면 회전자계의 방향도 바뀐다.
④ 회전자계의 회전 속도는 일정 각속도 $\omega$이다.

**해설** 대칭 2상 교류에 의한 회전자계는 단상 교류가 되므로 교번자계가 된다.

**정답** 01. ④ 02. ③ 03. ④ 04. ② 05. ②

**06** 그림에서 저항 20[Ω]에 흐르는 전류는 몇 [A]인가?

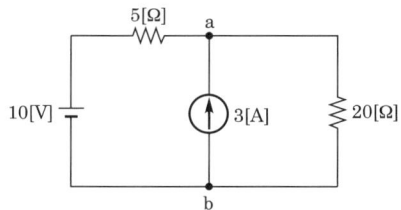

① 0.4　　② 1
③ 3　　　④ 3.4

**해설**
- 10[V] 전압원 존재 시 : 전류원 3[A] 개방
$$I_1 = \frac{10}{5+20} = \frac{10}{25}[A]$$
- 3[A] 전류원 존재 시 : 전압원 10[V] 단락
$$I_2 = \frac{5}{5+20} \times 3 = \frac{15}{25}[A]$$
∴ $I = I_1 + I_2 = 1[A]$

**07** $i = 20\sqrt{2}\sin\left(377t - \frac{\pi}{6}\right)$[A]인 파형의 주파수는 몇 [Hz]인가?

① 50　　② 60
③ 70　　④ 80

**해설** 순시치의 기본 형태
$i = I_m\sin(\omega t \pm \theta)$에서
$\omega = 377$[rad/s]
각주파수 $\omega = 2\pi f$이므로
∴ $f = \frac{\omega}{2\pi} = \frac{377}{2\pi} ≒ 60$[Hz]

**08** 불평형 3상 전류 $I_a = 15 + j2$[A], $I_b = -20 - j14$[A], $I_c = -3 + j10$[A]일 때의 영상 전류 $I_0$[A]는?

① $2.67 + j0.36$
② $-2.67 - j0.67$
③ $15.7 - j3.25$
④ $1.91 + j6.24$

**해설**
$I_0 = \frac{1}{3}(I_a + I_b + I_c)$
$= \frac{1}{3}\{(15+j2) + (-20-j14) + (-3+j10)\}$
$= -2.67 - j0.67$[A]

**09** 각 상의 임피던스가 $Z = 6 + j8$[Ω]인 평형 Y부하에 선간전압 220[V]인 대칭 3상 전압이 가해졌을 때 선전류는 약 몇 [A]인가?

① 11.7　　② 12.7
③ 13.7　　④ 14.7

**해설** 선전류 $I_l = I_p = \frac{V_p}{Z} = \frac{\frac{220}{\sqrt{3}}}{\sqrt{8^2+6^2}} ≒ 12.7$[A]

**10** 3상 회로에 있어서 대칭분 전압이 $V_0 = -8 + j3$[V], $V_1 = 6 - j8$[V], $V_2 = 8 + j12$[V]일 때 a상의 전압[V]은?

① $6 + j7$
② $-32.3 + j2.73$
③ $2.3 + j0.73$
④ $2.3 - j0.73$

**해설** $V_a = V_0 + V_1 + V_2$
$= (-8+j3) + (6-j8) + (8+j12)$
$= 6 + j7$[V]

**11** 비정현파를 여러 개의 정현파의 합으로 표시하는 방법은?

① 키르히호프의 법칙
② 노턴의 정리
③ 푸리에 분석
④ 테일러의 분석

**해설** 푸리에 급수
비정현파를 여러 개의 정현파의 합으로 표시한다.

**정답** 06. ② 07. ② 08. ② 09. ② 10. ① 11. ③

**12** 그림과 같은 회로에서 $t=0$의 시각에 스위치 S를 닫을 때 전류 $i(t)$의 라플라스 변환 $I(s)$는? (단, $V_C(0)=1[V]$이다.)

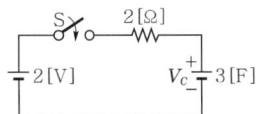

① $\dfrac{3s}{6s+1}$ ② $\dfrac{3}{6s+1}$

③ $\dfrac{6}{6s+1}$ ④ $\dfrac{-s}{6s+1}$

**해설** 전류 $i(t) = \dfrac{V-V_c(0)}{R}e^{-\frac{1}{R_c}t} = \dfrac{2-1}{2}e^{-\frac{1}{2\times 3}t}$
$= \dfrac{1}{2}e^{-\frac{1}{6}t}$

∴ Laplace 변환 $I(s) = \dfrac{1}{2} \times \dfrac{1}{s+\dfrac{1}{6}} = \dfrac{3}{6s+1}$

**13** 그림과 같은 회로의 2단자 임피던스 $Z(s)$는? (단, $s=j\omega$)

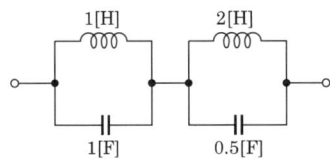

① $\dfrac{s}{s^2+1}$

② $\dfrac{0.5s}{s^2+1}$

③ $\dfrac{3s}{s^2+1}$

④ $\dfrac{2s}{s^2+1}$

**해설** $Z(s) = \dfrac{s \cdot \dfrac{1}{s}}{s+\dfrac{1}{s}} + \dfrac{2s \cdot \dfrac{2}{s}}{2s+\dfrac{2}{s}} = \dfrac{s}{s^2+1} + \dfrac{2s}{s^2+1}$
$= \dfrac{3s}{s^2+1}$

**14** 그림과 같은 회로에서 각 분로 전류가 각각 $i_L = 3-j6[A]$, $i_C = 5+j2[A]$일 때 전원에서의 역률은?

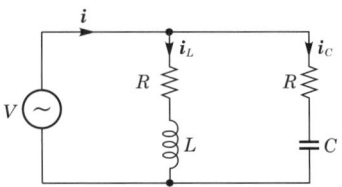

① $\dfrac{1}{\sqrt{17}}$ ② $\dfrac{4}{\sqrt{17}}$

③ $\dfrac{1}{\sqrt{5}}$ ④ $\dfrac{2}{\sqrt{5}}$

**해설** 합성 전류
$i = i_L + i_C = (3-j6)+(5+j2) = 8-j4[A]$

$\cos\theta = \dfrac{I_R}{I} = \dfrac{8}{\sqrt{8^2+4^2}} = \dfrac{8}{\sqrt{80}}$
$= \dfrac{2\times 4}{\sqrt{5}\times\sqrt{16}} = \dfrac{2}{\sqrt{5}}$

**15** 전압 200[V], 전류 50[A]로 6[kW]의 전력을 소비하는 회로의 리액턴스[Ω]는?

① 3.2 ② 2.4

③ 6.2 ④ 4.4

**해설** 무효전력 $P_r = I^2 X$

∴ $X = \dfrac{\sqrt{P_a^2-P^2}}{I^2}$
$= \dfrac{\sqrt{(200\times 50)^2-(6\times 10^3)^2}}{50^2}$
$= 3.2[\Omega]$

**16** 구형파의 파형률과 파고율은?

① 1, 0
② 2, 0
③ 1, 1
④ 0, 1

**정답** 12. ② 13. ③ 14. ④ 15. ① 16. ③

해설 구형파는 평균값·실효값·최댓값이 같으므로
파형률 = $\frac{실효값}{평균값}$, 파고율 = $\frac{최댓값}{실효값}$ 이므로 구형파는 파형률, 파고율이 모두 1이 된다.

**17** 그림과 같은 T형 회로의 임피던스 파라미터 $Z_{11}$을 구하면?

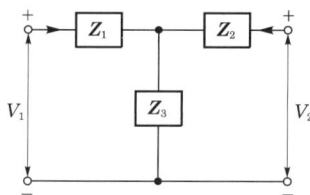

① $Z_3$      ② $Z_1 + Z_2$
③ $Z_2 + Z_3$      ④ $Z_1 + Z_3$

해설 $Z_{11} = \left. \frac{V_1}{I_1} \right|_{I_2=0}$

즉, 출력 단자를 개방하고 입력측에서 본 개방 구동점 임피던스이므로
$Z_{11} = Z_1 + Z_3 [\Omega]$

**18** 코일에 단상 100[V]의 전압을 가하면 30[A]의 전류가 흐르고 1.8[kW]의 전력을 소비한다고 한다. 이 코일과 병렬로 콘덴서를 접속하여 회로의 합성 역률을 100[%]로 하기 위한 용량 리액턴스는 약 몇 [Ω]인가?

① 1.2      ② 2.6
③ 3.2      ④ 4.2

해설 $P_r = \sqrt{P_a^2 - P^2}$ [Var]
$= \sqrt{(100 \times 30)^2 - 1,800^2}$
$= 2,400$ [Var]
∴ $X_C = \frac{V^2}{P_r} = \frac{100^2}{2,400} = 4.166 ≒ 4.2[\Omega]$

**19** $R-L-C$ 직렬회로에서 $R=100[\Omega]$, $L=0.1 \times 10^{-3}$[H], $C = 0.1 \times 10^{-6}$[F]일 때 이 회로는?

① 진동적이다.
② 비진동이다.
③ 정현파 진동이다.
④ 진동일 수도 있고 비진동일 수도 있다.

해설 진동 여부 판별식
$R^2 - 4\frac{L}{C} = 100^2 - 4\frac{0.1 \times 10^{-3}}{0.1 \times 10^{-6}} > 0$
∴ 비진동

**20** 반파 대칭의 왜형파 푸리에 급수에서 옳게 표현된 것은? (단, $f(t) = \sum_{n=1}^{\infty} a_n \sin n\omega t + a_0 + \sum_{n=1}^{\infty} b_n \cos n\omega t$ 라 한다.)

① $a_0 = 0$, $b_n = 0$이고, 홀수항의 $a_n$만 남는다.
② $a_0 = 0$이고, $a_n$ 및 홀수항의 $b_n$만 남는다.
③ $a_0 = 0$이고, 홀수항의 $a_n$, $b_n$만 남는다.
④ $a_0 = 0$이고, 모든 고조파분의 $a_n$, $b_n$만 남는다.

해설 반파 대칭의 특징
$f(t)$식에서 직류 성분 $a_0 = 0$
홀수항의 sin, cos항 존재. 즉, $a_n$, $b_n$ 계수가 존재한다.

정답 17. ④ 18. ④ 19. ② 20. ③

# 2022년 제1회 기출문제

**01** $f_e(t)$가 우함수이고 $f_o(t)$가 기함수일 때 주기함수 $f(t) = f_e(t) + f_o(t)$에 대한 다음 식 중 틀린 것은?

① $f_e(t) = f_e(-t)$

② $f_o(t) = -f_o(-t)$

③ $f_o(t) = \frac{1}{2}[f(t) - f(-t)]$

④ $f_e(t) = \frac{1}{2}[f(t) - f(-t)]$

**해설**
- 우함수 : $f_e(t) = f_e(-t)$
- 기함수 : $f_o(t) = -f_o(-t)$

$f(t) = f_e(t) + f_o(t)$ 이므로

$\frac{1}{2}[f(t) - f(-t)]$

$= \frac{1}{2}[f_e(t) + f_o(t) - f_e(-t) - f_o(-t)]$

$= \frac{1}{2}[f_e(t) + f_o(t) - f_e(t) + f_o(t)]$

$= f_o(t)$

**02** 3상 평형회로에 Y결선의 부하가 연결되어 있고, 부하에서의 선간전압이 $V_{ab} = 100\sqrt{3}\underline{/0°}$[V]일 때 선전류가 $I_a = 20\underline{/-60°}$[A]이었다. 이 부하의 한 상의 임피던스[Ω]는? (단, 3상 전압의 상순은 a-b-c이다.)

① $5\underline{/30°}$   ② $5\sqrt{3}\underline{/30°}$

③ $5\underline{/60°}$   ④ $5\sqrt{3}\underline{/60°}$

**해설**

$Z = \frac{V_P}{I_P} = \frac{\frac{100\sqrt{3}}{\sqrt{3}}\underline{/0° - 30°}}{20\underline{/-60°}}$

$= \frac{100\underline{/-30°}}{20\underline{/-60°}}$

$= 5\underline{/30°}$

**03** 그림의 회로에서 120[V]와 30[V]의 전압원(능동소자)에서의 전력은 각각 몇 [W]인가? [단, 전압원(능동소자)에서 공급 또는 발생하는 전력은 양수(+)이고, 소비 또는 흡수하는 전력은 음수(-)이다.]

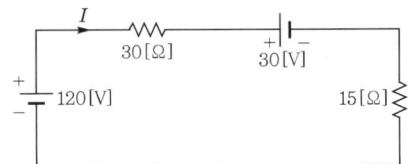

① 240[W], 60[W]   ② 240[W], -60[W]
③ -240[W], 60[W]   ④ -240[W], -60[W]

**해설** 전압원의 극성이 반대로 직렬로 연결되어 있으므로

폐회로 전류 $I = \frac{120 - 30}{30 + 15} = 2$[A]

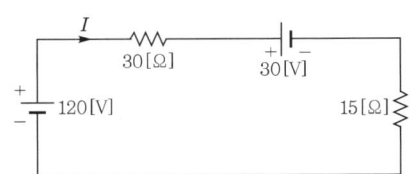

∴ 120[V] 전압원은 전류 방향과 동일하므로
 공급전력 $P = VI = 120 \times 2 = 240$[W]
 30[V] 전압원은 전류방향이 반대이므로
 소비전력 $P = VI = -30 \times 2 = -60$[W]

**04** 정전용량이 $C$[F]인 커패시터에 단위 임펄스의 전류원이 연결되어 있다. 이 커패시터의 전압 $v_C(t)$는? (단, $u(t)$는 단위 계단 함수이다.)

① $v_C(t) = C$   ② $v_C(t) = Cu(t)$

③ $v_C(t) = \frac{1}{C}$   ④ $v_C(t) = \frac{1}{C}u(t)$

**정답** 01. ④  02. ①  03. ②  04. ④

**[해설]** $v_C(t) = \frac{1}{C}\int i(t)\,dt$

단위 임펄스 전류원이 연결되어 있으므로

∴ $v_C(t) = \frac{1}{C}\int \delta(t)\,dt$

라플라스 변환하면 $v_C(s) = \frac{1}{Cs}$

역라플라스 변환하면 $v_C(t) = \frac{1}{C}u(t)$

**05** 각 상의 전압이 다음과 같을 때 영상분 전압[V]의 순시치는? (단, 3상 전압의 상순은 a-b-c이다.)

$$v_a(t) = 40\sin\omega t\,[V]$$
$$v_b(t) = 40\sin\left(\omega t - \frac{\pi}{2}\right)[V]$$
$$v_c(t) = 40\sin\left(\omega t + \frac{\pi}{2}\right)[V]$$

① $40\sin\omega t$

② $\frac{40}{3}\sin\omega t$

③ $\frac{40}{3}\sin\left(\omega t - \frac{\pi}{2}\right)$

④ $\frac{40}{3}\sin\left(\omega t + \frac{\pi}{2}\right)$

**[해설]** 영상대칭분 전압

$V_0 = \frac{1}{3}(v_a + v_b + v_c)$

$= \frac{1}{3}\left\{40\sin\omega t + 40\sin\left(\omega t - \frac{\pi}{2}\right) + 40\sin\left(\omega t + \frac{\pi}{2}\right)\right\}$

$= \frac{1}{3}\{40\sin\omega t - 40\cos\omega t + 40\cos\omega t\}$

$= \frac{40}{3}\sin\omega t\,[V]$

**06** 그림과 같이 3상 평형의 순저항 부하에 단상전력계를 연결하였을 때 전력계가 $W$[W]를 지시하였다. 이 3상 부하에서 소모하는 전체 전력[W]은?

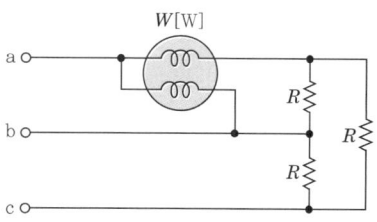

① $2W$
② $3W$
③ $\sqrt{2}\,W$
④ $\sqrt{3}\,W$

**[해설]** 전력계 $W$의 전압은 $ab$의 선간전압 $V_{ab}$, 전류는 $I_a$의 선전류이므로 $V_{ab} = V_a + (-V_b)$

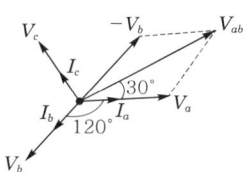

∴ $W = V_{ab}I_a\cos 30° = \frac{\sqrt{3}}{2}V_{ab}I_a\,[W]$

∴ 3상 부하전력 : $P = \sqrt{3}\,V_{ab}I_a = 2W\,[W]$

**07** 그림의 회로에서 $t=0[s]$에 스위치(S)를 닫은 후 $t=1[s]$일 때 이 회로에 흐르는 전류는 약 몇 [A]인가?

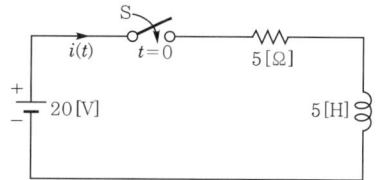

① 2.52
② 3.16
③ 4.21
④ 6.32

**[해설]** 시정수 $\tau = \frac{L}{R} = \frac{5}{5} = 1[s]$

∴ $t=\tau$인 경우이므로

전류 $i(t) = 0.632\frac{E}{R} = 0.632 \times \frac{20}{5} = 2.52[A]$

**[정답]** 05. ② 06. ① 07. ①

**08** 순시치 전류 $i(t) = I_m \sin(\omega t + \theta_I)$[A]의 파고율은 약 얼마인가?

① 0.577 ② 0.707
③ 1.414 ④ 1.732

**해설**
- 정현파 전류의 평균값 : $I_{av} = \dfrac{2}{\pi} I_m$[A]
- 정현파 전류의 실효값 : $I = \dfrac{1}{\sqrt{2}} I_m$[A]

$\therefore$ 파고율 $= \dfrac{\text{최대값}}{\text{실효값}} = \dfrac{I_m}{\dfrac{1}{\sqrt{2}} I_m} = \sqrt{2} = 1.414$

**09** 그림의 회로가 정저항 회로로 되기 위한 $L$ [mH]은? (단, $R = 10[\Omega]$, $C = 1,000[\mu F]$이다.)

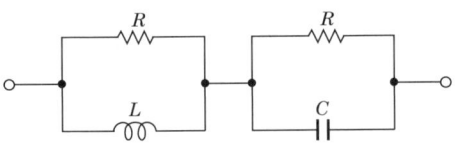

① 1 ② 10
③ 100 ④ 1,000

**해설** 정저항 조건

$Z_1 \cdot Z_2 = R^2$에서 $sL \cdot \dfrac{1}{sC} = R^2$

$\therefore R^2 = \dfrac{L}{C}$

$\therefore L = R^2 C = 10^2 \times 1,000 \times 10^{-6}$[H]
$\qquad = 10^2 \times 1,000 \times 10^{-6} \times 10^3$[mH]
$\qquad = 100$[mH]

**10** 분포정수회로에 있어서 선로의 단위 길이당 저항이 100[$\Omega$/m], 인덕턴스가 200[mH/m], 누설 컨덕턴스가 0.5[℧/m]일 때 일그러짐이 없는 조건(무왜형 조건)을 만족하기 위한 단위 길이당 커패시턴스는 몇 [$\mu$F/m]인가?

① 0.001 ② 0.1
③ 10 ④ 1,000

**해설** 무왜형 조건 $RC = LG$

$\therefore C = \dfrac{LG}{R} = \dfrac{200 \times 10^{-3} \times 0.5}{100}$[F/m]

$\qquad = \dfrac{200 \times 10^{-3} \times 0.5 \times 10^6}{100}$[$\mu$F/m]

$\qquad = 1,000$[$\mu$F/m]

정답 08. ③ 09. ③ 10. ④

# 2022년 제1회 CBT 기출복원문제

**01** $V_a = 3[V]$, $V_b = 2 - j3[V]$, $V_c = 4 + j3[V]$를 3상 불평형 전압이라고 할 때 영상전압[V]은?

① 3  ② 9
③ 27  ④ 0

**해설**
$$V_0 = \frac{1}{3}(V_a + V_b + V_c)$$
$$= \frac{1}{3}\{3 + (2-j3) + (4+j3)\}$$
$$= 3[V]$$

**02** 2전력계법을 써서 3상 전력을 측정하였더니 각 전력계가 +500[W], +300[W]를 지시하였다. 전전력[W]은?

① 800  ② 200
③ 500  ④ 300

**해설** 2전력계법 단상 전력계의 지시값을 $P_1$, $P_2$라 하면 3상 전력 $P = P_1 + P_2 = 500 + 300 = 800[W]$

**03** 그림과 같은 회로망의 전달함수 $G(s)$는? (단, $s = j\omega$ 이다.)

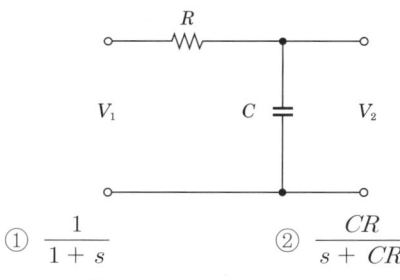

① $\dfrac{1}{1+s}$  ② $\dfrac{CR}{s+CR}$
③ $\dfrac{CR}{RCs+1}$  ④ $\dfrac{1}{RCs+1}$

**해설**
$$G(s) = \frac{V_2(s)}{V_1(s)} = \frac{\frac{1}{Cs}}{R + \frac{1}{Cs}} = \frac{1}{RCs+1}$$

**04** $f(t) = \sin t \cos t$를 라플라스로 변환하면?

① $\dfrac{1}{s^2+4}$  ② $\dfrac{1}{s^2+2}$
③ $\dfrac{1}{(s+2)^2}$  ④ $\dfrac{1}{(s+4)^2}$

**해설** 삼각함수 가법 정리에 의해서
$\sin(t+t) = 2\sin t \cos t$
$\therefore \sin t \cos t = \dfrac{1}{2}\sin 2t$
$\therefore F(s) = \mathcal{L}[\sin t \cos t] = \mathcal{L}\left[\dfrac{1}{2}\sin 2t\right]$
$= \dfrac{1}{2} \times \dfrac{2}{s^2+2^2} = \dfrac{1}{s^2+4}$

**05** 파고율이 2가 되는 파형은?

① 정현파  ② 톱니파
③ 반파 정류파  ④ 전파 정류파

**해설** 반파 정류파의 파고율 = $\dfrac{최대값}{실효값} = \dfrac{V_m}{\frac{1}{2}V_m} = 2$

**06** 그림과 같은 $\pi$형 회로의 4단자 정수 $D$의 값은?

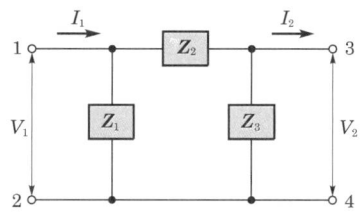

① $Z_2$  ② $1 + \dfrac{Z_2}{Z_1}$
③ $\dfrac{1}{Z_1} + \dfrac{1}{Z_3}$  ④ $1 + \dfrac{Z_2}{Z_3}$

**정답** 01. ① 02. ① 03. ④ 04. ① 05. ③ 06. ②

**해설**
$$\begin{bmatrix} A & B \\ C & D \end{bmatrix} = \begin{bmatrix} 1 & 0 \\ \frac{1}{Z_1} & 1 \end{bmatrix} \begin{bmatrix} 1 & Z_2 \\ 0 & 1 \end{bmatrix} \begin{bmatrix} 1 & 0 \\ \frac{1}{Z_3} & 1 \end{bmatrix}$$
$$= \begin{bmatrix} 1 + \frac{Z_2}{Z_3} & Z_2 \\ \frac{Z_1 + Z_2 + Z_3}{Z_1 \cdot Z_3} & 1 + \frac{Z_2}{Z_1} \end{bmatrix}$$

**07** 그림과 같은 회로에서 $Z_1$의 단자 전압 $V_1 = \sqrt{3} + jy$, $Z_2$의 단자 전압 $V_2 = |V|\angle 30°$ 일 때 $y$ 및 $|V|$의 값은?

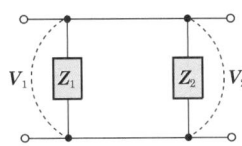

① $y=1$, $|V|=2$　② $y=\sqrt{3}$, $|V|=2$
③ $y=2\sqrt{3}$, $|V|=1$　④ $y=1$, $|V|=\sqrt{3}$

**해설** $V_1 = V_2$이므로
$$\sqrt{3} + jy = |V|\angle 30° = \frac{\sqrt{3}}{2}|V| + j\frac{1}{2}|V|$$
복소수 상등 원리를 적용하면
$$\sqrt{3} = \frac{\sqrt{3}}{2}|V|,\ y = \frac{1}{2}|V|$$
$$\therefore |V| = 2,\ y = 1$$

**08** 전기회로에서 일어나는 과도 현상은 그 회로의 시정수와 관계가 있다. 이 사이의 관계를 옳게 표현한 것은?

① 회로의 시정수가 클수록 과도 현상은 오랫동안 지속된다.
② 시정수는 과도 현상의 지속시간에는 상관되지 않는다.
③ 시정수의 역이 클수록 과도 현상은 천천히 사라진다.
④ 시정수가 클수록 과도 현상은 빨리 사라진다.

**해설** 시정수와 과도분은 비례관계이므로 시정수가 클수록 과도분은 많다.

**09** 자계 코일의 권수 $N=1,000$, 저항 $R[\Omega]$으로 전류 $I=10[A]$를 통했을 때의 자속 $\phi = 2 \times 10^{-2}$[Wb]이다. 이때 이 회로의 시정수가 0.1[s]라면 저항 $R[\Omega]$은?

① 0.2　② $\frac{1}{20}$
③ 2　④ 20

**해설** 코일의 자기 인덕턴스
$$L = \frac{N\phi}{I} = \frac{1,000 \times 2 \times 100^{-2}}{10} = 2[H]$$
$$\therefore \tau = \frac{L}{R}\text{에서 } R = \frac{L}{\tau} = \frac{2}{0.1} = 20[\Omega]$$

**10** $R=4[\Omega]$, $\omega L=3[\Omega]$의 직렬회로에 $v = \sqrt{2}\,100\sin\omega t + 50\sqrt{2}\sin 3\omega t$ [V]를 가할 때 이 회로의 소비전력[W]은?

① 1,000　② 1,414
③ 1,560　④ 1,703

**해설**
$$I_1 = \frac{V_1}{Z_1} = \frac{V_1}{\sqrt{R^2 + (\omega L)^2}} = \frac{100}{\sqrt{4^2 + 3^2}} = 20[A]$$
$$I_3 = \frac{V_3}{Z_3} = \frac{V_3}{\sqrt{R^2 + (3\omega L)^2}} = \frac{50}{\sqrt{4^2 + 9^2}} = 5.07[A]$$
$$\therefore P = I_1^2 R + I_3^2 R = 20^2 \times 4 + 5.07^2 \times 4$$
$$= 1,702.8 \fallingdotseq 1,703[W]$$

**11** $R-L$ 직렬회로에 $i = I_m \cos(\omega t + \theta)$인 전류가 흐른다. 이 직렬회로 양단의 순시 전압은 어떻게 표시되는가? (단, $\phi$는 전압과 전류의 위상차이다.)

① $\dfrac{I_m}{\sqrt{R^2 + \omega^2 L^2}} \cos(\omega t + \theta + \phi)$
② $\dfrac{I_m}{\sqrt{R^2 + \omega^2 L^2}} \cos(\omega t + \theta - \phi)$
③ $I_m \sqrt{R^2 + \omega^2 L^2} \cos(\omega t + \theta + \phi)$
④ $I_m \sqrt{R^2 + \omega^2 L^2} \cos(\omega t + \theta - \phi)$

**해설** 전압은 전류보다 $\phi$만큼 앞선다.
$$\therefore V = Z \cdot i = \sqrt{R^2 + \omega^2 L^2} \cdot I_m \cos(\omega t + \theta + \phi)$$

**정답** 07.①　08.①　09.④　10.④　11.③

**12** 임피던스 함수 $Z(s) = \dfrac{s+50}{s^2+3s+2}$ [Ω]으로 주어지는 2단자 회로망에 직류 100[V]의 전압을 가했다면 회로의 전류는 몇 [A]인가?

① 4  ② 6
③ 8  ④ 10

**해설** 직류 전압은 주파수 $f=0$이므로 $s=0$이다.

$\therefore I = \left.\dfrac{V}{Z}\right|_{s=0} = \dfrac{100}{25} = 4$[A]

**13** 10[Ω]의 저항 3개를 Y로 결선한 것을 등가 △결선으로 환산한 저항의 크기[Ω]는?

① 20  ② 30
③ 40  ④ 60

**해설** Y결선의 임피던스가 같은 경우 △결선으로 등가 변환하면 $Z_\triangle = 3Z_Y$가 된다.

$\therefore Z_\triangle = 3Z_Y = 3 \times 10 = 30$[Ω]

**14** 대칭분을 $I_0, I_1, I_2$라 하고 선전류를 $I_a, I_b, I_c$라 할 때, $I_b$는?

① $I_0 + I_1 + I_2$  ② $\dfrac{1}{3}(I_0 + I_1 + I_2)$
③ $I_0 + a^2 I_1 + a I_2$  ④ $I_0 + a I_1 + a^2 I_2$

**해설** $I_a = I_0 + I_1 + I_2$
$I_b = I_0 + a^2 I_1 + a I_2$
$I_c = I_0 + a I_1 + a^2 I_2$

**15** 전압의 순시값이 $e = 3 + 10\sqrt{2}\sin\omega t + 5\sqrt{2}\sin(3\omega t - 30°)$[V]일 때, 실효값 $|E|$는 몇 [V]인가?

① 20.1  ② 16.4
③ 13.2  ④ 11.6

**해설** $E = \sqrt{E_0^2 + E_1^2 + E_3^2}$
$= \sqrt{3^2 + 10^2 + 5^2}$
$\fallingdotseq 11.6$[V]

**16** 대칭 좌표법에 관한 설명 중 잘못된 것은?

① 불평형 3상 회로 비접지식 회로에서는 영상분이 존재한다.
② 대칭 3상 전압에서 영상분은 0이 된다.
③ 대칭 3상 전압은 정상분만 존재한다.
④ 불평형 3상 회로의 접지식 회로에서는 영상분이 존재한다.

**해설** 비접지식 회로에서는 영상분이 존재하지 않는다.

**17** 그림과 같은 회로에서 $i_1 = I_m \sin\omega t$일 때 개방된 2차 단자에 나타나는 유기 기전력 $e_2$는 몇 [V]인가?

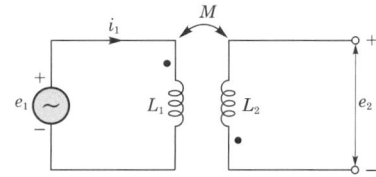

① $\omega M \sin\omega t$
② $\omega M \cos\omega t$
③ $\omega M I_m \sin(\omega t - 90°)$
④ $\omega M I_m \sin(\omega t + 90°)$

**해설** 차동 결합이므로 2차 유도 기전력
$e_2 = -M\dfrac{di}{dt} = -M\dfrac{d}{dt}I_m \sin\omega t$
$= -\omega M I_m \cos\omega t = \omega M I_m \sin(\omega t - 90°)$[V]

**18** 그림과 같은 회로에서 $I$는 몇 [A]인가? (단, 저항의 단위는 [Ω]이다.)

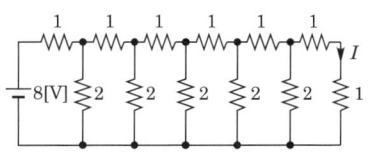

① 1  ② $\dfrac{1}{2}$
③ $\dfrac{1}{4}$  ④ $\dfrac{1}{8}$

**정답** 12. ①  13. ②  14. ③  15. ④  16. ①  17. ③  18. ④

**해설** 전체 합성저항을 구하면 2[Ω]이므로 전전류는 4[A]가 된다. 분류 법칙에 의해 전류 $I$를 구하면 $\frac{1}{8}$[A]가 된다.

**19** 그림과 같은 교류회로에서 저항 $R$을 변환시킬 때 저항에서 소비되는 최대 전력[W]은?

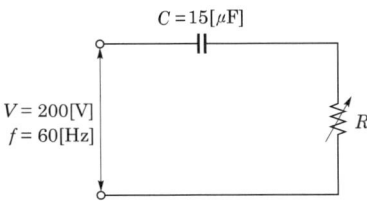

① 95  ② 113
③ 134  ④ 154

**해설** 최대 전력 전달조건 $R = \frac{1}{\omega C} = X_C [\Omega]$

$$P_{\max} = I^2 \cdot R = \frac{V^2}{R^2 + X_C^2} \cdot R \bigg|_{R=\frac{1}{\omega C}}$$

$$= \frac{V^2}{\frac{1}{\omega^2 C^2} + \frac{1}{\omega^2 C^2}} \cdot \frac{1}{\omega C} = \frac{1}{2}\omega C V^2 [W]$$

$\therefore P_{\max} = \frac{1}{2} \times 377 \times 15 \times 10^{-6} \times 200^2 = 113$[W]

**20** 대칭 6상 기전력의 선간전압과 상기전력의 위상차는?

① 75°  ② 30°
③ 60°  ④ 120°

**해설** 위상차 $\theta = \frac{\pi}{2}\left(1 - \frac{2}{n}\right) = \frac{180}{2}\left(1 - \frac{2}{6}\right)$

$= 90 \times \frac{2}{3} = 60°$

# 2022년 제2회 기출문제

전기기사

**01** 회로에서 6[Ω]에 흐르는 전류[A]는?

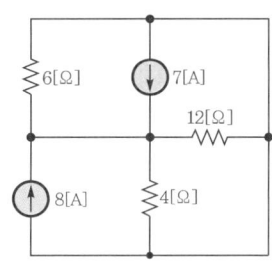

① 2.5
② 5
③ 7.5
④ 10

**해설**
- 8[A] 전류원 존재 시 : 7[A] 전류원은 개방
  6[Ω]에 흐르는 전류
  $$I_1 = \frac{\frac{4\times 12}{4+12}}{6+\frac{4\times 12}{4+12}}\times 8 = \frac{3}{6+3}\times 8 \fallingdotseq 2.67[A]$$

- 7[A] 전류원 존재 시 : 8[A] 전류원은 개방
  6[Ω]에 흐르는 전류
  $$I_2 = \frac{\frac{4\times 12}{4+12}}{6+\frac{4\times 12}{4+12}}\times 7 = \frac{3}{6+3}\times 7 \fallingdotseq 2.33[A]$$

∴ 6[Ω]에 흐르는 전류
  $I = I_1 + I_2 = 2.67 + 2.33 = 5[A]$

**02** $RL$ 직렬회로에서 시정수가 0.03[s], 저항이 14.7[Ω]일 때 이 회로의 인덕턴스[mH]는?

① 441
② 362
③ 17.6
④ 2.53

**해설**
시정수 $\tau = \dfrac{L}{R}$ [sec]

인덕턴스 $L = \tau \cdot R$
  $= 0.03 \times 14.7 \times 10^3$
  $= 441$ [mH]

**03** 상의 순서가 a-b-c인 불평형 3상 교류회로에서 각 상의 전류가 $I_a = 7.28\underline{/15.95°}$ [A], $I_b = 12.81\underline{/-128.66°}$[A], $I_c = 7.21\underline{/123.69°}$[A]일 때 역상분 전류는 약 몇 [A]인가?

① $8.95\underline{/-1.14°}$
② $8.95\underline{/1.14°}$
③ $2.51\underline{/-96.55°}$
④ $2.51\underline{/96.55°}$

**해설**
역상 전류 $I_2 = \dfrac{1}{3}(I_a + a^2 I_b + a I_c)$

$a^2 = 1\underline{/-120°} = -\dfrac{1}{2} - j\dfrac{\sqrt{3}}{2}$

$a = 1\underline{/-240°} = 1\underline{/120°} = -\dfrac{1}{2} + j\dfrac{\sqrt{3}}{2}$

∴ $I_2 = \dfrac{1}{3}(7.28\underline{/15.95°} + 1\underline{/-120°}\times 12.81$
  $\underline{/-128.66°} + 1\underline{/120°}\times 7.21\underline{/123.69°})$
  $= 2.51\underline{/96.55°}$[A]

**04** 그림과 같은 T형 4단자 회로의 임피던스 파라미터 $Z_{22}$는?

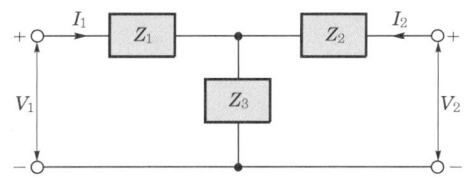

① $Z_3$
② $Z_1 + Z_2$
③ $Z_1 + Z_3$
④ $Z_2 + Z_3$

**해설**
$Z_{22} = \dfrac{V_2}{I_2}\bigg|_{I_1=0}$ : 입력 단자를 개방하고 출력 측에서 본 개방 구동점 임피던스

∴ $Z_{22} = Z_2 + Z_3$

**정답** 01. ② 02. ① 03. ④ 04. ④

**05** 그림과 같은 부하에 선간전압이 $V_{ab} = 100 \underline{/30°}$[V]인 평형 3상 전압을 가했을 때 선전류 $I_a$[A]는?

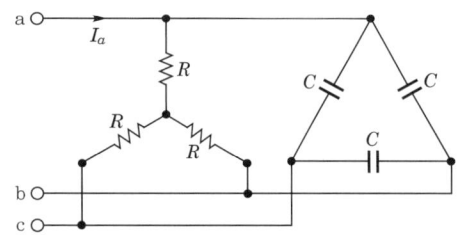

① $\dfrac{100}{\sqrt{3}}\left(\dfrac{1}{R} + j3\omega C\right)$

② $100\left(\dfrac{1}{R} + j\sqrt{3}\,\omega C\right)$

③ $\dfrac{100}{\sqrt{3}}\left(\dfrac{1}{R} + j\omega C\right)$

④ $100\left(\dfrac{1}{R} + j\omega C\right)$

**[해설]** △결선을 Y결선으로 등가 변환하면 $Z_Y = \dfrac{1}{3}Z_\triangle$ 이므로 한 상의 임피던스는 그림과 같다.

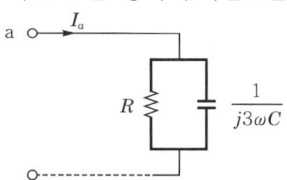

한 상이 $R-C$ 병렬회로이므로

한 상의 어드미턴스 $Y_P = \dfrac{1}{R} + j3\omega C$[℧]

∴ 선전류 $I_a = Y_P V_P = \left(\dfrac{1}{R} + j3\omega C\right) \cdot \dfrac{100}{\sqrt{3}}$ [A]

**06** 분포정수로 표현된 선로의 단위길이당 저항이 0.5[Ω/km], 인덕턴스가 1[μH/km], 커패시턴스가 6[μF/km]일 때 일그러짐이 없는 조건(무왜형 조건)을 만족하기 위한 단위길이당 컨덕턴스[℧/m]는?

① 1  ② 2
③ 3  ④ 4

**[해설]** 일그러짐이 없는 선로, 즉 무왜형 선로 조건

$\dfrac{R}{L} = \dfrac{G}{C}$

$RC = LG$

∴ 컨덕턴스 $G = \dfrac{RC}{L} = \dfrac{0.5 \times 6 \times 10^{-6}}{1 \times 10^{-6}} = 3$[℧/m]

**07** 그림 (a)의 Y결선 회로를 그림 (b)의 △결선 회로로 등가 변환했을 때 $R_{ab}$, $R_{bc}$, $R_{ca}$는 각각 몇 [Ω]인가? (단, $R_a = 2$[Ω], $R_b = 3$[Ω], $R_c = 4$[Ω])

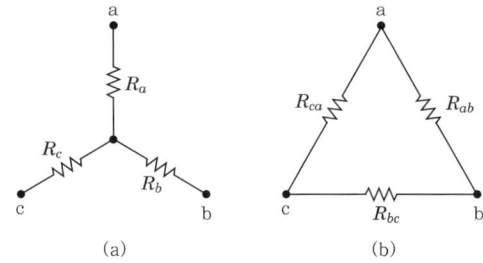

① $R_{ab} = \dfrac{6}{9}$, $R_{bc} = \dfrac{12}{9}$, $R_{ca} = \dfrac{8}{9}$

② $R_{ab} = \dfrac{1}{3}$, $R_{bc} = 1$, $R_{ca} = \dfrac{1}{2}$

③ $R_{ab} = \dfrac{13}{2}$, $R_{bc} = 13$, $R_{ca} = \dfrac{26}{3}$

④ $R_{ab} = \dfrac{11}{3}$, $R_{bc} = 11$, $R_{ca} = \dfrac{11}{2}$

**[해설]**
$R_{ab} = \dfrac{R_a R_b + R_b R_c + R_c R_a}{R_c}$
$= \dfrac{2\times3 + 3\times4 + 4\times2}{4} = \dfrac{13}{2}$[Ω]

$R_{bc} = \dfrac{R_a R_b + R_b R_c + R_c R_a}{R_a}$
$= \dfrac{2\times3 + 3\times4 + 4\times2}{2} = 13$[Ω]

$R_{ca} = \dfrac{R_a R_b + R_b R_c + R_c R_a}{R_b}$
$= \dfrac{2\times3 + 3\times4 + 4\times2}{3} = \dfrac{26}{3}$[Ω]

**[정답]** 05. ① 06. ③ 07. ③

**08** 다음과 같은 비정현파 교류 전압 $v(t)$와 전류 $i(t)$에 의한 평균 전력은 약 몇 [W]인가?

$$v(t) = 200\sin 100\pi t + 80\sin\left(300\pi t - \frac{\pi}{2}\right)[V]$$
$$i(t) = \frac{1}{5}\sin\left(100\pi t - \frac{\pi}{3}\right) + \frac{1}{10}\sin\left(300\pi t - \frac{\pi}{4}\right)[A]$$

① 6.414  ② 8.586
③ 12.828  ④ 24.212

**해설**
$P = V_1 I_1 \cos\theta_1 + V_3 I_3 \cos\theta_3$
$= \frac{200}{\sqrt{2}} \times \frac{0.2}{\sqrt{2}} \cos 60° + \frac{80}{\sqrt{2}} \times \frac{0.1}{\sqrt{2}} \cos 45°$
$= 12.828 [W]$

**09** 회로에서 $I_1 = 2e^{-j\frac{\pi}{6}}$[A], $I_2 = 5e^{j\frac{\pi}{6}}$[A], $I_3 = 5.0$[A], $Z_3 = 1.0$[Ω]일 때 부하($Z_1$, $Z_2$, $Z_3$) 전체에 대한 복소전력은 약 몇 [VA]인가?

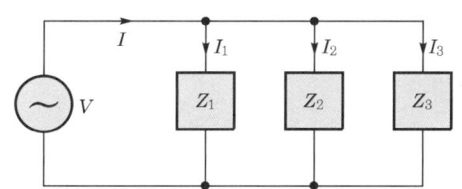

① $55.3 - j7.5$  ② $55.3 + j7.5$
③ $45 - j26$  ④ $45 + j26$

**해설**
• 전전류 $I = I_1 + I_2 + I_3$
$= 2\angle{-30°} + 5\angle{30°} + 5$
$= (\sqrt{3} - j) + (2.5\sqrt{3} + j2.5) + 5$
$= 11.06 + j1.5$[A]
• 전압 $V = Z_3 I_3 = 1.0 \times 5.0 = 5$[V]
• 복소전력 $P = V\overline{I} = 5(11.06 - j1.5)$
$= 55.3 - j7.5$[VA]
$P = \overline{V} \cdot I = 5(11.06 + j1.5)$
$= 55.3 + j7.5$[VA]

**10** $f(t) = \mathcal{L}^{-1}\left[\dfrac{s^2 + 3s + 2}{s^2 + 2s + 5}\right]$는?

① $\delta(t) + e^{-t}(\cos 2t - \sin 2t)$
② $\delta(t) + e^{-t}(\cos 2t + 2\sin 2t)$
③ $\delta(t) + e^{-t}(\cos 2t - 2\sin 2t)$
④ $\delta(t) + e^{-t}(\cos 2t + \sin 2t)$

**해설**
$F(s) = \dfrac{s^2 + 3s + 2}{s^2 + 2s + 5} = \dfrac{(s^2 + 2s + 5) + (s - 3)}{s^2 + 2s + 5}$
$= 1 + \dfrac{s - 3}{s^2 + 2s + 5} = 1 + \dfrac{(s+1) - 4}{(s+1)^2 + 2^2}$
$= 1 + \dfrac{s+1}{(s+1)^2 + 2^2} - 2 \cdot \dfrac{2}{(s+1)^2 + 2^2}$

∴ $f(t) = \mathcal{L}^{-1}[F(s)]$
$= \delta(t) + e^{-t}\cos 2t - 2e^{-t}\sin 2t$
$= \delta(t) + e^{-t}(\cos 2t - 2\sin 2t)$

**정답** 08. ③  09. 모두 정답  10. ③

# 2022년 제2회 CBT 기출복원문제

전기산업기사

**01** 전달함수에 대한 설명으로 틀린 것은?

① 어떤 계의 전달함수는 그 계에 대한 임펄스 응답의 라플라스 변환과 같다.
② 전달함수는 $\dfrac{출력\ 라플라스\ 변환}{입력\ 라플라스\ 변환}$으로 정의된다.
③ 전달함수가 $s$가 될 때 적분요소라 한다.
④ 어떤 계의 전달함수의 분모를 0으로 놓으면 이것이 곧 특성방정식이다.

**해설** 제어요소의 전달함수에서 미분요소의 전달함수 $G(s)=s$, 적분요소의 전달함수 $G(s)=\dfrac{1}{s}$이다.

**02** 그림과 같은 파형의 실효값은?

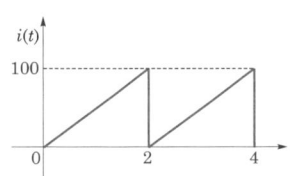

① 47.7
② 57.7
③ 67.7
④ 77.5

**해설** 삼각파·톱니파의 실효값 및 평균값은
$I=\dfrac{1}{\sqrt{3}}I_m$, $I_{av}=\dfrac{1}{2}I_m$에서
실효값 $I=\dfrac{1}{\sqrt{3}}\times 100 = 57.7[A]$

**03** 단상 전력계 2개로써 평형 3상 부하의 전력을 측정하였더니 각각 300[W]와 600[W]를 나타내었다면 부하 역률은? (단, 전압과 전류는 정현파이다.)

① 0.5
② 0.577
③ 0.637
④ 0.867

**해설** 역률 $\cos\theta$
$=\dfrac{P}{P_a}=\dfrac{P}{\sqrt{P^2+P_r^2}}=\dfrac{P_1+P_2}{2\sqrt{P_1^2+P_2^2-P_1P_2}}$
$=\dfrac{300+600}{2\sqrt{300^2+600^2-300\times 600}}=0.867$

**04** 그림과 같은 평형 3상 Y결선에서 각 상이 8[Ω]의 저항과 6[Ω]의 리액턴스가 직렬로 연결된 부하에 선간전압 $100\sqrt{3}$[V]가 공급되었다. 이때 선전류는 몇 [A]인가?

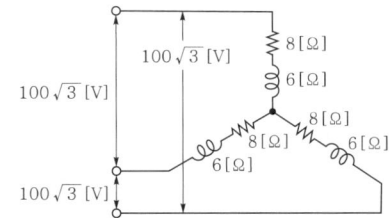

① 5
② 10
③ 15
④ 20

**해설** 3상 Y결선이므로
선전류($I_l$)=상전류($I_p$)$=\dfrac{V_p}{Z}=\dfrac{100}{\sqrt{8^2+6^2}}=10[A]$

**05** 그림에서 4단자 회로 정수 $A$, $B$, $C$, $D$ 중 출력 단자 3, 4가 개방되었을 때의 $\dfrac{V_1}{V_2}$인 $A$의 값은?

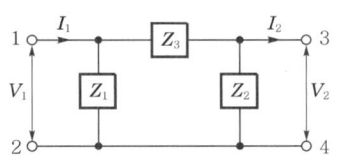

① $1+\dfrac{Z_2}{Z_1}$
② $1+\dfrac{Z_3}{Z_2}$
③ $1+\dfrac{Z_2}{Z_3}$
④ $\dfrac{Z_1+Z_2+Z_3}{Z_1Z_3}$

**정답** 01.③ 02.② 03.④ 04.② 05.②

해설  
$$\begin{bmatrix} A & B \\ C & D \end{bmatrix} = \begin{bmatrix} 1 & 0 \\ \frac{1}{Z_1} & 1 \end{bmatrix} \begin{bmatrix} 1 & Z_3 \\ 0 & 1 \end{bmatrix} \begin{bmatrix} 1 & 0 \\ \frac{1}{Z_2} & 1 \end{bmatrix}$$
$$= \begin{bmatrix} 1+\frac{Z_3}{Z_2} & Z_3 \\ \frac{Z_1+Z_2+Z_3}{Z_1 Z_2} & 1+\frac{Z_2}{Z_1} \end{bmatrix}$$

**06** 그림의 회로에서 전류 $I$는 약 몇 [A]인가? (단, 저항의 단위는 [Ω]이다.)

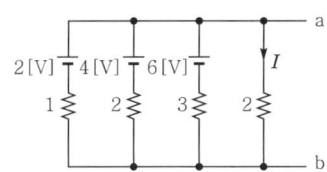

① 1.125　　② 1.29
③ 6　　　　④ 7

해설 밀만의 정리에 의해 a – b 단자의 단자 전압 $V_{ab}$
$$V_{ab} = \frac{\frac{2}{1}+\frac{4}{2}+\frac{6}{3}}{\frac{1}{1}+\frac{1}{2}+\frac{1}{3}+\frac{1}{2}} ≒ 2.57[V]$$

∴ 2[Ω]에 흐르는 전류 $I = \frac{2.57}{2} = 1.29[A]$

**07** 비정현파 전류가 $i(t) = 56\sin\omega t + 20\sin 2\omega t + 30\sin(3\omega t + 30°) + 40\sin(4\omega t + 60°)$로 표현될 때, 왜형률은 약 얼마인가?

① 1.0　　② 0.96
③ 0.55　　④ 0.11

해설 왜형률 = $\frac{전\ 고조파의\ 실효값}{기본파의\ 실효값}$

∴ $D = \frac{\sqrt{\left(\frac{20}{\sqrt{2}}\right)^2 + \left(\frac{30}{\sqrt{2}}\right)^2 + \left(\frac{40}{\sqrt{2}}\right)^2}}{\frac{56}{\sqrt{2}}} = 0.96$

**08** $C$ [F]인 용량을 $v = V_1\sin(\omega t + \theta_1) + V_3\sin(3\omega t + \theta_3)$인 전압으로 충전할 때 몇 [A]의 전류(실효값)가 필요한가?

① $\frac{1}{\sqrt{2}}\sqrt{V_1^2 + 9V_3^2}$

② $\frac{1}{\sqrt{2}}\sqrt{V_1^2 + V_3^2}$

③ $\frac{\omega C}{\sqrt{2}}\sqrt{V_1^2 + 9V_3^2}$

④ $\frac{\omega C}{\sqrt{2}}\sqrt{V_1^2 + V_3^2}$

해설 전류 실효값
$i = \omega C V_1\sin(\omega t + \theta_1 + 90°) + 3\omega C V_3 \sin(3\omega t + \theta_3 + 90°)$ 이므로,
$$I = \sqrt{\frac{(\omega C V_1)^2 + (3\omega C V_3)^2}{2}}$$
$$= \frac{\omega C}{\sqrt{2}}\sqrt{V_1^2 + 9V_3^2}\ [A]$$

**09** $\frac{1}{s+3}$의 역라플라스 변환은?

① $e^{3t}$　　② $e^{-3t}$
③ $e^{\frac{1}{3}}$　　④ $e^{-\frac{1}{3}}$

해설 $\mathcal{L}[e^{-at}] = \frac{1}{s+a}$ 이므로

∴ $\mathcal{L}^{-1}\left[\frac{1}{(s+3)}\right] = e^{-3t}$

**10** 평형 3상 Y결선 회로의 선간전압이 $V_l$, 상전압이 $V_p$, 선전류가 $I_l$, 상전류가 $I_p$일 때 다음의 수식 중 틀린 것은? (단, $P$는 3상 부하 전력을 의미한다.)

① $V_l = \sqrt{3}\ V_p$　　② $I_l = I_p$
③ $P = \sqrt{3}\ V_l I_l\cos\theta$　　④ $P = \sqrt{3}\ V_p I_p\cos\theta$

해설 성형 결선(Y결선)
- 선간전압($V_l$) = $\sqrt{3}$ 상전압($V_p$)
- 선전류($I_l$) = 상전류($I_p$)
- 전력 $P = 3V_p I_p\cos\theta = \sqrt{3}\ V_l I_l\cos\theta$ [W]

정답 06.② 07.② 08.③ 09.② 10.④

**11** 대칭 좌표법에 관한 설명 중 잘못된 것은?
① 불평형 3상 회로 비접지식 회로에서는 영상분이 존재한다.
② 대칭 3상 전압에서 영상분은 0이 된다.
③ 대칭 3상 전압은 정상분만 존재한다.
④ 불평형 3상 회로의 접지식 회로에서는 영상분이 존재한다.

해설 비접지식 회로에서는 영상분이 존재하지 않는다. 대칭 3상 전압의 대칭분은 영상분·역상분은 0이고, 정상분만 $V_a$로 존재한다.

**12** 회로에서 a-b 단자 사이의 전압 $V_{ab}$[V]는?

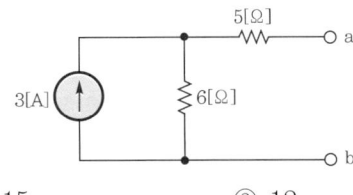

① 15  ② 12
③ 9   ④ 18

해설 전압 $V_{ab}$는 6[Ω]의 단자 전압이므로
$V_{ab} = 6 \times 3 = 18$[V]

**13** 다음과 같은 회로에서 $L=50$[mH], $R=20$[kΩ]인 경우 회로의 시정수[μs]는?

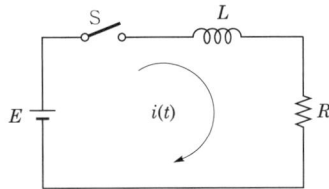

① 4.0  ② 3.5
③ 3.0  ④ 2.5

해설 $\tau = \dfrac{L}{R} = \dfrac{50 \times 10^{-3}}{20 \times 10^3}$
$= 2.5 \times 10^{-6} = 2.5$[μs]

**14** $i = 10\sin\left(\omega t - \dfrac{\pi}{3}\right)$[A]로 표시되는 전류 파형보다 위상이 30°만큼 앞서고 최대값이 100[V]인 전압 파형 $v$를 식으로 나타내면?

① $100\sin\left(\omega t - \dfrac{\pi}{3}\right)$
② $100\sqrt{2}\sin\left(\omega t - \dfrac{\pi}{6}\right)$
③ $100\sin\left(\omega t - \dfrac{\pi}{6}\right)$
④ $100\sqrt{2}\cos\left(\omega t - \dfrac{\pi}{6}\right)$

해설 $v = V_m \sin(\omega t \pm \theta)$에서 전류 위상이 $-60°$이므로 30° 앞서는 전압 위상 $\theta = -60° + 30° = -30°$가 된다.
∴ $v = 100\sin(\omega t - 30°) = 100\sin\left(\omega t - \dfrac{\pi}{6}\right)$

**15** 그림의 회로는 스위치 S를 닫은 정상 상태이다. $t=0$에서 스위치를 연 후 저항 $R_2$에 흐르는 과도 전류는? (단, 초기 조건은 $i(0) = \dfrac{E}{R_1}$이다.)

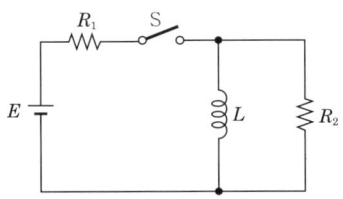

① $\dfrac{E}{R_1}\left(1 - e^{-\frac{R_2}{L}t}\right)$  ② $\dfrac{E}{R_2}\left(1 - e^{-\frac{R_1}{L}t}\right)$
③ $\dfrac{E}{R_1}\left(-e^{-\frac{L}{R_2}t}\right)$  ④ $\dfrac{E}{R_1}\left(e^{-\frac{R_2}{L}t}\right)$

해설 $i(t) = Ke^{-\frac{1}{\tau}t}$에서
시정수 $\tau = \dfrac{L}{R_2}$, 초기 전류 $i(0) = \dfrac{E}{R_1} = K$
∴ $i(t) = \dfrac{E}{R_1}e^{-\frac{R_2}{L}t}$[A]

정답 11.① 12.④ 13.④ 14.③ 15.④

**16** 그림과 같은 2단자망에서 구동점 임피던스를 구하면?

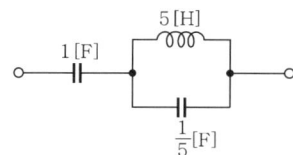

① $\dfrac{6s^2+1}{s(s^2+1)}$  ② $\dfrac{6s+1}{6s^2+1}$

③ $\dfrac{6s^2+1}{(s+1)(s+2)}$  ④ $\dfrac{s+2}{6s(s+1)}$

**[해설]** 구동점 임피던스

$$Z(s) = \dfrac{1}{s} + \dfrac{5s \cdot \dfrac{5}{s}}{5s + \dfrac{5}{s}} = \dfrac{1}{s} + \dfrac{5s^2}{s^2+1} = \dfrac{6s^2+1}{s(s^2+1)}$$

**17** 그림과 같은 회로에서 a-b 단자에 100[V]의 전압을 인가할 때 2[Ω]에 흐르는 전류 $I_1$과 3[Ω]에 걸리는 전압 $V$[V]는 각각 얼마인가?

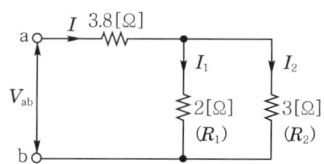

① $I_1 = 6$[A]  $V = 3$[V]
② $I_1 = 8$[A]  $V = 6$[V]
③ $I_1 = 10$[A]  $V = 12$[V]
④ $I_1 = 12$[A]  $V = 24$[V]

**[해설]** 전전류 $I = \dfrac{100}{3.8 + \dfrac{2 \times 3}{2+3}} = 20$[A]

$\therefore I_1 = \dfrac{3}{2+3} \times 20 = 12$[A]

$I_2 = \dfrac{2}{2+3} \times 20 = 8$[A]

$\therefore V = 3 \times 8 = 24$[V]

**18** 역률 0.6인 부하의 유효전력이 120[kW]일 때 무효전력[kVar]은?

① 50  ② 160
③ 120  ④ 80

**[해설]** 무효전력 $P_r = VI\sin\theta$
유효전력 $P = VI\cos\theta$
$\therefore 120 = VI \times 0.6$
$VI = \dfrac{120}{0.6} = 200$[kVA]
$\therefore P_r = 200 \times \sqrt{1-0.6^2} = 160$[kVar]

**19** $RLC$ 직렬회로가 기본파에서 $R=10$[Ω], $\omega L = 5$[Ω], $\dfrac{1}{\omega C} = 30$[Ω]일 때 기본파에 대한 합성 임피던스 $Z_1$의 크기와 제3고조파에 대한 임피던스 $Z_3$의 크기는 각각 몇 [Ω]인가?

① $Z_1 = \sqrt{461}$, $Z_3 = \sqrt{125}$
② $Z_1 = \sqrt{725}$, $Z_3 = \sqrt{461}$
③ $Z_1 = \sqrt{725}$, $Z_3 = \sqrt{125}$
④ $Z_1 = \sqrt{461}$, $Z_3 = \sqrt{461}$

**[해설]** $Z_1 = R + j\omega L - j\dfrac{1}{\omega C}$
$= 10 + j5 - j30 = 10 - j25$[Ω]
$\therefore |Z_1| = \sqrt{10^2 + (-25)^2} = \sqrt{725}$[Ω]
$Z_3 = R + j3\omega L - j\dfrac{1}{3\omega C} = 10 + j15 - j10$
$= 10 + j5$[Ω]
$\therefore |Z_3| = \sqrt{10^2 + 5^2} = \sqrt{125}$[Ω]

**20** 전류의 대칭분이 $I_0 = -2 + j4$[A], $I_1 = 6 - j5$[A], $I_2 = 8 + j10$[A]일 때 3상 전류 중 a상 전류 $I_a$의 크기는 몇 [A]인가? (단, 3상 전류의 상순은 a-b-c이고, $I_0$는 영상분, $I_1$은 정상분, $I_2$는 역상분이다.)

① 9  ② 15
③ 19  ④ 12

**[해설]** a상 전류 $I_a = I_0 + I_1 + I_2$
$= (-2+j4) + (6-j5) + (8+j10)$
$= 12 + j9$
$\therefore |I_a| = \sqrt{12^2 + 9^2} = 15$[A]

**정답** 16. ①  17. ④  18. ②  19. ③  20. ②

# 2022년 제3회 CBT 기출복원문제

**01** 다음과 같은 비정현파 기전력 및 전류에 의한 평균 전력을 구하면 몇 [W]인가?

$$v = 100\sin\omega t - 50\sin(3\omega t + 30°) + 20\sin(5\omega t + 45°) [V]$$
$$i = 20\sin\omega t + 10\sin(3\omega t - 30°) + 5\sin(5\omega t - 45°) [A]$$

① 825  ② 875
③ 925  ④ 1,175

**[해설]** 평균 전력
$$P = V_1 I_1 \cos\theta_1 + V_3 I_3 \cos\theta_3 + V_5 I_5 \cos\theta_5$$
$$= \frac{100}{\sqrt{2}} \cdot \frac{20}{\sqrt{2}} \cos 0° - \frac{50}{\sqrt{2}} \cdot \frac{10}{\sqrt{2}} \cos 60°$$
$$+ \frac{20}{\sqrt{2}} \cdot \frac{5}{\sqrt{2}} \cos 90°$$
$$= 875 [W]$$

**02** 불평형 전류 $I_a = 400 - j650[A]$, $I_b = -230 - j700[A]$, $I_c = -150 + j600[A]$일 때 정상분 $I_1[A]$은?

① $6.66 - j250$
② $-179 - j177$
③ $572 - j223$
④ $223 - j572$

**[해설]** 정상 전류
$$I_1 = \frac{1}{3}(I_a + aI_b + a^2 I_c)$$
$$= \frac{1}{3}\left\{(400 - j650) + \left(-\frac{1}{2} + j\frac{\sqrt{3}}{2}\right)\right.$$
$$(-230 - j700) + \left(-\frac{1}{2} - j\frac{\sqrt{3}}{2}\right)$$
$$\left.(-150 + j000)\right\}$$
$$= 572 - j223 [A]$$

**03** 특성 임피던스 400[Ω]의 회로 말단에 1,200[Ω]의 부하가 연결되어 있다. 전원측에 100[kV]의 전압을 인가할 때 전압 반사파의 크기 [kV]는? (단, 선로에서의 전압 감쇠는 없는 것으로 간주한다.)

① 50  ② 1
③ 10  ④ 5

**[해설]** 반사 전압 $e_2 = \beta e_1$
전압 반사계수 $\beta = \dfrac{Z_L - Z_0}{Z_L + Z_0} = \dfrac{1,200 - 400}{1,200 + 400}$
$$= \frac{1}{2} = 0.5$$
∴ $e_2 = 0.5 \times 100 = 50 [kV]$

**04** 그림과 같은 평형 3상 회로에서 전원 전압이 $V_{ab} = 200[V]$이고 부하 한 상의 임피던스가 $Z = 4 + j3[Ω]$인 경우 전원과 부하 사이의 선전류 $I_a$는 약 몇 [A]인가?

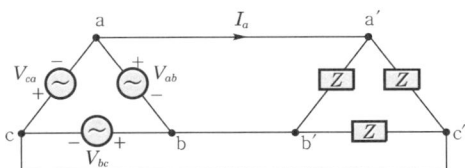

① $40\sqrt{3}/36.87°$  ② $40\sqrt{3}/-36.87°$
③ $40\sqrt{3}/66.87°$  ④ $40\sqrt{3}/-66.87°$

**[해설]** △결선이므로 선전류 $I_l = \sqrt{3} I_p/-30°$,
선간전압($V_l$) = 상전압($V_p$)
∴ $I_l = I_a = \sqrt{3} I_p/-30°$
$$= \sqrt{3} \frac{V_p}{Z}/-30°$$
$$= \sqrt{3} \frac{200}{\sqrt{4^2 + 3^2}}/-30° - \tan^{-1}\frac{3}{4}$$
$$= 40\sqrt{3}/-66.87° [A]$$

**정답** 01. ② 02. ③ 03. ① 04. ④

**05** $e^{-2t}\cos 3t$의 라플라스 변환은?

① $\dfrac{s+2}{(s+2)^2+3^2}$   ② $\dfrac{s-2}{(s-2)^2+3^2}$

③ $\dfrac{s}{(s+2)^2+3^2}$   ④ $\dfrac{s}{(s-2)^2+3^2}$

**해설** $\mathcal{L}[e^{-2t}\cos 3t] = \mathcal{L}[\cos 3t]\Big|_{s=s+2}$
$= \dfrac{s}{s^2+3^2}\Big|_{s=s+2} = \dfrac{s+2}{(s+2)^2+3^2}$

**06** 그림과 같은 평형 3상 회로에서 선간전압 $V_{ab} = 300\underline{/0°}$[V]일 때 $I_a = 20\underline{/-60°}$[A]이었다. 부하 한 상의 임피던스는 몇 [Ω]인가?

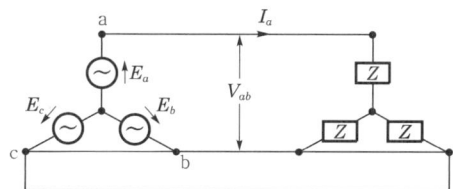

① $5\sqrt{3}\underline{/30°}$   ② $5\underline{/30°}$
③ $5\sqrt{3}\underline{/60°}$   ④ $5\underline{/60°}$

**해설** $Z = \dfrac{V_p}{I_p}$

Y결선이므로 선간전압($V_l$) = $\sqrt{3}$ 상전압($V_p$)$\underline{/30°}$,
선전류($I_l$) = 상전류($I_p$)

$\therefore Z = \dfrac{\dfrac{300}{\sqrt{3}}\underline{/-30°}}{20\underline{/-60°}}$
$= \dfrac{15}{\sqrt{3}}\underline{/30°} = 5\sqrt{3}\underline{/30°}$ [Ω]

**07** 다음 왜형파 전류의 왜형률을 구하면 얼마인가?

$$i = 30\sin\omega t + 10\cos 3\omega t + 5\sin 5\omega t \text{ [A]}$$

① 약 0.46   ② 약 0.26
③ 약 0.53   ④ 약 0.37

**해설** 왜형률 $D = \dfrac{\sqrt{\left(\dfrac{10}{\sqrt{2}}\right)^2 + \left(\dfrac{5}{\sqrt{2}}\right)^2}}{\dfrac{30}{\sqrt{2}}} \fallingdotseq 0.37$

**08** 그림과 같은 4단자 회로망에서 하이브리드 파라미터 $H_{11}$은?

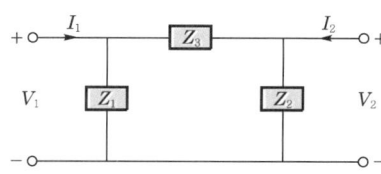

① $\dfrac{Z_1}{Z_1+Z_3}$   ② $\dfrac{Z_1}{Z_1+Z_2}$

③ $\dfrac{Z_1 Z_3}{Z_1+Z_3}$   ④ $\dfrac{Z_1 Z_2}{Z_1+Z_2}$

**해설** $H_{11} = \dfrac{V_1}{I_1}\Big|_{V_2=0}$ : 출력 단자를 단락하고 입력측에서 본 단락 구동점 임피던스

$\therefore H_{11} = \dfrac{Z_1 Z_3}{Z_1+Z_3}$

**09** 그림과 같은 회로에서 스위치 S를 닫았을 때 과도분을 포함하지 않기 위한 $R$의 값 [Ω]은?

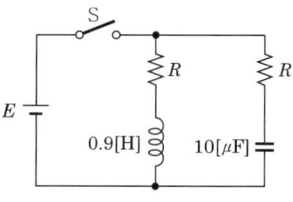

① 100   ② 200
③ 300   ④ 400

**해설** 과도분을 포함하지 않기 위해서는 정저항 회로가 되면 된다.

$\therefore R = \sqrt{\dfrac{L}{C}} = \sqrt{\dfrac{0.9}{10\times 10^{-6}}} = 300$ [Ω]

**정답** 05.① 06.① 07.④ 08.③ 09.③

**10** $F(s) = \dfrac{2s+3}{s^2+3s+2}$ 의 시간 함수는?

① $e^{-t} - e^{-2t}$　　　② $e^{-t} + e^{-2t}$

③ $e^{-t} + 2e^{-2t}$　　　④ $e^{-t} - 2e^{-2t}$

**해설** $F(s) = \dfrac{2s+3}{s^2+3s+2} = \dfrac{2s+3}{(s+2)(s+1)}$

$= \dfrac{K_1}{s+2} + \dfrac{K_2}{s+1}$

유수 정리를 적용하면

$K_1 = \dfrac{2s+3}{s+1}\bigg|_{s=-2} = 1$

$K_2 = \dfrac{2s+3}{s+2}\bigg|_{s=-1} = 1$

∴ $F(s) = \dfrac{1}{s+2} + \dfrac{1}{s+1}$

∴ $f(t) = e^{-2t} + e^{-t}$

정답 10. ②

# 2022년 제3회 CBT 기출복원문제

**전기산업기사**

**01** $R=6[\Omega]$, $X_L=8[\Omega]$이 직렬인 임피던스 3개로 △결선된 대칭 부하 회로에 선간전압 100[V]인 대칭 3상 전압을 가하면 선전류는 몇 [A]인가?

① $\sqrt{3}$  ② $3\sqrt{3}$
③ 10  ④ $10\sqrt{3}$

**해설** $I_l = \sqrt{3}\,I_p = \sqrt{3}\times\dfrac{100}{\sqrt{6^2+8^2}} = 10\sqrt{3}\,[A]$

**02** 저항 4[Ω], 주파수 50[Hz]에 대하여 4[Ω]의 유도 리액턴스와 1[Ω]의 용량 리액턴스가 직렬 연결된 회로에 100[V]의 교류 전압이 인가될 때 무효전력[Var]은?

① 1,000  ② 1,200
③ 1,400  ④ 1,600

**해설** 합성 임피던스 $Z=4+j4-j=4+j3\,[\Omega]$
무효전력 $P_r=I^2X=\left(\dfrac{100}{\sqrt{4^2+3^2}}\right)^2\times 3$
$=1,200\,[\text{Var}]$

**03** 각 상의 전류가 $i_a=30\sin\omega t$, $i_b=30\sin(\omega t-90°)$, $i_c=30\sin(\omega t+90°)$일 때 영상 대칭분의 전류[A]는?

① $10\sin\omega t$  ② $\dfrac{10}{3}\sin\dfrac{\omega t}{3}$
③ $\dfrac{30}{\sqrt{3}}\sin(\omega t+45°)$  ④ $30\sin\omega t$

**해설** $i_o=\dfrac{1}{3}(i_a+i_b+i_c)$
$=\dfrac{1}{3}\{30\sin\omega t+30\sin(\omega t-90°)+30\sin(\omega t+90°)\}$
$=\dfrac{30}{3}\{\sin\omega t+(\sin\omega t\cos 90°-\cos\omega t\sin 90°)$
$+(\sin\omega t\cos 90°+\cos\omega t\sin 90°)\}$
$=10\sin\omega t\,[A]$

**04** 함수 $f(t)=Ae^{-\frac{1}{\tau}t}$에서 시정수는 A의 몇 [%]가 되기까지의 시간인가?

① 37  ② 63
③ 85  ④ 92

**해설** 시정수($\tau$)는 $t=0$에서 과도 전류에 접선을 그어 접선이 정상 전류와 만날 때까지의 시간이므로
시정수 시간에서 $f(\tau)=Ae^{-\frac{1}{\tau}\cdot\tau}=Ae^{-1}=0.368A$
∴ 36.8[%]

**05** 다음 두 회로의 4단자 정수 $A$, $B$, $C$, $D$가 동일할 조건은?

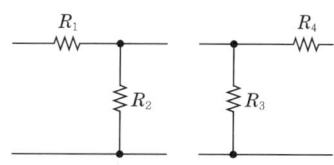

① $R_1=R_2$, $R_3=R_4$
② $R_1=R_3$, $R_2=R_4$
③ $R_1=R_4$, $R_2=R_3=0$
④ $R_2=R_3$, $R_1=R_4=0$

**해설**
$\begin{bmatrix}A & B\\C & D\end{bmatrix}=\begin{bmatrix}0 & R_1\\0 & 1\end{bmatrix}\begin{bmatrix}1 & 0\\\dfrac{1}{R_2} & 1\end{bmatrix}$
$=\begin{bmatrix}1+\dfrac{R_1}{R_2} & R_1\\\dfrac{1}{R_2} & 1\end{bmatrix}$

$\begin{bmatrix}A & B\\C & D\end{bmatrix}=\begin{bmatrix}1 & 0\\\dfrac{1}{R_3} & 1\end{bmatrix}\begin{bmatrix}0 & R_4\\0 & 1\end{bmatrix}$
$=\begin{bmatrix}1 & R_4\\\dfrac{1}{R_3} & 1+\dfrac{R_4}{R_3}\end{bmatrix}$

∴ $A$, $B$, $C$, $D$가 동일할 조건
$R_2=R_3$, $R_1=R_4=0$

**정답** 01. ④  02. ②  03. ①  04. ①  05. ④

**06** 단상 전력계 2개로 3상 전력을 측정하고자 한다. 전력계의 지시가 각각 200[W]와 100[W]를 가리켰다고 한다. 부하 역률은 약 몇 [%]인가?

① 94.8　② 86.6
③ 50.0　④ 31.6

해설　역률 $\cos\theta = \dfrac{P}{P_a} = \dfrac{P_1+P_2}{2\sqrt{P_1^2+P_2^2-P_1P_2}}$
$= \dfrac{300}{346.4} = 0.866$
∴ 86.6[%]

**07** 저항 3[Ω], 유도 리액턴스 4[Ω]인 직렬회로에 $e = 141.4\sin\omega t + 42.4\sin 3\omega t$ [V] 전압 인가 시 전류의 실효값은 몇 [A]인가?

① 20.15　② 18.25
③ 16.15　④ 14.25

해설　$I_1 = \dfrac{V_1}{Z} = \dfrac{\frac{141.4}{\sqrt{2}}}{\sqrt{3^2+4^2}} = 20[A]$
$I_3 = \dfrac{V_3}{Z} = \dfrac{\frac{42.4}{\sqrt{2}}}{\sqrt{3^2+(3\times 4)^2}} = 2.43[A]$
$I = \sqrt{I_1^2+I_3^2} = \sqrt{(20)^2+(2.43)^2} \fallingdotseq 20.15[A]$

**08** 그림과 같은 브리지 회로가 평형하기 위한 $Z$의 값은?

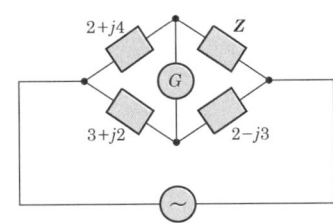

① $2+j4$　② $-2+j4$
③ $4+j2$　④ $4-j2$

해설　$Z(3+j2) = (2+j4)(2-j3)$
∴ $Z = \dfrac{(2+j4)(2-j3)}{3+j2} = \dfrac{(16+j2)(3-j2)}{(3+j2)(3-j2)}$
$= 4-j2$

**09** 정현파의 파형률은?

① $\dfrac{실효값}{최댓값}$　② $\dfrac{평균값}{실효값}$
③ $\dfrac{실효값}{평균값}$　④ $\dfrac{최댓값}{실효값}$

해설　파고율 $= \dfrac{최댓값}{실효값}$, 파형률 $= \dfrac{실효값}{평균값}$

**10** 다음에서 전류 $i_5$[A]는?

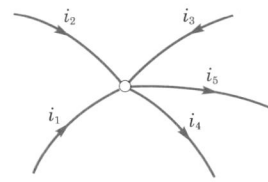

여기서, $i_1 = 40$[A]
$i_2 = 12$[A]
$i_3 = 15$[A]
$i_4 = 10$[A]

① 37　② 47
③ 57　④ 67

해설　키르히호프의 제1법칙에 의해
$i_1+i_2+i_3-i_4-i_5 = 0$
∴ $i_5 = i_1+i_2+i_3-i_4 = 40+12+15-10 = 57$[A]

**11** 푸리에 급수에서 직류항은?

① 우함수이다.
② 기함수이다.
③ 우함수+기함수이다.
④ 우함수×기함수이다.

해설　여현 대칭(우함수 대칭)의 특징
직류 성분과 $\cos$항이 존재하는 파형 즉, 직류항은 우함수이다.

**12** $e^{-at}\cos\omega t$의 라플라스 변환은?

① $\dfrac{s+a}{(s+a)^2+\omega^2}$　② $\dfrac{\omega}{(s+a)^2+\omega^2}$
③ $\dfrac{\omega}{(s^2+a^2)^2}$　④ $\dfrac{s+a}{(s^2+a^2)^2}$

정답　06. ②　07. ①　08. ④　09. ③　10. ③　11. ①　12. ①

해설 복소 추이 정리를 이용하면
$$\mathcal{L}[e^{-at}\cos\omega t] = \mathcal{L}[\cos\omega t]\Big|_{s=s+a} = \frac{s}{s^2+\omega^2}\Big|_{s=s+a}$$
$$= \frac{s+a}{(s+a)^2+\omega^2}$$

**13** 그림과 같은 회로에서 4단자 정수 중 옳지 않은 것은?

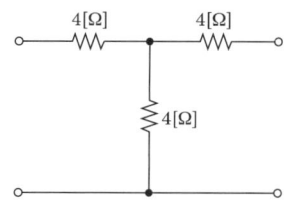

① $A=2$  ② $B=12$
③ $C=\dfrac{1}{2}$  ④ $D=2$

해설
$$\begin{bmatrix} A & B \\ C & D \end{bmatrix} = \begin{bmatrix} 1 & 4 \\ 0 & 1 \end{bmatrix}\begin{bmatrix} 1 & 0 \\ \frac{1}{4} & 1 \end{bmatrix}\begin{bmatrix} 1 & 4 \\ 0 & 1 \end{bmatrix}$$
$$= \begin{bmatrix} 2 & 12 \\ \frac{1}{4} & 2 \end{bmatrix}$$

**14** 회로 (a)를 회로 (b)로 할 때 테브난의 정리를 이용하여 임피던스 $Z_o[\Omega]$의 값과 전압 $E_{ab}[\mathrm{V}]$의 값을 구하면?

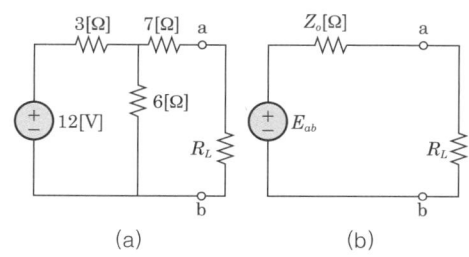

① $E_{ab}=4,\ Z_o=13$  ② $E_{ab}=8,\ Z_o=2$
③ $E_{ab}=8,\ Z_o=9$  ④ $E_{ab}=4,\ Z_o=9$

해설 $E_{ab} = \dfrac{6}{3+6}\times 12 = 8[\mathrm{V}]$
$Z_o = 7 + \dfrac{3\times 6}{3+6} = 9[\Omega]$

**15** △결선된 3상 회로에서 상전류가 다음과 같다. 선전류 $I_1, I_2, I_3$ 중에서 그 크기가 가장 큰 것은?

$$I_{12} = 4\underline{/-36°}[\mathrm{A}]$$
$$I_{23} = 4\underline{/-156°}[\mathrm{A}]$$
$$I_{31} = 4\underline{/84°}[\mathrm{A}]$$

① 2.31  ② 4.0
③ 6.93  ④ 8.0

해설 평형 전류이므로 선전류 $I_l = \sqrt{3}\,I_p$로 동일하다.
∴ $I_1 = I_2 = I_3 = 4\sqrt{3} = 6.93[\mathrm{A}]$

**16** 그림과 같이 시간축에 대하여 대칭인 3각파 교류 전압의 평균값[V]은?

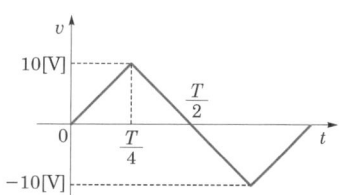

① 5.77  ② 5
③ 10  ④ 6

해설 평균값 $V_{av} = \dfrac{1}{2}V_m = \dfrac{1}{2}\times 10 = 5[\mathrm{V}]$

**17** 어떤 제어계의 출력이 $C(s) = \dfrac{5}{s(s^2+s+2)}$로 주어질 때 출력의 시간 함수 $C(t)$의 정상값은?

① 5  ② 2
③ $\dfrac{2}{5}$  ④ $\dfrac{5}{2}$

해설 최종값 정리에 의해
$$\lim_{s\to 0} sC(s) = \lim_{s\to 0} s\cdot \frac{5}{s(s^2+s+2)} = \frac{5}{2}$$

**18** 10[kVA]의 변압기 2대로 공급할 수 있는 최대 3상 전력[kVA]은?

① 20   ② 17.3
③ 14.1   ④ 10

**해설** V결선의 출력 $P_V = \sqrt{3}\, VI\cos\theta$
최대 3상 전력은 $\cos\theta = 1$일 때이므로
$P_V = \sqrt{3}\, VI = \sqrt{3} \times 10 = 17.32[\text{kVA}]$

**19** $R-C$ 직렬회로에 $t=0$일 때 직류 전압 10[V]를 인가하면, $t=0.1$초 때 전류[mA]의 크기는? (단, $R=1{,}000[\Omega]$, $C=50[\mu F]$이고, 처음부터 정전용량의 전하는 없었다고 한다.)

① 약 2.25   ② 약 1.8
③ 약 1.35   ④ 약 2.4

**해설** $i = \dfrac{E}{R} e^{-\frac{1}{RC}t}$ 에서 $t=0.1$이므로

$i = \dfrac{10}{1{,}000} e^{-\frac{0.1}{1{,}000 \times 50 \times 10^{-6}}} = \dfrac{1}{100} e^{-2} \fallingdotseq 1.35[\text{mA}]$

**20** L형 4단자 회로에서 4단자 정수가 $A = \dfrac{15}{4}$, $D=1$이고 영상 임피던스 $Z_{02} = \dfrac{12}{5}[\Omega]$일 때 영상 임피던스 $Z_{01}[\Omega]$의 값은 얼마인가?

① 12   ② 9
③ 8   ④ 6

**해설** $Z_{01} \cdot Z_{02} = \dfrac{B}{C}$, $\dfrac{Z_{01}}{Z_{02}} = \dfrac{A}{D}$ 에서

$Z_{01} = \dfrac{A}{D} Z_{02} = \dfrac{\frac{15}{4}}{1} \times \dfrac{12}{5} = \dfrac{180}{20} = 9[\Omega]$

**정답** 18. ② 19. ③ 20. ②

# 2023년 제1회 CBT 기출복원문제

**01** 그림에서 $t=0$일 때 S를 닫았다. 전류 $i(t)$를 구하면?

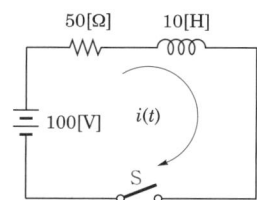

① $2(1+e^{-5t})$  
② $2(1-e^{5t})$  
③ $2(1-e^{-5t})$  
④ $2(1+e^{5t})$

**해설** $i(t) = \frac{E}{R}\left(1-e^{-\frac{R}{L}t}\right) = \frac{100}{50}\left(1-e^{-\frac{50}{10}t}\right)$
$= 2(1-e^{-5t})$

**02** 각 상전압이 $V_a = 40\sin\omega t$, $V_b = 40\sin(\omega t + 90°)$, $V_c = 40\sin(\omega t - 90°)$라 하면 영상 대칭분의 전압[V]은?

① $40\sin\omega t$  
② $\frac{40}{3}\sin\omega t$  
③ $\frac{40}{3}\sin(\omega t - 90°)$  
④ $\frac{40}{3}\sin(\omega t + 90°)$

**해설** $V_o = \frac{1}{3}(V_a + V_b + V_c)$
$= \frac{1}{3}\{40\sin\omega t + 40\sin(\omega t + 90°) + 40\sin(\omega t - 90°)\}$
$= \frac{40}{3}\sin\omega t$ [V]

**03** 다음에서 $f_e(t)$는 우함수, $f_o(t)$는 기함수를 나타낸다. 주기함수 $f(t) = f_e(t) + f_o(t)$에 대한 다음의 서술 중 바르지 못한 것은?

① $f_e(t) = f_e(-t)$  
② $f_o(t) = \frac{1}{2}[f(t) - f(-t)]$  
③ $f_o(t) = -f_o(-t)$  
④ $f_e(t) = \frac{1}{2}[f(t) - f(-t)]$

**해설** $f_e(t) = f_e(-t)$, $f_o(t) = -f_o(-t)$ 는 옳고 $f(t) = f_e(t) + f_o(t)$ 이므로

$\frac{1}{2}[f(t) + f(-t)]$
$= \frac{1}{2}[f_e(t) + f_o(t) + f_e(-t) + f_o(-t)]$
$= \frac{1}{2}[f_e(t) + f_o(t) + f_e(t) - f_o(t)]$
$= f_e(t)$

$\frac{1}{2}[f(t) - f(-t)]$
$= \frac{1}{2}[f_e(t) + f_o(t) - f_e(-t) - f_o(-t)]$
$= \frac{1}{2}[f_e(t) + f_o(t) - f_e(t) + f_o(t)]$
$= f_o(t)$

**04** 그림이 정저항 회로로 되려면 $C[\mu F]$는?

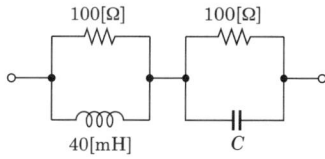

① 4  
② 6  
③ 8  
④ 10

**해설** 정저항 조건 $Z_1 \cdot Z_2 = R^2$, $sL \cdot \frac{1}{sC} = R^2$
$\therefore R^2 = \frac{L}{C}$
$\therefore C = \frac{L}{R^2} = \frac{40 \times 10^{-3}}{100^2} = 4 \times 10^{-6} = 4[\mu F]$

**정답** 01. ③  02. ②  03. ④  04. ①

**05** 평형 3상 3선식 회로가 있다. 부하는 Y결선이고 $V_{ab}=100\sqrt{3}\underline{/0°}$[V]일 때 $I_a=20\underline{/-120°}$[A]이었다. Y결선된 부하 한 상의 임피던스는 몇 [Ω]인가?

① $5\underline{/60°}$  ② $5\sqrt{3}\underline{/60°}$
③ $5\underline{/90°}$  ④ $5\sqrt{3}\underline{/90°}$

**해설** $Z=\dfrac{V_p}{I_p}$
$=\dfrac{\dfrac{100\sqrt{3}}{\sqrt{3}}\underline{/0°-30°}}{20\underline{/-120°}}=\dfrac{100\underline{/-30°}}{20\underline{/-120°}}$
$=5\underline{/90°}$[Ω]

**06** 분포정수회로에서 선로정수가 $R, L, C, G$이고 무왜 조건이 $RC=GL$과 같은 관계가 성립될 때 선로의 특성 임피던스 $Z_0$[Ω]는?

① $\sqrt{CL}$
② $\dfrac{1}{\sqrt{CL}}$
③ $\sqrt{RG}$
④ $\sqrt{\dfrac{L}{C}}$

**해설** $Z_0=\sqrt{\dfrac{Z}{Y}}=\sqrt{\dfrac{R+j\omega L}{G+j\omega C}}=\sqrt{\dfrac{L}{C}}$[Ω]

**07** 그림과 같은 파형의 파고율은?

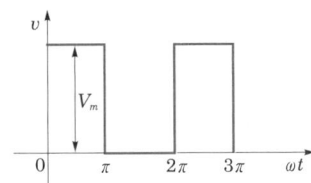

① $\sqrt{2}$  ② $\sqrt{3}$
③ 2  ④ 3

**해설** 파고율 = $\dfrac{최댓값}{실효값}=\dfrac{V_m}{\dfrac{V_m}{\sqrt{2}}}=\sqrt{2}$

**08** 길이에 따라 비례하는 저항값을 가진 어떤 전열선에 $E_0$[V]의 전압을 인가하면 $P_0$[W]의 전력이 소비된다. 이 전열선을 잘라 원래 길이의 $\dfrac{2}{3}$로 만들고 $E$[V]의 전압을 가한다면 소비전력 $P$[W]는?

① $P=\dfrac{P_0}{2}\left(\dfrac{E}{E_0}\right)^2$  ② $P=\dfrac{3P_0}{2}\left(\dfrac{E}{E_0}\right)^2$
③ $P=\dfrac{2P_0}{3}\left(\dfrac{E}{E_0}\right)^2$  ④ $P=\dfrac{\sqrt{3}P_0}{2}\left(\dfrac{E}{E_0}\right)^2$

**해설** 전기저항 $R=\rho\dfrac{l}{s}$로 전선의 길이에 비례하므로
$\dfrac{P}{P_0}=\dfrac{\dfrac{E^2}{\dfrac{2}{3}R}}{\dfrac{E_0^2}{R}}$  ∴ $P=\dfrac{3P_0}{2}\left(\dfrac{E}{E_0}\right)^2$

**09** 선간전압 $V_l$[V]의 3상 평형 전원에 대칭 3상 저항 부하 $R$[Ω]이 그림과 같이 접속되었을 때 a, b 두 상 간에 접속된 전력계의 지시값이 $W$[W]라 하면 c상의 전류[A]는?

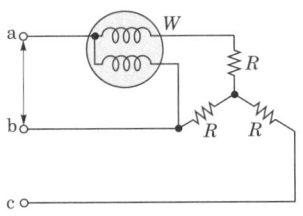

① $\dfrac{\sqrt{3}W}{V_l}$  ② $\dfrac{3W}{V_l}$
③ $\dfrac{W}{\sqrt{3}V_l}$  ④ $\dfrac{2W}{\sqrt{3}V_l}$

**해설** 3상 전력 : $P=2W$[W]
대칭 3상이므로 $I_a=I_b=I_c$이다.
따라서 $2W=\sqrt{3}V_lI_l\cos\theta$에서 $R$만의 부하므로 역률 $\cos\theta=1$
∴ $I=\dfrac{2W}{\sqrt{3}V_l}$[A]

**정답** 05. ③  06. ④  07. ①  08. ②  09. ④

**10** 콘덴서 $C$[F]에 단위 임펄스의 전류원을 접속하여 동작시키면 콘덴서의 전압 $V_C(t)$는? (단, $u(t)$는 단위 계단 함수이다.)

① $V_C(t) = C$   ② $V_C(t) = Cu(t)$

③ $V_C(t) = \dfrac{1}{C}$   ④ $V_C(t) = \dfrac{1}{C}u(t)$

**해설** 콘덴서의 전압 $V_C(t) = \dfrac{1}{C}\int i(t)\,dt$

라플라스 변환하면 $V_C(s) = \dfrac{1}{Cs}I(s)$

단위 임펄스 전류원 $i(t) = \delta(t)$

∴ $I(s) = 1$

∵ $V_C(s) = \dfrac{1}{Cs}$

역라플라스 변환하면 $V_C(t) = \dfrac{1}{C}u(t)$가 된다.

정답 10. ④

# 2023년 제1회 CBT 기출복원문제

**01** 그림과 같은 회로가 정저항 회로가 되기 위한 $L$[H]의 값은? (단, $R=10$[Ω], $C=100$[μF]이다.)

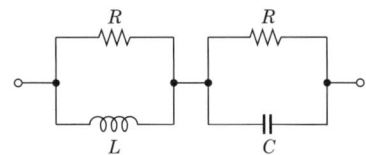

① 10  ② 2
③ 0.1  ④ 0.01

**해설** 정저항 조건 $Z_1 \cdot Z_2 = R^2$에서 $R^2 = \dfrac{L}{C}$
∴ $L = R^2 C = 10^2 \times 100 \times 10^{-6} = 0.01$[H]

**02** 그림과 같이 높이가 1인 펄스의 라플라스 변환은?

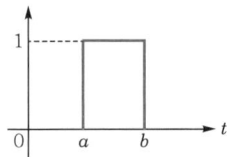

① $\dfrac{1}{s}(e^{-as} + e^{-bs})$

② $\dfrac{1}{a-b}\left(\dfrac{e^{-as} + e^{-bs}}{1}\right)$

③ $\dfrac{1}{s}(e^{-as} - e^{-bs})$

④ $\dfrac{1}{a-b}\left(\dfrac{e^{-as} - e^{-bs}}{s}\right)$

**해설** $f(t) = u(t-a) - u(t-b)$
시간추이 정리를 적용하면
$F(s) = \dfrac{e^{-as}}{s} - \dfrac{e^{-bs}}{s}$
$= \dfrac{1}{s}(e^{-as} - e^{-bs})$

**03** 그림과 같은 파형의 맥동 전류를 열선형 계기로 측정한 결과 10[A]이었다. 이를 가동 코일형 계기로 측정할 때 전류의 값은 몇 [A]인가?

① 7.07
② 10
③ 14.14
④ 17.32

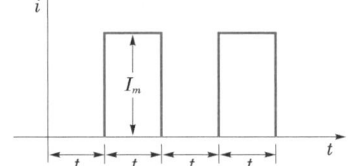

**해설** 열선형 계기의 지시값은 실효값을 지시하고 가동 코일 계기는 직류 전용 계기로 그 지시값은 평균값을 지시한다.

맥류의 평균값 $I_{av} = \dfrac{1}{2}I_m$, 실효값 $I = \dfrac{1}{\sqrt{2}}I_m$

∴ $I_{av} = \dfrac{\sqrt{2}I}{2} = \dfrac{\sqrt{2}\times 10}{2} = 7.07$[A]

**04** 각 상의 전류가 $i_a = 30\sin\omega t$, $i_b = 30\sin(\omega t - 90°)$, $i_c = 30\sin(\omega t + 90°)$일 때 영상 대칭분의 전류[A]는?

① $10\sin\omega t$
② $\dfrac{10}{3}\sin\dfrac{\omega t}{3}$
③ $\dfrac{30}{\sqrt{3}}\sin(\omega t + 45°)$
④ $30\sin\omega t$

**해설**
$i_0 = \dfrac{1}{3}(i_a + i_b + i_c)$
$= \dfrac{1}{3}\{(30\sin\omega t + 30\sin(\omega t - 90°) + 30\sin(\omega t + 90°)\}$
$= \dfrac{30}{3}\{\sin\omega t + (\sin\omega t\cos 90° - \cos\omega t\sin 90°) + (\sin\omega t\cos 90° + \cos\omega t\sin 90°)\}$
$= 10\sin\omega t$[A]

**정답** 01. ④ 02. ③ 03. ① 04. ①

## 05
커패시터와 인덕터에서 물리적으로 급격히 변화할 수 없는 것은?

① 커패시터와 인덕터에서 모두 전압
② 커패시터와 인덕터에서 모두 전류
③ 커패시터에서 전류, 인덕터에서 전압
④ 커패시터에서 전압, 인덕터에서 전류

**해설** $V_L = L\dfrac{di}{dt}$ 이므로 $L$에서 전류가 급격히 변하면 전압이 $\infty$가 되어야 하므로 모순이 생긴다. 따라서 $L$에서는 전류가 급격히 변할 수 없다.

## 06
그림과 같이 접속된 회로에 평형 3상 전압 $E$[V]를 가할 때의 전류 $I_l$[A]은?

① $\dfrac{\sqrt{3}}{4E}$
② $\dfrac{4E}{\sqrt{3}}$
③ $\dfrac{4r}{\sqrt{3}\,E}$
④ $\dfrac{\sqrt{3}\,E}{4r}$

**해설** △결선을 Y결선으로 등가 변환하면

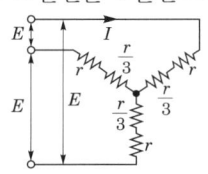

$$I = \dfrac{\dfrac{E}{\sqrt{3}}}{r+\dfrac{r}{3}} = \dfrac{\sqrt{3}\,E}{4r}\,[\mathrm{A}]$$

## 07
두 개의 코일 a, b가 있다. 두 개를 직렬로 접속하였더니 합성 인덕턴스가 119[mH]이었다. 극성을 반대로 했더니 합성 인덕턴스가 11[mH]이고, 코일 $a$의 자기 인덕턴스 $L_a = 20$[mH]라면 결합계수 $k$는?

① 0.6
② 0.7
③ 0.8
④ 0.9

**해설** 
$L_a + L_b + 2M = 119$ ············ ㉠
$L_a + L_b - 2M = 11$ ············ ㉡

식 ㉠, ㉡에서 $M = \dfrac{119-11}{4} = \dfrac{108}{4}$

$\therefore\ M = 27\,[\mathrm{mH}]$
$\therefore\ L_b = 119 - 2M - L_a$
$\quad\quad = 119 - 27\times 2 - 20 = 45\,[\mathrm{mH}]$

따라서 결합계수는
$$k = \dfrac{M}{\sqrt{L_a L_b}} = \dfrac{27}{\sqrt{20\times 45}} = 0.9$$

## 08
그림의 회로에서 임피던스 파라미터는?

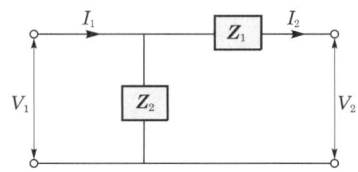

① $Z_{11} = Z_1 + Z_2,\ Z_{12} = Z_1$
　$Z_{21} = Z_1,\ Z_{22} = Z_1$

② $Z_{11} = Z_1,\ Z_{12} = Z_2$
　$Z_{21} = -Z_2,\ Z_{22} = Z_2$

③ $Z_{11} = Z_2,\ Z_{12} = -Z_2$
　$Z_{21} = -Z_2,\ Z_{22} = Z_1 + Z_2$

④ $Z_{11} = Z_2,\ Z_{12} = Z_1 + Z_2$
　$Z_{21} = Z_1 + Z_2,\ Z_{22} = Z_1$

**해설** 임피던스 parameter를 구하는 방법
- $Z_{11}$ : 출력 단자를 개방하고 입력측에서 본 개방 구동점 임피던스
- $Z_{22}$ : 입력 단자를 개방하고 출력측에서 본 개방 구동점 임피던스
- $Z_{12}$ : 입력 단자를 개방했을 때의 개방 전달 임피던스
- $Z_{21}$ : 출력 단자를 개방했을 때의 개방 전달 임피던스

$Z_{11} = Z_2,\ Z_{22} = Z_1 + Z_2$, 개방 역방향 전달 임피던스 $Z_{12} = -Z_2,\ Z_{21} = -Z_2$

**정답** 05. ④　06. ④　07. ④　08. ③

**09** △ 결선된 저항 부하를 Y결선으로 바꾸면 소비전력은? (단, 저항과 선간전압은 일정하다.)

① 3배로 된다.
② 9배로 된다.
③ $\dfrac{1}{9}$로 된다.
④ $\dfrac{1}{3}$로 된다.

**해설**
• △결선 시 전력
$$P_\triangle = 3I_p^2 \cdot R = 3\left(\dfrac{V}{R}\right)^2 \cdot R = 3\dfrac{V^2}{R}\,[\mathrm{W}]$$
• Y결선 시 전력
$$P_Y = 3I_p^2 \cdot R = 3\left(\dfrac{\dfrac{V}{\sqrt{3}}}{R}\right)^2 \cdot R$$
$$= 3\left(\dfrac{V}{\sqrt{3}\,R}\right)^2 \cdot R = \dfrac{V^2}{R}\,[\mathrm{W}]$$
$$\therefore \dfrac{P_Y}{P_\triangle} = \dfrac{\dfrac{V^2}{R}}{\dfrac{3V^2}{R}} = \dfrac{1}{3}\text{ 배}$$

**10** 그림과 같은 회로에서 1[Ω]의 저항에 나타나는 전압[V]은?

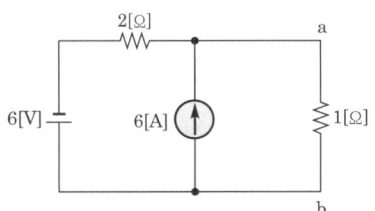

① 6
② 2
③ 3
④ 4

**해설** 6[V]에 의한 전류 $I_1 = \dfrac{6}{2+1} = 2[\mathrm{A}]$

6[A]에 의한 전류 $I_2 = \dfrac{2}{2+1} \times 6 = 4[\mathrm{A}]$

$I_1$과 $I_2$의 방향이 반대이므로 1[Ω]에 흐르는 전전류 $I$는 $I = I_2 - I_1 = 4 - 2 = 2[\mathrm{A}]$
$\therefore V = IR = 2 \times 1 = 2[\mathrm{V}]$

**11** 10[Ω]의 저항 5개를 접속하여 얻을 수 있는 합성저항 중 가장 작은 값은 몇 [Ω]인가?

① 10
② 5
③ 2
④ 0.5

**해설** 저항 $R[\Omega]$ 접속방법에 따른 합성저항
• 직렬접속 시 : 합성저항 $R_o = 5R[\Omega]$
• 병렬접속 시 : 합성저항 $R_o = \dfrac{R}{5}[\Omega]$

$R = 10[\Omega]$이므로 병렬접속 시
합성저항 $R_o = \dfrac{10}{5} = 2[\Omega]$으로 가장 작은 값을 갖는다.

**12** 평형 3상 3선식 회로가 있다. 부하는 Y결선이고 $V_{ab} = 100\sqrt{3}\underline{/0°}$[V]일 때 $I_a = 20\underline{/-120°}$[A]이었다. Y결선된 부하 한 상의 임피던스는 몇 [Ω]인가?

① $5\underline{/60°}$
② $5\sqrt{3}\underline{/60°}$
③ $5\underline{/90°}$
④ $5\sqrt{3}\underline{/90°}$

**해설**
$$Z = \dfrac{V_p}{I_p}$$
$$= \dfrac{\dfrac{100\sqrt{3}}{\sqrt{3}}\underline{/0° - 30°}}{20\underline{/-120°}} = \dfrac{100\underline{/-30°}}{20\underline{/-120°}}$$
$$= 5\underline{/90°}\,[\Omega]$$

**13** $R = 3[\Omega]$과 유도 리액턴스 $X_L = 4[\Omega]$이 직렬로 연결된 회로에 $v = 100\sqrt{2}\sin\omega t[\mathrm{V}]$인 전압을 가하였다. 이 회로에서 소비되는 전력[kW]은?

① 1.2
② 2.2
③ 3.5
④ 4.2

**해설**
$$I = \dfrac{V}{Z} = \dfrac{100}{\sqrt{3^2 + 4^2}} = 20[\mathrm{A}]$$
$$\therefore P = I^2 R = 20^2 \times 3$$
$$= 1{,}200[\mathrm{W}] = 1.2[\mathrm{kW}]$$

**정답** 09. ④ 10. ② 11. ③ 12. ③ 13. ①

**14** 단상 전력계 2개로써 평형 3상 부하의 전력을 측정하였더니 각각 300[W]와 600[W]를 나타내었다면 부하 역률은? (단, 전압과 전류는 정현파이다.)

① 0.5
② 0.577
③ 0.637
④ 0.867

**해설** 역률 $\cos\theta = \dfrac{P}{P_a} = \dfrac{P}{\sqrt{P^2+P_r^2}}$

$= \dfrac{P_1+P_2}{2\sqrt{P_1^2+P_2^2-P_1P_2}}$

$= \dfrac{300+600}{2\sqrt{300^2+600^2-300\times 600}}$

$= 0.867$

※ 하나의 전력계가 다른 전력계 지시값의 배인 경우. 즉, $P_2 = 2P_1$인 경우

역률 $\cos\theta = \dfrac{\sqrt{3}}{2} = 0.867$이 된다.

**15** 주기적인 구형파의 신호는 그 주파수 성분이 어떻게 되는가?

① 무수히 많은 주파수의 성분을 가진다.
② 주파수 성분을 갖지 않는다.
③ 직류분만으로 구성된다.
④ 교류 합성을 갖지 않는다.

**해설** 주기적인 구형파 신호는 각 고조파 성분의 합이므로 무수히 많은 주파수의 성분을 가진다.

**16** 대칭 3상 전압이 a상 $V_a$[V], b상 $V_b = a^2 V_a$ [V], c상 $V_c = aV_a$[V]일 때 a상을 기준으로 한 대칭분 전압 중 정상분 $V_1$은 어떻게 표시되는가?

① $\dfrac{1}{3}V_a$
② $V_a$
③ $aV_a$
④ $a^2 V_a$

**해설** 대칭 3상의 대칭분 전압

$V_1 = \dfrac{1}{3}(V_a + aV_b + a^2 V_c)$

$= \dfrac{1}{3}\{V_a + a^3 V_a + a^3 V_a\} = V_a$

**17** 전압의 순시값이 $v = 3 + 10\sqrt{2}\sin\omega t$[V]일 때 실효값은 약 몇 [V]인가?

① 10.4
② 11.6
③ 12.5
④ 16.2

**해설** 비정현파의 실효값은 각 개별적인 실효값의 제곱의 합의 제곱근이므로

∴ $V = \sqrt{3^2+10^2} = 10.4$[V]

**18** 대칭 3상 전압이 있다. 1상의 Y전압의 순시값이 $v_s = 1{,}000\sqrt{2}\sin\omega t + 500\sqrt{2}\sin(3\omega t+20°) + 100\sqrt{2}\sin(5\omega t+30°)$일 때 성상 및 선간 전압과의 비는 얼마인가?

① 0.55
② 0.65
③ 0.75
④ 0.85

**해설** 상전압의 실효값 $V_p$는

$V_p = \sqrt{V_1^2 + V_3^2 + V_5^2}$

$= \sqrt{1{,}000^2 + 500^2 + 100^2} = 1{,}122.5$

선간 전압에는 제3고조파분이 나타나지 않으므로

$V_l = \sqrt{3} \cdot \sqrt{V_1^2 + V_5^2}$

$= \sqrt{3} \cdot \sqrt{1{,}000^2 + 100^2} = 1{,}740.7$

∴ $\dfrac{V_p}{V_l} = \dfrac{1{,}122.5}{1{,}740.7} = 0.645$

**19** 3상 △부하에서 각 선전류를 $I_a$, $I_b$, $I_c$라 할 때, 전류의 영상분 $I_0$는?

① 1
② 0
③ $-1$
④ $\sqrt{3}$

**해설** 비접지식에서는 영상분은 존재하지 않는다.

**20** 다음 회로의 임펄스 응답은? (단, $t=0$에서 스위치 K를 닫으면 $V_C$를 출력으로 본다.)

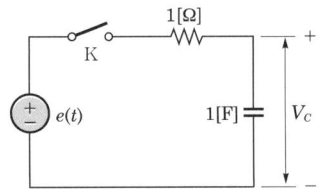

① $e^t$  ② $e^{-t}$
③ $\dfrac{1}{2}e^{-t}$  ④ $2e^{-t}$

**해설**
$i(t) = \dfrac{E}{R}e^{-\frac{1}{RC}t}$
임펄스 응답이므로
∴ $i(t) = e^{-t}$

정답 20. ②

# 2023년 제2회 CBT 기출복원문제

**01** 2단자 임피던스 함수 $Z(s)$가 다음과 같을 때 영점은?

$$Z(s) = \frac{s+3}{(s+4)(s+5)}$$

① 4, 5　　② -4, -5
③ 3　　　④ -3

**해설** 영점은 $Z(s)$의 분자=0의 근
$s+3=0$, $s=-3$

**02** 비정현파 전류 $i(t) = 56\sin\omega t + 25\sin 2\omega t + 30\sin(3\omega t + 30°) + 40\sin(4\omega t + 60°)$로 주어질 때 왜형률은 어느 것으로 표시되는가?

① 약 0.8　　② 약 1
③ 약 0.5　　④ 약 1.414

**해설** 왜형률
$$D = \frac{\sqrt{\left(\frac{25}{\sqrt{2}}\right)^2 + \left(\frac{30}{\sqrt{2}}\right)^2 + \left(\frac{40}{\sqrt{2}}\right)^2}}{\frac{56}{\sqrt{2}}} \fallingdotseq 1$$

**03** 3상 불평형 전압에서 역상 전압이 50[V]이고, 정상 전압이 250[V], 영상 전압이 20[V]이면 전압의 불평형률은 몇 [%]인가?

① 10　　② 15
③ 20　　④ 25

**해설** 불평형률 = $\frac{\text{역상 전압}}{\text{정상 전압}} \times 100[\%]$

∴ $\frac{50}{250} \times 100 = 20[\%]$

**04** 그림과 같은 회로에서 입력을 $v(t)$, 출력을 $i(t)$로 했을 때의 입·출력 전달함수는?

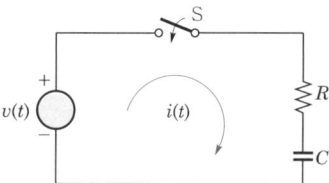

① $\dfrac{s}{R\left(s + \dfrac{1}{RC}\right)}$　　② $\dfrac{1}{RC\left(s + \dfrac{1}{RC}\right)}$

③ $\dfrac{s}{RCs+1}$　　④ $\dfrac{RCs}{RCs+1}$

**해설** 
$$\frac{I(s)}{V(s)} = Y(s) = \frac{1}{Z(s)}$$
$$= \frac{1}{R + \frac{1}{Cs}} = \frac{s}{Rs + \frac{1}{C}}$$
$$= \frac{s}{R\left(s + \frac{1}{RC}\right)}$$

**05** 2전력계법을 이용한 평형 3상 회로의 전력이 각각 500[W] 및 300[W]로 측정되었을 때, 부하의 역률은 약 몇 [%]인가?

① 70.7　　② 87.7
③ 89.2　　④ 91.8

**해설** 역률
$$\cos\theta = \frac{P}{P_a} = \frac{P_1 + P_2}{2\sqrt{P_1^2 + P_2^2 - P_1P_2}}$$
$$= \frac{500+300}{2\sqrt{500^2 + 300^2 - 500\times 300}} \times 100[\%]$$
$$\fallingdotseq 91.8[\%]$$

**정답** 01. ④　02. ②　03. ③　04. ①　05. ④

**06** 대칭 $n$상에서 선전류와 상전류 사이의 위상차[rad]는?

① $\frac{\pi}{2}\left(1-\frac{2}{n}\right)$  ② $2\left(1-\frac{2}{n}\right)$
③ $\frac{n}{2}\left(1-\frac{2}{\pi}\right)$  ④ $\frac{\pi}{2}\left(1-\frac{n}{2}\right)$

**해설** 대칭 $n$상 선전류와 상전류와의 위상차
$\theta = -\frac{\pi}{2}\left(1-\frac{2}{n}\right)$

**07** 선로의 저항 $R$과 컨덕턴스 $G$가 동시에 0이 되었을 때 전파정수 $\gamma$와 관계 있는 것은?

① $\gamma = j\omega\sqrt{LC}$
② $\gamma = j\omega\sqrt{\frac{C}{L}}$
③ $C = \frac{Y^2}{(j\omega)^2 L}$
④ $\beta = j\omega Y\sqrt{LC}$

**해설** $\gamma = \sqrt{Z \cdot Y} = \sqrt{(R+j\omega L)(G+j\omega C)}$
$= j\omega\sqrt{LC}$
감쇠정수 $\alpha = 0$, 위상정수 $\beta = \omega\sqrt{LC}$

**08** $R-L$ 직렬 회로가 있어서 직류 전압 5[V]를 $t=0$에서 인가하였더니 $i(t) = 50(1-e^{-20\times10^{-3}t})$[mA] $(t \geq 0)$이었다. 이 회로의 저항을 처음 값의 2배로 하면 시정수는 얼마가 되겠는가?

① 10[msec]
② 40[msec]
③ 5[sec]
④ 25[sec]

**해설** 시정수 $\tau = \frac{L}{R} = \frac{1}{20\times10^{-2}} = 50$[sec]
저항을 2배하면 시정수는 $\frac{1}{2}$배로 감소된다.
∴ 시정수 $\tau = 50 \times \frac{1}{2} = 25$[sec]

**09** 그림과 같은 회로에서 저항 15[Ω]에 흐르는 전류[A]는?

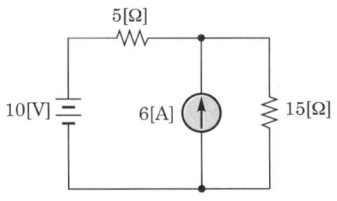

① 8  ② 5.5
③ 2  ④ 0.5

**해설** 10[V]에 의한 전류 $I_1 = \frac{10}{5+15} = 0.5$[A]
6[A]에 의한 전류 $I_2 = \frac{5}{5+15} \times 6 = 1.5$[A]
∴ $I = I_1 + I_2 = 0.5 + 1.5 = 2$[A]

**10** 그림과 같은 회로의 역률은 얼마인가?

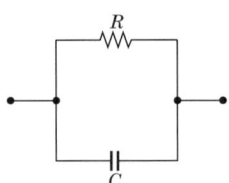

① $1+(\omega RC)^2$  ② $\sqrt{1+(\omega RC)^2}$
③ $\frac{1}{\sqrt{1+(\omega RC)^2}}$  ④ $\frac{1}{1+(\omega RC)^2}$

**해설** 역률

$\cos\theta = \frac{G}{Y} = \frac{\frac{1}{R}}{\sqrt{\frac{1}{R^2}+\frac{1}{X_C^2}}} = \frac{X_C}{\sqrt{R^2+X_C^2}}$

∴ $\frac{\frac{1}{\omega C}}{\sqrt{R^2+\frac{1}{\omega^2 C^2}}} = \frac{1}{\sqrt{1+\omega^2 C^2 R^2}}$

**정답** 06. ① 07. ① 08. ④ 09. ③ 10. ③

# 2023년 제2회 CBT 기출복원문제

**01** $R-L$ 직렬회로 $v = 10 + 100\sqrt{2}\sin\omega t + 50\sqrt{2}\sin(3\omega t + 60°) + 60\sqrt{2}\sin(5\omega t + 30°)$[V]인 전압을 가할 때 제3고조파 전류의 실효값[A]은? (단, $R=8[\Omega]$, $\omega L=2[\Omega]$이다.)

① 1　　② 3
③ 5　　④ 7

**해설** $I_3 = \dfrac{V_3}{Z_3} = \dfrac{V_3}{\sqrt{R^2+(3\omega L)^2}} = \dfrac{50}{\sqrt{8^2+6^2}} = 5[A]$

**02** 그림과 같은 파형의 파고율은?

① $\sqrt{2}$
② $\sqrt{3}$
③ 2
④ 3

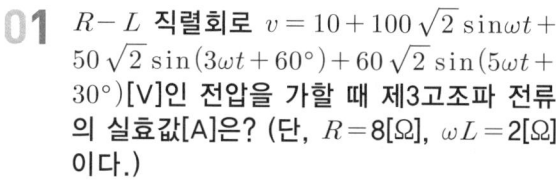

**해설** 파고율 = $\dfrac{최댓값}{실효값} = \dfrac{V_m}{\dfrac{V_m}{\sqrt{2}}} = \sqrt{2}$

**03** 대칭 좌표법에 의한 3상 회로에 대한 해석 중 옳지 않은 것은?

① △결선이든 Y결선이든 세 선전류의 합이 영(零)이면 영상분도 영(零)이다.
② 선간전압의 합이 영(零)이면 그 영상분은 항상 영(零)이다.
③ 선간전압이 평형이고 상순이 a-b-c이면 Y결선에서 상전압의 역상분은 영(零)이 아니다.
④ Y결선 중성점 접지 시에 중성선 정상분의 선전류에 대하여는 ∞의 임피던스를 나타낸다.

**해설** 평형 3상 Y결선의 역상분은 0이다.

**04** 어떤 제어계의 출력이 $C(s) = \dfrac{5}{s(s^2+s+2)}$로 주어질 때 출력의 시간 함수 $C(t)$의 정상값은?

① 5
② 2
③ $\dfrac{2}{5}$
④ $\dfrac{5}{2}$

**해설** 최종값 정리에 의해
$\lim\limits_{s \to 0} sC(s) = \lim\limits_{s \to 0} s \cdot \dfrac{5}{s(s^2+s+2)} = \dfrac{5}{2}$

**05** 다음 회로에서 부하 $R$에 최대전력이 공급될 때의 전력값이 5[W]라고 하면 $R_L + R_i$의 값은 몇 [Ω]인가? (단, $R_i$는 전원의 내부저항이다.)

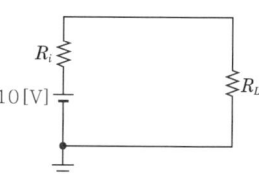

① 5　　② 10
③ 15　　④ 20

**해설**
- 최대전력 전달조건: $R_L = R_i$
- 최대전력: $P_{max} = \dfrac{V^2}{4R_L}$[W]

$5 = \dfrac{10^2}{4R_L}$

∴ 부하저항 $R_L = 5[\Omega]$
따라서, $R_L + R_i = 5 + 5 = 10[\Omega]$

**정답** 01. ③  02. ①  03. ③  04. ④  05. ②

**06** 9[Ω]과 3[Ω]의 저항 3개를 그림과 같이 연결하였을 때 A, B 사이의 합성저항[Ω]은?

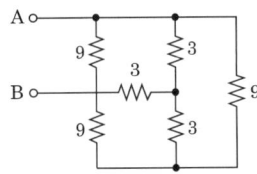

① 6　　② 4
③ 3　　④ 2

**해설**

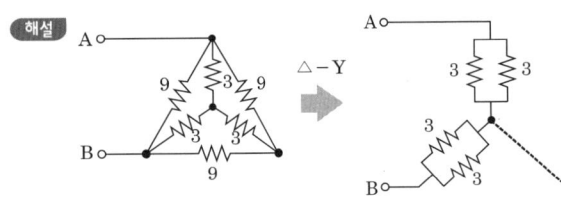

합성저항 $R_{AB} = \dfrac{3 \times 3}{3+3} + \dfrac{3 \times 3}{3+3} = 3[\Omega]$

**07** 4단자 정수 $A, B, C, D$ 중에서 어드미턴스의 차원을 가진 정수는 어느 것인가?

① $A$　　② $B$
③ $C$　　④ $D$

**해설** $A$ : 전압 이득, $B$ : 전달 임피던스, $C$ : 전달 어드미턴스, $D$ : 전류 이득

**08** 그림과 같은 $R-L-C$ 회로망에서 입력전압을 $e_i(t)$, 출력량을 $i(t)$로 할 때, 이 요소의 전달함수는 어느 것인가?

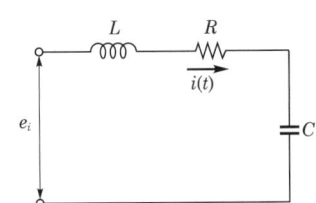

① $\dfrac{Rs}{LCs^2+RCs+1}$　　② $\dfrac{RLs}{LCs^2+RCs+1}$

③ $\dfrac{Ls}{LCs^2+RCs+1}$　　④ $\dfrac{Cs}{LCs^2+RCs+1}$

**해설** $\dfrac{I(s)}{E(s)} = Y(s) = \dfrac{1}{Z(s)}$

$= \dfrac{1}{R+Ls+\dfrac{1}{Cs}} = \dfrac{Cs}{LCs^2+RCs+1}$

**09** 평형 3상 부하에 전력을 공급할 때 선전류값이 20[A]이고 부하의 소비전력이 4[kW]이다. 이 부하의 등가 Y회로에 대한 각 상의 저항[Ω]은?

① $\dfrac{10}{3}$　　② $\dfrac{10}{\sqrt{3}}$
③ 10　　④ $10\sqrt{3}$

**해설** 소비전력 $P = 3I^2R$에서

$\therefore R = \dfrac{P}{3I_p^2} = \dfrac{4 \times 10^3}{3 \times 20^2} = \dfrac{10}{3}[\Omega]$

**10** 그림과 같이 π형 회로에서 $Z_3$를 4단자 정수로 표시한 것은?

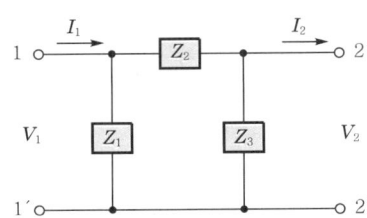

① $\dfrac{A}{1-B}$　　② $\dfrac{B}{1-A}$
③ $\dfrac{A}{B-1}$　　④ $\dfrac{B}{A-1}$

**해설**
$\begin{bmatrix} A & B \\ C & D \end{bmatrix} = \begin{bmatrix} 1 & 0 \\ \dfrac{1}{Z_1} & 1 \end{bmatrix} \begin{bmatrix} 1 & Z_2 \\ 0 & 1 \end{bmatrix} \begin{bmatrix} 1 & 0 \\ \dfrac{1}{Z_3} & 1 \end{bmatrix}$

$= \begin{bmatrix} 1+\dfrac{Z_2}{Z_3} & Z_2 \\ \dfrac{Z_1+Z_2+Z_3}{Z_1 \cdot Z_3} & 1+\dfrac{Z_2}{Z_1} \end{bmatrix}$

$\therefore A = 1 + \dfrac{Z_2}{Z_3}, \; B = Z_2$

$Z_3 = \dfrac{Z_2}{A-1} = \dfrac{B}{A-1}$

**11** 그림과 같은 브리지 회로가 평형하기 위한 $Z$의 값은?

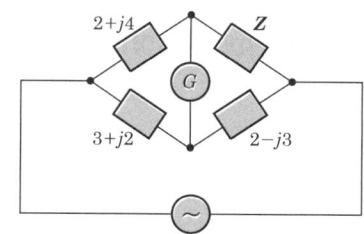

① $2+j4$
② $-2+j4$
③ $4+j2$
④ $4-j2$

해설 $Z(3+j2)=(2+j4)(2-j3)$
∴ $Z=\dfrac{(2+j4)(2-j3)}{3+j2}$
$=\dfrac{(16+j2)(3-j2)}{(3+j2)(3-j2)}=4-j2$

**12** 각 상의 임피던스가 $Z=16+j12[\Omega]$인 평형 3상 Y부하에 정현파 상전류 10[A]가 흐를 때 이 부하의 선간전압의 크기[V]는?

① 200
② 600
③ 220
④ 346

해설 선간전압 $V_l=\sqrt{3}\,V_p=\sqrt{3}\,I_p Z$
$=\sqrt{3}\times10\times\sqrt{16^2+12^2}=346[V]$

**13** 그림의 정전용량 $C[F]$를 충전한 후 스위치 S를 닫아 이것을 방전하는 경우의 과도 전류는? (단, 회로에는 저항이 없다.)

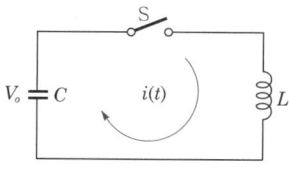

① 불변의 진동 전류
② 감쇠하는 전류
③ 감쇠하는 진동 전류
④ 일정값까지 증가하여 그 후 감쇠하는 전류

해설 $L-C$ 직렬회로

직류 인가 시 전류 $i(t)=V_o\sqrt{\dfrac{C}{L}}\sin\dfrac{1}{\sqrt{LC}}t[A]$

$i(t)=-V_o\sqrt{\dfrac{C}{L}}\sin\dfrac{1}{\sqrt{LC}}t[A]$

각주파수 $\omega=\dfrac{1}{\sqrt{LC}}$[rad/sec]로 불변 진동 전류가 된다.

**14** 그림은 평형 3상 회로에서 운전하고 있는 유도 전동기의 결선도이다. 각 계기의 지시가 $W_1=2.36[kW]$, $W_2=5.95[kW]$, $V=200[V]$, $I=30[A]$일 때, 이 유도 전동기의 역률은 약 몇 [%]인가?

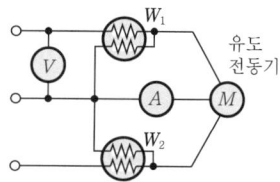

① 80
② 76
③ 70
④ 66

해설 • 유효전력
$P=W_1+W_2=2,360+5,950=8,310[W]$
• 피상전력
$P_a=\sqrt{3}\,VI=\sqrt{3}\times200\times30=10,392[VA]$
• 역률 $\cos\theta=\dfrac{P}{P_a}=\dfrac{8,310}{10,392}≒0.80$

∴ 80[%]

**15** 전류가 1[H]의 인덕터를 흐르고 있을 때 인덕터에 축적되는 에너지[J]는 얼마인가? (단, $i=5+10\sqrt{2}\sin100t+5\sqrt{2}\sin200t$[A]이다.)

① 150
② 100
③ 75
④ 50

해설 $I=\sqrt{5^2+10^2+5^2}=\sqrt{150}[A]$
∴ $W=\dfrac{1}{2}LI^2=\dfrac{1}{2}\times1\times(\sqrt{150})^2=75[J]$

**16** 테브난(Thevenin)의 정리를 사용하여 그림 (a)의 회로를 (b)와 같은 등가회로로 바꾸려 한다. $E$[V]와 $R$[Ω]의 값은?

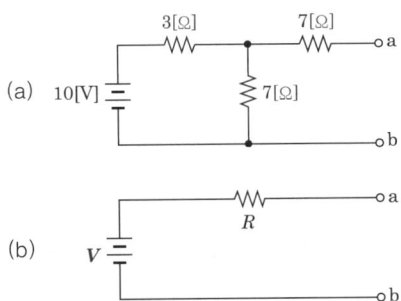

① 7, 9.1
② 10, 9.1
③ 7, 6.5
④ 10, 6.5

해설
- $V_{ab} = E$ : a, b의 단자 전압
  $$E = \frac{7}{3+7} \times 10 = 7 [V]$$
- $Z_{ab} = R$ : 모든 전원을 제거하고 능동 회로망 쪽을 바라본 임피던스
  $$R = 7 + \frac{3 \times 7}{3+7} = 9.1 [\Omega]$$

**17** 5[mH]인 두 개의 자기 인덕턴스가 있다. 결합계수를 0.2로부터 0.8까지 변화시킬 수 있다면 이것을 접속하여 얻을 수 있는 합성 인덕턴스의 최댓값과 최솟값은 각각 몇 [mH]인가?

① 18, 2
② 18, 8
③ 20, 2
④ 20, 8

해설
$L_0 = 5 + 5 \pm 2M = 10 \pm 2M$ [mH]
상호 인덕턴스 $M = k\sqrt{L_1 L_2}$ 에서 최대·최소를 위한 결합계수 $k = 0.8$이므로
$M = 0.8 \times 5 = 4$[mH]
∴ $L_0 = 10 \pm 2 \times 4 = 10 \pm 8$
최대 : 18[mH], 최소 : 2[mH]

**18** $r_1$[Ω]인 저항에 $r$[Ω]인 가변 저항이 연결된 그림과 같은 회로에서 전류 $I$를 최소로 하기 위한 저항 $r_2$[Ω]는? (단, $r$[Ω]은 가변 저항의 최대 크기이다.)

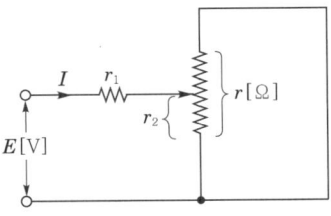

① $\dfrac{r_1}{2}$
② $\dfrac{r}{2}$
③ $r_1$
④ $r$

해설 전류 $I$가 최소가 되려면 합성저항 $R_o$가 최대가 되어야 한다.
합성저항 $R_o = r_1 + \dfrac{(r-r_2)r_2}{(r-r_2)+r_2}$

합성저항 $R_o$의 최대 조건은 $\dfrac{dR_o}{dr_2} = 0$

$\dfrac{d}{dr_2}\left(r_1 + \dfrac{rr_2 - r_2^2}{r}\right) = 0$

$r - 2r_2 = 0$

∴ $r_2 = \dfrac{r}{2}$ [Ω]

**19** 3상 3선식 회로에서 $V_a = -j6$[V], $V_b = -8 + j6$[V], $V_c = 8$[V]일 때 정상분 전압은 몇 [V]가 되는가?

① 0
② $0.33\underline{/37°}$
③ $2.37\underline{/43°}$
④ $7.81\underline{/257°}$

해설 정상 전압
$V_1 = \dfrac{1}{3}(V_a + aV_b + a^2 V_c)$
$= \dfrac{1}{3}\left\{-j6 + \left(-\dfrac{1}{2} + j\dfrac{\sqrt{3}}{2}\right)(-8+j6)\right.$
$\left. + \left(-\dfrac{1}{2} - j\dfrac{\sqrt{3}}{2}\right) \times 8\right\}$
$≒ -1.73 - j7.62$
$≒ 7.81\underline{/257°}$ [V]

**20** 자계 코일의 권수 $N=1,000$, 저항 $R[\Omega]$으로 전류 $I=10[A]$를 통했을 때의 자속 $\phi=2\times 10^{-2}[Wb]$이다. 이때 이 회로의 시정수가 0.1[s]라면 저항 $R[\Omega]$은?

① 0.2
② $\frac{1}{20}$
③ 2
④ 20

**해설** 코일의 자기 인덕턴스

$L = \frac{N\phi}{I} = \frac{1,000 \times 2 \times 100^{-2}}{10} = 2[H]$

$\therefore \tau = \frac{L}{R}$에서 $R = \frac{L}{\tau} = \frac{2}{0.1} = 20[\Omega]$

정답 20. ④

# 2023년 제3회 CBT 기출복원문제

**01** 그림의 대칭 T회로의 일반 4단자 정수가 다음과 같다. $A = D = 1.2$, $B = 44[\Omega]$, $C = 0.01[℧]$일 때 임피던스 $Z[\Omega]$의 값은?

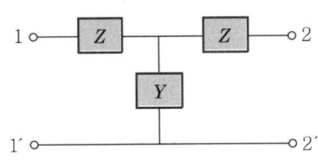

① 1.2　　② 12
③ 20　　④ 44

**해설** T형 대칭회로이므로
$A = D = 1 + ZY$
$C = Y$
$\therefore 1.2 = 1 + 0.01Z$
$Z = \dfrac{0.2}{0.01} = 20[\Omega]$

**02** 1상의 임피던스가 $14 + j48[\Omega]$인 △부하에 대칭 선간전압 200[V]를 가한 경우의 3상 전력은 몇 [W]인가?

① 672　　② 692
③ 712　　④ 732

**해설** $P = 3I_p^2 \cdot R = 3\left(\dfrac{200}{50}\right)^2 \times 14 = 672[W]$

**03** $RL$ 직렬회로에서 시정수가 0.03[s], 저항이 14.7[Ω]일 때, 코일의 인덕턴스[mH]는?

① 441　　② 362
③ 17.6　　④ 2.53

**해설** 시정수 $\tau = \dfrac{L}{R}[s]$
$\therefore L = \tau \cdot R$
$= 0.03 \times 14.7 = 0.441[H] = 441[mH]$

**04** 선간전압 $V_l[V]$의 3상 평형 전원에 대칭 3상 저항 부하 $R[\Omega]$이 그림과 같이 접속되었을 때 a, b 두 상 간에 접속된 전력계의 지시값이 $W[W]$라 하면 c상의 전류[A]는?

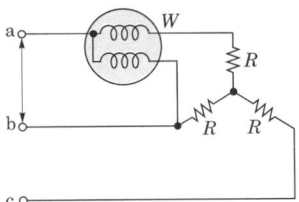

① $\dfrac{\sqrt{3}\,W}{V_l}$　　② $\dfrac{3W}{V_l}$
③ $\dfrac{W}{\sqrt{3}\,V_l}$　　④ $\dfrac{2W}{\sqrt{3}\,V_l}$

**해설** 3상 전력 : $P = 2W[W]$
대칭 3상이므로 $I_a = I_b = I_c$이다.
따라서 $2W = \sqrt{3}\,V_l I_l \cos\theta$에서 $R$만의 부하므로 역률 $\cos\theta = 1$
$\therefore I = \dfrac{2W}{\sqrt{3}\,V_l}[A]$

**05** $e_s(t) = 3e^{-5t}$인 경우 그림과 같은 회로의 임피던스는?

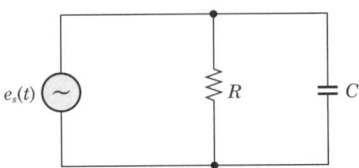

① $\dfrac{j\omega RC}{1 + j\omega RC}$　　② $\dfrac{1}{1 + RC}$
③ $\dfrac{R}{1 - 5RC}$　　④ $\dfrac{1 + j\omega RC}{R}$

**정답** 01. ③　02. ①　03. ①　04. ④　05. ③

**해설** 임피던스 $Z = \dfrac{1}{Y}$, $e_s(t) = 3e^{-5t}$인 경우이므로 $j\omega = -5$이다.

임피던스 $Z = \dfrac{1}{Y} = \dfrac{1}{\dfrac{1}{R} + j\omega C} = \dfrac{R}{1 + j\omega CR}$

여기서, $j\omega = -5$이므로 $Z = \dfrac{R}{1 - 5CR}$

**06** 그림과 같은 회로에서 2[Ω]의 단자 전압[V]은?

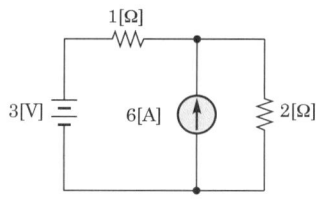

① 3  ② 4
③ 6  ④ 8

**해설** 3[V]에 의한 전류 $I_1 = \dfrac{3}{1+2} = 1[\text{A}]$

6[A]에 의한 전류 $I_2 = \dfrac{1}{1+2} \times 6 = 2[\text{A}]$

2[Ω]에 흐르는 전전류 $I = I_1 + I_2 = 1 + 2 = 3[\text{A}]$
∴ $V = IR = 3 \times 2 = 6[\text{V}]$

**07** 4단자 정수 $A$, $B$, $C$, $D$로 출력측을 개방시켰을 때 입력측에서 본 구동점 임피던스 $Z_{11} = \left.\dfrac{V_1}{I_1}\right|_{I_2=0}$ 을 표시한 것 중 옳은 것은?

① $Z_{11} = \dfrac{A}{C}$  ② $Z_{11} = \dfrac{B}{D}$
③ $Z_{11} = \dfrac{A}{B}$  ④ $Z_{11} = \dfrac{B}{C}$

**해설** 임피던스 파라미터와 4단자 정수와의 관계

$Z_{11} = \dfrac{A}{C}$

$Z_{12} = Z_{21} = \dfrac{1}{C}$

$Z_{22} = \dfrac{D}{C}$

**08** 위상정수가 $\dfrac{\pi}{8}$[rad/m]인 선로의 1[MHz]에 대한 전파속도[m/s]는?

① $1.6 \times 10^7$  ② $9 \times 10^7$
③ $10 \times 10^7$  ④ $11 \times 10^7$

**해설** 전파속도 $v = \dfrac{\omega}{\beta} = \dfrac{2 \times \pi \times 1 \times 10^6}{\dfrac{\pi}{8}}$
$= 1.6 \times 10^7 [\text{m/s}]$

**09** $a$, $b$ 2개의 코일이 있다. $a$, $b$ 코일의 저항과 유도 리액턴스는 각각 3[Ω], 5[Ω]과 5[Ω], 1[Ω]이다. 두 코일을 직렬 접속하고 100[V]의 교류 전압을 인가할 때 흐르는 전류[A]는?

① $10\underline{/37°}$  ② $10\underline{/-37°}$
③ $10\underline{/53°}$  ④ $10\underline{/-53°}$

**해설** $I = \dfrac{100}{8 + j6} = \dfrac{100(8-j6)}{(8+j6)(8-j6)}$
$= \dfrac{800 - j600}{100} = 8 - j6$

∴ $I = 10\underline{/\tan^{-1}\dfrac{3}{4}} = 10\underline{/-37°}[\text{A}]$

**10** 3상 회로에서 각 상의 전류는 다음과 같다. 전류의 영상분 $I_0$는 얼마인가? (단, b상을 기준으로 한다.)

$$I_a = 400 - j650[\text{A}]$$
$$I_b = -230 - j700[\text{A}]$$
$$I_c = -150 + j600[\text{A}]$$

① $20 - j750$  ② $6.66 - j250$
③ $572 - j223$  ④ $-179 - j177$

**해설** 영상 전류는 a상을 기준으로 하는 경우와 b상을 기준으로 하는 경우가 같으므로
$I_0 = \dfrac{1}{3}(I_a + I_b + I_c) = 6.66 - j250$

**정답** 06. ③  07. ①  08. ①  09. ②  10. ②

# 2023년 제3회 CBT 기출복원문제

전기산업기사

**01** $i = 30\sin\omega t + 40\sin(5\omega t + 30°)$의 실효값은?

① 50  ② $50\sqrt{2}$
③ 25  ④ $25\sqrt{2}$

**해설** $I = \sqrt{\left(\dfrac{30}{\sqrt{2}}\right)^2 + \left(\dfrac{40}{\sqrt{2}}\right)^2} = 25\sqrt{2}$

**02** $f(t) = \sin t \cos t$를 라플라스로 변환하면?

① $\dfrac{1}{s^2+4}$

② $\dfrac{1}{s^2+2}$

③ $\dfrac{1}{(s+2)^2}$

④ $\dfrac{1}{(s+4)^2}$

**해설** 삼각 함수 가법 정리
$\sin(A+B) = \sin A \cos B + \cos A \sin B$
삼각 함수 가법 정리에 의해서
$\sin(t+t) = 2\sin t \cos t$
$\therefore \sin t \cos t = \dfrac{1}{2}\sin 2t$
$\therefore F(s) = \mathcal{L}[\sin t \cos t] = \mathcal{L}\left[\dfrac{1}{2}\sin 2t\right]$
$= \dfrac{1}{2} \times \dfrac{2}{s^2+2^2} = \dfrac{1}{s^2+4}$

**03** 불평형 3상 전류가 $I_a = 15+j2$[A], $I_b = -20-j14$[A], $I_c = -3+j10$[A]일 때 역상분 전류 $I_2$[A]를 구하면?

① $1.91+j6.24$  ② $15.74-j3.57$
③ $-2.67-j0.67$  ④ $2.67-j0.67$

**해설** 역상 전류
$I_2 = \dfrac{1}{3}(I_a + a^2 I_b + a I_c)$
$= \dfrac{1}{3}\left\{(15+j2) + \left(-\dfrac{1}{2} - j\dfrac{\sqrt{3}}{2}\right)(-20-j14) + \left(-\dfrac{1}{2} + j\dfrac{\sqrt{3}}{2}\right)(-3+j10)\right\}$
$\fallingdotseq 1.91+j6.24$[A]

**04** $F(s) = \dfrac{s}{(s+1)(s+2)}$일 때 $f(t)$를 구하면?

① $1 - 2e^{-2t} + e^{-t}$
② $e^{-2t} - 2e^{-t}$
③ $2e^{-2t} + e^{-t}$
④ $2e^{-2t} - e^{-t}$

**해설** $F(s) = \dfrac{s}{(s+1)(s+2)} = -\dfrac{1}{s+1} + \dfrac{2}{s+2}$
$\therefore f(t) = -e^{-t} + 2e^{-2t}$

**05** 그림과 같은 회로에서 합성 인덕턴스는?

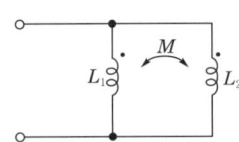

① $\dfrac{L_1 L_2 + M^2}{L_1 + L_2 - 2M}$  ② $\dfrac{L_1 L_2 - M^2}{L_1 + L_2 - 2M}$

③ $\dfrac{L_1 L_2 + M^2}{L_1 + L_2 + 2M}$  ④ $\dfrac{L_1 L_2 - M^2}{L_1 + L_2 + 2M}$

**해설** 병렬 가동결합이므로
$L = M + \dfrac{(L_1 - M)(L_2 - M)}{(L_1 - M) + (L_2 - M)}$
$= \dfrac{L_1 L_2 - M^2}{L_1 + L_2 - 2M}$

**정답** 01. ④  02. ①  03. ①  04. ④  05. ②

**06** 그림과 같은 순저항으로 된 회로에 대칭 3상 전압을 가했을 때 각 선에 흐르는 전류가 같으려면 $R$의 값[Ω]은?

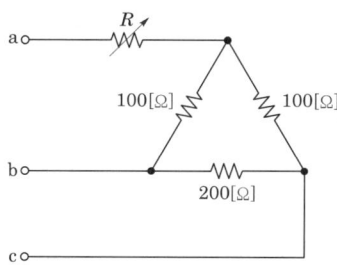

① 20  ② 25
③ 30  ④ 35

**해설** 각 선에 흐르는 전류가 같으려면 각 상의 저항의 크기가 같아야 한다. 따라서 △결선을 Y결선으로 바꾸면

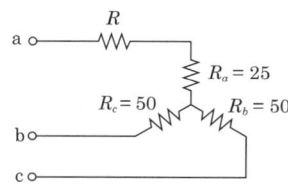

$R_a = \dfrac{10,000}{400} = 25[\Omega]$, $R_b = \dfrac{20,000}{400} = 50[\Omega]$,

$R_c = \dfrac{20,000}{400} = 50[\Omega]$

∴ 각 상의 저항이 같기 위해서는 $R = 25[\Omega]$이다.

**07** 그림과 같은 회로의 영상 임피던스 $Z_{01}$, $Z_{02}$는 각각 몇 [Ω]인가?

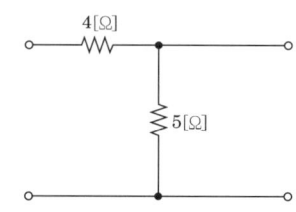

① $Z_{01} = 9$, $Z_{02} = 5$
② $Z_{01} = 4$, $Z_{02} = 5$
③ $Z_{01} = 4$, $Z_{02} = \dfrac{20}{9}$
④ $Z_{01} = 6$, $Z_{02} = \dfrac{10}{3}$

**해설**
$\begin{bmatrix} A & B \\ C & D \end{bmatrix} = \begin{bmatrix} 1 & 4 \\ 0 & 1 \end{bmatrix} \begin{bmatrix} 1 & 0 \\ \frac{1}{5} & 1 \end{bmatrix} = \begin{bmatrix} \frac{9}{5} & 4 \\ \frac{1}{5} & 1 \end{bmatrix}$

∴ $Z_{01} = \sqrt{\dfrac{AB}{CD}} = \sqrt{\dfrac{\frac{9}{5} \times 4}{\frac{1}{5} \times 1}} = 6[\Omega]$

$Z_{02} = \sqrt{\dfrac{BD}{AC}} = \sqrt{\dfrac{4 \times 1}{\frac{9}{5} \times \frac{1}{5}}} = \dfrac{10}{3}[\Omega]$

**08** 그림과 같은 회로에서 전달함수 $\dfrac{V_o(s)}{I(s)}$를 구하면? (단, 초기 조건은 모두 0으로 한다.)

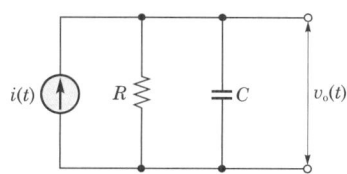

① $\dfrac{1}{RCs+1}$   ② $\dfrac{R}{RCs+1}$
③ $\dfrac{C}{RCs+1}$   ④ $\dfrac{RCs}{RCs+1}$

**해설** 전달함수 $G(s) = \dfrac{V_o(s)}{I(s)}$는 회로 해석적으로 임피던스 $Z(s)$와 같다.

$\dfrac{V_o(s)}{I(s)} = Z(s) = \dfrac{1}{\dfrac{1}{R} + Cs} = \dfrac{R}{RCs+1}$

**09** 그림의 3상 Y결선 회로에서 소비하는 전력 [W]은?

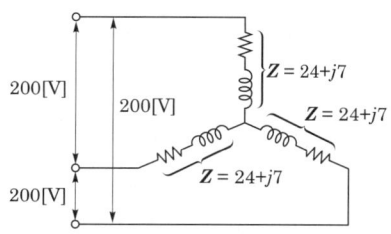

① 3,072  ② 1,536
③ 768    ④ 512

**해설** 3상 소비전력
$$P = \sqrt{3}\, V_l I_l \cos\theta = 3 I_p^2 \cdot R [\text{W}]$$
$$P = 3 I_p^2 R = 3 \left( \frac{\frac{200}{\sqrt{3}}}{\sqrt{24^2 + 7^2}} \right)^2 \times 24 = 1{,}536 [\text{W}]$$

**10** 부동작 시간요소의 전달함수는?

① $K$ ② $\dfrac{K}{s}$
③ $Ke^{-Ls}$ ④ $Ks$

**해설** 각종 제어요소의 전달함수
- 비례요소의 전달함수 : $K$
- 미분요소의 전달함수 : $Ks$
- 적분요소의 전달함수 : $\dfrac{K}{s}$
- 1차 지연요소의 전달함수 : $G(s) = \dfrac{K}{1+Ts}$
- 부동작 시간요소의 전달함수 : $G(s) = Ke^{-Ls}$
  ($L$ : 부동작 시간)

**11** 그림과 같은 회로에서 단자 b, c에 걸리는 전압 $V_{bc}$는 몇 [V]인가?

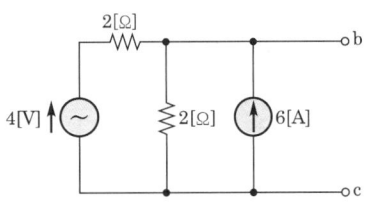

① 4 ② 6
③ 8 ④ 10

**해설** 전압원 존재 시 전류원 개방, 전류원 존재 시 전압원은 단락한다.
4[V]에 의한 전압 $V_1 = \dfrac{2}{2+2} \times 4 = 2[\text{V}]$
6[A]에 의한 전압 $V_2 = 2 \times \dfrac{2}{2+2} \times 6 = 6[\text{V}]$
∴ $V_{ab} = V_1 + V_2 = 2+6 = 8[\text{V}]$

**12** 대칭 3상 교류 전원에서 각 상의 전압이 $v_a$, $v_b$, $v_c$일 때 3상 전압[V]의 합은?

① 0 ② $0.3v_a$
③ $0.5v_a$ ④ $3v_a$

**해설** 대칭 3상 전압의 합
$v_a + v_b + v_c = V + a^2 V + aV = (1 + a^2 + a)V = 0$

**13** 저항과 리액턴스의 직렬 회로에 $V = 14 + j38$ [V]인 교류 전압을 가하니 $I = 6 + j2$[A]의 전류가 흐른다. 이 회로의 저항[Ω]과 리액턴스[Ω]는?

① $R=4$, $X_L=5$ ② $R=5$, $X_L=4$
③ $R=4$, $X_L=3$ ④ $R=7$, $X_L=2$

**해설** 임피던스 $Z = R + jX_L = \dfrac{V}{I} = \dfrac{14+j38}{6+j2}$
$= \dfrac{(14+j38)(6-j2)}{(6+j2)(6-j2)} = 4 + j5$
∴ $R=4[\Omega]$, $X_L=5[\Omega]$

**14** 대칭 5상 기전력의 선간전압과 상기전력의 위상차는 얼마인가?

① 27° ② 36°
③ 54° ④ 72°

**해설** 위상차 $\theta = \dfrac{\pi}{2}\left(1 - \dfrac{2}{n}\right) = \dfrac{\pi}{2}\left(1 - \dfrac{2}{5}\right) = 54°$

**15** 그림과 같은 T형 회로의 영상 파라미터 $\theta$는?

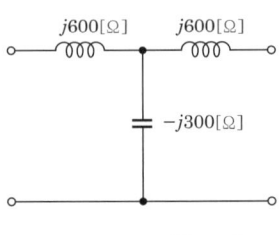

① 0 ② +1
③ -3 ④ -1

**정답** 10. ③ 11. ③ 12. ① 13. ① 14. ③ 15. ①

해설 
$$\begin{bmatrix} A & B \\ C & D \end{bmatrix} = \begin{bmatrix} 1 & j600 \\ 0 & 1 \end{bmatrix} \begin{bmatrix} 1 & 0 \\ \dfrac{1}{-j300} & 1 \end{bmatrix}$$
$$= \begin{bmatrix} 1 & j600 \\ 0 & 1 \end{bmatrix} = \begin{bmatrix} -1 & 0 \\ \dfrac{1}{j\,300} & -1 \end{bmatrix}$$
$$\therefore\ \theta = \cosh^{-1}\sqrt{AD} = \cosh^{-1} 1 = 0$$

**16** 최대 눈금이 50[V]인 직류 전압계가 있다. 이 전압계를 사용하여 150[V]의 전압을 측정하려면 배율기의 저항은 몇 [Ω]을 사용하여야 하는가? (단, 전압계의 내부 저항은 5,000[Ω]이다.)

① 1,000  ② 2,500
③ 5,000  ④ 10,000

해설  배율기 배율
$$m = 1 + \dfrac{R_m}{r} \text{에서 } \dfrac{150}{50} = 1 + \dfrac{R_m}{5,000}$$
$$\therefore\ R_m = 10,000[\Omega]$$

**17** 그림의 회로에서 전류 $I$는 약 몇 [A]인가? (단, 저항의 단위는 [Ω]이다.)

① 1.125
② 1.29
③ 6
④ 7

해설  밀만의 정리에 의해 a - b 단자의 단자 전압 $V_{ab}$
$$V_{ab} = \dfrac{\dfrac{2}{1} + \dfrac{4}{2} + \dfrac{6}{3}}{\dfrac{1}{1} + \dfrac{1}{2} + \dfrac{1}{3} + \dfrac{1}{2}} \fallingdotseq 2.57[\text{V}]$$
$$\therefore\ 2[\Omega]\text{에 흐르는 전류 } I = \dfrac{2.57}{2} = 1.29[\text{A}]$$

**18** $R-L-C$ 직렬회로에서 공진 시의 전류는 공급 전압에 대하여 어떤 위상차를 갖는가?

① 0°  ② 90°
③ 180°  ④ 270°

해설  직렬 공진은 임피던스의 허수부가 0인 상태이므로 전압 전류는 동상 상태가 된다.

**19** 그림과 같은 L형 회로의 4단자 정수 중 $A$는?

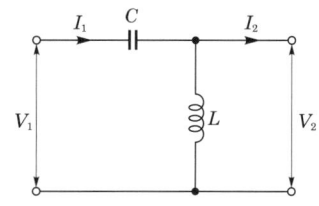

① $1 - \dfrac{1}{\omega^2 LC}$   ② $1 + \dfrac{1}{\omega^2 LC}$

③ $\dfrac{1}{2\sqrt{LC}}$   ④ $1 + \dfrac{C}{j\omega L}$

해설 
$$\begin{bmatrix} A & B \\ C & D \end{bmatrix} = \begin{bmatrix} 1 & \dfrac{1}{j\omega C} \\ 0 & 1 \end{bmatrix} \begin{bmatrix} 1 & 0 \\ \dfrac{1}{j\omega L} & 1 \end{bmatrix} = \begin{bmatrix} 1 - \dfrac{1}{\omega^2 LC} & \dfrac{1}{j\omega C} \\ \dfrac{1}{j\omega L} & 1 \end{bmatrix}$$

**20** 그림과 같은 회로에 대한 서술에서 잘못된 것은?

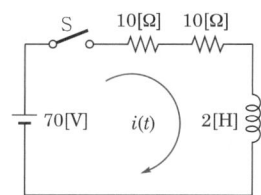

① 이 회로의 시정수는 0.1[s]이다.
② 이 회로의 특성근은 -10이다.
③ 이 회로의 특성근은 +10이다.
④ 정상 전류값은 3.5[A]이다.

해설  특성근 $= -\dfrac{1}{\text{시정수}}$
시정수 $\tau = \dfrac{L}{R} = \dfrac{2}{20} = \dfrac{1}{10} = 0.1$
$\therefore$ 특성근 $= -\dfrac{1}{0.1} = -10$

## 2024년 제1회 CBT 기출복원문제

**01** 그림과 같은 회로에서 $t=0$인 순간에 전압 $E$를 인가한 경우 인덕턴스 $L$에 걸리는 전압[V]은?

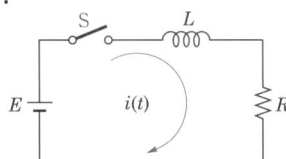

① 0
② $E$
③ $\dfrac{LE}{R}$
④ $\dfrac{E}{R}$

**해설** $e_L = L\dfrac{di}{dt} = L\dfrac{d}{dt}\dfrac{E}{R}(1-e^{-\frac{R}{L}t}) = Ee^{-\frac{R}{L}t}\Big|_{t=0}$
$= E[\text{V}]$

**02** 어떤 회로의 단자 전압 $v = 100\sin\omega t + 40\sin 2\omega t + 30\sin(3\omega t + 60°)$[V]이고 전압강하의 방향으로 흐르는 전류가 $i = 10\sin(\omega t - 60°) + 2\sin(3\omega t + 105°)$[A]일 때 회로에 공급되는 평균 전력[W]은?

① 530
② 630
③ 371.2
④ 271.2

**해설** $P = V_1 I \cos\theta_1 + V_3 I_3 \cos\theta^3$
$= \dfrac{100}{\sqrt{2}} \times \dfrac{10}{\sqrt{2}} \cos 60° + \dfrac{30}{\sqrt{2}} \times \dfrac{2}{\sqrt{2}} \cos 45°$
$= 271.2[\text{W}]$

**03** 각 상의 임피던스가 $Z = 16+j12$[Ω]인 평형 3상 Y부하에 정현파 상전류 10[A]가 흐를 때 이 부하의 선간전압의 크기[V]는?

① 200
② 600
③ 220
④ 346

**해설** 선간전압 $V_l = \sqrt{3}\, V_p = \sqrt{3}\, I_p Z$
$= \sqrt{3} \times 10 \times \sqrt{16^2+12^2} = 346[\text{V}]$

**04** 서로 결합하고 있는 두 코일 A와 B를 같은 방향으로 감아서 직렬로 접속하면 합성 인덕턴스가 10[mH]가 되고, 반대로 연결하면 합성 인덕턴스가 40[%] 감소한다. A코일의 자기 인덕턴스가 5[mH]라면 B코일의 자기 인덕턴스는 몇 [mH]인가?

① 10
② 8
③ 5
④ 3

**해설** 인덕턴스 직렬접속의 합성 인덕턴스
① 가동결합(가극성) : $L_o = L_1 + L_2 + 2M[\text{H}]$
② 차동결합(감극성) : $L_o = L_1 + L_2 - 2M[\text{H}]$
합성 인덕턴스 10[mH]는 직렬 가동결합이므로
$10 = L_A + L_B + 2M[\text{H}]$ ·················· ㉠
반대로 연결하면 차동결합이 되고 합성 인덕턴스가 40[%] 감소하면 6[mH]가 된다.
$6 = L_A + L_B - 2M[\text{H}]$ ·················· ㉡
㉠ - ㉡ 식에서
$M = 1[\text{mH}]$
∴ $L_B = 10 - L_A - 2M = 10 - 5 - 2 = 3[\text{mH}]$

**05** 4단자망의 파라미터 정수에 관한 설명 중 옳지 않은 것은?

① $A$, $B$, $C$, $D$ 파라미터 중 $A$ 및 $D$는 차원(dimension)이 없다.
② $h$ 파라미터 중 $h_{12}$ 및 $h_{21}$은 차원이 없다.
③ $A$, $B$, $C$, $D$ 파라미터 중 $B$는 어드미턴스, $C$는 임피던스의 차원을 갖는다.
④ $h$ 파라미터 중 $h_{11}$은 임피던스, $h_{22}$는 어드미턴스의 차원을 갖는다.

**해설** $B$는 전달 임피던스, $C$는 전달 어드미턴스의 차원을 갖는다.

**정답** 01. ② 02. ④ 03. ④ 04. ④ 05. ③

**06** 1상의 임피던스가 $14+j48[\Omega]$인 △부하에 대칭 선간전압 200[V]를 가한 경우의 3상 전력은 몇 [W]인가?

① 672　② 692
③ 712　④ 732

**해설** $P = 3I_p^2 \cdot R = 3\left(\dfrac{200}{50}\right)^2 \times 14 = 672[W]$

**07** 그림과 같이 높이가 1인 펄스의 라플라스 변환은?

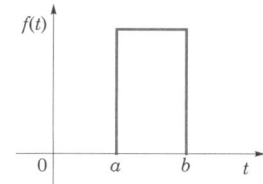

① $\dfrac{1}{s}(e^{-as}+e^{-bs})$

② $\dfrac{1}{s}(e^{-as}-e^{-bs})$

③ $\dfrac{1}{a-b}\left(\dfrac{e^{-as}+e^{-bs}}{s}\right)$

④ $\dfrac{1}{a-b}\left(\dfrac{e^{-as}-e^{-bs}}{s}\right)$

**해설** $f(t) = u(t-a) - u(t-b)$
시간추이 정리를 적용하면
$F(s) = \dfrac{e^{-as}}{s} - \dfrac{e^{-bs}}{s} = \dfrac{1}{s}(e^{-as}-e^{-bs})$

**08** 12상 Y결선 상전압이 100[V]일 때 단자 전압[V]은?

① 75.88　② 25.88
③ 100　④ 51.76

**해설** 단자 전압 $V_l = 2\sin\dfrac{\pi}{n} \cdot V_p$
$= 2\sin\dfrac{\pi}{12} \times 100 = 51.76[V]$

**09** 위상정수가 $\dfrac{\pi}{8}$[rad/m]인 선로의 1[MHz]에 대한 전파속도[m/s]는?

① $1.6 \times 10^7$　② $9 \times 10^7$
③ $10 \times 10^7$　④ $11 \times 10^7$

**해설** 전파속도 $v = \dfrac{\omega}{\beta}$
$= \dfrac{2 \times \pi \times 1 \times 10^6}{\dfrac{\pi}{8}}$
$= 1.6 \times 10^7 [m/s]$

**10** 대칭 좌표법에 관한 설명 중 잘못된 것은?

① 불평형 3상 회로의 비접지식 회로에서는 영상분이 존재한다.
② 대칭 3상 전압에서 영상분은 0이 된다.
③ 대칭 3상 전압은 정상분만 존재한다.
④ 불평형 3상 회로의 접지식 회로에서는 영상분이 존재한다.

**해설** 비접지식 회로에서는 영상분이 존재하지 않는다. 대칭 3상 전압의 대칭분은 영상분·역상분은 0이고, 정상분만 $V_a$로 존재한다.

**정답** 06. ① 07. ② 08. ④ 09. ① 10. ①

# 2024년 제1회 CBT 기출복원문제

**01** 각 상의 임피던스가 $Z = 6 + j8 [\Omega]$인 평형 Y부하에 선간전압 220[V]인 대칭 3상 전압이 가해졌을 때 선전류는 약 몇 [A]인가?

① 11.7
② 12.7
③ 13.7
④ 14.7

**해설** Y결선
- 선간전압($V_l$) = $\sqrt{3}$ 상전압($V_p$)
- 선전류($I_l$) = 상전류($I_p$)

선전류 $I_l = I_p = \dfrac{V_p}{Z} = \dfrac{220/\sqrt{3}}{\sqrt{8^2+6^2}} = 12.7[A]$

**02** 4단자 정수 $A$, $B$, $C$, $D$ 중에서 어드미턴스의 차원을 가진 정수는 어느 것인가?

① $A$
② $B$
③ $C$
④ $D$

**해설**
- $A$ : 전압 이득
- $B$ : 전달 임피던스
- $C$ : 전달 어드미턴스
- $D$ : 전류 이득

**03** $\dfrac{E_o(s)}{E_i(s)} = \dfrac{1}{s^2+3s+1}$의 전달함수를 미분방정식으로 표시하면? (단, $\mathcal{L}^{-1}[E_o(s)] = e_o(t)$, $\mathcal{L}^{-1}[E_i(s)] = e_i(t)$이다.)

① $\dfrac{d^2}{dt^2}e_i(t) + 3\dfrac{d}{dt}e_i(t) + e_i(t) = e_o(t)$

② $\dfrac{d^2}{dt^2}e_o(t) + 3\dfrac{d}{dt}e_o(t) + e_o(t) = e_i(t)$

③ $\dfrac{d^2}{dt^2}e_i(t) + 3\dfrac{d}{dt}e_i(t) + \int e_i(t)dt = e_o(t)$

④ $\dfrac{d^2}{dt^2}e_o(t) + 3\dfrac{d}{dt}e_o(t) + \int e_o(t)dt = e_i(t)$

**해설** $(s^2 + 3s + 1)E_o(s) = E_i(s)$
$s^2 E_o(s) + 3sE_o(s) + E_o(s) = E_i(s)$
역 Laplace 변환하면
$\dfrac{d^2}{dt^2}e_o(t) + 3\dfrac{d}{dt}e_o(t) + e_o(t) = e_i(t)$

**04** 2개의 교류 전압 $v_1 = 141\sin(120\pi t - 30°)$와 $v_2 = 150\cos(120\pi t - 30°)$의 위상차를 시간으로 표시하면 몇 초인가?

① $\dfrac{1}{60}$
② $\dfrac{1}{120}$
③ $\dfrac{1}{240}$
④ $\dfrac{1}{360}$

**해설** 위상차 $\theta = 90°$
따라서 시간 $t = \dfrac{T}{4} = \dfrac{1}{4f} = \dfrac{1}{4 \times 60} = \dfrac{1}{240}[\sec]$

**05** 각 상의 전류가 $i_a = 30\sin\omega t$, $i_b = 30\sin(\omega t - 90°)$, $i_c = 30\sin(\omega t + 90°)$일 때 영상 대칭분의 전류[A]는?

① $10\sin\omega t$
② $\dfrac{10}{3}\sin\dfrac{\omega t}{3}$
③ $\dfrac{30}{\sqrt{3}}\sin(\omega t + 45°)$
④ $30\sin\omega t$

**해설** $i_0 = \dfrac{1}{3}(i_a + i_b + i_c)$
$= \dfrac{1}{3}\{30\sin\omega t + 30\sin(\omega t - 90°) + 30\sin(\omega t + 90°)\}$
$= \dfrac{30}{3}\{\sin\omega t + (\sin\omega t\cos 90° - \cos\omega t\sin 90°) + (\sin\omega t\cos 90° + \cos\omega t\sin 90°)\}$
$= 10\sin\omega t[A]$

**정답** 01. ② 02. ③ 03. ② 04. ③ 05. ①

**06** 두 개의 코일 a, b가 있다. 두 개를 직렬로 접속하였더니 합성 인덕턴스가 119[mH]이었다. 극성을 반대로 했더니 합성 인덕턴스가 11[mH]이고, 코일 $a$의 자기 인덕턴스 $L_a = 20$[mH]라면 결합계수 $k$는?

① 0.6  ② 0.7
③ 0.8  ④ 0.9

**해설** $L_a + L_b + 2M = 119$ ············ ㉠
$L_a + L_b - 2M = 11$ ············ ㉡

식 ㉠, ㉡에서 $M = \dfrac{119-11}{4} = \dfrac{108}{4}$

∴ $M = 27$[mH]
∴ $L_b = 119 - 2M - L_a$
$= 119 - 27 \times 2 - 20 = 45$[mH]

따라서 결합계수 $k = \dfrac{M}{\sqrt{L_a L_b}}$
$= \dfrac{27}{\sqrt{20 \times 45}} = 0.9$

**07** 회로에서 스위치를 닫을 때 콘덴서의 초기 전하를 무시하면 회로에 흐르는 전류 $i(t)$는 어떻게 되는가?

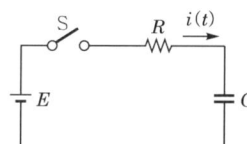

① $\dfrac{E}{R} e^{\frac{C}{R}t}$   ② $\dfrac{E}{R} e^{\frac{R}{C}t}$
③ $\dfrac{E}{R} e^{-\frac{1}{CR}t}$  ④ $\dfrac{E}{R} e^{\frac{1}{CR}t}$

**해설** 전압 방정식 $Ri(t) + \dfrac{1}{C}\int i(t)dt = E$

라플라스 변환을 이용하여 풀면

$i(t) = \dfrac{E}{R} e^{-\frac{1}{CR}t}$ [A]

**08** 비정현파의 푸리에 급수에 의한 전개에서 옳게 전개한 $f(t)$는?

① $\sum\limits_{n=1}^{\infty} a_n \sin n\omega t + \sum\limits_{n=1}^{\infty} b_n \cos n\omega t$

② $\sum\limits_{n=1}^{\infty} a_n \sin n\omega t + \sum\limits_{n=1}^{\infty} b_n \sin n\omega t$

③ $a_0 + \sum\limits_{n=1}^{\infty} a_n \cos n\omega t + \sum\limits_{n=1}^{\infty} b_n \sin n\omega t$

④ $\sum\limits_{n=1}^{\infty} a_n \cos n\omega t + \sum\limits_{n=1}^{\infty} b_n \cos n\omega t$

**해설** $f(t) = a_0 + \sum\limits_{n=1}^{\infty} a_n \cos n\omega t + \sum\limits_{n=1}^{\infty} b_n \sin n\omega t$

**09** 전기 회로에서 일어나는 과도 현상은 그 회로의 시정수와 관계가 있다. 이 사이의 관계를 옳게 표현한 것은?

① 회로의 시정수가 클수록 과도 현상은 오랫동안 지속된다.
② 시정수는 과도 현상의 지속 시간에는 상관되지 않는다.
③ 시정수의 역이 클수록 과도 현상은 천천히 사라진다.
④ 시정수가 클수록 과도 현상은 빨리 사라진다.

**해설** 시정수와 과도분은 비례 관계이므로 시정수가 클수록 과도분은 많다.

**10** 100[V], 800[W], 역률 80[%]인 교류 회로의 리액턴스는 몇 [Ω]인가?

① 6  ② 8
③ 10  ④ 12

**해설** 무효전력 $P_r = I^2 \cdot X_L$

∴ $X_L = \dfrac{P_r}{I^2} = \dfrac{\sqrt{P_a^2 - P^2}}{I^2} = \dfrac{\sqrt{\left(\dfrac{800}{0.8}\right)^2 - 800^2}}{\left(\dfrac{800}{100 \times 0.8}\right)^2}$

$= 6$[Ω]

**정답** 06. ④  07. ③  08. ③  09. ①  10. ①

**11** $R[\Omega]$의 3개의 저항을 전압 $V[V]$의 3상 교류 선간에 그림과 같이 접속할 때 선전류 [A]는 얼마인가?

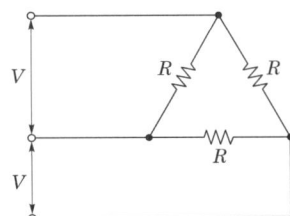

① $\dfrac{V}{\sqrt{3}R}$ ② $\dfrac{\sqrt{3}V}{R}$

③ $\dfrac{V}{3R}$ ④ $\dfrac{3V}{R}$

해설 선전류 $I_l = \sqrt{3}\,I_p = \sqrt{3}\,\dfrac{V_p}{R} = \dfrac{\sqrt{3}\,V}{R}$ [A]

**12** 그림과 같은 회로에서 저항 15[Ω]에 흐르는 전류는 몇 [A]인가?

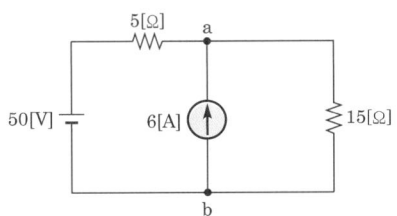

① 0.5 ② 2
③ 4 ④ 6

해설 50[V]에 의한 전류 $I_1 = \dfrac{50}{5+15} = 2.5$[A]

6[A]에 의한 전류 $I_2 = \dfrac{5}{5+15} \times 6 = 1.5$[A]

∴ $I = I_1 + I_2 = 2.5$[A] $+ 1.5$[A] $= 4$[A]

**13** 다음과 같은 왜형파 교류 전압, 전류의 전력[W]을 계산하면?

$v = 100\sin\omega t + 50\sin(3\omega t + 60°)$[V]
$i = 20\cos(\omega t - 30°) + 10\cos(3\omega t - 30°)$[A]

① 750 ② 1,000
③ 1,299 ④ 1,732

해설 유효전력(= 소비전력)

$P = V_0 I_0 + \sum\limits_{k=1}^{\infty} V_k I_k \cos\theta_k$ [W]

$= \dfrac{100}{\sqrt{2}} \cdot \dfrac{20}{\sqrt{2}} \cos 60° + \dfrac{50}{\sqrt{2}} \cdot \dfrac{10}{\sqrt{2}} \cos 0°$

$= 750$[W]

**14** 다음 회로의 단자 a, b에 나타나는 전압[V]은 얼마인가?

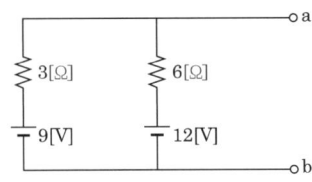

① 9 ② 10
③ 12 ④ 3

해설 밀만의 정리

$V_{ab} = \dfrac{\sum\limits_{k=1}^{n} I_k}{\sum\limits_{k=1}^{n} Y_k}$ [V]

$= \dfrac{\dfrac{9}{3} + \dfrac{12}{6}}{\dfrac{1}{3} + \dfrac{1}{6}} = 10$[V]

**15** 그림과 같은 순저항으로 된 회로에 대칭 3상 전압을 가했을 때 각 선에 흐르는 전류가 같으려면 $R$의 값[Ω]은?

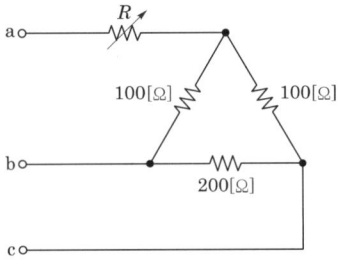

① 20 ② 25
③ 30 ④ 35

정답 11. ② 12. ③ 13. ① 14. ② 15. ②

**해설** 각 선에 흐르는 전류가 같으려면 각 상의 저항의 크기가 같아야 한다. 따라서 △결선을 Y결선으로 바꾸면

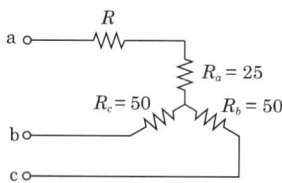

$R_a = \dfrac{10,000}{400} = 25[\Omega]$

$R_b = \dfrac{20,000}{400} = 50[\Omega]$

$R_c = \dfrac{20,000}{400} = 50[\Omega]$

∴ 각 상의 저항이 같기 위해서는 $R = 25[\Omega]$이다.

**16** 그림과 같은 회로의 영상 임피던스 $Z_{01}$, $Z_{02}$는 각각 몇 [Ω]인가?

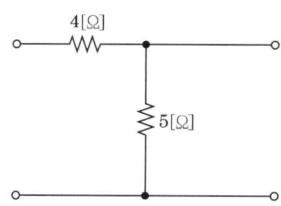

① $Z_{01} = 9$, $Z_{02} = 5$
② $Z_{01} = 4$, $Z_{02} = 5$
③ $Z_{01} = 4$, $Z_{02} = \dfrac{20}{9}$
④ $Z_{01} = 6$, $Z_{02} = \dfrac{10}{3}$

**해설**

$\begin{bmatrix} A & B \\ C & D \end{bmatrix} = \begin{bmatrix} 1 & 4 \\ 0 & 1 \end{bmatrix} \begin{bmatrix} 1 & 0 \\ \frac{1}{5} & 1 \end{bmatrix} = \begin{bmatrix} \frac{9}{5} & 4 \\ \frac{1}{5} & 1 \end{bmatrix}$

∴ $Z_{01} = \sqrt{\dfrac{AB}{CD}} = \sqrt{\dfrac{\frac{9}{5} \times 4}{\frac{1}{5} \times 1}} = 6[\Omega]$

$Z_{02} = \sqrt{\dfrac{BD}{AC}} = \sqrt{\dfrac{4 \times 1}{\frac{9}{5} \times \frac{1}{5}}} = \dfrac{10}{3}[\Omega]$

**17** 그림과 같은 회로에서 $L = 4[mH]$, $C = 0.1[\mu F]$일 때 이 회로가 정저항 회로가 되려면 $R[\Omega]$의 값은 얼마이어야 하는가?

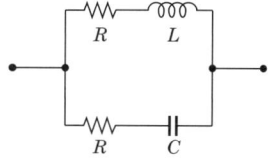

① 100  ② 400
③ 300  ④ 200

**해설** 정저항 조건 $Z_1 \cdot Z_2 = R^2$에서 $R^2 = \dfrac{L}{C}$

∴ $R = \sqrt{\dfrac{L}{C}} = \sqrt{\dfrac{4 \times 10^{-3}}{0.1 \times 10^{-6}}} = 200[\Omega]$

**18** 정현파 교류의 실효값을 구하는 식이 잘못된 것은?

① $\sqrt{\dfrac{1}{T}\displaystyle\int_0^T i^2 dt}$  ② 파고율×평균값

③ $\dfrac{최댓값}{\sqrt{2}}$  ④ $\dfrac{\pi}{2\sqrt{2}} \times$평균값

**해설** 실효값 계산식 $I = \sqrt{\dfrac{1}{T}\displaystyle\int_0^T i^2 dt}$,

파고율 = $\dfrac{최댓값}{실효값}$, 파형률 = $\dfrac{실효값}{평균값}$

파고율×평균값 = $\dfrac{최댓값}{실효값} \times$평균값이 되므로 실효값은 되지 않는다.

**19** 평형 3상 부하에 전력을 공급할 때 선전류 값이 20[A]이고 부하의 소비전력이 4[kW]이다. 이 부하의 등가 Y회로에 대한 각 상의 저항[Ω]은?

① $\dfrac{10}{3}$  ② $\dfrac{10}{\sqrt{3}}$
③ 10  ④ $10\sqrt{3}$

정답 16. ④  17. ④  18. ②  19. ①

**해설** 소비전력 $P = 3I^2 R$에서

$$\therefore R = \frac{P}{3I_p^2} = \frac{4 \times 10^3}{3 \times 20^2} = \frac{10}{3} [\Omega]$$

**20** 그림과 같이 높이가 1인 펄스의 라플라스 변환은?

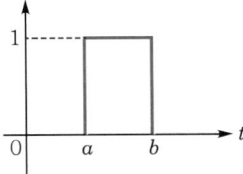

① $\dfrac{1}{s}(e^{-as} + e^{-bs})$

② $\dfrac{1}{a-b}\left(\dfrac{e^{-as} + e^{-bs}}{1}\right)$

③ $\dfrac{1}{s}(e^{-as} - e^{-bs})$

④ $\dfrac{1}{a-b}\left(\dfrac{e^{-as} - e^{-bs}}{s}\right)$

**해설** $f(t) = u(t-a) - u(t-b)$
시간추이 정리를 적용하면
$F(s) = \dfrac{e^{-as}}{s} - \dfrac{e^{-bs}}{s} = \dfrac{1}{s}(e^{-as} - e^{-bs})$

**정답** 20. ③

# 2024년 제2회 CBT 기출복원문제

**01** 각 상의 임피던스 $Z=6+j8[\Omega]$인 평형 △부하에 선간전압이 220[V]인 대칭 3상 전압을 가할 때의 선전류[A]를 구하면?

① 22  ② 13
③ 11  ④ 38

**해설** △결선이므로 $I_l = \sqrt{3}\,I_p$
$= \sqrt{3}\,\dfrac{220}{\sqrt{6^2+8^2}} ≒ 38[A]$

**02** 어떤 회로에 흐르는 전류가 $i=5+10\sqrt{2}\sin\omega t+5\sqrt{2}\sin\left(3\omega t+\dfrac{\pi}{3}\right)$[A]인 경우 실효값[A]은?

① 10.25  ② 11.25
③ 12.25  ④ 13.25

**해설** 실효값 $I = \sqrt{I_0^2+I_1^2+I_2^2}$
$= \sqrt{5^2+10^2+5^2} = 12.25[A]$

**03** 무손실 선로의 분포정수회로에서 감쇠정수 $\alpha$와 위상정수 $\beta$의 값은?

① $\alpha=\sqrt{RG},\ \beta=\omega\sqrt{LC}$
② $\alpha=0,\ \beta=\omega\sqrt{LC}$
③ $\alpha=\sqrt{RG},\ \beta=0$
④ $\alpha=0,\ \beta=\dfrac{1}{\sqrt{LC}}$

**해설** $\gamma = \sqrt{(R+j\omega L)(G+j\omega C)}$
$= j\omega\sqrt{LC}$
∴ 감쇠정수 $\alpha=0$
   위상정수 $\beta=\omega\sqrt{LC}$

**04** 대칭 3상 전압 $V_a$, $V_b$, $V_c$를 a상을 기준으로 한 대칭분은?

① $V_0=0,\ V_1=V_a,\ V_2=aV_a$
② $V_0=V_a,\ V_1=V_a,\ V_2=V_a$
③ $V_0=0,\ V_1=0,\ V_2=a^2V_a$
④ $V_0=0,\ V_1=V_a,\ V_2=0$

**해설** 대칭 3상 전압을 a상 기준으로 한 대칭분
$V_0 = \dfrac{1}{3}(V_a+V_b+V_c)$
$= \dfrac{1}{3}(V_a+a^2V_a+aV_a)$
$= \dfrac{V_a}{3}(1+a^2+a)=0$
$V_1 = \dfrac{1}{3}(V_a+aV_b+a^2V_c)$
$= \dfrac{1}{3}(V_a+a^3V_a+a^3V_a)$
$= \dfrac{V_a}{3}(1+a^3+a^3)=V_a$
$V_2 = \dfrac{1}{3}(V_a+a^2V_b+aV_c)$
$= \dfrac{1}{3}(V_a+a^4V_a+a^2V_a)$
$= \dfrac{V_a}{3}(1+a^4+a^2)=0$

**05** $R-L$ 직렬회로에 $v=100\sin(120\pi t)$[V]의 전원을 연결하여 $i=2\sin(120\pi t-45°)$[A]의 전류가 흐르도록 하려면 저항 $R[\Omega]$의 값은?

① 50  ② $\dfrac{50}{\sqrt{2}}$
③ $50\sqrt{2}$  ④ 100

정답 01.④ 02.③ 03.② 04.④ 05.②

**해설** 임피던스 $Z = \dfrac{V_m}{I_m} = \dfrac{100}{2} = 50[\Omega]$, 전압 전류의

위상차 45°이므로

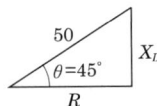

따라서 임피던스 삼각형에서

∴ $R = 50\cos 45° = \dfrac{50}{\sqrt{2}}[\Omega]$

**06** 그림과 같은 회로의 단자 a, b, c에 대칭 3상 전압을 가하여 각 선전류를 같게 하려면 $R$의 값[Ω]을 얼마로 하면 되는가?

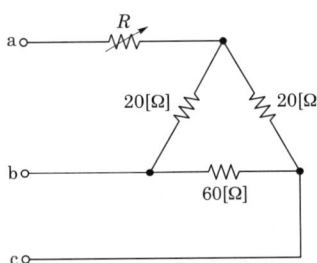

① 2
② 8
③ 16
④ 24

**해설** △ → Y로 등가 변환하면

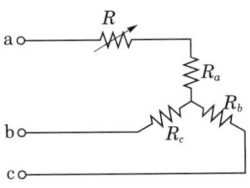

$R_a = \dfrac{400}{100} = 4[\Omega]$

$R_b = \dfrac{1,200}{100} = 12[\Omega]$

$R_c = \dfrac{1,200}{100} = 12[\Omega]$

∴ 각 선에 흐르는 전류가 같으려면 각 상의 저항이 같아야 하므로 $R = 8[\Omega]$

**07** $R-L$ 직렬회로에서 스위치 S를 닫아 직류 전압 $E[V]$를 회로 양단에 급히 가한 다음 $\dfrac{L}{R}[s]$ 후의 전류 $I[A]$값은?

① $0.632\dfrac{E}{R}$
② $0.5\dfrac{E}{R}$
③ $0.368\dfrac{E}{R}$
④ $\dfrac{E}{R}$

**해설** $i = \dfrac{E}{R}\left(1 - e^{-\frac{R}{L}t}\right) = \dfrac{E}{R}\left(1 - e^{-\frac{R}{L}\frac{L}{R}t}\right)$

$= \dfrac{E}{R}(1 - e^{-1}) = 0.632\dfrac{E}{R}[A]$

**08** 그림과 같은 회로가 정저항 회로가 되기 위한 저항 $R[\Omega]$의 값은? (단, $L=2[mH]$, $C=10[\mu F]$이다.)

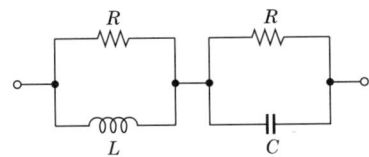

① 8
② 14
③ 20
④ 28

**해설** $Z_1 \cdot Z_2 = R^2$에서 $sL \cdot \dfrac{1}{sC} = R^2$, $R^2 = \dfrac{L}{C}$

∴ $R = \sqrt{\dfrac{L}{C}} = \sqrt{\dfrac{2 \times 10^{-3}}{10 \times 10^{-6}}} = 14.14[\Omega]$

**09** 그림과 같은 H형 회로의 4단자 정수 중 $A$의 값은?

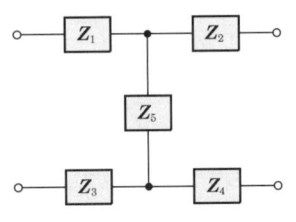

① $Z_5$
② $\dfrac{Z_5}{Z_2 + Z_4 + Z_5}$
③ $\dfrac{1}{Z_5}$
④ $\dfrac{Z_1 + Z_3 + Z_5}{Z_5}$

**해설**

$$\begin{bmatrix} A & B \\ C & D \end{bmatrix} = \begin{bmatrix} 1 & Z_1 + Z_3 \\ 0 & 1 \end{bmatrix} \begin{bmatrix} 1 & 0 \\ \frac{1}{Z_5} & 1 \end{bmatrix} \begin{bmatrix} 1 & Z_2 + Z_4 \\ 0 & 1 \end{bmatrix}$$

$$= \begin{bmatrix} \frac{Z_1 + Z_3 + Z_5}{Z_5} & Z_1 + Z_3 + \frac{(Z_2 + Z_4)(Z_1 + Z_3 + Z_5)}{Z_5} \\ \frac{1}{Z_5} & \frac{Z_2 + Z_4 + Z_5}{Z_5} \end{bmatrix}$$

**10** 대칭 3상 전압을 공급한 유도 전동기가 있다. 전동기에 그림과 같이 2개의 전력계 $W_1$ 및 $W_2$, 전압계 V, 전류계 A를 접속하니 각 계기의 지시가 $W_1$=5.96[kW], $W_2$=1.31[kW], V=200[V], A=30[A]이었다. 이 전동기의 역률은 몇 [%]인가?

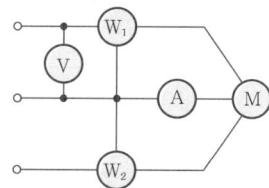

① 60　　　② 70
③ 80　　　④ 90

**해설** 역률 $\cos\theta = \dfrac{P}{P_a} = \dfrac{P}{\sqrt{P^2 + P_r^2}} = \dfrac{P}{\sqrt{3}\,VI}$

전력계의 지시값이 $W_1$, $W_2$이므로

역률 $\cos\theta = \dfrac{W_1 + W_2}{\sqrt{3}\,VI}$

$= \dfrac{5,960 + 1,310}{\sqrt{3} \times 200 \times 30} = 0.7$

∴ 70[%]

**정답** 10. ②

# 2024년 제2회 CBT 기출복원문제

**01** 그림과 같은 L형 회로의 4단자 정수는 어떻게 되는가?

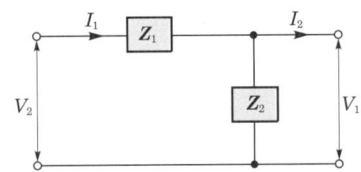

① $A = Z_1$, $B = 1 + \dfrac{Z_1}{Z_2}$, $C = \dfrac{1}{Z_2}$, $D = 1$

② $A = 1$, $B = \dfrac{1}{Z_2}$, $C = 1 + \dfrac{1}{Z_2}$, $D = Z_1$

③ $A = 1 + \dfrac{Z_1}{Z_2}$, $B = Z_1$, $C = \dfrac{1}{Z_2}$, $D = 1$

④ $A = \dfrac{1}{Z_2}$, $B = 1$, $C = Z_1$, $D = 1 + \dfrac{Z_1}{Z_2}$

[해설] $\begin{bmatrix} A & B \\ C & D \end{bmatrix} = \begin{bmatrix} 1 & Z_1 \\ 0 & 1 \end{bmatrix} \begin{bmatrix} 1 & 0 \\ \dfrac{1}{Z_2} & 1 \end{bmatrix}$

$= \begin{bmatrix} 1 + \dfrac{Z_1}{Z_2} & Z_1 \\ \dfrac{1}{Z_2} & 1 \end{bmatrix}$

**02** 불평형 회로에서 영상분이 존재하는 3상 회로 구성은?

① △-△ 결선의 3상 3선식
② △-Y 결선의 3상 3선식
③ Y-Y 결선의 3상 3선식
④ Y-Y 결선의 3상 4선식

[해설] 영상분이 존재하는 3상 회로 구성은 접지식이거나 Y-Y 결선의 3상 4선식이다.

**03** $e^{-at}\cos\omega t$ 의 라플라스 변환은?

① $\dfrac{s+a}{(s+a)^2 + \omega^2}$   ② $\dfrac{\omega}{(s+a)^2 + \omega^2}$

③ $\dfrac{\omega}{(s^2+a^2)^2}$   ④ $\dfrac{s+a}{(s^2+a^2)^2}$

[해설] 복소 추이 정리를 이용하면

$\mathcal{L}[e^{-at}\cos\omega t] = \mathcal{L}[\cos\omega t]_{s=s+a}$

$= s + a = \left.\dfrac{s}{s^2+\omega^2}\right|_{s=s+a}$

$= \dfrac{s+a}{(s+a)^2+\omega^2}$

**04** 그림과 같은 π형 4단자 회로의 어드미턴스 상수 중 $Y_{22}[\mho]$는?

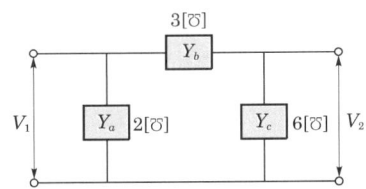

① 5   ② 6
③ 9   ④ 11

[해설] $Y_{22} = Y_b + Y_c = 3 + 6 = 9[\mho]$

**05** 각 상의 임피던스가 $Z = 16 + j12[\Omega]$인 평형 3상 Y부하에 정현파 상전류 10[A]가 흐를 때 이 부하의 선간전압의 크기[V]는?

① 200   ② 600
③ 220   ④ 346

[해설] 선간전압 $V_l = \sqrt{3}\,V_p = \sqrt{3}\,I_p Z$
$= \sqrt{3} \times 10 \times \sqrt{16^2 + 12^2}$
$= 346[V]$

[정답] 01. ③  02. ④  03. ①  04. ③  05. ④

**06** 자계 코일이 있다. 이것의 권수 $N=2,000$ [회], 저항 $R=12[\Omega]$이고, 전류 $I=10[A]$를 통했을 때 자속 $\phi=6\times 10^{-2}[Wb]$이다. 이 회로의 시정수[s]는 얼마인가?

① 0.01  ② 0.1
③ 1  ④ 10

**해설** 코일의 자기 인덕턴스 $L = \dfrac{N\phi}{I}$
$= \dfrac{2,000 \times 6 \times 10^{-2}}{10} = 12[H]$
∴ 시정수 $\tau = \dfrac{L}{R} = \dfrac{12}{12} = 1[\sec]$

**07** 3상 불평형 전압에서 역상 전압이 50[V], 정상 전압이 200[V], 영상 전압이 10[V]라고 할 때 전압의 불평형률[%]은?

① 1  ② 5
③ 25  ④ 50

**해설** 불평형률 $= \dfrac{\text{역상 전압}}{\text{정상 전압}} \times 100 = \dfrac{50}{200} \times 100 = 25[\%]$

**08** 다음 회로의 단자 a, b에 나타나는 전압[V]은 얼마인가?

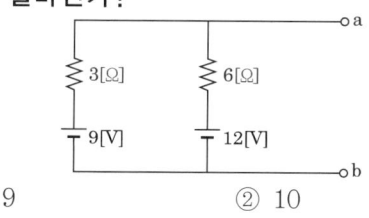

① 9  ② 10
③ 12  ④ 3

**해설** 밀만의 정리
$V_{ab} = \dfrac{\sum\limits_{k=1}^{n} I_k}{\sum\limits_{k=1}^{n} Y_k}[V]$
$= \dfrac{\dfrac{9}{3} + \dfrac{12}{6}}{\dfrac{1}{3} + \dfrac{1}{6}} = 10[V]$

**09** 10[Ω]의 저항 3개를 Y로 결선한 것을 등가 △결선으로 환산한 저항의 크기[Ω]는?

① 20  ② 30
③ 40  ④ 60

**해설** Y결선의 임피던스가 같은 경우 △결선으로 등가 변환하면 $Z_\triangle = 3Z_Y$가 된다.
∴ $Z_\triangle = 3Z_Y = 3 \times 10 = 30[\Omega]$

**10** $R-L-C$ 직렬회로에서 $R=100[\Omega]$, $L=0.1\times 10^{-3}[H]$, $C=0.1\times 10^{-6}[F]$일 때 이 회로는?

① 진동적이다.
② 비진동이다.
③ 정현파 진동이다.
④ 진동일 수도 있고 비진동일 수도 있다.

**해설** $R^2 - 4\dfrac{L}{C} = 100^2 - 4\dfrac{0.1 \times 10^{-3}}{0.1 \times 10^{-6}} > 0$ ∴ 비진동

**11** 주기적인 구형파의 신호는 그 주파수 성분이 어떻게 되는가?

① 무수히 많은 주파수의 성분을 가진다.
② 주파수 성분을 갖지 않는다.
③ 직류분만으로 구성된다.
④ 교류 합성을 갖지 않는다.

**해설** 주기적인 구형파 신호는 각 고조파 성분의 합이므로 무수히 많은 주파수의 성분을 가진다.

**12** 어떤 $R-L-C$ 병렬회로가 병렬 공진되었을 때 합성 전류는?

① 최소가 된다.
② 최대가 된다.
③ 전류는 흐르지 않는다.
④ 전류는 무한대가 된다.

**해설** 어드미턴스가 최소 상태가 되므로 임피던스는 최대가 되어 전류는 최소 상태가 된다.

**정답** 06. ③ 07. ③ 08. ② 09. ② 10. ② 11. ① 12. ①

**13** 평형 3상 부하에 전력을 공급할 때 선전류 값이 20[A]이고 부하의 소비전력이 4[kW]이다. 이 부하의 등가 Y회로에 대한 각 상의 저항[Ω]은?

① $\dfrac{10}{3}$  ② $\dfrac{10}{\sqrt{3}}$

③ 10  ④ $10\sqrt{3}$

**[해설]** 소비전력 $P = 3I^2R$에서

$$\therefore R = \dfrac{P}{3I_p^{\,2}} = \dfrac{4 \times 10^3}{3 \times 20^2} = \dfrac{10}{3}[\Omega]$$

**14** 파고율이 2가 되는 파형은?

① 정현파  ② 톱니파
③ 반파 정류파  ④ 전파 정류파

**[해설]** 반파 정류파의 파고율 $= \dfrac{\text{최댓값}}{\text{실효값}} = \dfrac{V_m}{\frac{1}{2}V_m} = 2$

**15** $i = 30\sin\omega t + 40\sin(5\omega t + 30°)$의 실효값 [A]은?

① 50  ② $50\sqrt{2}$
③ 25  ④ $25\sqrt{2}$

**[해설]** $I = \sqrt{\left(\dfrac{30}{\sqrt{2}}\right)^2 + \left(\dfrac{40}{\sqrt{2}}\right)^2} = 25\sqrt{2}\,[A]$

**16** 그림은 평형 3상 회로에서 운전하고 있는 유도 전동기의 결선도이다. 각 계기의 지시가 $W_1 = 2.36$[kW], $W_2 = 5.95$[kW], $V = 200$[V], $I = 30$[A]일 때, 이 유도 전동기의 역률은 약 몇 [%]인가?

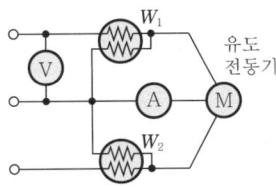

① 80  ② 76
③ 70  ④ 66

**[해설]**
- 유효전력 $P = W_1 + W_2$
  $= 2,360 + 5,950 = 8,310$[W]
- 피상전력 $P_a = \sqrt{3}\,VI$
  $= \sqrt{3} \times 200 \times 30 = 10,392$[VA]
- 역률 $\cos\theta = \dfrac{P}{P_a} = \dfrac{8,310}{10,392} ≒ 0.80$

$\therefore 80[\%]$

**17** 부동작 시간요소의 전달함수는?

① $K$  ② $\dfrac{K}{s}$
③ $Ke^{-Ls}$  ④ $Ks$

**[해설]** 각종 제어요소의 전달함수
- 비례요소의 전달함수 : $K$
- 미분요소의 전달함수 : $Ks$
- 적분요소의 전달함수 : $\dfrac{K}{s}$
- 1차 지연요소의 전달함수 : $G(s) = \dfrac{K}{1+Ts}$
- 부동작 시간요소의 전달함수 : $G(s) = Ke^{-Ls}$
  ($L$ : 부동작 시간)

**18** $R-L$ 직렬회로 $v = 10 + 100\sqrt{2}\sin\omega t + 50\sqrt{2}\sin(3\omega t + 60°) + 60\sqrt{2}\sin(5\omega t + 30°)$[V]인 전압을 가할 때 제3고조파 전류의 실효값[A]은? (단, $R = 8$[Ω], $\omega L = 2$[Ω]이다.)

① 1  ② 3
③ 5  ④ 7

**[해설]**
$$I_3 = \dfrac{V_3}{Z_3} = \dfrac{V_3}{\sqrt{R^2 + (3\omega L)^2}} = \dfrac{50}{\sqrt{8^2 + 6^2}} = 5[A]$$

정답  13. ①  14. ③  15. ④  16. ①  17. ③  18. ③

**19** 다음의 대칭 다상 교류에 의한 회전자계 중 잘못된 것은?

① 대칭 3상 교류에 의한 회전자계는 원형 회전자계이다.
② 대칭 2상 교류에 의한 회전자계는 타원형 회전자계이다.
③ 3상 교류에서 어느 두 코일의 전류의 상순을 바꾸면 회전자계의 방향도 바뀐다.
④ 회전자계의 회전 속도는 일정 각속도 $\omega$ 이다.

**해설** 교류가 만드는 회전자계
- 단상 교류 : 교번자계
- 대칭 3상($n$상) 교류 : 원형 회전자계
- 비대칭 3상($n$상) 교류 : 타원형 회전자계
대칭 2상 교류에 의한 회전자계는 단상 교류가 되므로 교번자계가 된다.

**20** 인덕턴스가 각각 5[H], 3[H]인 두 코일을 모두 dot 방향으로 전류가 흐르게 직렬로 연결하고 인덕턴스를 측정하였더니 15[H]이었다. 두 코일 간의 상호 인덕턴스[H]는?

① 3.5   ② 4.5
③ 7     ④ 9

**해설** 합성 인덕턴스 $L_0 = L_1 + L_2 + 2M$
$$\therefore M = \frac{1}{2}(L_0 - L_1 - L_2)$$
$$= \frac{1}{2}(15 - 5 - 3) = 3.5[H]$$

**정답** 19. ② 20. ①

# 2024년 제3회 CBT 기출복원문제

**01** 입력신호 $x(t)$와 출력신호 $y(t)$의 관계가 다음과 같을 때 전달함수는?

$$\frac{d^2}{dt^2}y(t)+5\frac{d}{dt}y(t)+6y(t)=x(t)$$

① $\dfrac{1}{(s+2)(s+3)}$  ② $\dfrac{s+1}{(s+2)(s+3)}$

③ $\dfrac{s+4}{(s+2)(s+3)}$  ④ $\dfrac{s}{(s+2)(s+3)}$

**해설** $\dfrac{d^2}{dt^2}y(t)+5\dfrac{dy(t)}{dt}+6y(t)=x(t)$
라플라스 변환하면
$s^2 Y(s)+5sY(s)+6Y(s)=X(s)$
$\therefore G(s)=\dfrac{Y(s)}{X(s)}=\dfrac{1}{s^2+5s^2+6}$
$=\dfrac{1}{(s+2)(s+3)}$

**02** 4단자 정수 $A$, $B$, $C$, $D$로 출력측을 개방시켰을 때 입력측에서 본 구동점 임피던스 $Z_{11}=\dfrac{V_1}{I_1}\bigg|_{I_2=0}$ 을 표시한 것 중 옳은 것은?

① $Z_{11}=\dfrac{A}{C}$  ② $Z_{11}=\dfrac{B}{D}$

③ $Z_{11}=\dfrac{A}{B}$  ④ $Z_{11}=\dfrac{B}{C}$

**해설** 임피던스 파라미터와 4단자 정수와의 관계
$Z_{11}=\dfrac{A}{C}$
$Z_{12}=Z_{21}=\dfrac{1}{C}$
$Z_{22}=\dfrac{D}{C}$

**03** 불평형 전류 $I_a=400-j650$[A], $I_b=-230-j700$[A], $I_c=-150+j600$[A]일 때 정상분 $I_1$[A]은?

① $6.66-j250$  ② $-179-j177$
③ $572-j223$  ④ $223-j572$

**해설** 정상 전류 $I_1=\dfrac{1}{3}(I_a+aI_b+a^2 I_c)$
$=\dfrac{1}{3}\bigg\{(400-j650)+\bigg(-\dfrac{1}{2}+(-230$
$-j700)+\bigg(-\dfrac{1}{2}-j\dfrac{\sqrt{3}}{2}\bigg)(-150$
$+j600)\bigg\}$
$=572-j223$[A]

**04** 다음 회로의 단자 a, b에 나타나는 전압[V]은 얼마인가?

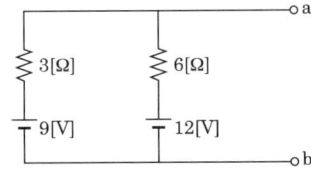

① 9  ② 10
③ 12  ④ 3

**해설** 밀만의 정리

$V_{ab}=\dfrac{\sum_{k=1}^{n} I_k}{\sum_{k=1}^{n} Y_k}$[V]

$V_{ab}=\dfrac{\dfrac{9}{3}+\dfrac{12}{6}}{\dfrac{1}{3}+\dfrac{1}{6}}=10$[V]

**정답** 01. ① 02. ① 03. ③ 04. ②

**05** $e^{j\omega t}$ 의 라플라스 변환은?

① $\dfrac{1}{s-j\omega}$  ② $\dfrac{1}{s+j\omega}$

③ $\dfrac{1}{s^2+\omega^2}$  ④ $\dfrac{\omega}{s^2+\omega^2}$

**해설** $F(s) = \mathcal{L}[e^{j\omega t}] = \dfrac{1}{s-j\omega}$

**06** 두 대의 전력계를 사용하여 평형 부하의 3상 부하의 3상 회로의 역률을 측정하려고 한다. 전력계의 지시가 각각 $P_1$, $P_2$라 할 때 이 회로의 역률은?

① $\dfrac{\sqrt{P_1+P_2}}{P_1+P_2}$

② $\dfrac{P_1+P_2}{P_1{}^2+P_2{}^2-2P_1P_2}$

③ $\dfrac{P_1+P_2}{2\sqrt{P_1{}^2+P_2{}^2-P_1P_2}}$

④ $\dfrac{2P_1P_2}{\sqrt{P_1{}^2+P_2{}^2-P_1P_2}}$

**해설** 역률 $\cos\theta = \dfrac{P}{P_a}$

$= \dfrac{P}{\sqrt{P^2+P_r{}^2}}$

$= \dfrac{P_1+P_2}{2\sqrt{P_1{}^2+P_2{}^2-P_1P_2}}$

**07** $v = 100\sin(\omega t+30°) - 50\sin(3\omega t+60°) + 25\sin 5\omega t$ [V], $i = 20\sin(\omega t-30°) + 15\sin(3\omega t+30°) + 10\cos(5\omega t-60°)$ [A] 인 식의 비정현파 전압 전류로부터 전력[W]과 피상전력[VA]은 얼마인가?

① $P = 283.5$, $P_a = 1,542$
② $P = 385.2$, $P_a = 2,021$
③ $P = 404.9$, $P_a = 3,284$
④ $P = 491.3$, $P_a = 4,141$

**해설** $P = V_1 I_1 \cos\theta_1 + V_3 I_3 \cos\theta_3 + V_5 I_5 \cos\theta_5$

$= \dfrac{100}{\sqrt{2}} \cdot \dfrac{20}{\sqrt{2}} \cos 60° - \dfrac{50}{\sqrt{2}} \cdot \dfrac{15}{\sqrt{2}} \cos 30°$

$+ \dfrac{25}{\sqrt{2}} \cdot \dfrac{10}{\sqrt{2}} \cos 30° ≒ 283.5$ [W]

$P_a = V \cdot I$

$= \sqrt{\dfrac{100^2+50^2+25^2}{2}} \times \sqrt{\dfrac{20^2+15^2+10^2}{2}}$

$= 1,542$ [VA]

**08** 2단자 임피던스 함수 $Z(s)$가 $Z(s) = \dfrac{(s+1)(s+2)}{(s+3)(s+4)}$ 일 때 영점(zero)과 극점을 옳게 표시한 것은?

|  | 영점 | 극점 |
|---|---|---|
| ① | $-1, -2$ | $-3, -4$ |
| ② | $1, 2$ | $3, 4$ |
| ③ | 없다. | $-1, -2, -3, -4$ |
| ④ | $-1, -2, -3, -4$ | 없다. |

**해설** 극점은 $Z(s)$의 분모=0의 근
$(s+3)(s+4) = 0$ ∴ $s = -3, -4$
영점은 $Z(s)$의 분자=0의 근
$(s+1)(s+2) = 0$ ∴ $s = -1, -2$

**09** $R = 20$[Ω], $L = 0.1$[H]의 직렬회로에 60[Hz], 115[V]의 교류전압이 인가되어 있다. 인덕턴스에 축적되는 자기 에너지의 평균값은 몇 [J]인가?

① 0.364  ② 3.64
③ 0.752  ④ 4.52

**해설** 자기 에너지 $W$

$= \dfrac{1}{2}LI^2$

$= \dfrac{1}{2} \times 0.1 \times \left(\dfrac{115}{\sqrt{20^2+(2\times 3.14\times 60\times 0.1)^2}}\right)^2$

$= 0.364$ [J]

**정답** 05. ① 06. ③ 07. ① 08. ① 09. ①

**10** 그림과 같은 회로의 단자 a, b, c에 대칭 3상 전압을 가하여 각 선전류를 같게 하려면 $R$의 값[Ω]을 얼마로 하면 되는가?

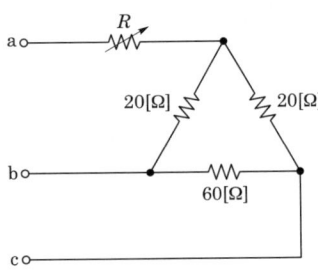

① 2
② 8
③ 16
④ 24

**해설** △ → Y로 등가 변환하면

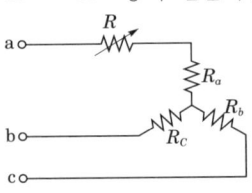

$R_a = \dfrac{400}{100} = 4[\Omega]$

$R_b = \dfrac{1,200}{100} = 12[\Omega]$

$R_c = \dfrac{1,200}{100} = 12[\Omega]$

∴ 각 선에 흐르는 전류가 같으려면 각 상의 저항이 같아야 하므로 $R = 8[\Omega]$

**정답** 10. ②

# 2024년 제3회 CBT 기출복원문제

**전기산업기사**

**01** 그림은 평형 3상 회로에서 운전하고 있는 유도 전동기의 결선도이다. 각 계기의 지시가 $W_1=2.36[kW]$, $W_2=5.95[kW]$, $V=200[V]$, $I=30[A]$일 때, 이 유도 전동기의 역률은 약 몇 [%]인가?

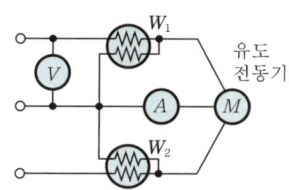

① 80  ② 76
③ 70  ④ 66

**해설**
- 유효전력 $P = W_1 + W_2$
  $= 2,360 + 5,950 = 8,310[W]$
- 피상전력 $P_a = \sqrt{3}\,VI$
  $= \sqrt{3} \times 200 \times 30 = 10,392[VA]$
- 역률 $\cos\theta = \dfrac{P}{P_a} = \dfrac{8,310}{10,392} ≒ 0.80$

∴ 80[%]

**02** 그림의 회로에서 저항 2.6[Ω]에 흐르는 전류[A]는?

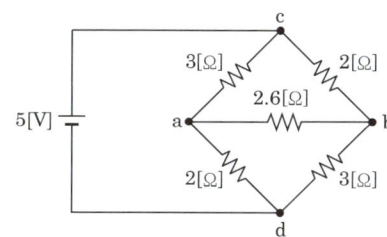

① 0.2  ② 0.5
③ 1    ④ 1.2

**해설**

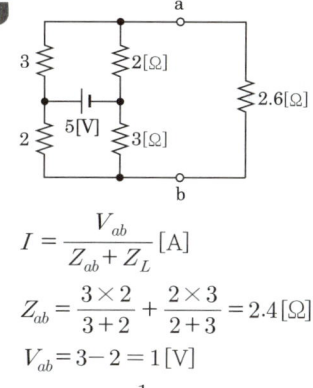

$I = \dfrac{V_{ab}}{Z_{ab} + Z_L}[A]$

$Z_{ab} = \dfrac{3 \times 2}{3+2} + \dfrac{2 \times 3}{2+3} = 2.4[Ω]$

$V_{ab} = 3 - 2 = 1[V]$

∴ $I = \dfrac{1}{2.4 + 2.6} = 0.2[A]$

**03** 그림과 같은 회로에서 저항 $r_1$, $r_2$에 흐르는 전류의 크기가 1 : 2의 비율이라면 $r_1$, $r_2$는 각각 몇 [Ω]인가?

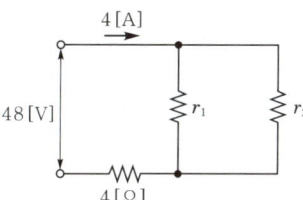

① $r_1=6$, $r_2=3$  ② $r_1=8$, $r_2=4$
③ $r_1=16$, $r_2=8$  ④ $r_1=24$, $r_2=12$

**해설**
전체 회로의 합성저항 $R_0 = \dfrac{V}{I} = \dfrac{48}{4} = 12[Ω]$ 이므로

$12 = 4 + \dfrac{r_1 r_2}{r_1 + r_2}$ ·············· ㉠

$r_1 : r_2 = 2 : 1$이므로

$r_1 = 2r_2$ ·············· ㉡

㉡식을 ㉠에 대입하면
∴ $r_1 = 24[Ω]$, $r_2 = 12[Ω]$

**정답** 01. ① 02. ① 03. ④

**04** 기본파의 30[%]인 제3고조파와 20[%]인 제5고조파를 포함하는 전압파의 왜형률은?

① 0.23 ② 0.46
③ 0.33 ④ 0.36

**해설** 왜형률 = $\dfrac{\text{전 고조파의 실효값}}{\text{기본파의 실효값}}$
$= \dfrac{\sqrt{30^2+20^2}}{100} = 0.36$

**05** 3상 평형 부하가 있다. 전압이 200[V], 역률이 0.8이고 소비전력은 10[kW]이다. 부하 전류는 몇 [A]인가?

① 약 30 ② 약 32
③ 약 34 ④ 약 36

**해설** 소비전력 $P = \sqrt{3}\,VI\cos\theta$ 에서
$I = \dfrac{P}{\sqrt{3}\,V\cos\theta} = \dfrac{10\times10^3}{\sqrt{3}\times200\times0.8}$
$= 36.08[A]$

**06** 정현파 교류의 실효값을 구하는 식이 잘못된 것은?

① $\sqrt{\dfrac{1}{T}\displaystyle\int_0^T i^2 dt}$ ② 파고율 × 평균값

③ $\dfrac{\text{최댓값}}{\sqrt{2}}$ ④ $\dfrac{\pi}{2\sqrt{2}}\times$ 평균값

**해설** 실효값 계산식 $I = \sqrt{\dfrac{1}{T}\displaystyle\int_0^T i^2 dt}$,

파고율 = $\dfrac{\text{최댓값}}{\text{실효값}}$, 파형률 = $\dfrac{\text{실효값}}{\text{평균값}}$

파고율 × 평균값 = $\dfrac{\text{최댓값}}{\text{실효값}}\times$ 평균값이 되므로 실효값은 되지 않는다.

**07** 어떤 소자가 60[Hz]에서 리액턴스 값이 10[Ω]이었다. 이 소자를 인덕터 또는 커패시터라 할 때, 인덕턴스[mH]와 정전 용량[μF]은 각각 얼마인가?

① 26.53[mH], 295.37[μF]
② 18.37[mH], 265.25[μF]
③ 18.37[mH], 295.37[μF]
④ 26.53[mH], 265.25[μF]

**해설**
• 유도 리액턴스 $X_L = \omega L = 2\pi f L [\Omega]$
$\therefore L = \dfrac{X_L}{2\pi f} = \dfrac{10}{2\pi\times60} = 26.53[\text{mH}]$

• 용량 리액턴스 $X_C = \dfrac{1}{\omega C} = \dfrac{1}{2\pi fC}[\Omega]$
$\therefore C = \dfrac{1}{2\pi fX_C} = \dfrac{1}{2\pi\times60\times10} = 265.25[\mu F]$

**08** 100[V] 전압에 대하여 늦은 역률 0.8로서 10[A]의 전류가 흐르는 부하와 앞선 역률 0.8로서 20[A]의 전류가 흐르는 부하가 병렬로 연결되어 있다. 전전류에 대한 역률은 약 얼마인가?

① 0.66 ② 0.76
③ 0.87 ④ 0.97

**해설** 전전류 $I = 10(0.8-j0.6)+20(0.8+j0.6) = 24+j6$
역률 $\cos\theta = \dfrac{24}{\sqrt{24^2+6^2}} = 0.97$

**09** 그림과 같은 회로에서 $t=0$일 때 스위치 K를 닫을 때 과도 전류 $i(t)$는 어떻게 표시되는가?

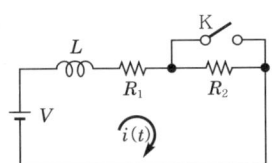

① $i(t) = \dfrac{V}{R_1}\left(1-\dfrac{R_2}{R_1+R_2}e^{-\frac{R_1}{L}t}\right)$

② $i(t) = \dfrac{V}{R_1+R_2}\left(1+\dfrac{R_2}{R_1}e^{-\frac{(R_1+R_2)}{L}t}\right)$

③ $i(t) = \dfrac{V}{R_1}\left(1+\dfrac{R_2}{R_1}e^{-\frac{R_2}{L}t}\right)$

④ $i(t) = \dfrac{R_1 V}{R_2+R_1}\left(1+\dfrac{R_1}{R_2+R_1}e^{-\frac{(R_1+R_2)}{L}t}\right)$

**정답** 04.④ 05.④ 06.② 07.④ 08.④ 09.①

**해설**

$i(t) = 정상값 + Ke^{-\frac{1}{\tau}t}$

정상값 $i_s = \frac{V}{R_1}$ [A]

시정수 $\tau = \frac{L}{R_1}$ [s]

초기 전류 $i(0) = \frac{V}{R_1+R_2} = \frac{V}{R_1} + K$

$\therefore K = \frac{-R_2 V}{R_1(R_1+R_2)}$

$\therefore i(t) = \frac{V}{R_1} - \frac{R_2 V}{R_1(R_1+R_2)} e^{-\frac{R_1}{L}t}$

$= \frac{V}{R_1}\left(1 - \frac{R_2}{R_1+R_2} e^{-\frac{R_1}{L}t}\right)$ [A]

**10** 그림과 같은 회로가 정저항 회로가 되기 위한 $L$[H]의 값은? (단, $R=10[\Omega]$, $C=100[\mu F]$이다.)

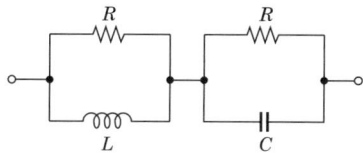

① 10   ② 2
③ 0.1  ④ 0.01

**해설** 정저항 조건 $Z_1 \cdot Z_2 = R^2$에서 $R^2 = \frac{L}{C}$

$\therefore L = R^2 C = 10^2 \times 100 \times 10^{-6} = 0.01$ [H]

**11** $\mathcal{L}[f(t)] = F(s)$일 때에 $\lim_{t \to \infty} f(t)$는?

① $\lim_{s \to 0} F(s)$
② $\lim_{s \to 0} sF(s)$
③ $\lim_{s \to \infty} F(s)$
④ $\lim_{s \to \infty} sF(s)$

**해설** 최종값 정리
$\lim_{t \to \infty} f(t) = \lim_{s \to 0} s \cdot F(s)$

**12** 3상 회로의 선간 전압이 각각 80[V], 50[V], 50[V]일 때 전압의 불평형률[%]은?

① 39.6   ② 57.3
③ 73.6   ④ 86.7

**해설** $V_a = 80[V]$, $V_b = -40 - j30[V]$, $V_c = -40 + j30[V]$

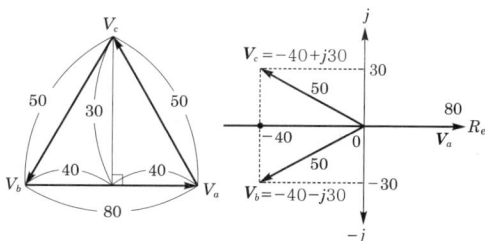

$V_1 = \frac{1}{3}(V_a + aV_b + a^2 V_c)$

$= \frac{1}{3}\left\{80 + \left(-\frac{1}{2} + j\frac{\sqrt{3}}{2}\right)(-40 - j30) + \left(-\frac{1}{2} - j\frac{\sqrt{3}}{2}\right)(-40 + j30)\right\}$

$= 57.3$ [V]

$V_2 = \frac{1}{3}(V_a + a^2 V_b + aV_c)$

$= \frac{1}{3}\left\{80 + \left(-\frac{1}{2} - j\frac{\sqrt{3}}{2}\right)(-40 - j30) + \left(-\frac{1}{2} + j\frac{\sqrt{3}}{2}\right)(-40 + j30)\right\}$

$= 22.7$ [V]

$\therefore$ 불평형률 $= \frac{V_2}{V_1} \times 100 = \frac{22.7}{57.3} \times 100 = 39.6\%$

**13** $\frac{s\sin\theta + \omega\cos\theta}{s^2 + \omega^2}$의 역라플라스 변환을 구하면?

① $\sin(\omega t - \theta)$   ② $\sin(\omega t + \theta)$
③ $\cos(\omega t - \theta)$   ④ $\cos(\omega t + \theta)$

**해설** $\frac{s}{s^2 + \omega^2}\sin\theta + \frac{\omega}{s^2 + \omega^2}\cos\theta$ (역Laplace 변환하면)

$= \cos\omega t \sin\theta + \sin\omega t \cos\theta$
$= \sin(\omega t + \theta)$

**정답** 10. ④  11. ②  12. ①  13. ②

**14** 10[kVA]의 변압기 2대로 공급할 수 있는 최대 3상 전력[kVA]은?

① 20　② 17.3
③ 14.1　④ 10

해설) V결선의 출력 $P_V = \sqrt{3}\, VI\cos\theta$ 최대 3상 전력은 $\cos\theta = 1$일 때이므로
$P_V = \sqrt{3}\, VI = \sqrt{3} \times 10 = 17.32[kVA]$

**15** 4단자 정수 $A$, $B$, $C$, $D$ 중에서 어드미턴스의 차원을 가진 정수는 어느 것인가?

① $A$　② $B$
③ $C$　④ $D$

해설) $A$ : 전압 이득, $B$ : 전달 임피던스, $C$ : 전달 어드미턴스, $D$ : 전류 이득

**16** 그림과 같은 회로에서 $t = 0$에서 스위치 S를 닫았을 때 $(V_L)_{t=0} = 100[V]$, $\left(\dfrac{di}{dt}\right)_{t=0} = 50[A/s]$ 이다. $L[H]$의 값은?

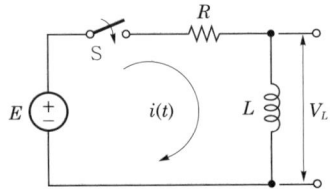

① 20　② 10
③ 2　④ 6

해설) $V_2 = L\dfrac{di}{dt}$에서 $100 = L \cdot 50$
∴ $L = \dfrac{100}{50} = 2[H]$

**17** 다음과 같은 왜형파 교류 전압, 전류의 전력[W]을 계산하면?

$v = 80\sin(\omega t + 30°) - 50\sin(3\omega t + 60°) - 25\sin 5\omega t\,[V]$
$i = 16\sin(\omega t - 30°) + 5\sin(3\omega t + 30°) + 10\cos(5\omega t - 60°)[A]$

① 67　② 103.5
③ 536.5　④ 753

해설) $P = V_1 I_1 \cos\theta_1 + V_3 I_3 \cos\theta_3 + V_5 I_5 \cos\theta_5$
$= \dfrac{80}{\sqrt{2}} \dfrac{16}{\sqrt{2}} \cos 60° - \dfrac{50}{\sqrt{2}} \cdot \dfrac{5}{\sqrt{2}} \cos 30°$
$- \dfrac{25}{\sqrt{2}} \cdot \dfrac{10}{\sqrt{2}} \cos 30°$
$= 103.5[W]$

**18** 모든 초기값을 0으로 할 때 입력에 대한 출력의 비는?

① 전달함수
② 충격함수
③ 경사함수
④ 포물선 함수

해설) 전달함수는 모든 초기값을 0으로 했을 때 입력신호의 라플라스 변환과 출력신호의 라플라스 변환의 비로 정의한다.

**19** 그림과 같은 구형파의 라플라스 변환은?

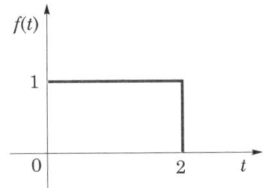

① $\dfrac{1}{s}(1-e^{-s})$　② $\dfrac{1}{s}(1+e^{-s})$
③ $\dfrac{1}{s}(1-e^{-2s})$　④ $\dfrac{1}{s}(1+e^{-2s})$

해설) 시간 추이 정리 : $\mathcal{L}[f(t-a)] = e^{-as} \cdot F(s)$
$f(t) = u(t) - u(t-2)$
시간 추이 정리를 적용하면
$F(s) = \dfrac{1}{s} - e^{-2s} \cdot \dfrac{1}{s}$
$= \dfrac{1}{s}(1-e^{-2s})$

정답) 14. ②　15. ③　16. ③　17. ②　18. ①　19. ③

**20** $R=6[\Omega]$, $X_L=8[\Omega]$이 직렬인 임피던스 3개로 △결선된 대칭 부하 회로에 선간전압 100[V]인 대칭 3상 전압을 가하면 선전류는 몇 [A]인가?

① $\sqrt{3}$
② $3\sqrt{3}$
③ 10
④ $10\sqrt{3}$

**해설** $I_l = \sqrt{3}\,I_p = \sqrt{3} \times \dfrac{100}{\sqrt{6^2+8^2}} = 10\sqrt{3}$ [A]

정답 20. ④

# 2025년 제1회 CBT 기출복원문제

**01** 그림과 같이 3상 평형의 순저항 부하에 단상전력계를 연결하였을 때 전력계가 $W[\text{W}]$를 지시하였다. 이 3상 부하에서 소모하는 전체 전력[W]은?

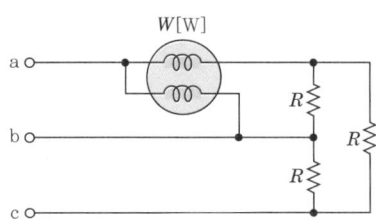

① $2W$  ② $3W$
③ $\sqrt{2}\,W$  ④ $\sqrt{3}\,W$

**[해설]** 전력계 $W$의 전압은 $ab$의 선간 전압 $V_{ab}$, 전류는 $I_a$의 선전류이므로 $V_{ab}=V_a+(-V_b)$

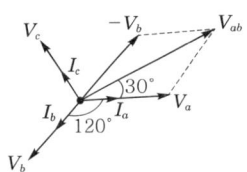

$$\therefore W = V_{ab}I_a\cos 30° = \frac{\sqrt{3}}{2}V_{ab}I_a[\text{W}]$$
$$\therefore \text{3상 부하전력}: P = \sqrt{3}\,V_{ab}I_a = 2W[\text{W}]$$

**02** 상의 순서가 a-b-c인 불평형 3상 전류가 $I_a=15+j2[\text{A}]$, $I_b=-20-j14[\text{A}]$, $I_c=-3+j10[\text{A}]$일 때 영상분 전류 $I_0$는 약 몇 [A]인가?

① $2.67+j0.38$
② $2.02+j6.98$
③ $15.5-j3.56$
④ $-2.67-j0.67$

**[해설]** 영상분 전류
$$I_0 = \frac{1}{3}(I_a+I_b+I_c)$$
$$= \frac{1}{3}\{(15+j2)+(-20-j14)+(-3+j10)\}$$
$$= -2.67-j0.67[\text{A}]$$

**03** 왜형파 전압 $v=100\sqrt{2}\sin\omega t+75\sqrt{2}\sin 3\omega t+20\sqrt{2}\sin 5\omega t$ [V]를 $R-L$ 직렬회로에 인가할 때에 제3고조파 전류의 실효값 [A]은? (단, $R=4[\Omega]$, $\omega L=1[\Omega]$이다.)

① 75  ② 20
③ 4  ④ 15

**[해설]** 제3고조파 전류
$$I_3 = \frac{V_3}{Z_3} = \frac{V_3}{\sqrt{R^2+(3\omega L)^2}}$$
$$= \frac{75}{\sqrt{4^2+3^2}} = 15[\text{A}]$$

**04** 그림의 회로에서 정전용량 $C$는 초기 전하가 없었다. 지금 $t=0$에서 스위치 S를 닫았을 때, $t=0^+$에서 $i(t)$값[A]을 구하면?

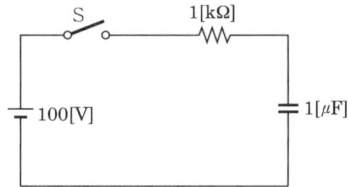

① 0.1  ② 0.2
③ 0.4  ④ 1

**[해설]** $i(t) = \frac{E}{R}e^{-\frac{1}{RC}t} = \frac{100}{10^3}e^{-\frac{1}{10^3\times 10^{-6}}\cdot 0} = 0.1[\text{A}]$

**정답** 01. ①  02. ④  03. ④  04. ①

**05** 4단자 회로망에서 4단자 정수가 $A$, $B$, $C$, $D$일 때, 영상 임피던스 $\dfrac{Z_{01}}{Z_{02}}$은?

① $\dfrac{D}{A}$

② $\dfrac{B}{C}$

③ $\dfrac{C}{B}$

④ $\dfrac{A}{D}$

**해설** 영상 임피던스

$Z_{01} = \sqrt{\dfrac{AB}{CD}}$, $Z_{02} = \sqrt{\dfrac{BD}{AC}}$

$Z_{01} \cdot Z_{02} = \dfrac{B}{C}$, $\dfrac{Z_{01}}{Z_{02}} = \dfrac{A}{D}$

**06** △결선된 대칭 3상 부하가 있다. 역률이 0.8 (지상)이고, 소비전력이 1,800[W]이다. 선로의 저항 0.5[Ω]에서 발생하는 선로손실이 50[W]이면 부하 단자 전압[V]은?

① 627   ② 876
③ 302   ④ 225

**해설** 선로손실 $P_l = 3I^2 R$

$I^2 = \dfrac{P_l}{3R} = \dfrac{50}{3 \times 0.5} = \dfrac{100}{3}$

$\therefore I = \dfrac{10}{\sqrt{3}}$

$V = \dfrac{P}{\sqrt{3} I \cos\theta} = \dfrac{1,800}{\sqrt{3} \times \dfrac{10}{\sqrt{3}} \times 0.8} = 225[V]$

**07** 1[km]당 인덕턴스 25[mH], 정전용량 0.005 [μF]의 선로가 있다. 무손실 선로라고 가정한 경우 진행파의 위상(전파) 속도는 약 몇 [km/s]인가?

① $8.95 \times 10^4$   ② $9.95 \times 10^4$
③ $89.5 \times 10^4$   ④ $99.5 \times 10^4$

**해설** 위상(전파) 속도 $v = \dfrac{\omega}{\beta}$ [m/s]

- 무손실 선로의 조건 $R = G = 0$
- 전파정수 $r = \sqrt{Z \cdot Y}$
  $= \sqrt{(R+j\omega L)(G+j\omega C)}$
  $= j\omega \sqrt{LC}$
  (감쇠정수 : $\alpha = 0$, 위상정수 : $\beta = \omega\sqrt{LC}$)

$\therefore$ 위상(전파) 속도

$v = \dfrac{\omega}{\beta} = \dfrac{\omega}{\omega\sqrt{LC}}$

$= \dfrac{1}{\sqrt{LC}}$

$= \dfrac{1}{\sqrt{25 \times 10^{-3} \times 0.005 \times 10^{-6}}} \times 10^{-3}$

$= 89.44 \times 10^4$ [km/s]

**08** 그림과 같은 2단자 회로의 구동점 임피던스가 순저항 회로가 되기 위한 $Z_1$, $Z_2$ 및 $R$의 관계식으로 옳은 것은?

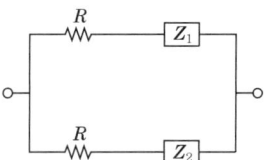

① $Z_1 Z_2 = R$   ② $Z_1 Z_2 = R^2$

③ $\dfrac{Z_2}{Z_1} = R$   ④ $\dfrac{Z_2}{Z_1} = R^2$

**해설**
$Z = \dfrac{(R+Z_1)(R+Z_2)}{(R+Z_1)+(R+Z_2)}$

$= \dfrac{R^2 + RZ_2 + RZ_1 + Z_1 Z_2}{(R+Z_1)+(R+Z_2)}$

$= \dfrac{R\left(R + Z_2 + Z_1 + \dfrac{Z_1 Z_2}{R}\right)}{(R+Z_1)+(R+Z_2)}$

순저항 회로가 되기 위해서는

$R + Z_2 + Z_1 + \dfrac{Z_1 Z_2}{R} = (R+Z_1) + (R+Z_2)$

$\therefore \dfrac{Z_1 Z_2}{R} = R \quad \therefore Z_1 Z_2 = R^2$

**정답** 05. ④  06. ④  07. ③  08. ②

**09** 그림과 같은 회로에서 테브난 정리를 이용하기 위해 단자 a, b에서 본 저항 $R_{ab}[\Omega]$은?

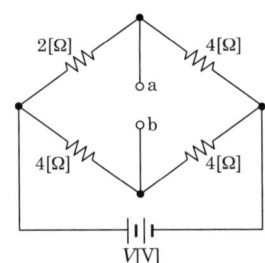

① $\dfrac{24}{7}$  ② $\dfrac{10}{3}$

③ 14  ④ 24

**해설** $R_{ab} = \dfrac{2 \times 4}{2+4} + \dfrac{4 \times 4}{4+4} = \dfrac{10}{3}[\Omega]$

**10** $R=5[\Omega]$, $L=20[\mathrm{mH}]$ 및 가변 용량 $C$로 구성된 $R-L-C$ 직렬 회로에 주파수 1,000[Hz]인 교류를 가한 다음, $C$를 가변하여 직렬 공진시켰다. $C_r$의 값[$\mu$F]과 선택도 $Q$는?

① $C_r = 2.277$, $Q = 15.49$
② $C_r = 1.267$, $Q = 15.49$
③ $C_r = 2.277$, $Q = 25.12$
④ $C_r = 1.267$, $Q = 25.12$

**해설**
- $C_r = \dfrac{1}{\omega_r^2 L} = \dfrac{1}{(2\pi \times 1,000)^2 \times 20 \times 10^{-3}}$
  $\fallingdotseq 1.267[\mu\mathrm{F}]$
- $Q = \dfrac{1}{R}\sqrt{\dfrac{L}{C}} = \dfrac{1}{5}\sqrt{\dfrac{20 \times 10^{-3}}{1.267 \times 10^{-6}}} \fallingdotseq 25.12$

**정답** 09. ② 10. ④

# 2025년 제1회 CBT 기출복원문제

전기산업기사

**01** $R-L$ 직렬 부하에 교류전원이 연결되어 있다. 저항 $R$과 인덕턴스 $L$이 일정한 상태에서 전원의 주파수가 높아지면 역률과 소비전력은 어떻게 되는가?

① 역률과 소비 전력 모두 감소한다.
② 역률과 소비 전력 모두 증가한다.
③ 역률은 증가하고 소비 전력은 감소한다.
④ 역률과 소비 전력은 변하지 않는다.

**해설**
- 역률 $\cos\theta = \dfrac{R}{Z}$
$= \dfrac{R}{\sqrt{R^2 + X_L^2}}$
$= \dfrac{R}{\sqrt{R^2 + (\omega L)^2}}$
$= \dfrac{R}{\sqrt{R^2 + (2\pi f L)^2}}$
- 소비 전력 $P = I^2 R$
$= \left(\dfrac{V}{\sqrt{R^2 + X_L^2}}\right)^2 R$
$= \dfrac{V^2 R}{R^2 + X_L^2}$
$= \dfrac{V^2 R}{\sqrt{R^2 + (2\pi f L)^2}}$ [W]

∴ 주파수가 증가하면 역률과 소비 전력은 감소한다.

**02** 전압의 순시값이 $v = 3 + 10\sqrt{2}\sin\omega t$[V]일 때 실효값은 약 몇 [V]인가?

① 10.4  ② 11.6
③ 12.5  ④ 16.2

**해설** 비정현파의 실효값은 각 개별적인 실효값의 제곱의 합의 제곱근이므로
∴ $V = \sqrt{3^2 + 10^2} = 10.4$[V]

**03** 저항 $R_1 = 10$[Ω]과 $R_2 = 40$[Ω]이 직렬로 접속된 회로에 100[V], 60[Hz]인 정현파 교류 전압을 인가할 때, 이 회로에 흐르는 전류로 옳은 것은?

① $\sqrt{2}\sin 377t$[A]  ② $2\sqrt{2}\sin 377t$[A]
③ $\sqrt{2}\sin 422t$[A]  ④ $2\sqrt{2}\sin 422t$[A]

**해설**
- 각주파수 $w = 2\pi f = 2\pi \times 60 = 377$[rad/sec]
- 합성 저항 $R = R_1 + R_2 = 10 + 40 = 50$[Ω]
- 전압 $v = V_m \sin\omega t = \sqrt{2} V\sin\omega t$
$= 100\sqrt{2}\sin 377t$[A]
- 전류 $i = \dfrac{v}{R} = \dfrac{100\sqrt{2}\sin 377t}{50}$
$= 2\sqrt{2}\sin 377t$[A]

**04** Y결선된 대칭 3상 회로에서 전원 한 상의 전압이 $V_a = 220\sqrt{2}\sin\omega t$[V]일 때 선간 전압의 실효값은 약 몇 [V]인가?

① 220  ② 310
③ 380  ④ 540

**해설** Y(성형) 결선의 선간전압($V_l$) = $\sqrt{3}$ 상전압($V_p$)
∴ 선간전압의 실효값
$V_l = \sqrt{3} \times 220 ≒ 380$[V]

**05** 주기적인 구형파의 신호는 그 주파수 성분이 어떻게 되는가?

① 무수히 많은 주파수의 성분을 가진다.
② 주파수 성분을 갖지 않는다.
③ 직류분만으로 구성된다.
④ 교류 합성을 갖지 않는다.

**해설** 주기적인 구형파 신호는 각 고조파 성분의 합이므로 무수히 많은 주파수의 성분을 가진다.

**정답** 01. ① 02. ① 03. ② 04. ③ 05. ①

## 06
최대 눈금이 50[V]인 직류 전압계가 있다. 이 전압계를 사용하여 150[V]의 전압을 측정하려면 배율기의 저항은 몇 [Ω]을 사용하여야 하는가? (단, 전압계의 내부 저항은 5,000[Ω]이다.)

① 1,000
② 2,500
③ 5,000
④ 10,000

**해설** 배율기 배율

$$m = 1 + \frac{R_m}{r} \text{에서 } \frac{150}{50} = 1 + \frac{R_m}{5,000}$$

$$\therefore R_m = 10,000[\Omega]$$

## 07
$R-L-C$ 직렬회로에서 공진 시의 전류는 공급 전압에 대하여 어떤 위상차를 갖는가?

① 0°
② 90°
③ 180°
④ 270°

**해설** 직렬 공진은 임피던스의 허수부가 0인 상태이므로 전압과 전류는 동상 상태가 된다.

## 08
단상 전력계 2개로써 평형 3상 부하의 전력을 측정하였더니 각각 300[W]와 600[W]를 나타내었다면 부하 역률은? (단, 전압과 전류는 정현파이다.)

① 0.5
② 0.577
③ 0.637
④ 0.867

**해설** 역률 $\cos\theta = \dfrac{P}{P_a}$

$$= \frac{P}{\sqrt{P^2 + P_r^2}}$$

$$= \frac{P_1 + P_2}{2\sqrt{P_1^2 + P_2^2 - P_1 P_2}}$$

$$= \frac{300 + 600}{2\sqrt{300^2 + 600^2 - 300 \times 600}}$$

$$= 0.867$$

※ 하나의 전력계가 다른 전력계 지시값의 배인 경우. 즉, $P_2 = 2P_1$인 경우

역률 $\cos\theta = \dfrac{\sqrt{3}}{2} = 0.867$이 된다.

## 09
$V_1(s)$를 입력, $V_2(s)$를 출력이라 할 때, 다음 회로의 전달함수는? (단, $C_1 = 1[F]$, $L_1 = 1[H]$)

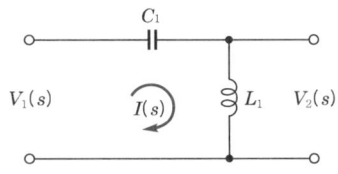

① $\dfrac{s}{s+1}$
② $\dfrac{s^2}{s^2+1}$
③ $\dfrac{1}{s+1}$
④ $1 + \dfrac{1}{s}$

**해설** 전달함수

$$G(s) = \frac{V_2(s)}{V_1(s)} = \frac{L_1 s}{\frac{1}{C_1 s} + L_1 s} = \frac{L_1 C_1 s^2}{L_1 C_1 s^2 + 1}$$

$C_1 = 1[F]$, $L_1 = 1[H]$이므로

$$\therefore G(s) = \frac{s^2}{s^2 + 1}$$

## 10
그림의 회로에서 임피던스 파라미터는?

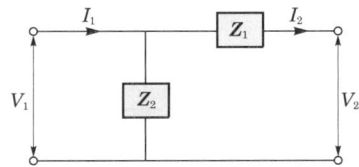

① $Z_{11} = Z_1 + Z_2$, $Z_{12} = Z_1$
   $Z_{21} = Z_1$, $Z_{22} = Z_1$
② $Z_{11} = Z_1$, $Z_{12} = Z_2$
   $Z_{21} = -Z_2$, $Z_{22} = Z_2$
③ $Z_{11} = Z_2$, $Z_{12} = -Z_2$
   $Z_{21} = -Z_2$, $Z_{22} = Z_1 + Z_2$
④ $Z_{11} = Z_2$, $Z_{12} = Z_1 + Z_2$
   $Z_{21} = Z_1 + Z_2$, $Z_{22} = Z_1$

**해설** 임피던스 parameter를 구하는 방법
- $Z_{11}$ : 출력 단자를 개방하고 입력측에서 본 개방 구동점 임피던스

**정답** 06.④ 07.① 08.④ 09.② 10.③

- $Z_{22}$ : 입력 단자를 개방하고 출력측에서 본 개방 구동점 임피던스
- $Z_{12}$ : 입력 단자를 개방했을 때의 개방 전달 임피던스
- $Z_{21}$ : 출력 단자를 개방했을 때의 개방 전달 임피던스

$Z_{11}=Z_2$, $Z_{22}=Z_1+Z_2$, 개방 역방향 전달 임피던스 $Z_{12}=-Z_2$, $Z_{21}=-Z_2$

**11** 그림의 3상 Y결선 회로에서 소비하는 전력 [W]은?

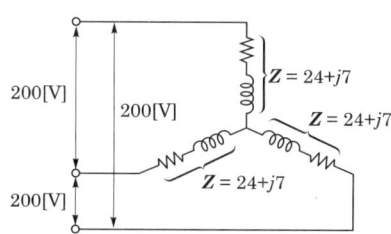

① 3,072  ② 1,536
③ 768    ④ 512

**해설** 3상 소비전력
$P = \sqrt{3}\,V_l I_l \cos\theta = 3I_p^2 \cdot R\,[\text{W}]$
$P = 3I_p^2 R$
$= 3\left(\dfrac{\dfrac{200}{\sqrt{3}}}{\sqrt{24^2+7^2}}\right)^2 \times 24$
$= 1,536\,[\text{W}]$

**12** 그림과 같은 회로에서 저항 15[Ω]에 흐르는 전류는 몇 [A]인가?

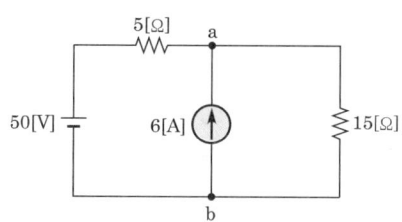

① 0.5   ② 2
③ 4     ④ 6

**해설** 50[V]에 의한 전류 $I_1 = \dfrac{50}{5+15} = 2.5\,[\text{A}]$

6[A]에 의한 전류 $I_2 = \dfrac{5}{5+15} \times 6 = 1.5\,[\text{A}]$

∴ $I = I_1 + I_2 = 2.5\,[\text{A}] + 1.5\,[\text{A}] = 4\,[\text{A}]$

**13** 그림과 같은 파형의 실효값은?

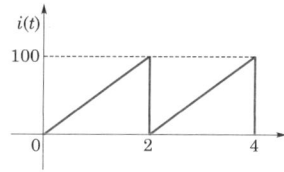

① 47.7   ② 57.7
③ 67.7   ④ 77.5

**해설** 삼각파 · 톱니파의 실효값 및 평균값은
$I = \dfrac{1}{\sqrt{3}} I_m$, $I_{av} = \dfrac{1}{2} I_m$ 에서

실효값 $I = \dfrac{1}{\sqrt{3}} \times 100 = 57.7\,[\text{A}]$

**14** 9[Ω]과 3[Ω]의 저항 3개를 그림과 같이 연결하였을 때 A, B 사이의 합성저항[Ω]은?

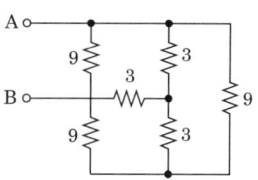

① 6   ② 4
③ 3   ④ 2

**해설**

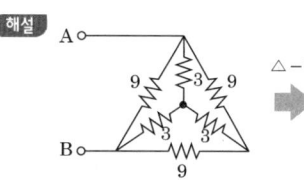 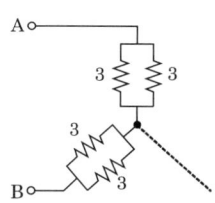

합성저항 $R_{AB} = \dfrac{3 \times 3}{3+3} + \dfrac{3 \times 3}{3+3} = 3\,[\Omega]$

정답 11. ② 12. ③ 13. ② 14. ③

**15** 두 개의 코일 a, b가 있다. 두 개를 직렬로 접속하였더니 합성 인덕턴스가 119[mH]이었다. 극성을 반대로 했더니 합성 인덕턴스가 11[mH]이고, 코일 $a$의 자기 인덕턴스 $L_a = 20$[mH]라면 결합계수 $k$는?

① 0.6　　② 0.7
③ 0.8　　④ 0.9

**해설** $L_a + L_b + 2M = 119$ ············ ㉠
$L_a + L_b - 2M = 11$ ············ ㉡
식 ㉠, ㉡에서 $M = \dfrac{119-11}{4} = \dfrac{108}{4}$
∴ $M = 27$[mH]
∴ $L_b = 119 - 2M - L_a = 19 - 27 \times 2 - 20 = 45$[mH]
따라서 결합계수
$k = \dfrac{M}{\sqrt{L_a L_b}} = \dfrac{27}{\sqrt{20 \times 45}} = 0.9$

**16** 3상 회로에 있어서 대칭분 전압이 $V_0 = -8 + j3$[V], $V_1 = 6 - j8$[V], $V_2 = 8 + j12$[V]일 때 a상의 전압[V]은?

① $6 + j7$　　② $-32.3 + j2.73$
③ $2.3 + j0.73$　　④ $2.3 - j0.73$

**해설** 각 상의 비대칭 전압
$V_a = V_0 + V_1 + V_2$
$V_b = V_0 + a^2 V_1 + a V_2$
$V_c = V_0 + a V_1 + a^2 V_2$
∴ $V_a = V_0 + V_1 + V_2$
　　$= -8 + j3 + 6 - j8 + 8 + j12$
　　$= 6 + j7$[V]

**17** $R-L-C$ 직렬회로에서 $R = 100$[Ω], $L = 5$[mH], $C = 2$[μF]일 때 이 회로는?

① 과제동이다.　　② 무제동이다.
③ 임계 제동이다.　　④ 부족 제동이다.

**해설** $R^2 - 4\dfrac{L}{C} = 100^2 - 4 \times \dfrac{5 \times 10^{-3}}{2 \times 10^{-6}} = 0$
따라서, 임계 제동이다.

**18** 전류의 대칭분을 $I_0$, $I_1$, $I_2$, 유기 기전력을 $E_a$, $E_b$, $E_c$, 단자 전압의 대칭분을 $V_0$, $V_1$, $V_2$라 할 때 3상 교류 발전기의 기본식 중 정상분 $V_1$값은? (단, $Z_0$, $Z_1$, $Z_2$는 영상, 정상, 역상 임피던스이다.)

① $-Z_0 I_0$　　② $-Z_2 I_2$
③ $E_a - Z_1 I_1$　　④ $E_b - Z_2 I_2$

**해설** $V_0 = -I_0 Z_0$
$V_1 = E_a - I_1 Z_1$
$V_2 = -I_2 Z_2$
여기서, $E_a$ : a상의 유기 기전력
　　　　$Z_0$ : 영상 임피던스
　　　　$Z_1$ : 정상 임피던스
　　　　$Z_2$ : 역상 임피던스

**19** 그림과 같은 회로의 출력 전압의 위상은 입력 전압의 위상에 비해 어떻게 되는가?

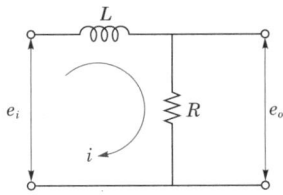

① 앞선다.
② 뒤진다.
③ 같다.
④ 앞설 수도 있고, 뒤질 수도 있다.

**해설** 입력 전압 $e_i$는 $R-L$ 직렬회로가 되고, 출력 전압 $e_o$는 $R$만의 회로가 된다.

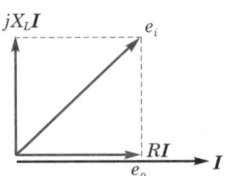

입력 전압 $e_i = V_L + V_R = RI + jX_L I$
출력 전압 $e_o = RI$
∴ 출력 전압의 위상은 입력 전압의 위상보다 $\theta$만큼 뒤진다.

**20** 그림과 같은 회로의 영상 임피던스 $Z_{01}$, $Z_{02}$는 각각 몇 [Ω]인가?

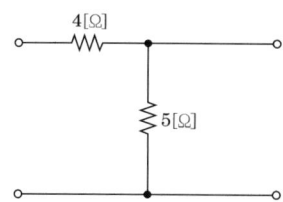

① $Z_{01} = 9$, $Z_{02} = 5$
② $Z_{01} = 4$, $Z_{02} = 5$
③ $Z_{01} = 4$, $Z_{02} = \dfrac{20}{9}$
④ $Z_{01} = 6$, $Z_{02} = \dfrac{10}{3}$

**해설**

$$\begin{bmatrix} A & B \\ C & D \end{bmatrix} = \begin{bmatrix} 1 & 4 \\ 0 & 1 \end{bmatrix} \begin{bmatrix} 1 & 0 \\ \frac{1}{5} & 1 \end{bmatrix} = \begin{bmatrix} \frac{9}{5} & 4 \\ \frac{1}{5} & 1 \end{bmatrix}$$

$$\therefore Z_{01} = \sqrt{\frac{AB}{CD}} = \sqrt{\frac{\frac{9}{5} \times 4}{\frac{1}{5} \times 1}} = 6\,[\Omega]$$

$$Z_{02} = \sqrt{\frac{BD}{AC}} = \sqrt{\frac{4 \times 1}{\frac{9}{5} \times \frac{1}{5}}} = \frac{10}{3}\,[\Omega]$$

**정답** 20. ④

# 2025년 제2회 CBT 기출복원문제 (전기기사)

**01** 그림의 회로에서 $t=0[s]$에 스위치(s)를 닫은 후 $t=3[s]$일 때 이 회로에 흐르는 전류는 약 몇 [A]인가?

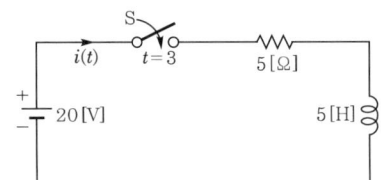

① 1.52
② 2.02
③ 2.52
④ 3.80

**해설** $R-L$ 직렬회로 직류 인가 시 전류
$i = \frac{E}{R}\left(1-e^{-\frac{R}{L}t}\right) = \frac{20}{5}\left(1-e^{-\frac{5}{5}\times 3}\right)$
$= 4(1-e^{-3}) = 3.80[A]$

**02** 분포정수회로가 무왜 선로로 되는 조건은? (단, 선로의 단위길이당 저항을 $R$, 인덕턴스를 $L$, 정전용량을 $C$, 누설 컨덕턴스를 $G$라 한다.)

① $RC = LG$
② $RL = CG$
③ $R = \sqrt{\frac{L}{C}}$
④ $R = \sqrt{LC}$

**해설** 일그러짐이 없는 선로 즉, 무왜형 선로 조건
$RC = LG$

**03** 4단자 정수 $A$, $B$, $C$, $D$ 중에서 어드미턴스의 차원을 가진 정수는 어느 것인가?

① $A$
② $B$
③ $C$
④ $D$

**해설** $A = \frac{V_1}{V_2}\Big|_{I_2=0}$ : 출력을 개방했을 때 전압 이득

$B = \frac{V_1}{I_2}\Big|_{V_2=0}$ : 출력을 단락했을 때 전달 임피던스

$C = \frac{I_1}{V_2}\Big|_{I_2=0}$ : 출력을 개방했을 때 전달 어드미턴스

$D = \frac{I_1}{I_2}\Big|_{V_2=0}$ : 출력 단자를 단락했을 때의 전류 이득

**04** 어떤 회로의 단자 전압 $v = 100\sin\omega t + 40\sin 2\omega t + 30\sin(3\omega t + 60°)$[V]이고 전압 강하의 방향으로 흐르는 전류가 $i = 10\sin(\omega t - 60°) + 2\sin(3\omega t + 105°)$[A]일 때 회로에 공급되는 평균 전력[W]은?

① 530
② 630
③ 371.2
④ 271.2

**해설** $P = V_1 I\cos\theta_1 + V_3 I_3 \cos\theta_3$
$= \frac{100}{\sqrt{2}} \times \frac{10}{\sqrt{2}} \cos 60° + \frac{30}{\sqrt{2}} \times \frac{2}{\sqrt{2}} \cos 45°$
$= 271.2[W]$

**05** 다음 그림과 같은 회로의 a, b단자 간의 전압[V]은?

① 2
② 3
③ 6
④ 9

**해설** a, b단자 간 전압은 3[Ω] 양단 전압이므로 중첩의 정리에 의해서 2[V] 전압원 존재시 전류원 3[A]을 개방해야 하므로 3[Ω] 양단 전압은 존재치 않으며 3[A] 전류원 존재시에만 9[V]의 전압이 존재하게 된다.

**정답** 01. ④ 02. ① 03. ③ 04. ④ 05. ④

**06** 그림의 성형 불평형 회로에 각 상전압이 $E_a$, $E_b$, $E_c$[V]이고, 부하는 $Z_a$, $Z_b$, $Z_c$ [Ω]이라면 중성선 임피던스가 $Z_n$[Ω]일 때 중성점 간의 전위는 어떻게 되는가?

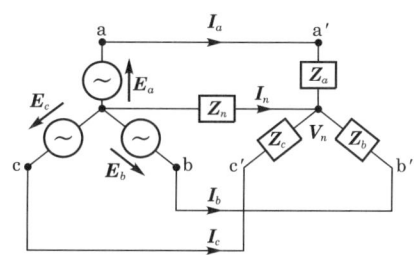

① $V_n = \dfrac{E_a + E_b + E_c}{Z_a + Z_b + Z_c}$

② $V_n = \dfrac{E_a + E_b + E_c}{Z_a + Z_b + Z_c + Z_n}$

③ $V_n = \dfrac{\dfrac{E_a}{Z_a} + \dfrac{E_b}{Z_b} + \dfrac{E_c}{Z_c}}{\dfrac{1}{Z_a} + \dfrac{1}{Z_b} + \dfrac{1}{Z_c} + \dfrac{1}{Z_n}}$

④ $V_n = \dfrac{\dfrac{E_a}{Z_a} + \dfrac{E_b}{Z_b} + \dfrac{E_c}{Z_c}}{\dfrac{1}{Z_a} + \dfrac{1}{Z_b} + \dfrac{1}{Z_c}}$

**해설** 중성점 간의 전위

$V_n = \dfrac{\sum\limits_{k=1}^{n} I_k}{\sum\limits_{k=1}^{n} Y_k} = \dfrac{\dfrac{E_a}{Z_a} + \dfrac{E_b}{Z_b} + \dfrac{E_c}{Z_c}}{\dfrac{1}{Z_a} + \dfrac{1}{Z_b} + \dfrac{1}{Z_c} + \dfrac{1}{Z_n}}$

**07** 내부 임피던스 $Z_g = 0.3 + j2$[Ω]인 발전기에 임피던스 $Z_l = 1.7 + j3$[Ω]인 선로를 연결하여 부하에 전력을 공급한다. 부하 임피던스 $Z_0$[Ω]가 어떤 값을 취할 때 부하에 최대전력이 전송되는가?

① $2 - j5$
② $2 + j5$
③ $2$
④ $\sqrt{2^2 + 5^2}$

**해설** • 전원 내부 임피던스
$Z_s = Z_g + Z_l = 0.3 + j2 + 1.7 + j3 = 2 + j5$[Ω]
• 최대전력 전달조건
$Z_0 = \overline{Z_s} = 2 - j5$[Ω]

**08** 다음 그림의 교류 브리지 회로가 평형이 되는 조건은?

① $L = \dfrac{R_1 R_2}{C}$

② $L = \dfrac{C}{R_1 R_2}$

③ $L = R_1 R_2 C$

④ $L = \dfrac{R_2}{R_1} C$

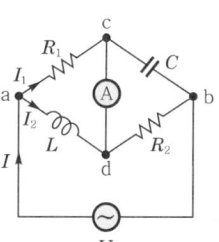

**해설** 브리지 평형 조건
$R_1 R_2 = j\omega L \dfrac{1}{j\omega C}$
$R_1 R_2 = \dfrac{L}{C}$
∴ $L = R_1 R_2 C$

**09** 단상 전력계 2개로써 평형 3상 부하의 전력을 측정하였더니 각각 300[W]와 600[W]를 나타내었다면 부하 역률은? (단, 전압과 전류는 정현파이다.)

① 0.5
② 0.577
③ 0.637
④ 0.867

**해설** 역률 $\cos\theta = \dfrac{P}{P_a} = \dfrac{P}{\sqrt{P^2 + P_r^2}}$

$= \dfrac{P_1 + P_2}{2\sqrt{P_1^2 + P_2^2 - P_1 P_2}}$

$= \dfrac{300 + 600}{2\sqrt{300^2 + 600^2 - 300 \times 600}}$

$= 0.867$

※ 하나의 전력계가 다른 전력계 지시값의 배인 경우. 즉, $P_2 = 2P_1$인 경우
역률 $\cos\theta = \dfrac{\sqrt{3}}{2} = 0.867$이 된다.

**정답** 06. ③ 07. ① 08. ③ 09. ④

**10** 회로에서 노드 a와 b 사이에 나타나는 전압 [V]의 크기는?

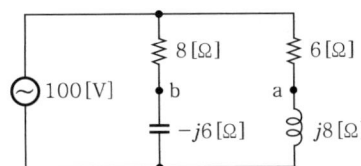

① 60
② 20
③ 80
④ 100

**해설** 저항 8[Ω]에 흐르는 지로전류를 $I_1$, 저항 6[Ω]에 흐르는 지로전류를 $I_2$라 하면

$$I_1 = \frac{100}{8-j6} = \frac{100(8+j6)}{(8-j6)(8+j6)} = 8+j6$$

$$I_2 = \frac{100}{6+j8} = \frac{100(6-j8)}{(6+j8)(6-j8)} = 6-j8$$

∴ a와 b 사이의 전압

$$V_{ab} = 8(8+j6) - 6(6-j8) = 28+j96$$

∴ $V_{ab} = \sqrt{28^2 + 96^2} = 100[\text{V}]$

정답 10. ④

# 2025년 제2회 CBT 기출복원문제

전기산업기사

**01** 복소전력이 $S$이고, 임피던스가 $Z$인 회로의 역률에 대한 표현으로 틀린 것은? (단, $Z=R+jX=|Z|\angle\theta_Z$, $Y=G+jB=|Y|\angle\theta_Y=\dfrac{1}{Z}$, $S=P+jQ=|S|\angle\theta_S$이다.)

① $\dfrac{Q}{P}$  ② $\dfrac{P}{|S|}$

③ $\dfrac{G}{|Y|}$  ④ $\dfrac{R}{|Z|}$

**해설**
- 직렬회로의 역률 $\cos\theta = \dfrac{R}{Z}$
- 병렬회로의 역률 $\cos\theta = \dfrac{G}{Y}$
- 전력에서의 역률 $\cos\theta = \dfrac{\text{유효전력}}{\text{피상전력}} = \dfrac{P}{S}$

**02** $R-L$ 직렬회로에 $V=14+j38$[V]인 교류 전압을 인가했을 때 $I=6+j2$[A]의 전류가 흘렀다. 이 회로의 임피던스 $Z$[Ω]는?

① $4+j5$
② $5+j4$
③ $6+j3$
④ $7+j2$

**해설** 임피던스 $Z = \dfrac{V}{I}$
$= \dfrac{14+j38}{6+j2}$
$= \dfrac{(14+j38)(6-j2)}{(6+j2)(6-j2)}$
$= 4+j5$ [Ω]

**03** 그림과 같은 회로에서 $e(t)=E_m\cos\omega t$의 전원 전압을 인가했을 때 인덕턴스 $L$에 축적되는 에너지[J]는?

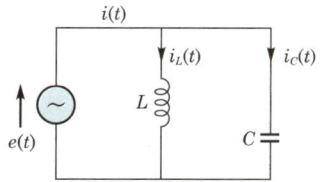

① $\dfrac{1}{4}\cdot\dfrac{E_m^2}{\omega^2 L}(1-\cos2\omega t)$

② $\dfrac{1}{2}\cdot\dfrac{E_m^2}{\omega^2 L^2}(1-\cos2\omega t)$

③ $\dfrac{1}{4}\cdot\dfrac{E_m^2}{\omega^2 L}(1+\cos2\omega t)$

④ $-\dfrac{1}{2}\cdot\dfrac{E_m^2}{\omega^2 L^2}(1+\cos\omega t)$

**해설** 자기 에너지
$w = \dfrac{1}{2}LI_L^2$
$= \dfrac{1}{2}L\dfrac{E_m^2}{\omega^2 L^2}\sin^2\omega t$
$= \dfrac{1}{2}\dfrac{E_m^2}{\omega^2 L}\dfrac{1-\cos2\omega t}{2}$
$= \dfrac{1}{4}\cdot\dfrac{E_m^2}{\omega^2 L}(1-\cos2\omega t)$ [J]

**04** 다음 불평형 3상 전류 $I_a=15+j2$[A], $I_b=-20-j14$[A], $I_c=-3+j10$[A]일 때 영상 전류 $I_0$는 약 몇 [A]인가?

① $2.67+j0.36$  ② $15.7-j3.25$
③ $-1.91+j6.24$  ④ $-2.67-j0.67$

**해설** $I_0 = \dfrac{1}{3}(I_a+I_b+I_c)$
$= \dfrac{1}{3}\{(15+j2)+(-20-j14)+(-3+j10)\}$
$= -2.67-j0.67$ [A]

**정답** 01. ② 02. ① 03. ① 04. ④

**05** 커패시터와 인덕터에서 물리적으로 급격히 변화할 수 없는 것은?

① 커패시터와 인덕터에서 모두 전압
② 커패시터와 인덕터에서 모두 전류
③ 커패시터에서 전류, 인덕터에서 전압
④ 커패시터에서 전압, 인덕터에서 전류

**해설** $V_L = L\dfrac{di}{dt}$ 이므로 $L$에서 전류가 급격히 변하면 전압이 ∞가 되어야 하므로 모순이 생긴다. 따라서 $L$에서는 전류가 급격히 변할 수 없다.

**06** 평형 3상 저항 부하가 3상 4선식 회로에 접속되어 있을 때 단상 전력계를 그림과 같이 접속하였더니 그 지시값이 $W[W]$이었다. 이 부하의 3상 전력[W]은?

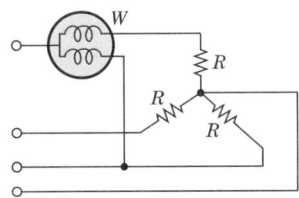

① $\sqrt{2}\,W$  ② $2W$
③ $\sqrt{3}\,W$  ④ $3W$

**해설** 전력계의 전압은 $V_{ab}$, 전류는 $I_a$이므로

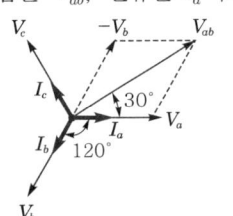

$W = V_{ab}I_a\cos 30° = \dfrac{\sqrt{3}}{2}V_{ab}I_a$

∴ 3상 전력 $P = 2W[W]$

**07** $R = 6[\Omega]$, $X_L = 8[\Omega]$이 직렬인 임피던스 3개로 △결선된 대칭 부하 회로에 선간전압 100[V]인 대칭 3상 전압을 가하면 선전류는 몇 [A]인가?

① $\sqrt{3}$  ② $3\sqrt{3}$
③ 10  ④ $10\sqrt{3}$

**해설** $I_l = \sqrt{3}\,I_p = \sqrt{3} \times \dfrac{100}{\sqrt{6^2+8^2}} = 10\sqrt{3}$ [A]

**08** 어떤 제어계의 출력이 $C(s) = \dfrac{5}{s(s^2+s+2)}$로 주어질 때 출력의 시간 함수 $C(t)$의 정상값은?

① 5  ② 2
③ $\dfrac{2}{5}$  ④ $\dfrac{5}{2}$

**해설** 최종값 정리에 의해
$\lim\limits_{s\to 0}sC(s) = \lim\limits_{s\to 0}s\cdot\dfrac{5}{s(s^2+s+2)} = \dfrac{5}{2}$

**09** 그림과 같은 순저항으로 된 회로에 대칭 3상 전압을 가했을 때 각 선에 흐르는 전류가 같으려면 $R$의 값[Ω]은?

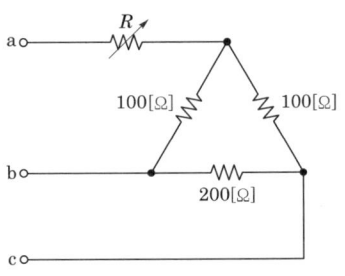

① 20  ② 25
③ 30  ④ 35

**해설** 각 선에 흐르는 전류가 같으려면 각 상의 저항의 크기가 같아야 한다. 따라서 △결선을 Y결선으로 바꾸면

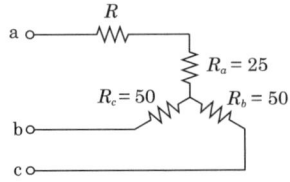

$$R_a = \frac{10,000}{400} = 25[\Omega]$$

$$R_b = \frac{20,000}{400} = 50[\Omega]$$

$$R_c = \frac{20,000}{400} = 50[\Omega]$$

∴ 각 상의 저항이 같기 위해서는 $R = 25[\Omega]$이다.

**10** 그림과 같은 회로에서 전류 $I[A]$를 구하면?

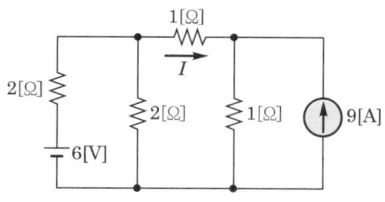

① 1　　② 3
③ $-2$　　④ 2

**해설** 전압원 존재 시 전류원 개방, 전류원 존재 시 전압원은 단락한다.
- 6[V] 전압원 존재 시 : 전류원 개방

전전류 $I = \dfrac{6}{2 + \dfrac{2 \times 2}{2+2}} = 2[A]$

∴ $1[\Omega]$에 흐르는 전류 $I_1 = 1[A]$
- 9[A] 전류원 존재 시 : 전압원 단락
∴ 분류법칙에 의해 $1[\Omega]$에 흐르는 전류

$I_2 = \dfrac{1}{2+1} \times 9 = 3[A]$

∴ $1[\Omega]$에 흐르는 전전류 $I$는 $I_1$과 $I_2$의 합이므로 $I = I_1 - I_2 = 1 - 3 = -2[A]$

$I_1$이 정방향이고 $I_2$와 반대 방향이므로 여기서 $-$는 방향을 나타낸다.

**11** 전기 회로에서 일어나는 과도 현상은 그 회로의 시정수와 관계가 있다. 이 사이의 관계를 옳게 표현한 것은?

① 회로의 시정수가 클수록 과도 현상은 오랫동안 지속된다.
② 시정수는 과도 현상의 지속 시간에는 상관되지 않는다.
③ 시정수의 역이 클수록 과도 현상은 천천히 사라진다.
④ 시정수가 클수록 과도 현상은 빨리 사라진다.

**해설** 시정수와 과도분은 비례 관계이므로 시정수가 클수록 과도분은 많다.

**12** 100[V], 800[W], 역률 80[%]인 교류 회로의 리액턴스는 몇 [Ω]인가?

① 6　　② 8
③ 10　　④ 12

**해설** 무효전력 $P_r = I^2 \cdot X_L$

∴ $X_L = \dfrac{P_r}{I^2}$

$= \dfrac{\sqrt{P_a^2 - P^2}}{I^2}$

$= \dfrac{\sqrt{\left(\dfrac{800}{0.8}\right)^2 - 800^2}}{\left(\dfrac{800}{100 \times 0.8}\right)^2} = 6[\Omega]$

**13** 그림과 같은 구형파의 라플라스 변환은?

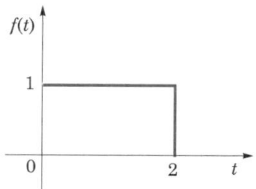

① $\dfrac{1}{s}(1 - e^{-s})$　　② $\dfrac{1}{s}(1 + e^{-s})$
③ $\dfrac{1}{s}(1 - e^{-2s})$　　④ $\dfrac{1}{s}(1 + e^{-2s})$

**해설** 시간 추이 정리
$\mathcal{L}[f(t-a)] = e^{-as} \cdot F(s)$
$f(t) = u(t) - u(t-2)$
시간 추이 정리를 적용하면
$F(s) = \dfrac{1}{s} - e^{-2s} \cdot \dfrac{1}{s} = \dfrac{1}{s}(1 - e^{-2s})$

**정답** 10. ③　11. ①　12. ①　13. ③

**14** 그림의 정전용량 $C[F]$를 충전한 후 스위치 S를 닫아 이것을 방전하는 경우의 과도 전류는? (단, 회로에는 저항이 없다.)

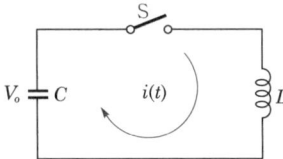

① 불변의 진동 전류
② 감쇠하는 전류
③ 감쇠하는 진동 전류
④ 일정값까지 증가하여 그 후 감쇠하는 전류

**해설** $L-C$ 직렬회로

직류 인가 시 전류 $i(t) = V_o\sqrt{\dfrac{C}{L}}\sin\dfrac{1}{\sqrt{LC}}t[A]$

$i(t) = -V_o\sqrt{\dfrac{C}{L}}\sin\dfrac{1}{\sqrt{LC}}t[A]$

각주파수 $\omega = \dfrac{1}{\sqrt{LC}}[\text{rad/sec}]$로 불변 진동 전류가 된다.

**15** 가정용 전원의 전압이 기본파가 100[V]이고 제7고조파가 기본파의 4[%], 제11고조파가 기본파의 3[%]이었다면 이 전원의 일그러짐률은 몇 [%]인가?

① 11  ② 10
③ 7   ④ 5

**해설** 왜형률 = $\dfrac{\text{전 고조파의 실효값}}{\text{기본파의 실효값}}$

왜형률 $D = \dfrac{\sqrt{4^2+3^2}}{100}\times 100[\%] = 5[\%]$

**16** 다음의 대칭 다상 교류에 의한 회전자계 중 잘못된 것은?

① 대칭 3상 교류에 의한 회전자계는 원형 회전자계이다.
② 대칭 2상 교류에 의한 회전자계는 타원형 회전자계이다.
③ 3상 교류에서 어느 두 코일의 전류의 상순을 바꾸면 회전자계의 방향도 바뀐다.
④ 회전자계의 회전 속도는 일정 각속도 $\omega$이다.

**해설** 교류가 만드는 회전자계
• 단상 교류 : 교번자계
• 대칭 3상($n$상) 교류 : 원형 회전자계
• 비대칭 3상($n$상) 교류 : 타원형 회전자계
대칭 2상 교류에 의한 회전자계는 단상 교류가 되므로 교번자계가 된다.

**17** 임피던스 $Z(s) = \dfrac{8s+7}{s}$로 표시되는 2단자 회로는?

① 8[Ω] — 1[H] — $\dfrac{1}{7}$[F]
② $\dfrac{8}{7}$[Ω] — $\dfrac{7}{8}$[H]
③ 8[H] — $\dfrac{1}{7}$[F]
④ 8[Ω] — $\dfrac{1}{7}$[F]

**해설** $Z(s) = \dfrac{8s+7}{s} = 8 + \dfrac{7}{s} = 8 + \dfrac{1}{\dfrac{1}{7}s}[\Omega]$

∴ $R = 8[\Omega]$, $C = \dfrac{1}{7}[F]$인 $R-C$ 직렬회로

**18** 어떤 회로망의 4단자 정수가 $A=8$, $B=j2$, $D=3+j2$이면 이 회로망의 $C$는 얼마인가?

① $24+j14$  ② $3-j4$
③ $8-j11.5$  ④ $4+j6$

**해설** $C = \dfrac{AD-1}{B} = \dfrac{8(3+j2)-1}{j2} = 8-j11.5$

**19** 그림과 같은 $R-L-C$ 회로망에서 입력전압을 $e_i(t)$, 출력량을 $i(t)$로 할 때, 이 요소의 전달함수는 어느 것인가?

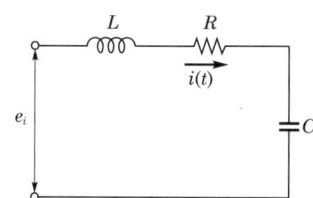

① $\dfrac{Rs}{LCs^2+RCs+1}$   ② $\dfrac{RLs}{LCs^2+RCs+1}$

③ $\dfrac{Ls}{LCs^2+RCs+1}$   ④ $\dfrac{Cs}{LCs^2+RCs+1}$

**해설** 
$$\dfrac{I(s)}{E(s)} = Y(s) = \dfrac{1}{Z(s)}$$
$$= \dfrac{1}{R+Ls+\dfrac{1}{Cs}}$$
$$= \dfrac{Cs}{LCs^2+RCs+1}$$

**20** $R-L$ 직렬회로에 $v = 10 + 100\sqrt{2}\sin\omega t + 50\sqrt{2}\sin(3\omega t + 60°) + 60\sqrt{2}\sin(5\omega t + 30°)$[V]인 전압을 가할 때 제3고조파 전류의 실효값[A]은? (단, $R=8[\Omega]$, $\omega L = 2[\Omega]$이다.)

① 1    ② 3
③ 5    ④ 7

**해설**
$$I_3 = \dfrac{V_3}{Z_3} = \dfrac{V_3}{\sqrt{R^2+(3\omega L)^2}}$$
$$= \dfrac{50}{\sqrt{8^2+6^2}}$$
$$= 5[A]$$

**정답** 19. ④  20. ③

# 2025년 제3회 CBT 기출복원문제

**전기기사**

**01** R-C 직렬 회로에 $t=0$일 때 직류 전압 10[V]를 인가하면, $t=0.1$초 때 전류[mA]의 크기는? (단, $R=1,000[\Omega]$, $C=50[\mu F]$이고, 처음부터 정전 용량의 전하는 없었다고 한다.)

① 약 2.25  ② 약 1.8
③ 약 1.35  ④ 약 2.4

**해설** $i = \dfrac{E}{R}e^{-\frac{1}{RC}t}$ 에서 $t=0.1$이므로

$i = \dfrac{10}{1,000}e^{-\frac{0.1}{1,000 \times 50 \times 10^{-6}}}$

$= \dfrac{1}{100}e^{-2} \fallingdotseq 1.35[\text{mA}]$

**02** 분포정수회로에서 선로 정수가 $R$, $L$, $C$, $G$이고 무왜 조건이 $RC=GL$과 같은 관계가 성립될 때 선로의 특성 임피던스 $Z_0[\Omega]$는?

① $\sqrt{CL}$  ② $\dfrac{1}{\sqrt{CL}}$
③ $\sqrt{RG}$  ④ $\sqrt{\dfrac{L}{C}}$

**해설** $Z_0 = \sqrt{\dfrac{Z}{Y}} = \sqrt{\dfrac{R+j\omega L}{G+j\omega C}} = \sqrt{\dfrac{L}{C}}[\Omega]$

**03** 어떤 회로에 전압 $v=100+50\sin 377t[\text{V}]$를 가했을 때 전류 $i=10+3.54\sin(377t-45°)[\text{A}]$가 흘렀다고 한다. 이 회로에서 소비되는 전력[W]은?

① 562.5  ② 1,062.5
③ 1,250.5  ④ 1,385.5

**해설** $P = V_0 I_0 + V_1 I_1 \cos\theta_1$

$= 100 \times 10 + \dfrac{50 \times 3.54}{2}\cos 45° = 1,062.5[\text{W}]$

**04** $F(s) = \dfrac{2(s+1)}{s^2+2s+5}$ 의 시간함수 $f(t)$는?

① $2e^{-t}\cos 2t$  ② $2e^t \cos 2t$
③ $2e^{-t}\sin 2t$  ④ $2e^t \sin 2t$

**해설** $F(s) = \dfrac{2(s+1)}{s^2+2s+5} = 2\dfrac{s+1}{(s+1)^2+2^2}$

$\therefore f(t) = 2e^{-t}\cos 2t$

**05** △결선된 대칭 3상 부하가 있다. 역률이 0.8(지상)이고, 소비 전력이 1,800[W]이다. 선로의 저항 0.5[Ω]에서 발생하는 선로 손실이 50[W]이면 부하 단자 전압[V]은?

① 627  ② 876
③ 302  ④ 225

**해설** 선로손실 $P_l = 3I^2 R$

$I^2 = \dfrac{P_l}{3R} = \dfrac{50}{3 \times 0.5} = \dfrac{100}{3}$

$\therefore I = \dfrac{10}{\sqrt{3}}$

$V = \dfrac{P}{\sqrt{3}I\cos\theta} = \dfrac{1,800}{\sqrt{3} \times \dfrac{10}{\sqrt{3}} \times 0.8} = 225[\text{V}]$

**06** 대칭 3상 전압 $V_a$, $V_b$, $V_c$를 a상을 기준으로 한 대칭분은?

① $V_0=0$, $V_1=V_a$, $V_2=aV_a$
② $V_0=V_a$, $V_1=V_a$, $V_2=V_a$
③ $V_0=0$, $V_1=0$, $V_2=a^2 V_a$
④ $V_0=0$, $V_1=V_a$, $V_2=0$

**해설** a상 기준으로 한 대칭분은
$V_0=0$, $V_1=V_a$, $V_2=0$

**정답** 01. ③  02. ④  03. ②  04. ①  05. ④  06. ④

**07** 그림과 같은 3상 평형회로에서 전원 전압이 $V_{ab}=200[\text{V}]$이고 부하 한 상의 임피던스가 $Z=5.0-j2.4[\Omega]$인 경우 전원과 부하 사이 선전류 $I_a$는 약 몇 [A]인가? (단, 3상 전압의 상순은 $a-b-c$이다.)

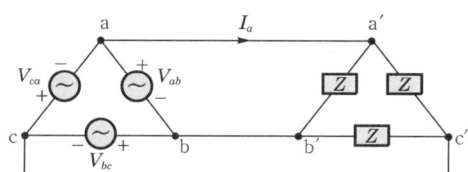

① $62.42\angle-55.64°$  ② $62.42\angle4.36°$
③ $62.42\angle55.64°$  ④ $62.42\angle-4.36°$

**해설** 상전류 $I_p=\dfrac{V_p}{Z}=\dfrac{200}{5.0-j2.4}$
$=\dfrac{200}{\sqrt{5^2+2.4^2}\angle-\tan^{-1}\frac{2.4}{5}}$
$=\dfrac{200}{5.55\angle-25.64°}=36.04\angle25.64°$

∴ △결선이므로
선전류$(I_l)=\sqrt{3}$ 상전류$(I_p)\angle-30°$
∴ 선전류 $I_l=\sqrt{3}\times36.04\angle25.64°-30°$
$=62.42\angle-4.36°$

**08** 불평형 전류 $I_a=400-j650[\text{A}]$, $I_b=-230-j700[\text{A}]$, $I_c=-150+j600[\text{A}]$일 때 정상분 $I_1[\text{A}]$은?

① $6.66-j250$  ② $-179-j177$
③ $572-j223$  ④ $223-j572$

**해설** 정상 전류
$I_1=\dfrac{1}{3}(I_a+aI_b+a^2I_c)$
$=\dfrac{1}{3}\Big\{(400-j650)+\Big(-\dfrac{1}{2}+j\dfrac{\sqrt{3}}{2}\Big)$
$(-230-j700)+\Big(-\dfrac{1}{2}-j\dfrac{\sqrt{3}}{2}\Big)$
$(-150+j600)\Big\}$
$=572-j223[\text{A}]$

**09** 회로에서 6[Ω]에 흐르는 전류[A]는?

① 2.5
② 5
③ 7.5
④ 10

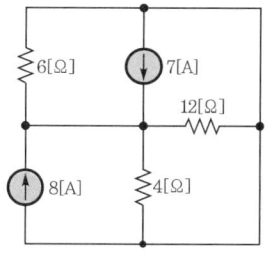

**해설** • 8[A]에 의한 전류
$I_1=\dfrac{\frac{4\times12}{4+12}}{6+\frac{4\times12}{4+12}}\times8=\dfrac{8}{3}[\text{A}]$

• 7[A]에 의한 전류
$I_2=\dfrac{\frac{4\times12}{4+12}}{6+\frac{4\times12}{4+12}}\times7=\dfrac{7}{3}[\text{A}]$

∴ $I=I_1+I_2=\dfrac{8}{3}+\dfrac{7}{3}=\dfrac{15}{3}=5[\text{A}]$

**10** 다음 회로에서 $I_1=2e^{-j\pi/3}$, $I_2=5e^{j\pi/3}$, $I_3=1$이다. 이 단상 회로에서의 평균 전력[W] 및 무효 전력[Var]은?

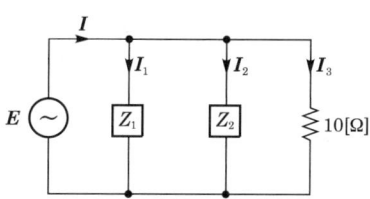

① $10,\ -9.75$  ② $20,\ 19.5$
③ $20,\ -19.5$  ④ $45,\ 26$

**해설** $I=I_1+I_2+I_3=2e^{-j\frac{\pi}{3}}+5e^{j\frac{\pi}{3}}+1$
$=2\Big(\cos\dfrac{\pi}{3}-j\sin\dfrac{\pi}{3}\Big)+5\Big(\cos\dfrac{\pi}{3}+j\sin\dfrac{\pi}{3}\Big)+1$
$=4.5+j2.6[\text{A}]$
$E=I_3R=1\times10=10[\text{V}]$
∴ $P_a=\overline{E}I=10(4.5+j2.6)=45+j26[\text{VA}]$

정답 07. ④ 08. ③ 09. ② 10. ④

# 2025년 제3회 CBT 기출복원문제 (전기산업기사)

**01** 대칭 6상 기전력의 선간전압과 상기전력의 위상차는?

① 75°  ② 30°
③ 60°  ④ 120°

**해설** 위상차 $\theta = \dfrac{\pi}{2}\left(1 - \dfrac{2}{n}\right)$
$= \dfrac{180}{2}\left(1 - \dfrac{2}{6}\right) = 90 \times \dfrac{2}{3}$
$= 60°$

**02** $R-C$ 직렬회로의 과도 현상에 대하여 옳게 설명된 것은?

① $R-C$값이 클수록 과도 전류값은 천천히 사라진다.
② $R-C$값이 클수록 과도 전류값은 빨리 사라진다.
③ 과도 전류는 $R-C$값과 상관 없다.
④ $\dfrac{1}{RC}$의 값이 클수록 과도 전류값은 천천히 사라진다.

**해설** 시정수와 과도분 전류는 비례하므로 시정수 $RC$값이 클수록 과도 전류는 커지게 된다.

**03** 불평형 회로에서 영상분이 존재하는 3상 회로 구성은?

① △-△ 결선의 3상 3선식
② △-Y 결선의 3상 3선식
③ Y-Y 결선의 3상 3선식
④ Y-Y 결선의 3상 4선식

**해설** 영상분이 존재하는 3상 회로 구성은 접지식이거나 Y-Y 결선의 3상 4선식이다.

**04** 테브난(Thevenin)의 정리를 사용하여 그림 (a)의 회로를 (b)와 같은 등가회로로 바꾸려 한다. $E[V]$와 $R[\Omega]$의 값은?

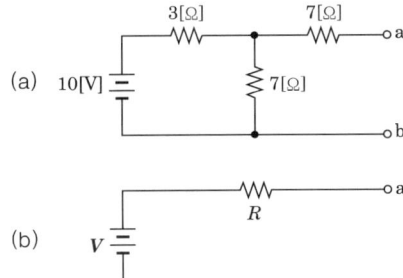

① 7, 9.1  ② 10, 9.1
③ 7, 6.5  ④ 10, 6.5

**해설**
- $V_{ab} = E$ : a, b의 단자 전압
$E = \dfrac{7}{3+7} \times 10 = 7[V]$
- $Z_{ab} = R$ : 모든 전원을 제거하고 능동 회로망 쪽을 바라본 임피던스
$R = 7 + \dfrac{3 \times 7}{3+7} = 9.1[\Omega]$

**05** 그림과 같은 회로에서 합성 인덕턴스는?

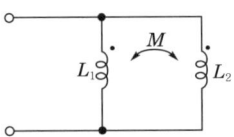

① $\dfrac{L_1 L_2 + M^2}{L_1 + L_2 - 2M}$  ② $\dfrac{L_1 L_2 - M^2}{L_1 + L_2 - 2M}$
③ $\dfrac{L_1 L_2 + M^2}{L_1 + L_2 + 2M}$  ④ $\dfrac{L_1 L_2 - M^2}{L_1 + L_2 + 2M}$

**해설** 병렬 가동결합이므로
$L = M + \dfrac{(L_1-M)(L_2-M)}{(L_1-M)+(L_2-M)} = \dfrac{L_1 L_2 - M^2}{L_1 + L_2 - 2M}$

**정답** 01. ③ 02. ① 03. ④ 04. ① 05. ②

**06** 그림과 같은 T회로의 임피던스 정수는 각각 몇 [Ω]인가?

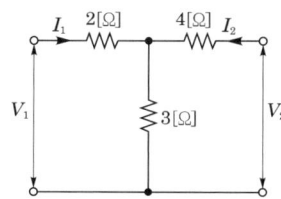

① $Z_{11}=5$, $Z_{21}=3$, $Z_{22}=7$, $Z_{12}=3$
② $Z_{11}=7$, $Z_{21}=5$, $Z_{22}=3$, $Z_{12}=5$
③ $Z_{11}=3$, $Z_{21}=7$, $Z_{22}=3$, $Z_{12}=5$
④ $Z_{11}=5$, $Z_{21}=7$, $Z_{22}=3$, $Z_{12}=7$

**해설** $Z_{11}=2+3=5[\Omega]$, $Z_{22}=3+4=7[\Omega]$
$Z_{12}=3[\Omega]$, $Z_{21}=3[\Omega]$

**07** 각 상의 임피던스가 $Z=6+j8[\Omega]$인 평형 Y부하에 선간전압 220[V]인 대칭 3상 전압이 가해졌을 때 선전류는 약 몇 [A]인가?

① 11.7   ② 12.7
③ 13.7   ④ 14.7

**해설** Y결선
- 선간전압($V_l$) = $\sqrt{3}$ 상전압($V_p$)
- 선전류($I_l$) = 상전류($I_p$)

선전류 $I_l = I_p = \dfrac{V_p}{Z} = \dfrac{220/\sqrt{3}}{\sqrt{8^2+6^2}} = 12.7[A]$

**08** 어떤 교류 전동기의 명판에 역률 0.6, 소비전력 120[kW]로 표기되어 있다. 이 전동기의 무효전력은 몇 [kVar]인가?

① 80    ② 100
③ 140   ④ 160

**해설** 소비전력 $P = VI\cos\theta[W]$
무효전력 $P_r = VI\sin\theta[Var]$
∴ $P_r = \dfrac{P}{\cos\theta}\cdot\sin\theta = \dfrac{120}{0.6}\times 0.8 = 160[kVar]$

**09** $F(s)=\dfrac{3s+10}{s^3+2s^2+5s}$일 때 $f(t)$의 최종값은?

① 0    ② 1
③ 2    ④ 8

**해설** 최종값 정리에 의해
$\lim\limits_{s\to\infty} s\cdot F(s) = \lim\limits_{s\to 0} s\cdot\dfrac{3s+10}{s(s^2+2s+5)}$
$= \dfrac{10}{5} = 2$

**10** 대칭 좌표법에 의한 3상 회로에 대한 해석 중 옳지 않은 것은?

① △결선이든 Y결선이든 세 선전류의 합이 영(零)이면 영상분도 영(零)이다.
② 선간전압의 합이 영(零)이면 그 영상분은 항상 영(零)이다.
③ 선간전압이 평형이고 상순이 a−b−c이면 Y결선에서 상전압의 역상분은 영(零)이 아니다.
④ Y결선 중성점 접지 시에 중성선 정상분의 선전류에 대하여는 ∞의 임피던스를 나타낸다.

**해설** 평형 3상 Y결선의 역상분은 0이다.

**11** 인덕턴스 $L=20$[mH]인 코일에 실효값 $V=50$[V], 주파수 $f=60$[Hz]인 정현파 전압을 인가했을 때 코일에 축적되는 평균 자기에너지는 약 몇 [J]인가?

① 6.3    ② 4.4
③ 0.63   ④ 0.44

**해설** $W = \dfrac{1}{2}LI^2 = \dfrac{1}{2}L\left(\dfrac{V}{\omega L}\right)^2$
$= \dfrac{1}{2}\times 20\times 10^{-3}\times\left(\dfrac{50}{377\times 20\times 10^{-3}}\right)^2$
$= 0.44[J]$

**정답** 06.① 07.② 08.④ 09.③ 10.③ 11.④

**12** $R[\Omega]$의 3개의 저항을 전압 $V[V]$의 3상 교류 선간에 그림과 같이 접속할 때 선전류 [A]는 얼마인가?

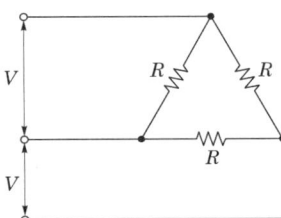

① $\dfrac{V}{\sqrt{3}\,R}$  ② $\dfrac{\sqrt{3}\,V}{R}$

③ $\dfrac{V}{3R}$  ④ $\dfrac{3V}{R}$

**해설** 선전류 $I_l = \sqrt{3}\,I_p = \sqrt{3}\,\dfrac{V_p}{R} = \dfrac{\sqrt{3}\,V}{R}$ [A]

**13** $i = 30\sin\omega t + 40\sin(5\omega t + 30°)$의 실효값은?

① 50  ② $50\sqrt{2}$

③ 25  ④ $25\sqrt{2}$

**해설** $I = \sqrt{\left(\dfrac{30}{\sqrt{2}}\right)^2 + \left(\dfrac{40}{\sqrt{2}}\right)^2} = 25\sqrt{2}$

**14** 다음과 같은 왜형파 교류 전압, 전류의 전력[W]을 계산하면?

$v = 100\sin\omega t + 50\sin(3\omega t + 60°)$ [V]
$i = 20\cos(\omega t - 30°) + 10\cos(3\omega t - 30°)$ [A]

① 750  ② 1,000
③ 1,299  ④ 1,732

**해설** 유효전력(= 소비전력)

$P = V_0 I_0 + \sum_{k=1}^{\infty} V_k I_k \cos\theta_k$ [W]

$= \dfrac{100}{\sqrt{2}} \cdot \dfrac{20}{\sqrt{2}} \cos 60° + \dfrac{50}{\sqrt{2}} \cdot \dfrac{10}{\sqrt{2}} \cos 0°$

$= 750$ [W]

**15** 파고율이 2가 되는 파형은?

① 정현파  ② 톱니파
③ 반파 정류파  ④ 전파 정류파

**해설** 반파 정류파의 파고율 $= \dfrac{\text{최댓값}}{\text{실효값}} = \dfrac{V_m}{\frac{1}{2}V_m} = 2$

**16** 다음 결합 회로의 4단자 정수 $A$, $B$, $C$, $D$ 파라미터 행렬은?

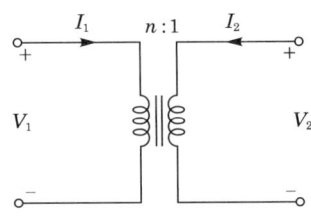

① $\begin{bmatrix} n & 0 \\ 0 & \dfrac{1}{n} \end{bmatrix}$  ② $\begin{bmatrix} 1 & n \\ \dfrac{1}{n} & 0 \end{bmatrix}$

③ $\begin{bmatrix} 0 & n \\ \dfrac{1}{n} & 1 \end{bmatrix}$  ④ $\begin{bmatrix} \dfrac{1}{n} & 0 \\ 0 & n \end{bmatrix}$

**해설** $\begin{bmatrix} A & B \\ C & D \end{bmatrix} = \begin{bmatrix} a & 0 \\ 0 & \dfrac{1}{a} \end{bmatrix} = \begin{bmatrix} n & 0 \\ 0 & \dfrac{1}{n} \end{bmatrix}$

**17** 부동작 시간요소의 전달함수는?

① $K$  ② $\dfrac{K}{s}$

③ $Ke^{-Ls}$  ④ $Ks$

**해설** 각종 제어요소의 전달함수
- 비례요소의 전달함수 : $K$
- 미분요소의 전달함수 : $Ks$
- 적분요소의 전달함수 : $\dfrac{K}{s}$
- 1차 지연요소의 전달함수 : $G(s) = \dfrac{K}{1+Ts}$
- 부동작 시간요소의 전달함수 : $G(s) = Ke^{-Ls}$
  ($L$ : 부동작 시간)

**정답** 12. ② 13. ④ 14. ① 15. ③ 16. ① 17. ③

**18** 다음 회로에서 부하 $R$에 최대전력이 공급될 때의 전력값이 5[W]라고 하면 $R_L + R_i$의 값은 몇 [Ω]인가? (단, $R_i$는 전원의 내부 저항이다.)

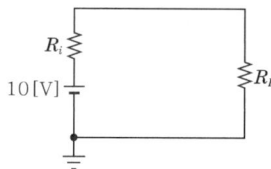

① 5
② 10
③ 15
④ 20

**해설**
- 최대전력 전달조건 : $R_L = R_i$
- 최대전력 : $P_{\max} = \dfrac{V^2}{4R_L}$ [W]

$5 = \dfrac{10^2}{4R_L}$

∴ 부하저항 $R_L = 5[Ω]$

따라서, $R_L + R_i = 5 + 5 = 10[Ω]$

**19** △결선된 저항 부하를 Y결선으로 바꾸면 소비전력은? (단, 저항과 선간전압은 일정하다.)

① 3배로 된다.
② 9배로 된다.
③ $\dfrac{1}{9}$로 된다.
④ $\dfrac{1}{3}$로 된다.

**해설**
- △결선 시 전력 $P_\triangle = 3I_p^2 \cdot R$
$= 3\left(\dfrac{V}{R}\right)^2 \cdot R = 3\dfrac{V^2}{R}$ [W]

- Y결선 시 전력 $P_Y = 3I_p^2 \cdot R = 3\left(\dfrac{\frac{V}{\sqrt{3}}}{R}\right)^2 \cdot R$
$= 3\left(\dfrac{V}{\sqrt{3}R}\right)^2 \cdot R$
$= \dfrac{V^2}{R}$ [W]

∴ $\dfrac{P_Y}{P_\triangle} = \dfrac{\frac{V^2}{R}}{\frac{3V^2}{R}} = \dfrac{1}{3}$ 배

**20** 어떤 전지의 외부 회로의 저항은 5[Ω]이고, 전류는 8[A]가 흐른다. 외부 회로에 5[Ω] 대신에 15[Ω]의 저항을 접속하면 전류는 4[A]로 떨어진다. 이때 전지의 기전력은 몇 [V]인가?

① 80
② 50
③ 15
④ 20

**해설** 전지 회로도

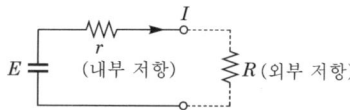

전지 회로에서 기전력 $E$는
$E = (5 + r) \cdot 8 = 40 + 8r$ ……㉠
$E = (15 + r) \cdot 4 = 60 + 4r$ ……㉡
㉠ = ㉡이므로 $40 + 8r = 60 + 4r$
따라서 내부 저항 $r = 5[Ω]$
∴ 전지의 기전력 $E = 80[V]$

## 전기 시리즈 감수위원

**구영모** 연성대학교  **신재현** 경기인력개발원
**김우성, 이돈규** 동의대학교  **오선호** 한국폴리텍대학 화성캠퍼스
**류선희** 대양전기직업학교  **이재원** 대산전기직업학교
**박동렬** 서영대학교  **차대중** 한국폴리텍대학 안성캠퍼스
**박명석** 한국폴리텍대학 광명융합캠퍼스  **허동렬** 경남정보대학교
**박재준** 중부대학교

가나다 순

# 04 회로이론

2021. 2. 15. 초 판 1쇄 발행
2026. 1. 7. 5차 개정증보 5판 1쇄 발행

검인

지은이 | 전수기
펴낸이 | 이종춘
펴낸곳 | BM (주)도서출판 성안당

주소 | 04032 서울시 마포구 양화로 127 첨단빌딩 3층(출판기획 R&D 센터)
     | 10881 경기도 파주시 문발로 112 파주 출판 문화도시(제작 및 물류)
전화 | 02) 3142-0036
     | 031) 950-6300
팩스 | 031) 955-0510
등록 | 1973. 2. 1. 제406-2005-000046호
출판사 홈페이지 | www.cyber.co.kr
ISBN | 978-89-315-1434-6 (13560)
정가 | 22,000원

### 이 책을 만든 사람들

책임 | 최옥현
진행 | 박경희
교정·교열 | 김원갑
전산편집 | 이다혜
표지 디자인 | 박원석
홍보 | 김계향, 임진성, 김주승, 최정민, 이해솜
국제부 | 이선민, 조혜란
마케팅 | 구본철, 차정욱, 오영일, 나진호, 강호묵
마케팅 지원 | 장상범
제작 | 김유석

이 책의 어느 부분도 저작권자나 BM (주)도서출판 성안당 발행인의 승인 문서 없이 일부 또는 전부를 사진 복사나 디스크 복사 및 기타 정보 재생 시스템을 비롯하여 현재 알려지거나 향후 발명될 어떤 전기적, 기계적 또는 다른 수단을 통해 복사하거나 재생하거나 이용할 수 없음.

※ 잘못된 책은 바꾸어 드립니다.